"十二五"职业教育国家规划教材

经全国职业教育教材审定委员会审定

动物普通病

DONGWU
PUTONGBING

第二版

褚秀玲 吴昌标 主编

U0293035

化学工业出版社

·北京·

本书以追求科学性、先进性、实践性、启发性和适用性为编写目标，以培养大批畜牧兽医和兽医卫生检验等专业技能型人才为目的而编写。

全书共三篇分为二十三章及实验实训项目，主要内容包括兽医临床诊断基础、内科疾病、外科和产科疾病。第一篇阐述了兽医临床诊断学的基本理论与技能；第二篇阐述了常见内科疾病的诊断与防治；第三篇阐述了常见外科和产科疾病的诊断与防治。内容全面系统，新颖翔实。书中附有的图片，大大增强了教学内容的直观性。

本书可作为高职高专院校、综合性大学畜牧、兽医及兽医卫生检验专业师生的教材，也可作为从事畜牧、兽医、兽医公共卫生等专业技术人员的参考书籍。

图书在版编目（CIP）数据

动物普通病/褚秀玲，吴昌标主编. —2 版. —北京：
化学工业出版社，2015.3（2025.2 重印）
"十二五"职业教育国家规划教材
ISBN 978-7-122-22630-3

Ⅰ.①动…　Ⅱ.①褚…②吴…　Ⅲ.①动物疾病-诊疗-
高等职业教育-教材　Ⅳ.①S85

中国版本图书馆 CIP 数据核字（2014）第 301668 号

责任编辑：迟　蕾　梁静丽　李植峰　章梦婕　　　装帧设计：史利平
责任校对：边　涛

出版发行：化学工业出版社（北京市东城区青年湖南街 13 号　邮政编码 100011）
印　　装：北京天宇星印刷厂
787mm×1092mm　1/16　印张 18¾　字数 542 千字　　2025 年 2 月北京第 2 版第 8 次印刷

购书咨询：010-64518888　　　　　　　　售后服务：010-64518899
网　　址：http://www.cip.com.cn
凡购买本书，如有缺损质量问题，本社销售中心负责调换。

定　　价：49.80 元　　　　　　　　　　　　　　　　版权所有　违者必究

《动物普通病》（第二版）编写人员

主　　编　褚秀玲　吴昌标

副 主 编　邱伟海　谷风柱　钱林东

编写人员　（按照姓名汉语拼音排列）

褚秀玲　　（聊城大学）

谷风柱　　（山东农业工程学院）

姜　汹　　（湖北三峡职业技术学院）

刘海隆　　（信阳农林学院）

刘文强　　（聊城大学）

钱林东　　（云南农业职业技术学院）

钱明珠　　（河南农业职业学院）

邱伟海　　（湖南环境生物职业技术学院）

苏建青　　（聊城大学）

王中杰　　（山东畜牧兽医职业学院）

吴昌标　　（福建农业职业技术学院）

谢拥军　　（岳阳职业技术学院）

郑全芳　　（信阳农林学院）

前言

　　动物普通病作为高职高专畜牧兽医类专业学生的必修课程，切实需要一本依据国家教育计划，以培养学生综合职业能力，更能满足行业对专业人才的需求，注重提高学生专业技能水平，服务行业发展的教材。

　　《动物普通病》（第二版）内容更加突出科学性、实践性、实用性，以培养懂理论、会实践、适应兽医专业实际需要的高等技术应用型专门人才为目的。并在删除第一版教材中陈旧和过时内容的基础上，增加了代表国内外畜禽发展疾病动态的新知识、新技术。在编写过程中，注重了理论基础和实践能力的合理分配，强化学生动手能力，适应高职高专教育要求，符合理论与实践一体化的教学模式。

　　第二版包括兽医临床诊断基础、内科疾病、外科和产科疾病三篇共二十三章及实训指导项目。理论部分分别阐述兽医临床诊断学的基本理论与技能、常见内科疾病的诊断与防治、常见外科和产科疾病的诊断与防治。实训部分介绍动物普通病实验的基本知识和基本实验操作方法，教材中加入了"知识目标""技能目标""章节小结"及"复习思考题"等模块，提高了学生学习的主动性和积极性，增强了教材的知识性和趣味性，有助于培养学生对知识的应用和实践能力。

　　参加本教材的编写人员均来自教学与科研的第一线，有丰富的教学和实践经验，并且认真负责，使编写的内容更加充实、详尽、可靠，力求从实际出发，进行理论性概述，也注意到反映本学科的最新动态和发展水平。本教材受到聊城大学应用型人才培养特色名校重点项目的支持。

　　在编写的过程中，虽然多次讨论、修改和审校，但由于时间有限，编写经验不足，因此，教材中疏漏和不妥之处仍然难免。恳切希望广大教师、学生和同行在使用过程中给予批评指正，以便修订完善。

编者

2015 年 4 月

第一版前言

动物普通病主要是指除由微生物和寄生虫所引起的传染病和寄生虫病以外的动物非传染性疾病，即包括动物内科病、动物外科病和动物产科病相关内容。这些疾病主要是由于饲养、管理、利用（如使役、泌乳和繁殖等）不当和新陈代谢紊乱而引起，有的是散在发生的，有的具群发性，可直接影响到畜力的提供，畜产品的生产、利用和加工，以及肉、蛋、乳的质量和经济价值。这对于畜禽生产的发展，动物性食品安全、卫生检验工作的开展，保证动物性食品的卫生质量，保障消费者的食用安全和身体健康，防止畜禽疫病的传播，维护动物性食品的出口信誉等，都会产生不利影响。因此，鉴于畜牧生产的实际需要与畜牧兽医以及相关专业教育事业发展的要求和任务所在，根据动物普通病课程培养目标和高素质技能人才培养的需求，我们联合畜牧兽医相关高校的老师共同编写了本教材。

本书以动物解剖、动物生理学、动物生物化学、动物病理、动物药理学以及动物营养与饲养为基础，以基础理论知识和临床经验为准则，应用辩证唯物主义观点，对动物普通病的发病原因、发病机制、病理变化和临床症状、诊断依据等进行了分析和阐述，在"预防为主"方针及理论联系实际的前提下，提出防治措施。同时，本书在编写中充分发挥了各位编者的专长，结合多年的教学、科研、生产实践经验，使编写的内容更加充实、详尽、可靠，力求从实际出发，理论"必需、够用、实用"，也注意到反映本学科的最新动态和发展水平。本书包括兽医临床诊疗基础、内科疾病、外产科疾病3篇共23章及16个实训指导项目。诊疗基础部分以兽医临床诊断学为基础，重点阐述了内、外、产科疾病诊断与防治的相关技术，实用性强。

本书在编写的过程中，虽然多次讨论、修改和审校，但教材中疏漏和不妥之处仍然在所难免。恳切希望广大读者、同行给予批评指正。

编者

2009 年 6 月

第三篇 外科和产科疾病   181

第一篇

兽医临床诊断基础

第一章　动物的接近和保定

【知识目标】

　　1. 了解动物的接近方法。

　　2. 掌握动物的保定方法。

【技能目标】

　　可顺利接近动物并能对各种动物正确保定。

第一节　动物的接近

一、动物接近的方法

　　（1）接近病畜前，检查者首先观察病畜的表现并向畜主了解其有无恶癖，然后以温和的呼叫声，向动物发出欲要接近的信号，再从前侧方徐徐接近，绝不能从后方或突然接近动物。

　　（2）接近病畜时，检查者用手轻轻抚摸其颈侧或臀部，待安静后再行检查。对于猪，则可在腹下部或腹侧部用手轻轻搔痒，使其安静或卧下，然后进行检查。

　　（3）检查病畜时，应将一手放于病畜的肩部或髋结节部，一旦病畜剧烈骚动抵抗时，即可作为支点向对侧推动并迅速离开，以防意外的发生，确保人畜安全。

二、动物接近的注意事项

　　（1）应熟悉各种动物的习性及其惊恐与欲攻击人、畜时的神态（如马竖耳、瞪眼；牛低头凝视；猪斜视、翘鼻、发"呼呼"声等）。

　　（2）检查者除亲自观察外，还需向畜主或饲养人员详细了解动物平时的性情，是否有胆小易惊、好踢人、咬人、顶人等恶癖。

　　（3）检查马属动物时，应先从其左前方接近，以便事先有所注意。不宜从正前方与直后方贸然接近，以免被其前肢刨伤或后肢踢伤。

第二节　动物的保定

　　动物保定是指用人为的方法使病畜易于接受诊疗，保障人、畜安全所采取的保护性措施，是兽医工作者应掌握的基本操作技能之一。保定的方法很多，而且不同动物的保定方法也不同。本节重点介绍几种动物常用的一些保定方法。

一、动物保定的方法

1. 马的保定

（1）鼻捻棒保定法

【方法】将鼻捻棒的绳套套于一手（左手）上并夹于指间，另一手（右手）抓住笼头，持有绳套的手（左手）自鼻梁向下轻轻抚摸至上唇时，迅速有力地抓住马的上唇，此时另一手（右手）离开笼头，将绳套套于唇上，并迅速向一方捻转把柄，直至拧紧为止（见图1-1）。

【应用】适用于一般的临床检查或简单的处置等。

（2）耳夹子保定法

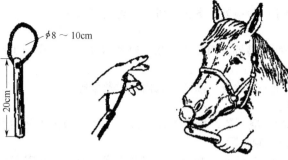

(a) 鼻捻棒及绳套　　(b) 绳套夹于指间　　(c) 拧紧上唇

图 1-1　马鼻捻棒保定法示意图

【方法】先将一手放于马的耳后颈侧，然后迅速抓住马耳，持夹子的另一只手迅速将夹子放于耳根部并用力夹紧，此时应握紧耳夹，以免因马匹骚动、挣扎而使夹子脱手甩出甚至伤人。

【应用】适用于一般的临床检查或简单的处置等。

（3）前后肢保定法

【方法】用一条长约 8m 的绳子，绳中段对折打一颈套，套于马颈基部，两端通过两前肢和两后肢之间，再分别向左右两侧返回交叉，使绳套落于系部，将绳端引回至颈套，系结固定之。

【应用】适于马直肠检查或阴道检查、臀部肌内注射等。

（4）柱栏内保定法

① 单柱保定法

【方法】将马缰绳系于立柱或树桩上，用颈绳绕颈部后，系结固定。

【应用】适用于灌药或投胃管等。

② 二柱栏内保定法

【方法】将马牵至柱栏左侧，缰绳系于横梁前端的铁环上，用另一条绳将颈部系于前柱上，最后缠绕围绳及吊挂胸、腹绳（见图 1-2）。

图 1-2　马二柱栏内保定法

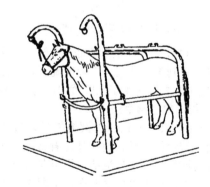

图 1-3　马四柱栏内保定法

【应用】适用于临床检查、检蹄、装蹄及臀部肌内注射等。

③ 四柱栏及六柱栏内保定法

【方法】保定栏内应备有胸带、臀带（或用扁绳代替）、肩带。先挂好胸带，将马从柱栏后方引进，并把缰绳系于某一前柱上，挂上臀带，最后压上肩带（见图 1-3）。

【应用】适用于一般临床检查、治疗、检疫等。

2. 牛的保定

（1）徒手握牛鼻保定法

【方法】先用一手握住牛角根，然后拉提鼻绳、鼻环或用一手的拇指、食指与中指捏住鼻中隔加以保定。

【应用】此法适用于一般检查、灌药、肌内注射及静脉注射。

（2）牛鼻钳保定法

【方法】将鼻钳的两钳嘴抵入两鼻孔，并迅速夹紧鼻中隔，用一手或双手握持，亦可用绳系紧钳柄固定之。

【应用】此法可用于一般检查、灌药、肌内注射及静脉注射。

（3）前后肢保定法

【方法】取 2m 长的粗绳一条，折成等长两段，于跗关节上方将两后肢胫部围住，然后，将绳的一端穿过折转处向一侧拉紧。

【应用】此法适用于一般检查、静脉注射以及乳房、子宫、阴道疾病的治疗等。

（4）柱栏内保定法

① 单柱颈绳保定法

【方法】将牛的颈部紧贴于单柱，以单绳或双绳做颈部活结固定。

【应用】适用于一般检查或直肠检查。

② 二柱栏内保定法

【方法】将牛牵至二柱栏内，鼻绳系于头侧栏柱，然后缠绕围绳，吊挂胸、腹绳即可固定。

【应用】此法适用于临床检查、各种注射及颈、腹、蹄等部位疾病的治疗。

③ 四柱栏内保定法

【方法】将牛牵至四柱栏内，上好前后保定绳即可，必要时可加上背带和腹带。

【应用】适用于临床一般检查后治疗时的保定。

（5）倒卧保定法

① 背腰缠绕倒牛法

【方法】在绳的一端做一个较大的绳圈，套在两个角的根部，将绳沿非卧侧颈部外面和躯干上部向后牵引，在肩胛骨后角处环胸绕一圈做成第一个绳套，继而向后引至肷部，再环腹一周做成第二个绳套。由两人慢慢向后拉绳的游离端，由另一人把持牛角，使

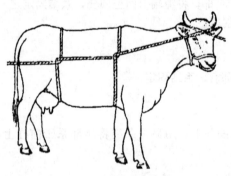

图 1-4　背腰缠绕倒牛法

牛头向下倾斜，牛即可蜷腿而慢慢倒下。保定时应注意，牛倒卧后，一要固定好头部，二不能放松绳端，否则牛易站起。一般情况下，不需捆绑四肢，必要时再进行固定（见图 1-4）。

【应用】主要适用于一般黄牛的外科手术等。

② 拉提前肢倒牛法

【方法】取约 10m 长的圆绳一条，折成长、短两段，于折转处做一套结并套于左前肢系部，将短绳一端经胸下至右侧并绕过背部再返回左侧，由一人拉绳；另将长绳引至左髋结节前方并经腰部返回缠绕一周，打半结，再引向后方，由两人牵引。令牛向前走一步，正当其抬举左前肢的瞬间，三人同时用力拉紧绳索，牛即先跪下而后倒卧；一人迅速固定牛头，一人固定牛的后躯，一人迅速将缠在腰部的绳套向后拉并使其滑到两后肢的距部而拉紧之，最后将两后肢与两前肢捆扎在一起。

【应用】主要适用于水牛的保定，常用于去势及其他外科手术等。

3. 羊的保定

（1）握角骑跨夹持保定法

【方法】两手握住羊的两角，骑跨羊身，以大腿内侧夹持羊两侧胸壁即可。

【应用】适用于临床检查或治疗时的保定。

（2）两手围抱保定法

【方法】从羊胸侧用两手（臂）分别围抱其胸或股后部加以保定。

【应用】适用于一般检查或治疗时的保定。

（3）倒卧保定法

【方法】保定者俯身从对侧一手抓住两前肢系部或抓一前肢臂部，另一手抓住腹肋部膝襞处扳倒羊体，然后改抓两后肢系部，前后一起按住即可。

【应用】此法适用于治疗或简单的手术。

4. 猪的保定

（1）站立保定法

【方法】先抓住猪耳、猪尾或后肢，然后做进一步保定。也可在绳的一端做一活套，使绳套自猪的鼻端滑下，套入上颌犬齿后面并勒紧，然后由一人拉紧保定绳或拴于木桩上，此时，猪多呈用力后退姿势。

【应用】此法适用于一般的临床检查、灌药和注射等。

（2）提举保定法

【方法】抓住猪两耳，迅速提举，使猪腹部朝前，同时用膝部夹住其颈胸部。

【应用】此法用于胃管投药及肌内注射。

（3）网架保定法

【方法】取两根木棒或竹竿（长 100～150cm），按 60～75cm 的宽度，用绳织成网床。将网架于地上，把猪赶至网架上，随即抬起网架，使猪的四肢落入网孔并离开地面即可保定。较小的猪可将其捉住后放于网架上保定。

【应用】此法可用于一般的临床检查、耳静脉注射等。

（4）保定架保定法

【方法】将猪放于特制的活动保定架或较适宜的木槽内，使其呈仰卧姿势，或行背位保定。

【应用】此法可用于前腔静脉注射及腹部手术等。

（5）侧卧保定法

【方法】左手抓住猪的右耳，右手抓住右侧膝部前皱褶，并向术者怀内提举放倒，然后使前后肢交叉，用绳在掌跖部拴紧固定。

【应用】此法可用于大公、母猪去势，腹腔手术，耳静脉、腹腔注射。

（6）后肢提举保定法

【方法】两手握住后肢飞节并将其提起，头部朝下，用膝部夹住背部即可固定。

【应用】此法可用于直肠脱的整复、腹腔注射以及阴囊和腹股沟疝手术等。

5. 犬的保定

（1）口网保定法

【方法】用皮革、金属丝或棉麻制成口网，装于犬的口部，将其附带结于两耳后方颈部，防止脱落。口网有不同规格，应依犬的大小选择使用。

【应用】适用于一般检查和注射疫苗等。

（2）扎口保定法

【方法】用绷带或布条做成猪蹄扣，套在鼻面部，使绷带的两端位于下颌处并向后引至项部打结固定，此法较口网保定法简单且牢靠。

【应用】适用于一般检查、注射疫苗等。

（3）犬横卧保定法

【方法】先将犬做扎口保定，然后两手分别握住犬两前肢的腕部和两后肢的跖部，将犬提起横卧在平台上，以右臂压住犬的颈部，即可保定（见图1-5）。

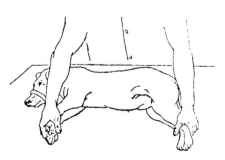

图 1-5　犬横卧保定法

【应用】适用于临床检查、治疗、注射疫苗等。

6. 猫的保定

（1）抓猫法　抓猫前轻摸猫的脑门或抚摸猫的背部以消除敌意，然后用右手抓起猫颈部或背部皮肤，迅速用左手或左小臂抱猫，同时用右手抚摸其头部，这样既方便又安全；如果捕捉小猫，只需用一只手轻抓颈部或腹部即可。

（2）猫袋保定法　猫袋可用人造革或粗帆布缝制而成。布的两侧缝上拉锁，将猫装进去后，拉上拉锁，变成筒状；布的前端装一根能抽紧及放松的带子，把猫装入猫袋后先拉上拉锁，再抽紧袋口的颈部，此时拉住露出的猫的后肢可测量猫的体温，也可进行灌肠、注射等。

二、动物保定的注意事项

检查者，在进行动物保定时，一定要注意人员和动物的安全。为此，应注意以下事项。

① 要了解动物的习性和有无恶癖，并应在畜主或饲养员的协助下完成。

② 保定用绳索应结实，粗细适中，所有绳结应为活结，以便危急时可迅速解开。

③ 应根据动物大小选择适宜场地，地面平整，无碎石、瓦砾等，以防损伤动物。

④ 接近单个动物或畜群时，应适当限制参与人数，切忌一哄而上，以防惊吓动物。

【复习思考题】

1. 如何用二柱栏内保定法保定牛？
2. 简述羊的侧卧保定法。
3. 犬有哪些保定方法及其注意事项？

第二章　临床诊断检查的基本方法与程序

【知识目标】

1.掌握问诊、视诊、触诊、叩诊、听诊及嗅诊的临床检查方法。

2.了解临床检查的基本程序。

【技能目标】

根据动物的患病情况，能够熟练运用问诊、视诊、触诊、叩诊、听诊及嗅诊等方法进行临床检查。

第一节　临床检查的基本方法

一、问诊

1.问诊方法

通过询问的方式向畜主或饲养人员了解病畜或畜群发病前后的情况和经过，应在病畜登记以后和现症检查之前进行。

2.问诊内容

问诊主要包括如下内容。

（1）生活史

① 饲料种类、质量及配方，加工调制方法和储藏方法，饲喂方法和制度，水源情况等。

② 动物的生产性能、使役情况，畜舍卫生情况、周围及牧地环境条件，气候变化。

（2）既往史　了解病畜或畜群过去的患病情况。特别是有群发病时，更要详细调查、了解当地疫病流行、防疫和检疫的情况等。

（3）现病史　了解发病时间、地点、发病数量和病程，对发病原因的估计、病的经过及所采取的治疗措施与效果等。注意观察疾病的临床表现、病理剖检变化和实验室检查结果。

3.注意事项

（1）向畜主或饲养人员询问时态度应和蔼可亲，语言要通俗易懂，以便得到畜主的配合。

（2）在问诊内容上既要全面搜集情况又要突出重点。

（3）对问诊材料的评估，应持客观态度。既不应绝对肯定又不能简单的否定。对所得资料和临床检查的结果应加以联系对比和全面的综合分析，为找到病因和建立诊断提供依据。

二、视诊

视诊是用肉眼直接地或借助器械（如内镜、开口器、胃镜等）间接地对病畜的整体或局部进行观察、搜集症状的一种方法。

1.视诊方法

视诊时应尽量使动物取自然姿势。一般距离病畜2m左右，从动物的左前方开始，由前向后，由左向右，自上而下，边走边看，先观静态后看动态。特别是在动物的正前方和正后方时，应对照观察胸、腹部及臀部两侧的状态和对称性。最后可进行牵遛，观察运步状态。

观察畜群，从中发现精神沉郁、离群呆立、饮食异常、腹泻、咳嗽、喘息及被毛粗乱无光、消瘦衰弱的病畜。

2. 视诊内容

（1）整体状况：精神状态，营养状况。

（2）运动情况：站立姿势，行走姿势。

（3）表被情况：被毛，外伤，肿物。

（4）生理体腔（与外界相通的如鼻腔、口腔和生殖道）：颜色，分泌物，排泄物情况。

（5）生理功能：采食、饮水、咀嚼、吞咽、反刍、嗳气、呼吸方式、颈静脉搏动等。

3. 注意事项

（1）视诊最好在自然光照的宽敞场所进行。

（2）对初来门诊的病畜，应稍经休息，待呼吸平稳后再行观察。

三、触诊

触诊是利用手（包括手指、手掌、手臂和拳头）对要检查的组织器官进行触压和感觉，以判断其病理变化，从中获得临床诊断资料的一种方法。

1. 触诊目的

了解病畜体表及腹腔器官的状态，以及根据某些组织器官生理或病理性的冲动（如心脏搏动、胃肠蠕动、脉搏跳动）来判定病变部位的大小、形状、硬度、温度和敏感性。

2. 触诊方法

（1）按压触诊法　将手掌平放于被检部位（或以另一手放于对侧而做衬托），轻轻按压，以感知其内容物的性状与敏感性，适用于检查胸、腹壁的敏感性及中、小动物的腹腔器官与内容物性状。

（2）冲击触诊法　以拳或手掌在被检部位连续进行2～3次用力的冲击，进而感知腹腔深部器官的性状与腹膜腔的状态。如于腹侧壁冲击触诊感到有回击波或振荡音，提示腹腔积液或靠近腹壁的较大肠管中存有多量液状内容；而对反刍动物于右侧肋弓区进行冲击（或闪动）触诊，可感知真胃的内容性状。

（3）切入触诊法　以一个或几个合拢的手指，沿一定部位进行深入地切入或压入以感知内部器官的性状，适用于检查肝、脾的边缘等。

3. 触诊内容

（1）检查体表的温、湿度，应以手背（特别对温度的感觉较为灵敏）进行，应注意躯干与末梢的对比及左右两侧、健区与病部的对照检查。

（2）以手指对局部及肿物硬度和性状进行加压或揉捏，根据感觉及压后的现象去判断。

（3）以刺激为目的而欲判定其敏感性时，在触诊的同时要注意动物的反应及头部、肢体的动作，如动物表现回视、躲闪甚或反抗，常是敏感、疼痛的表现。此时应先将动物的眼睛加以遮盖，以免发生不真实的反应。

（4）内脏器官的深部触诊，需依被检的器官、部位不同而选用适宜的方法，并熟悉其正常的解剖特点（如位置、形态、内容性状、与周围组织的相互关系等），以作为判断病变的前提。

4. 应用范围

（1）动物的体表状态　皮肤的温度、湿度、弹性以及有无肿胀和肿胀的性质；浅表淋巴结的大小、硬度和疼痛感；某些组织器官的生理或病理性冲动。

（2）动物内脏器官的状态　如肝、脾、肾、胃、肠、膀胱、子宫等。

（3）触诊作为一种刺激，应根据动物的反应来判断其敏感性。

（4）皮肤肿胀的性质

① 捏粉状：触诊柔软，指压留痕，去后徐徐消失，如触压生面团，主要是组织中发生浆液性浸润的结果，常见于皮下水肿。

② 波动状：触压肿胀部位柔软有弹性、有波动感，主要是组织间积聚液体的结果，常见于血肿、脓肿和淋巴外渗。

③ 捻发音：触诊柔软而稍有弹性，可听到捻发音，主要是组织中含有气体的结果，常见于皮下气肿、气肿疽。

④ 坚实感：肿胀部位坚实而致密，如触压肌肉和肝脏，主要是组织发生细胞浸润或结缔组织增生的结果，常见于蜂窝织炎、组织增生。

⑤ 硬固感：触诊肿胀部位坚硬如骨，常见于骨瘤、肠结石、牛放线菌肿。

⑥ 疼痛感：触诊的时候动物表现敏感、抗拒，常见于局部的炎症。

⑦ 赫尔尼亚（疝）：分为脐疝、阴囊疝和腹壁疝三种，局部内容物不定，可为固体、液体、气体，经按压可还纳，听诊有时可听到肠音，触诊可触到疝孔，临床上根据其特定的发生部位即可确诊。

四、叩诊

根据叩打动物体表所产生音响的性质来判断被检组织器官的病理变化，也可理解为变相触诊，因为在病理情况下的音响与生理性情况下的音响存在差别。

1. 应用范围

（1）表在体腔　如颅腔、鼻腔、额窦、颌窦、胸腔、腹腔、喉腔等。

（2）含气器官　如肺、胃、肠。

（3）实质器官　如肝、肾、脾、心。

2. 叩诊方法

（1）直接叩诊法　用一个或数个并拢且呈屈曲的手指，向动物体表的一定部位轻轻叩击。由于动物体表的软组织（皮肤、肌肉、皮下脂肪等）振动不良，从而不能很好地向深部传导，并且所产生的音量小又不易辨别，所以应用不多，仅可用于检查肠臌气时的鼓响音及弹性，和当反刍动物瘤胃臌气时判定其含气量及紧张度，或诊查鼻窦、喉囊时用之。

（2）间接叩诊法　在被叩击的体表部位上，先放一振动能力较强的附加物，而后向这一附加物体上进行叩击。附加的物体，称为叩诊板。叩诊板有两个基本的优点：一是叩诊的声音响亮、清晰，易于听取和辨认；二是能很好地向深部传导，更适用于深部叩诊。因此，应用较为广泛。

间接叩诊的具体方法，主要有指指叩诊法及槌板叩诊法。

① 指指叩诊法：通常以左手的中指（或食指）代替叩诊板，使之紧密地（但不要过于用力压迫）放在动物体表的检查部位上（注意：此时除做叩诊板用的手指以外的其余手指，均要与体壁分开）；再以右手的中指（或食指），在第二指关节处呈90°弯曲，用该指端向做叩诊板用的手指的第二指节垂直、轻轻叩击（见图2-1）。

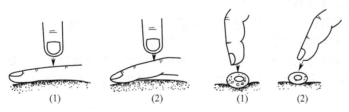

（1）　　　　（2）　　　　（1）　　　　（2）

图 2-1　指指叩诊的正确（1）与不正确（2）姿势

② 槌板叩诊法：叩诊槌一般由金属制成，在槌的顶端嵌有软硬适度的橡胶头；叩诊板可由金属、骨质、角质或塑料制成，形状不一，或有把柄或两端上屈。

通常的操作方法是以左手持叩诊板，将其紧贴于欲检查的部位上；以右手持叩诊槌，用腕关节做轴而上下移动，使之垂直地向叩诊板上连续叩击2～3次，以分辨其产生的音响。

3. 基本叩诊音

（1）清音　音调低，音响大，持续时间长。如叩诊健康动物肺脏中央。

（2）浊音　音调高，音响小，持续时间短。如叩诊臀部肌肉和肝脏等实质器官。

（3）鼓音　音调强，音响大，持续时间长。如叩诊马盲肠和反刍动物瘤胃上部。

（4）半浊音（过清音） 介于清音和浊音之间的一种过渡音响。如叩诊健康动物肺脏边缘。

4. 注意事项

（1）叩诊板（或做叩诊板用的手指）必须紧贴动物体表，其间不得留有空隙。对被毛过长的动物，宜将被毛分开，以使叩诊板与体表皮肤很好的接触；对极度瘦削的病畜，当检查胸部时，叩诊板应沿着肋间放置，以免横放在两条肋骨上而与胸壁之间产生空隙。

（2）不应过于用力压迫叩诊板；除做叩诊板用的手指外，其余手指不应接触动物的体壁，以免妨碍振动。

（3）叩诊时应垂直叩向叩诊板，并应短促、断续、富有弹性且在叩打后很快离开叩诊板。

（4）每次叩诊应在叩诊部位连续进行 2～3 次、时间间隔均等的同样叩打。

（5）叩诊的手应以腕关节做轴，轻松振动与叩击，不要强加臂力。

（6）强叩诊时，组织的振动可沿表面向四周传播 4～6cm，向深部传播 6～7cm；弱叩诊时，可分别传播 2～3cm 及 4cm。对深藏的器官、部位及较大的病灶宜用强叩诊；而浅在的器官与较小的病灶则宜用弱叩诊。

五、听诊

听诊是直接用耳朵或借助器械间接地听取动物内脏器官在运动时发出的各种音响，以音响的性质去推断病理变化的一种诊断方法。

1. 应用范围

（1）心血管系统 心音的频率、性质、心杂音。

（2）呼吸系统 喉、气管、支气管呼吸音，肺泡呼吸音，啰音，胸膜的病理性音响。

（3）消化系统 胃肠蠕动音的性质、强度、频率。

2. 听诊方法

（1）直接听诊法 在听诊部位放置一块听诊布，检查者将耳朵直接贴在动物被检部位进行听诊。因为不卫生、不安全，临床上极少使用。

（2）间接听诊法 借助听诊器进行听诊。

听诊很重要，有的疾病通过听诊即可确定。如心区部听诊出现拍水音和摩擦音可确诊为心包炎；心室部听诊出现心内杂音可确诊是心脏瓣膜病；肺区听诊出现支气管音或啰音时是肺炎的表现；腹部听诊时听不到肠音是肠麻痹。

3. 听诊的注意事项

（1）一般应选择在安静的室内进行。

（2）听诊器的接耳端，要适宜地插入检查者的外耳道（不松也不过紧）；接体端（听头）要紧密地放于动物体表的检查部位，但也不应过于用力压迫。

（3）被毛及其他物品的摩擦是最常见的干扰因素，要尽可能地避免，必要时可将其濡湿。

（4）检查者要将注意力集中在听到的声音上，同时要注意观察动物的动作，如听呼吸音的同时观察其呼吸运动。

六、嗅诊

嗅诊主要应用于嗅闻病畜的呼出气体、口腔的臭味以及病畜的分泌物、排泄物（粪、尿）以及其他病理产物。如呼出气体及鼻液有特殊腐败臭味，是提示呼吸道及肺脏的坏疽性病变的重要线索；尿液及呼出气息有酮味，可怀疑酮尿症的存在。阴道分泌脓性分泌物且有腐败臭味，可见于子宫蓄脓症或胎衣滞留等。

上述六种检查方法中，视、触、叩、听、嗅称为物理检查法。每种基本检查方法均有其固有的特点，但也有各自的不足，不能互相代替，应该相互配合使用。如听诊与叩诊配合检查胸腹腔器官疾病，触诊和听诊配合检查胃肠内容物和功能变化等。只有这样才能对某一器官疾病的病变获得全面的印象并给予合理的判定。这是临床工作的一般常规和准则。

第二节 临床检查的程序

临床检查病畜时，应按一定的顺序进行，以免某些症状被遗漏，同时可以获得比较全面的症状资料。这对综合分析疾病和判定疾病非常重要，特别是初学者更应该养成这种良好的习惯。临床检查病畜时，应着眼于对饲养、管理、使役及生产性能的了解，主要症状、典型症状、特殊症状以及各系统、器官疾病的综合征候群的检查。

通常检查顺序为：病畜登记→问诊→现症检查（包括整体及一般检查、系统检查、实验室检查和特殊检查）→建立诊断→病历记录。当然，临床检查程序并不是固定不变的，可根据具体情况灵活掌握。

一、病畜登记

病畜登记是指系统地记录就诊动物的一般情况和个体特征，通过病畜登记建立档案，为以后的诊疗和科研工作提供资料。

1. 动物种类

动物种类不同所患疾病不同，如牛瘟不侵害马，猪瘟仅发生于猪；对某种毒物的敏感性也不同，如牛对汞、猫对石炭酸敏感等。不同种类动物有其常见、多发的疾病，如马的腹痛症、牛的前胃病等。

2. 品种

品种与动物个体的抵抗力及其体质类型有一定关系，如轻型马对疼痛反应较为敏感，高产乳牛易患某些营养代谢性疾病，本地品种猪较耐粗饲等。

3. 性别

性别不同其发病也不同。公畜尿道均有弯曲，易发生尿道结石；公马有较宽的腹股沟环，故易发生腹股沟疝；公猪易发生脐疝及腹股沟疝；母畜易发生乳房疾病、子宫疾病及胎衣滞留等生殖系统疾病。

4. 年龄

年龄的大小对疾病的感受性也不同。例如具有腹泻症状的仔猪疫病，其发病与年龄关系密切。仔猪白痢：7～20日龄；仔猪黄痢：＜7日龄；仔猪红痢：＜3日龄。仔猪副伤寒：1～2月龄。猪痢疾：2～3月龄等。

5. 体重

主要与用药有关。一般通过询问畜主或兽医目测得知，注意误差不能太大。

6. 用途

家畜由于用途不同，其所患疾病也有差别，如役用家畜易患四肢病、肺充血及肺水肿；乳用家畜易患子宫疾病、乳房疾病；肉用家畜易患胃肠病和营养代谢病；毛用家畜易患皮肤病；种用家畜易患生殖系统疾病等。

7. 毛色

毛色是个体特征标志之一，但也与某些疾病的发生有关，如青毛马易发生黑色素瘤，白毛猪和羊易患感光过敏。检查皮肤色素缺乏部位，对诊断痘疹性皮肤病有一定意义。

此外，为了便于联系和追踪调查，尚需登记畜主姓名、住址和联系方式。

二、问诊

问诊内容主要包括现病史、既往史和生活史。

当疾病表现有群发、传染及流行现象时，应该详细调查发病情况，如流行病学、检疫结果、防疫措施等。在此基础上综合分析，寻找具有诊断价值的指标。

三、现症临床检查

1. 整体及一般检查

（1）整体状态的检查。

（2）表被状态的检查。

（3）可视黏膜的检查。

（4）浅表淋巴结和淋巴管的检查。

（5）体温、脉搏、呼吸次数的测定。

2. 系统检查

（1）心血管系统的检查。

（2）呼吸系统的检查。

（3）消化系统的检查。

（4）泌尿生殖系统的检查。

（5）神经系统的检查。

3. 实验室检查

实验室检查就是运用物理学、化学和生物学等的实验技术和方法，对病畜的血液、尿液、粪便、体液、组织细胞及病理产物，在实验室特定的设备与条件下，测定其物理性状，分析其化学成分，或借助于显微镜观察其有形成分的方法，以获取反映机体功能状态、病理变化或病因等的客观资料。

4. 特殊检查

在临床检查结果的基础上，根据实际需要有选择地进行特殊检查。通过特殊检查可以确诊疾病和排除疾病。特殊检查主要包括 X 射线诊断、B 超诊断、CT 诊断、核磁共振诊断、心电图诊断和电视腹腔镜诊断等。

四、建立诊断

通过病史调查、各系统临床检查、实验室检查和特殊检查等方式，系统全面地收集症状和有关发病资料，然后对所收集到的症状、资料进行综合分析、推理、判断，初步确定病变部位、疾病性质、致病原因及发病机制，从而建立初步诊断。依据初步诊断实施防治。根据防治效果来验证诊断，并对诊断给予补充和修改，最后对疾病作出确切的诊断。

五、病历记录

病历记录不仅是诊疗机构的法定文件，也是兽医临床工作者不断总结诊疗经验的宝贵原始资料，更是法律医学的证据。因此，必须认真填写，妥善保管。

病历内容，一般可按照以下的顺序。

第一部分：病畜种属、名称、特征等登记事项。

第二部分：主诉及问诊资料，有关病史、病程、饲养管理与环境条件等内容。

第三部分：临床检查所见。这是病历组成的主要部分，特别是初诊之际更应详尽。

应按系统填写。

首先记录体温（℃）、脉搏（次/分）、呼吸（次/分）。

其次为整体状态（体格、发育、精神、营养、姿势、行为等）；表被情况（被毛和羽毛，皮肤与皮下组织，肿物、疹疤、创伤、溃疡等外科病变的特点）；眼结合膜的颜色；浅在淋巴结及淋巴管的变化等。

再次则按心血管系统、呼吸系统、消化系统、泌尿生殖系统及神经系统等顺序，记录检查结果。此部分也可依头颈部、胸部、腹部、臀尾、四肢等躯体部位和器官而记录之。以后则为辅助检查或特殊检查的结果，或以附表的形式记录。如血、尿、粪的实验室检验，各种辅助检查、特殊检查的结果。

治疗原则、方法、处方，护理及改善饲养管理方面的措施。

会诊的意见及决定。

第四部分：总结。

治疗结束时，以总结的方式，概括诊断、治疗的结果，并对今后的生产能力加以评定。还应指出今后在饲养管理上应注意的事项。如以死亡为转归时，应进行剖检并附病理剖检报告。最后应整理、归纳诊疗过程中的经验、教训，或附病历讨论。

第五部分：病历日志。

逐日记载体温、脉搏、呼吸次数（或以曲线表表示）。

各器官系统的症状、变化（一般仅记录与前日的不同所见）。

【复习思考题】

1.问诊包括哪些内容?

2.叩诊的方法有哪些?

3.触诊应注意哪些问题?

4.临床检查的程序是什么?

第三章　整体及一般检查

【知识目标】

1. 掌握外貌检查、体表检查、眼结膜检查、浅在淋巴结（管）的检查方法，及体温、脉搏与呼吸次数的测定方法。
2. 进行一般检查时，要注意不同部位的病理变化。

【技能目标】

1. 能够熟练运用一般检查方法判定病畜禽体表、可视黏膜、淋巴结的病变情况。
2. 知道常见动物体温、脉搏的检查部位，能正确测定。

第一节　外貌检查（整体状态的检查）

接触病畜进行检查的第一步，就是观察病畜的整体状态。应着重判定其体格、发育，营养程度，精神状态，姿势与体态，运动与行为的变化和异常表现。

一、体格、发育

体格、发育状况一般可根据骨骼与肌肉的发育程度来确定。为了确切地判定，可应用测量器械测定其体高、体长、体重、胸围及管围的数值。

一般依据视诊观察的结果，可区分体格的大、中、小或发育良好与发育不良。体格的大小，主要可作为发育程度的参考。体格发育良好的动物，其体躯高大、结构匀称、肌肉结实，给人以强壮有力的印象。发育不良的病畜，多表现为躯体矮小、结构不匀称，特别是幼畜阶段，常呈发育迟缓甚或发育停滞。一般可提示营养不良或慢性消耗性疾病（慢性传染病、寄生虫病或长期的消化功能紊乱）。

幼畜的佝偻病，在体格矮小的同时其躯体结构明显改变，如头大颈短、关节粗大、肢体弯曲或脊柱凸凹等特征形象。

躯体结构的改变，还可表现为各部比例的不匀称，如牛的左胁胀满，是瘤胃膨胀的特征；马的右胁隆起可提示肠臌气；左、右胸廓不对称，宜考虑单侧气胸或胸膜与肺的严重疾病。

病畜头部、颜面歪斜（单侧耳、眼睑、鼻、唇下垂），是面神经麻痹的特征；马的尾部歪斜，可见于脊髓病变或某些霉菌中毒病。

二、营养程度

通常根据肌肉的丰满程度，特别是皮下脂肪的蓄积量而判定。被毛的状态和光泽，也可作为参考。如仔猪可与同窝仔猪相比较；骆驼则应注意驼峰；大尾羊应根据其尾巴的丰满程度；鸡除根据羽毛状态外，还应触诊胸肌而判定之。营养程度标志着机体物质代谢的总趋势。

临床上一般可将营养程度划分为三级或以膘成来表示：营养良好（八九成膘）；营养中等（六七成膘）；营养不良（五成膘以下）。

动物表现肌肉丰满、皮下脂肪丰盈、被毛有光泽、躯体圆满而骨骼棱角不突出，乃是营养良好的标志。

营养不良表现为消瘦，被毛蓬乱无光，皮肤缺乏弹性，骨骼表露明显（如肋骨）。营养不良的病畜，多同时伴有精神不振与躯体乏力。消瘦是临床常见的症状。如病畜于短期内急剧消瘦，主要应考虑有急性热病的可能或由于急性胃肠炎、频繁下痢而致大量失水的结果。

马应注意传染性贫血、鼻疽、慢性胃肠炎及长期过劳；牛应注意结核、牛肺疫、肝片吸虫病；而羊则宜特别考虑胃肠道寄生虫病。

仔猪的营养不良，如哺乳仔猪，在排除母乳不足、乳头固定不佳而引起者外，应考虑大肠埃希菌病和仔猪副伤寒；对离乳仔猪如无饲养管理失宜的原因可查，则常提示为慢性消耗性疾病，尤多见于慢性副伤寒、气喘病、蛔虫病以及慢性猪瘟、圆环病毒感染等；稍大的猪只，尚应注意于慢性猪丹毒后继发的心内膜炎及链球菌性心内膜炎。鸡的慢性消瘦，应多考虑新城疫（慢性）、球虫病等。高度的营养不良，称恶病质，是判断预后不良的一个重要指征。

三、精神状态

动物的精神状态是其中枢神经功能的标志。可根据其对外界刺激的反应能力及其行为表现而判定之。正常时中枢神经系统的兴奋与抑制两个过程保持动态的平衡。动物表现为静止时较安静，行动时较灵活，对各种刺激较为敏感。当中枢神经功能发生障碍时，兴奋与抑制过程的平衡被破坏，临床上表现为过度兴奋或过度抑制。

兴奋是中枢功能亢进的结果，轻则惊恐、不安，重则狂躁不驯。

易惊则病畜对外界的轻微刺激即表现出强烈的反应，经常左顾右盼、竖耳、刨地，甚则惊恐、不安，挣扎脱缰。在牛可见瞪眼、凝视，甚至哞叫。可由脑及脑膜的充血和颅内压增高所引起，或系某些中毒与内中毒的结果，如脑与脑膜的炎症，日射病或热射病的初期以及某些中毒病和某些侵害中枢神经系统的传染病时。

狂躁不驯则病畜表现为不顾障碍的一直前冲或后退不止，反复挣扎脱缰，啃咬物体，甚至攻击人、畜。多提示为中枢神经系统的重度病例，可见于马流行性脑脊髓膜炎的狂躁型。抑制是中枢神经功能扰乱的另一种表现形式。轻则表现沉郁，重则嗜睡，甚至呈现出昏迷状态。

沉郁时可见病畜离群呆立、委靡不振、耳聋头低，对周围冷淡，对刺激反应迟钝。猪则多表现为离群向隅或钻入垫草之中；鸡多呈羽毛逆立、缩颈闭眼、两翅下垂之状。常见于各种发热性疾病及消耗性、衰竭性疾病等。

嗜睡时则重度委靡、闭眼似睡，或站立不动或卧地不起，给以强刺激才引起轻微的反应。可见于重度的脑病或中毒，如马流行性脑脊髓膜炎的沉郁型病例。偶见马慢性脑室积水，呈呆痴似睡、行动笨拙，且常将前肢交叉而站立或呈口衔饲草而忘嚼的特有姿态。

甚至仅保有部分反射功能，或有时伴有肌肉痉挛与麻痹，或有时四肢呈游泳样动作。可见于脑及脑膜疾病、中毒病或某些代谢性疾病的后期。

应该指出，精神状态的异常表现不仅常随病程的发展而有程度上的改变，如最初的兴奋不安逐渐变为高度的狂躁，或由轻度的沉郁而渐呈嗜睡乃至昏迷，此系病程加重的结果。而且有时在同一疾病的不同阶段，可因兴奋与抑制过程的相互转化，而表现为临床症状的转变或两者的交替出现，如初期的兴奋转变为后期的昏迷，或二者交替发生。

四、姿势与体态

姿势与体态系指动物在相对静止间或运动过程中的空间位置及其姿态表现。健康状态时，动物的姿势自然、动作灵活而协调。病理状态下所表现的反常姿势常由中枢神经系统疾病及其调节功能失常，骨骼、肌肉或内脏器官的病痛及外周神经的麻痹等引起。

1. 动物在站立时的异常姿态

（1）典型的木马样姿态，呈头颈平伸、肢体僵硬、四肢关节不能屈曲、尾根挺起（猪有时呈现尾根竖起）、鼻孔开张、瞬膜露出、牙关紧闭等形象，此乃破伤风的特征，是全身骨骼肌强直的结果。

（2）动物的四肢发生病痛时，伫立间也呈不自然的姿势，如单肢疼痛则患肢呈轻踏或提起；多肢的蹄部剧痛（如患蹄叶炎时）则常将四肢集于腹下而站立；两前肢疼痛则两后肢极力前伸，两后肢疼痛则两前肢极力后踏以减轻病肢的负重；肢体的骨骼、关节或肌肉发生疼痛性疾病时，四肢常频频交替负重而现站立困难状。

（3）当躯体失去平衡而站立不稳时，则呈躯体歪斜、四肢叉开或依墙靠壁而立的特有姿态，常见于中枢神经系统疾病，特别当病程侵害小脑之际尤为明显。

（4）此外，各种畜禽站立间的异常姿势，还可表现为以下几种情况。

当马、骡咽喉局部或其周围组织高度肿胀、发炎并伴有重度呼吸困难时，常呈前肢叉开、头颈平伸的强迫站立姿态。如牛在站立时经常保持前躯高位、后躯低位（前肢蹬于饲槽上或后肢站于粪尿沟中）的姿势，常提示前胃及心包有创伤性病变。当猪中枢神经系统有局灶性病变时，可呈头颈歪斜的姿态，如仔猪伪狂犬病时。鸡呈两腿前后叉开站立的姿态，常是马立克氏病的特征。

2. 动物的强迫卧位姿势

健康马、骡多仅于夜间休息时取卧下姿势，偶尔于昼间卧地休息，但姿势很自然，常集四肢于腹下，而呈背腹立卧姿势，且当驱赶、吆唤时即行自然起立。牛多于饱食后卧下休息并反刍，猪喜于食后躺卧。

因疾病而引起的强迫卧位姿势，可见于以下情况。

（1）罹患四肢骨骼、关节、肌肉的疼痛性疾病（如骨软症、风湿症等）。此际，经驱赶与由人协助或可勉强起立，但站立后可见因肢体疼痛而站立困难或伴有全身肌肉的震颤。母牛可能于产前、产后发生多提示骨软症。

（2）机体高度瘦弱、衰竭时（如长期慢性消耗性疾病、重度的衰竭症等），多长期躺卧，此际，定伴营养不良所致的高度消瘦，并有长期病史，一般不难识别。

以上两种情况的病畜，常因经久的躺卧，皮肤的骨骼棱角处被擦伤，甚至形成褥疮。

（3）强迫的躺卧姿势，也常见于脑、脑膜的重度疾病或中毒、内中毒的后期，也可见于某些营养代谢扰乱性疾病。此际，多伴有昏迷（为特征症状）。

在乳牛，呈屈颈侧卧并伴有嗜睡或呈半昏迷状，多为生产瘫痪（产乳热）的特征。

（4）四肢轻瘫或瘫痪，常见有两后肢截瘫，此际多因两前肢仍有运动功能，而病畜反复挣扎、企图起立并屡呈犬坐样姿势，常提示脊髓横断性疾病（如腰扭伤等）之可能，多伴有后躯的感觉、反射功能障碍及粪、尿失禁。

猪的两后肢瘫痪而呈犬坐姿势，可见于传染性疾病引起的麻痹，或当慢性仔猪白肌病、风湿症及骨软症时亦可见之；如后肢瘫痪的同时，伴有后躯感觉、反射功能的失常及排粪、排尿功能的失调则为截瘫，可由腰扭伤造成脊髓的横断性病变而引起。

患骨软症的病畜，由于骨质疏松、脆弱，常因剧烈的运动或跌倒与其他的外力作用而引起骨折。如腰、荐椎部受损伤，则亦可引致后肢截瘫的现象。应依病史、骨质的形态改变以及引起骨折或不完全骨折的病因、症状、条件而综合判定之。

五、运动、行为

运动、行为的异常可表现为以下几种情况。

（1）共济失调，由于在运动中四肢配合不协调，而呈醉酒状，行走欲跌，走路摇摆或肢蹄高抬、用力着地，步态似涉水样。可见于脑脊髓的炎症或寄生虫病（如脑脊髓丝虫病等）。某些中毒以及某些营养缺乏与代谢性疾病（如羊的铜缺乏症等）时，多为疾病侵害小脑的标志。此外，当急性脑贫血（如大失血、急性心力衰竭或血管功能不全）时，也可见一过性的共济失调现象，应根据病史、心血管系统的变化而加以区别。

（2）盲目运动、病畜无目的地徘徊走动，常数小时不止，无视周围事物，对外界刺激反应冷漠。圆圈运动，即病畜按一定方向作圆圈运动，圆圈的直径或者不变，或者逐渐缩小。时针运动，即以一肢为轴，呈现时针样运动。暴进暴退，即向前猛冲或后退不止的运动。可提示为脑、脑膜的充血、出血、炎症或某些中毒与严重的内中毒（如马的流行性脑脊髓膜炎、乙型脑炎、霉玉米中毒；羊的脑包虫症；猪的食盐中毒、伪狂犬病、李氏杆菌病等）。此外，病猪于长期的病程中，如反复呈现一定方式的盲目运动，提示可能有颅脑的占位性病变（如脑囊尾蚴症等）。

（3）马、骡常表现骚动不安，如前肢刨地、后肢踢腹、回视腹部、碎步急行、起卧转滚、仰足朝天或呈犬坐姿势、屡呈排便动作等。此为马、骡腹痛症的独特现象。

临床应注意排除因腹膜、肝、肾、膀胱的疾病而引起的伪性腹痛，在孕畜尤应排除难产及流产。在牛呈现兴奋、哞叫的同时屡做后肢踢腹的动作，表示腹部剧痛，可见于肠套叠。

（4）因肢蹄（或多肢）的疼痛性疾病而引起的运动功能障碍，称为跛行。跛行多因四肢的骨骼、关节、肌腱、蹄部或外周神经的疾病而引起。应详细观察跛行的特点并检查肢蹄，确定患肢、患部及病性，以求确诊。但应注意，转移性跛行，常提示风湿症与骨软症的可能。

当牛群中迅速出现多数的跛行病畜时，要注意口蹄疫；羊的跛行更应考虑腐蹄病。如见牛只于运动中避免急转弯或当急转弯时表现谨慎甚至痛苦，或喜走上坡路而不愿走下坡路并在走下坡路时表现痛苦、呻吟，多可疑为创伤性网胃-腹膜炎或心包炎。

猪的运步缓慢、行动无力，可因衰竭或发热而引起；行走时疼痛、步样强拘或呈明显的跛行，多为四肢的骨骼、肌肉、关节及蹄部的病痛所致，除见于一般的外科病外，还见于骨软症、风湿症、慢性白肌病以及某些传染病所继发的关节炎（如继发于慢性猪丹毒、副嗜血杆菌病或链球菌病等）。

鸡呈扭头曲颈或伴有站立不稳及运转滚动的动作，可见于维生素 B_1 缺乏症、新城疫的后遗症。

第二节　体表检查

检查表被状态，主要应注意其被毛、皮肤、皮下组织的变化以及有无表在的外科病变及其特点。对不同种属动物更应检查其特殊内容：鸡的羽毛、冠、髯及耳垂；猪的鼻盘；牛的鼻镜。检查时，宜注意其全身各部皮肤的病变，除头部、颈侧、胸腹侧外，还应仔细检查其会阴、乳房甚至于蹄、趾间等部位。

一、被毛及羽毛

健康动物的被毛整洁、有光泽，禽类的羽毛平顺而光滑。

被毛蓬乱而无光泽，或羽毛逆立、无光，换毛（或换羽）迟缓，常为营养不良的标志，可见于慢性消耗性疾病（如鼻疽、传染性贫血、内寄生虫病、结核病等）及长期的消化功能紊乱。营养物质不足、过劳及某些代谢性疾病时也可见之。

局限性脱毛处宜注意皮肤病或外寄生虫病，如于头颈及躯干部有多数脱毛、落屑病变，并伴有剧烈痒感（动物经常向周围物体上摩擦或啃咬甚至病变部皮肤出血、结痂或形成龟裂）时，应提示疥螨病的可能，因相互感染以致在畜群中常造成蔓延而大批发生。确诊应刮取皮屑（宜在皮肤的病健交界处）进行镜检。

鸡的羽毛无光泽、蓬乱、逆立，可见于多种病毒病、细菌病及营养不良等。肛门周围被粪便污染，提示下痢；羽毛脱落多因外寄生虫和啄肛、啄羽所致。

二、皮肤的颜色

白色皮肤的动物，颜色变化容易辨识；有色素的皮肤，则应参照可视黏膜的颜色变化。此外，在鸡应注意鸡冠和髯的颜色。

白色皮肤的猪，其皮色改变可表现为苍白、黄染、发绀及潮红与出血斑点。

（1）皮肤苍白乃贫血之症，仔猪可由耳壳透过光线检查之。可见于各型贫血（如仔猪贫血、仔猪断奶后多系统衰竭综合征以及营养不良、下痢、维生素缺乏症、白肌病、蛔虫症等）。

（2）皮肤黄疸色：可见于肝病（实质性肝炎、中毒性肝营养不良、肝变性及肝硬化）；胆道阻塞（胆道蛔虫症）；溶血性疾病（新生仔猪溶血病、钩端螺旋体病、附红细胞体病等）。

（3）皮肤蓝紫色，称为发绀。轻则以耳尖、鼻盘及四肢末端为明显，重则可遍及全身。可见于严重的呼吸器官疾病、重度心力衰竭、多种中毒病等。如猪蓝耳病、猪瘟、猪流感、链球菌病、仔猪副伤寒等。此外，中暑中热时常见显著的发绀。

（4）皮肤的红色斑点及疹块：皮肤的红色斑点常由皮肤出血引起。皮肤小点状出血，好发于腹侧、股内、颈侧等部位，指压不褪色，常为猪瘟的特征；亦可见于急性副伤寒等。皮肤有较大的充血性红色疹块，可见于猪丹毒，此际，疹块可隆起呈丘疹块状，以指压时可褪色为其特征。

三、皮肤的温度、湿度及弹性

（1）皮肤温度的检查，可用手背触诊动物躯干、股内等部而判定之。躯体各部位的皮温检查，可触诊鼻端、角根、耳根及四肢的末梢部位。皮温增高是体温升高、皮肤血管扩张、血流加快的结果。全身性皮温增高可见于热性病；局限性皮温增高提示局部的发炎。

皮温降低是体温过低的标志。可见于衰竭症、大失血及至重度贫血、严重的脑病及中毒。皮温分布不均而末梢冷厥，乃重度循环障碍的结果。表现为耳鼻发凉、肢梢冷感，可见于心力衰竭及虚脱、休克之时。根据中兽医的经验，患腹痛症的马、骡如有鼻寒耳冷证候，为肠痉挛性腹痛（冷痛）的一个重要症状。

（2）皮肤湿度受汗液分泌状态的影响。多汗除见于外界温度过高或于使役、运动之后，偶见于惊恐紧张之际。多汗可见于高热性疾病、中暑与中热（热射病与日射病）。伴有剧烈疼痛性的疾病及有高度呼吸困难时，也可见汗的分泌增加。在皮温降低、末梢冷厥的同时伴有冷汗淋漓，常为预后不良的指征，可见于虚脱、休克或重度心力衰竭之时。如腹痛症的危重马、骡在腹痛消失后仍伴有冷汗淋漓，虽表现安静，但病势并未好转，常提示为胃、肠或膈的破裂，并预后不良。局限性的多汗，可由于局部病变或与神经功能失调有关。

（3）牛的鼻镜，正常时湿润并附少许水珠。鼻镜干燥，可见于发热病、重度消化障碍及全身疾病。严重时可发生龟裂，提示瓣胃梗死、恶性卡他热等。猪的鼻盘，正常时湿润且有凉感，若鼻盘干燥，见于发热病。

（4）皮肤的弹性：检查皮肤的弹性，通常可于颈侧、肩前等部位，小动物也可检查背部皮肤。用手将皮肤捏成皱褶并轻轻拉起，然后放开，根据其皱褶恢复的速度而判定之。皮肤弹性良好的动物，拉起、放开后，皱褶很快恢复平展；如恢复很慢，是皮肤弹性降低的标志。可见于机体的严重脱水以及慢性皮肤病。老龄动物的皮肤弹性减小，是自然现象。

四、皮肤及皮下组织的肿胀

皮肤及皮下组织的肿胀，可由多种原因而引起，不同原因引起的肿物又有不同的特点。

（1）大面积弥漫性肿胀　伴有局部的热、痛及明显的全身反应（如发热等），应考虑蜂窝织炎的可能，尤多发于四肢，常因创伤感染而继发。

（2）皮下水肿　好发于胸腹部或阴囊、眼睑及四肢末端，一般局部并无热、痛反应，触诊时呈生面团样，且指压留痕为其特征。依发生原因可分为营养不良性水肿、炎性水肿、肾性水肿及心性水肿。营养不良性水肿常见于重度贫血、高度的衰竭（低蛋白血症）。某些疾病时的皮下水肿，可由多种原因而引起，如马传染性贫血时，既有贫血的因素又有心功能不全的条件，系综合作用的结果。马、骡的心性水肿多发生于肢、体的下部，具有轻度时一般于昼间运动后可减轻或消失，经夜后于明晨又见加重等特点。

牛的皮下水肿，多见于下颌、颈下、胸前及腹下等处。除应注意是否为一般的心性、肾性、炎性营养不良性水肿外，牛的严重皮下水肿，更应注意创伤性心包炎或肝片吸虫病的可能。

猪的颜面部与眼睑的水肿，是水肿病的一个临诊特征。

（3）皮下气肿　偶于肘后、颈侧等处发生肿胀，触诊有捻发感，且局部无热、痛反应，应考虑为皮下气肿。颈侧及肩侧的皮下气肿，常因肺间质气肿时空气沿气管、食管周围组织窜入皮下而引起；肘后的气肿可于附近皮肤损伤（裂创）后，随运动因空气窜入皮下而引起，统称为窜入性皮下气肿。

此外，感染厌气性细菌后，由局部组织腐败分解而产生的气体积聚于局部组织，也可引起皮下气肿，此际，肿胀局部有热、痛感，且常伴皮肤的坏死及较重的全身反应（如发热、沉郁等），切开后可流出暗红色、混有气泡并带恶臭味的液体。常发生于肌肉层较厚的臀部、股部，如恶性水肿病或气肿疽。

（4）脓肿、血肿、淋巴外渗　共同特点是呈局限性（圆形）肿胀，触诊有明显的波动感，好发于躯干（颈侧、胸腹侧）或四肢的上部。必要时宜行穿刺并抽取内容物而区别之。

（5）其他肿胀

① 疝：腹壁、脐部、阴囊部的触诊呈波动感的肿物，要考虑腹壁疝、脐疝、阴囊疝的可能，此际，进行深部触诊可探索到疝孔。应结合病史、病因等条件而仔细进行区别。

② 体表的局限性肿胀，如触诊有坚实感，则可能为骨质增生、肿瘤、肿大的淋巴结等。牛的颜面、下颌附近的坚实性肿物，亦提示放线菌肿病。

五、皮肤疹疱

（1）湿疹样病变　呈粟粒大小的红色斑疹，弥漫性分布，尤多见于被毛稀疏部位，可见于湿疹以及仔猪副伤寒、内中毒或过敏性反应等。

（2）饲料疹　当白色皮肤的猪只，喂饲过量的含有感光物质的饲料（如荞麦、某些三叶草、灰菜等）时，经日光照晒之后，可见有皮肤的饲料疹。此际，以颈项、背部为明显，有皮肤充血、潮红、水疱及灼热、痛感为其特征。

（3）丘疹　躯干部呈现多数指尖大的扁平丘疹，伴有剧烈痒感，称荨麻疹，可见于某些饲料中毒、内中毒及消化功能紊乱（慢性）等。猪的皮肤有大块的红色充血性丘疹，是猪丹毒的特征。

（4）水疱性病变　反刍动物及猪皮肤的水疱性病变，继而溃烂，并呈迅速传播的流行特性，提示口蹄疫或传染性水疱病。必要时应进行特异性诊断而鉴别之。

（5）痘疹　皮肤出现绿豆粒大小的疹疱，疹疱经过蔷薇疹、水疱、脓疱及结痂四个阶段。牛、羊的痘疱（牛痘、羊痘），好发于被毛稀疏部位及乳房皮肤上，呈圆形豆粒状。猪痘好发于鼻盘、头面部、躯干及四肢的被毛稀疏部。仔猪的痘疹，尚应注意区别仔猪痘样疹。鸡冠等部的疹疱、结痂等病变，常提示鸡痘。

（6）马臀部（颈侧、胸侧或肩、背部）的银元疹（银元大小，圆形或环状，扁平状隆起的丘疹或不隆起，无热痛，无痒感；或局部皮肤的色素消失、间或被毛变白），提示马媾疫的可能。

六、皮肤的创伤与溃疡

皮肤完整性的破坏，还可表现为各种创伤及溃疡。一般性的创伤与溃疡，可见于普通的外科病。由于某些传染病而引起的溃疡如马的皮肤鼻疽，其溃疡常见于头部及四肢，病变边缘不整齐且隆起，呈喷火口状；流行性淋巴管炎时，多沿淋巴管而蔓延，常见于头部、颈侧、胸壁或四肢，形成连串的结节，继而破溃。为进一步鉴别，应以特异性诊断结果为依据。

在骨骼的突起或棱角处的溃疡，多为褥疮的结果，可见于长期躺卧的病程中，如生产瘫痪、骨软症及骨折、肢蹄病或衰竭症等。

猪的体表部位有较大的坏死与溃烂，提示为坏死杆菌病或慢性猪瘟等。

七、皮肤及体表的战栗与震颤

观察表被状态时，有时可发现肢体皮肌的战栗或震颤。可因机体发热（多于发热初期）、剧烈的疼痛性疾病（如腹痛症、四肢的带痛性疾病等）、中毒及内中毒、神经系统疾病（如脑及脑膜的炎症等）而引起。当寒冷季节，瘦弱的个体，长期受凉时也可见之。

皮肤的战栗多以肘后、肩部、臀部肌肉最为明显，也可波及全身。仔猪的全身痉挛，多见于新生仔猪低血糖症、伪狂犬病、仔猪水肿病等，此际，多伴有昏迷现象；当脑病或食盐中毒时，亦可表现为痉挛的同时伴有昏迷。马的腹肋及肷窝部的强烈震颤，亦提示膈痉挛或心悸。前者多伴有呼吸紊乱与呃逆，后者震颤与心搏动相一致且伴有心搏动过强，应注意区别。

第三节　可视黏膜的检查

眼结膜是可视黏膜的一部分，其颜色变化除可反映局部病变外，还可据以推断全身循环状态及血液成分的改变，在诊断和预后的判定上都有重要的意义。

检查时，除结膜颜色外，还应注意眼的分泌物、眼睑、角膜、巩膜、瞳孔和眼球的情况。

一、眼结膜的检查方法

为检查眼球与结膜，应将眼睑拨开。

方法：一手握住笼头，另一手的拇指和食指则放于上下眼睑中央的边缘处，分别将眼睑向上、下拨开并向内眼角处稍加压，如此则结膜及瞬膜将充分外露。两眼应对照检查，特别应注意结膜颜色的变化。判定结膜的颜色，宜在自然光线下进行。为检查牛的结膜颜色，通常观察巩膜即可。为此，可用双手握住牛角，并将牛头扭向一侧，即可明视。

二、健康家畜眼结膜的颜色

马、骡的眼结膜呈淡红色；黄牛及乳牛的眼结膜颜色较淡，水牛的眼结膜则呈鲜红色；猪的眼结膜呈粉红色。

三、眼结膜的病理变化

1. 眼睑及分泌物

眼睑肿胀并伴羞明流泪，是眼炎或结膜炎的特征。在马如有周期性的发作病史，多提示为周期性眼炎。轻度的结膜炎，伴有大量的浆液性眼分泌物，可见于流行性感冒；黄色、黏稠分泌物，是化脓性结膜炎的标志，常见于某些发热性传染病。

猪的大量流泪，可见于流行性感冒；于眼窝下方见有流泪的痕迹，提示有传染性萎缩性鼻炎的可能；化脓性结膜炎可见于猪瘟、链球菌病等；仔猪的眼睑水肿，应注意水肿病。

2. 眼结膜的颜色

结膜的颜色取决于黏膜下毛细血管中的血液量及其性质以及血液和淋巴液中胆色素的含量。正常时，结膜呈淡红色。结膜颜色的改变，可表现为潮红、苍白、发绀或发黄。

（1）潮红 潮红是结膜下毛细血管充血的征象。弥漫性潮红常见于各种热性病及某些器官、系统的广泛性炎症过程。如小血管充盈特别明显而呈树枝状，则称树枝状潮红，多为血液循环或心脏功能障碍的结果；出血性潮红，结膜上有点状或斑状出血点，是出血性素质疾病的特征，见于各种急慢性传染病，在马多见于血斑病、焦虫症，急性或急性马传染性贫血时更为明显。

（2）苍白 结膜色淡，甚至呈灰白色，是各型贫血的特征。如病程发展迅速且伴有急性失血的全身及其他器官、系统的相应症状变化，可考虑内脏破裂（如肝、脾破裂）；如慢性经过，逐渐苍白并有全身营养衰竭的体征，则多为慢性营养不良或消耗性疾病（如衰竭症、慢性传染性病、寄生虫病、牛结核、仔猪贫血或蛔虫症等）；由于红细胞的大量被破坏而形成的溶血性贫血（如血孢子虫症时），则在苍白的同时常带有不同程度的黄染。

（3）发绀 即可视黏膜呈蓝紫色。系血液中还原血红蛋白增多或形成大量变性血红蛋白的结果。一般引起发绀的常见病因有以下几个。

① 因高度吸入性呼吸困难（如当上呼吸道高度狭窄时）或肺呼吸面积的显著减少（如当各型肺炎、胸膜炎时）而引起动脉血的氧饱和度降低，即肺部氧合作用的不足。

② 血流过缓（淤血）或过少（缺血）而使血液经过体循环的毛细血管时，过量的血红蛋白被还原，称外周性发绀。多见于全身性淤血，特别是心脏功能障碍时。

③ 血红蛋白的化学性质的改变，常见于某些毒物中毒（如亚硝酸盐中毒等）或药物中毒，形成变性血红蛋白或硫血红蛋白。

（4）发黄 即黄染，于巩膜处较为明显而易于发现。黏膜黄染乃胆色素代谢障碍的结果。引起黄染的常见病因如下。

① 因肝实质的病变，致使肝细胞发炎、变性或坏死，并有毛细胆管的淤滞与破坏，造成血液中的胆红素增多，称为实质性黄疸。可见于实质性肝炎，肝变性以及某些传染病（如马流行性脑脊髓膜炎等），营养代谢病（如猪的维生素 E、硒缺乏症等）与中毒病等。

② 因胆管被结石、异物、寄生虫所阻塞或被其周围的肿物压迫，引起胆汁淤滞和胆管破裂，使胆色素混入血液或血液中的胆红素增多而发生黏膜黄染，称为阻塞性黄疸。可见于胆结石、肝片吸虫病、胆道蛔虫病等；此外，当小肠黏膜发炎、肿胀时，由于胆管开口被阻，可有轻度的黏膜黄染现象。

③ 因红细胞被大量破坏，使胆色素蓄积并增多而形成黄疸，称溶血性黄疸，如牛（马）焦

虫病、牛（猪）附红细胞体病等时。此际，由于红细胞被大量破坏而同时造成机体的贫血，所以在可视黏膜黄染的同时伴有苍白现象。结膜的重度苍白与黄疸，乃溶血性疾病的特征。应该注意，某些疾病过程中的黄染现象，可能是多种因素综合作用的结果。如马传染性贫血时，既有溶血的因素，又有肝实质的损害。

第四节　浅在淋巴结及淋巴管的检查

浅在淋巴结及淋巴管的检查，在确定感染或诊断某些传染病上有很重大的意义。

一、浅在淋巴结的检查

临床检查中应注意的主要淋巴结有：下颌淋巴结、耳下及咽喉周围的淋巴结、颈部淋巴结、肩前及膝上淋巴结、腹股沟淋巴结、乳房淋巴结等。

淋巴结的检查方法，可用视诊，尤其是常用触诊的方法。必要时可配合应用穿刺检查法。

进行浅在淋巴结的视、触诊检查时，主要注意其大小、形状、硬度及表面状态、敏感性及其可动性（与周围组织的关系）。

淋巴结的病理变化主要可表现为急性或慢性肿胀，有时可呈现化脓。

1. 淋巴结的急性肿胀

淋巴结的急性肿胀，通常呈明显的肿大，表面光滑，且伴有明显的热、痛反应。可见于周围组织、器官的急性感染。如牛淋巴细胞性白血症、焦虫病、圆环病毒病、副噬血杆菌病等。特别在马腺疫时，常以下颌淋巴结典型的急性肿胀为特征。有时尚可波及咽喉周围、耳下及颈上、颈中等部的淋巴结。重者化脓甚至自行溃开。

2. 淋巴结的慢性肿胀

淋巴结的慢性肿胀，特点为触诊发硬，表面不平，无热、无痛，活动性差且多与周围组织粘连固着。在马主要提示鼻疽；在牛主要见于结核病，此际，通常以下颌淋巴结为主要发病部位，但有时也可波及其他淋巴结，如当乳牛发生乳房结核时则乳房淋巴结呈慢性肿胀，当马患鼻疽性睾丸炎时则鼠蹊部淋巴结肿胀。

3. 淋巴结的化脓性肿胀

淋巴结化脓则在肿胀、热感、呈疼痛反应的同时，触诊有明显的波动。如配合进行穿刺，则可吸出脓性内容物。

二、浅在淋巴管的检查

正常动物体表淋巴管不能明视。仅当罹患某些病变时，才可见淋巴管的肿胀、变粗甚至呈绳索状。

马骡的体表淋巴管肿胀，主要提示皮鼻疽，尤其常见于流行性淋巴管炎。此际多引起面部、颈侧、胸壁或四肢的淋巴管肿胀，在淋巴管肿胀的同时常沿之形成多数结节而呈串珠状肿胀，有时结节破溃而形成特有的溃疡。

为鉴别皮鼻疽与流行性淋巴管炎，应配合特异性诊断方法。

第五节　体温、脉搏及呼吸次数的测定

体温、脉搏、呼吸次数，是动物生命活动的重要生理指标。在正常情况下，除受外界气候及运动、使役等环境条件的暂时性影响外，一般变动在一个较为恒定的范围之内。但是，在病理过程中，受病原因素的影响，却会发生不同程度和形式的变化。因此，临床上测定这些指标，在诊断疾病和分析病程的变化上有重要的实际意义。

一、体温测定

所有动物的体温，其正常指标变动均在较为稳定的范围之内。

健康动物的正常体温及其变动范围见表3-1。

表3-1 健康动物的正常体温及其变动范围

动物种类	正常体温变动范围/℃	动物种类	正常体温变动范围/℃
马	37.5～38.5	骆驼	36.0～38.5
骡	38.0～39.0	鹿	38.0～39.0
黄牛、乳牛	37.5～39.5	兔	38.0～39.5
水牛	36.5～38.5	狗	37.5～39.0
绵羊、山羊	38.0～40.0	猫	38.5～39.5
猪	38.0～39.5	禽类	40.0～42.0

健康动物的体温，受某些生理性因素的影响，可引起一定程度的生理性变动：首先是年龄因素的影响，通常在幼龄阶段，均比成年牲畜高0.2～0.5℃；其次，运动、天气、性别、品种、营养及生产性能等特点，对体温的生理性变动也有一定影响；妊娠后期及分娩之前体温可稍高，如母猪于妊娠后期比空怀母猪可高0.2～0.3℃；乳牛在分娩之前可升高0.5～1.0℃；健康动物的昼夜体温有变动，晨温较低，午后稍高，其昼夜温差变动在0.1～1.0℃。

在排除生理性的影响之后，体温的增、减变化即为病态。某些疾病时，在临床上其他症状尚未显现之前，体温升高即先出现，所以，测量体温可以早期发现病畜，做到早期的及时诊断。

1. 测定体温的方法

临床上测定体温的方法：除禽类通常测其翼下的温度外，其他动物都以直肠温度为标准。

测温时，先将体温计充分甩动，以使水银柱降至35.0℃以下。后用消毒棉清拭之并涂以滑润剂（加滑润油或水），检温人员用一手将动物尾根部提起并推向对侧，以另一手持体温计徐徐插入肛门中，放下尾部后，用温度计上所带的夹子夹在尾毛上以固定之。

按体温计的规格要求，使体温计在直肠中放置一定时间（如三分计则需3min，五分计则需5min等），取出后读取水银柱上端的度数即可。事后，应再加甩动使水银柱降下并用消毒棉清拭，以备再用。

当肛门弛缓、频繁下痢或将体温计插入直肠内的宿粪中时，温度将不能相应地上升，应注意避免误差。

应对病畜逐日检温，最好每昼夜检温两次（即清晨及午后或晚间各一次），并将测温结果记录之，制成体温曲线表，以观察、分析病情的变化。

2. 体温升高

如由病理因素所引起，称为病的发热或发热病。系动物机体对病原微生物及其毒素、代谢产物或组织细胞的分解产物（如于无菌手术后或输血后的发热）的刺激，以及某些有毒物质被吸收所发生的一种反应。

发热的临床综合征候群中，除体温升高的主要指标外，尚可见有：皮温增高或其分布不均、末梢冷感；多汗、寒战与战栗（主要见于发热初期）；呼吸、脉搏加快，消化与泌尿功能障碍（如食欲减少、蛋白尿等）；精神沉郁及代谢紊乱等一系列变化。但一般均以体温升高的程度，作为判断发热程度及病畜反应能力的标准。

（1）发热程度 可分为：微热（体温升高0.5～1.0℃）、中热（体温升高1.0～2.0℃）、高热（体温升高2.0～3.0℃）、最高热（体温升高3.0℃以上）。发热的程度可反映疾病的程度、范围及其性质。

① 最高热：提示某些严重的急性传染病，如急性马传染性贫血、传染性胸膜肺炎、猪丹毒、脓毒败血症、日射病与热射病等。

② 高热：可见于急性感染病与广泛性炎症，如猪瘟、蓝耳病、弓形体病、猪肺疫、牛肺疫、流行性感冒、马腺疫、大叶性肺炎、小叶性肺炎、急性弥漫性胸膜炎与腹膜炎等。

③ 中热：通常见于消化道、呼吸道的一般性炎症以及某些亚急性、慢性传染病，如胃肠炎、

支气管炎、咽喉炎、慢性马鼻疽、牛结核、布氏杆菌病等。

④ 微热：仅于局限性炎症及轻微性疾病时可见，如感冒、口腔炎、胃卡他等。

应该说明的是，如上不同程度的发热病的区分，在诊断上只有相对的参考意义，而不能去机械的理解。因为，同一疾病可有程度的不同，且在病程的不同阶段其体温升高的程度也不一致，尤其是病畜的个体特点及其反应能力的不同，更会影响其发热的程度。如老龄或过于衰弱的病畜，由于其反应能力弱，即使得了急性高热性疾病，甚至感染的病原强度相同，其体温也可能达不到高热的程度；相反，一般呈中热的疾病，表现在特殊的个体或存在某些并发症、合并症时，也可出现高热的现象。因此，应对每个具体病例进行具体的综合分析。

（2）发热类型

① 稽留热：高热持续数天或更长时期，且每日昼夜的温差很小（在 1.0℃以内）为其特点。此乃致热物质在血液中长期存在并对中枢给予不断刺激的结果。可见于急性马传染性贫血、传染性胸膜肺炎、牛肺疫、流行性感冒、大叶性肺炎、猪瘟、蓝耳病、弓形体病等。

② 弛张热：昼夜间有较大的升降变动（可变动于 1.0～2.0℃）为其特点，可见于许多化脓性疾病、败血症、小叶性肺炎以及非典型经过的某些传染病（如马腺疫等）。

③ 间歇热：在持续数天的发热后，出现无热期，如此以一定间隔时期而反复交替出现发热的现象，称为间歇热。热的持续与间歇期可有长短不同的变化，通常依其致热性物质周期性的进入血液的规律为转移。典型的间歇热，可见于血孢子虫病及马传染性贫血。

也有人将两次发热之间，间隔较长的无热期者称为回归热。

此外，如体温曲线无规律的变动，属于不定型热，可见于许多非典型经过的疾病，如马鼻疽、马腺疫、牛结核病、布氏杆菌病、慢性猪瘟、猪肺疫、副伤寒等。

3. 体温降低

低体温可见于老龄、重度营养不良、严重贫血的病畜（如衰竭症、仔猪低血糖症等）；某些脑病（如慢性脑室积水或脑肿瘤）及中毒；频繁下痢的病畜；大失血、内脏破裂（如肝破裂）以及多种疾病的濒死期等。

明显的低体温，同时伴有发绀、末梢冷厥、高度沉郁或昏迷、心脏微弱与脉搏不感于手，多提示预后不良。

二、脉搏（心跳）次数检测

伴随每次心室收缩，向主动脉搏送一定数量的血液，同时引起动脉的冲动，以触诊的方法，可感知浅在动脉的搏动，称为脉搏。诊查脉搏可获得关于心脏活动功能与血液循环状态的情况，这在疾病的诊断及预后的判定上都有很重要的实际意义。

诊脉时宜注意其频率、节律及性质，而首先宜着重于其频率的变化，即每分钟内的脉搏次数。

1. 诊脉的方法

对大动物宜在下颌动脉或尾动脉处检查之；羊、猪可在股内动脉进行触诊。如浅在动脉的搏动过于微弱而不感于手时，脉搏的次数，可用检查心脏的心搏动或心音的频率而代之。

2. 健康动物脉搏正常值及其变动范围

健康动物每分钟的脉搏次数较为恒定，其正常值及其变动范围见表 3-2。

表 3-2 健康动物脉搏正常值及其变动范围

动物种类	正常脉搏变动范围/（次/分）	动物种类	正常脉搏变动范围/（次/分）
马、骡	26～42	鹿	36～38
驴	42～54	骆驼	30～60
黄牛、乳牛	50～80	兔	80～140
水牛	30～50	猫	110～130
绵羊、山羊	70～80	狗	70～120
猪	60～80	鸡（心跳）	120～200

某些外界条件、地区性以及生理因素均可引起脉搏次数发生改变。如外界温度、海拔高度的变化（升高），动物的运动及使役，采食活动，因外界刺激而引起的恐惧与兴奋等。一般均可引起动物心脏活动的加快和脉搏次数的一过性增多，幼龄动物比成年动物的脉数又明显的加快。其次，性别、品种、生产性能对体温也有一定影响。

3. 脉搏次数的病理性变化

脉搏次数的病理性变化，可表现为增多或减少。而常见的变化是脉数增多。

（1）脉搏次数增多 脉搏次数增多是心动过速的结果。引起脉数增多的病理因素主要如下。

① 所有的热性病（包括发热性传染病及非传染病），此乃过热的血温及菌毒刺激的结果，一般体温每升高 1℃，可引起脉搏次数相应地增加 4～8 次不等。

② 患有心脏病（除有严重的传导阻滞外）时（如心肌炎、心肌病、心内膜炎、心包炎等），功能代偿的结果使心动加快而脉数增多。

③ 患有呼吸器官疾病（如各型肺炎或胸膜炎）时，由于呼吸面积减少而引起碳、氧交换障碍，心搏动加快而脉搏次数相应增多。

④ 各型贫血或失血性疾病（包括因频繁下痢而引起的严重失水，致血液浓缩时）。

⑤ 伴有剧烈疼痛性疾病（如马、骡腹痛症，四肢的带痛性病），可反射地引起脉搏加快。

⑥ 某些毒物中毒或药物的影响（如应用交感神经兴奋剂时）等。

值得特别注意的是，脉搏次数的增多除在临床诊断上是一个重要指标外，在对疾病的预后判定上也有十分重要的意义。

（2）脉搏次数减少 脉搏次数减少是心动过缓的指征。一般可见于：引起颅内压增高的脑病（如流行性脑脊髓炎、慢性脑室积水、脑肿瘤等）；胆血症（肝实质性病变或胆道阻塞性病变）；某些中毒及药物中毒（如洋地黄中毒或迷走神经兴奋剂中毒）等。

某些病例的脉搏数减少，可能是由心脏传导功能障碍（如重度的传导阻滞或严重的心律不齐等）引起的。此外，老龄动物或高度衰竭时，也可见有心动徐缓与脉数稀少。

三、呼吸次数的测定

动物的呼吸活动由吸入及呼出两个阶段组成一次呼吸。呼吸频率一般以次/分表示。

计测呼吸次数的方法：一般可观察动物胸、腹壁的起伏动作或鼻翼的开张动作而计算。当寒冷季节，可按其呼出的气流计数。鸡的呼吸次数可通过观察肛门部羽毛的缩动而计算。一般应计测 2min 的次数而平均之。

1. 健康动物的呼吸次数及其变动范围

健康动物的呼吸次数及其变动范围见表 3-3。

呼吸次数的生理变动：一般幼畜比成年畜为多；母畜于妊娠期可增多。其次，季节、温度、品种、运动对呼吸次数均有一定影响。

表 3-3 健康动物的呼吸次数及其变动范围

动物种类	呼吸次数变动范围/（次/分）	动物种类	呼吸次数变动范围/（次/分）
马、骡	8～16	骆驼	6～15
黄牛、乳牛	10～30	鹿	15～25
水牛	10～50	兔	50～60
绵羊、山羊	12～30	猫	10～30
猪	18～30	狗	10～30
禽类	15～30		

2. 呼吸次数的病理性改变

呼吸次数的病理性改变，可表现为呼吸次数增多或减少，但以呼吸次数增多为常见。

（1）呼吸次数增多 引起呼吸次数增多的常见病因如下。

① 呼吸器官本身的疾病，当上呼吸道轻度狭窄及呼吸面积减少时可反射的引起呼吸加快。如上呼吸道的炎症、各型肺炎及胸膜炎，以及主要侵害呼吸器官的各种传染病〔马鼻疽、马胸疫

（即马传染性胸膜肺炎）；牛结核、牛肺疫；猪流行性感冒、猪肺疫、气喘病等〕及寄生虫病（如猪肺虫病）等。

② 多数发热性疾病（包括发热性传染病及非传染病），由于热、菌及毒刺激的结果。

③ 心力衰弱及贫血、失血性疾病。

④ 引致呼吸活动受阻的各种病理过程，如膈的运动受阻（膈的麻痹或破裂），腹压升高（胃肠膨胀时），胸壁疼痛性病（如肋骨骨折等）。

⑤ 剧烈疼痛性疾病，如四肢的带痛性病及马、骡腹痛症。

⑥ 中枢神经的兴奋性增高，如脑充血、脑及脑膜炎的初期等时。

⑦ 某些中毒，如亚硝酸盐中毒引起的血红蛋白变性。

（2）呼吸次数的减少　临床上比较少见，通常的原因是：引起颅内压显著升高的疾病（如慢性脑室积水，猪伪狂犬病）、某些中毒病及重度代谢紊乱等。

体温、脉搏、呼吸数等生理指标的测定，是临床诊疗工作的重要常规内容，对任何病例，都应认真地实施。而且要随病程的经过，每天定时的进行测定并记录之。为此，一般常将体温、脉搏、呼吸数的记录，一并绘成一份综合的曲线表，据以分析病情的变化。

【复习思考题】

1. 动物在站立时有哪几种异常姿态？

2. 运动与行为的异常可表现为哪几个方面？

3. 临床上常见的皮肤疹疱有哪几种？

4. 简述眼结膜的检查方法。结膜颜色改变有哪些种类？

第四章　系统检查

【知识目标】
1. 了解动物各系统的正常生理状态。
2. 掌握动物各系统检查的方法和内容，能够判断动物是否发病，分析可能的致病原因。

【技能目标】
1. 能够熟练应用相应的检查方法对动物的各个系统进行检查。
2. 能准确识别动物系统出现的病理状况。

第一节　心血管系统的检查

动物心血管系统原发病不多，多为其他器官、系统疾病直接或间接影响心血管系统，引起心肌、心瓣膜、血液、传导系统和脉管的损伤，导致表现异常。因此，心血管系统临床检查对动物疾病的整体诊疗有一定意义，而且对疾病的预后判断也有很大帮助。

一、心脏的检查

（一）心搏动的视诊与触诊

心脏的视诊和触诊主要用来检查心搏动。心搏动又称为心冲动，是指在心室搏动时，由于心肌急剧伸张，心脏横径增大并稍向左旋，而使相应部位的胸壁产生的振动。

1. 视诊、触诊心搏动的方法

检查者位于动物左侧方，被检动物取站立姿势，左前肢向前跨出半步，充分露出心区。视诊时，观察左侧肘后心区被毛及胸壁的振动情况。如触诊马属动物时，检查者右手放于动物的鬐甲部，左手的手掌紧贴于动物的左侧肘后心区，注意感知胸壁的振动，主要判定其频率及强度。

2. 视诊、触诊心搏动的部位

马的心搏动在左侧的胸廓下 1/3 的中央水平线上的第 3~6 肋间，在第 5 肋间的下 1/3 的中间处最明显；牛的心搏动在肩端线下 1/2 的第 3~5 肋间，在第 4 肋间最明显；羊、猪的心搏动部位与牛基本相同；犬、猫的心搏动在左侧第 4~6 肋间的胸廓下 1/3 处，在第 5 肋间最明显。

3. 心搏动的病理变化

健康动物，每次心室的收缩会引起左侧心区附近胸壁的轻微振动。振动的强度，受动物的营养状态和胸壁厚度的影响，营养过剩、胸壁较厚的动物其心搏动较弱；相反消瘦的动物胸壁较薄，其心搏动较强。常见心搏动病理变化如下。

（1）心搏动减弱　见于心脏功能衰弱，心室收缩无力，如渗出性心包炎等。

（2）心搏动增强　见于心脏功能亢进，如热性病、疼痛性疾病及心肌炎等。当心搏动过强，伴随每次心动而引起动物的体壁振动，称为心悸。

（3）心搏动移位　是由于心脏受邻近器官、渗出液及肿瘤等的压迫，而引起心搏动位置的改变。如胃扩张和腹水等引起向前移位；左胸积液引起向右移位。

（4）心区压痛　有时还可感知心区的震颤，触压时敏感，强压时表现回顾、躲闪和呻吟，提示可能有心包炎和胸膜炎等。

（5）心区震颤　触诊心区部感到有轻微震颤。见于纤维蛋白性心包炎、胸膜炎及心脏瓣膜病。

（二）心脏的叩诊

叩诊的目的，在于确定心脏的大小、形状、敏感性及其在胸腔内的位置。心脏的一小部分与胸壁接触，叩诊呈浊音，称为心脏绝对浊音区；心脏的大部分被肺脏所掩盖，叩诊时呈半浊音，称为心脏相对浊音区，它标志着心脏的真正大小。

1. 心脏叩诊法

被检动物取站立姿势，使其左前肢向前伸出半步，以充分显露心区（图4-1）。按常规的叩诊方法，沿肩胛骨后角向下的垂线进行叩诊，直至心区，同时标记由清音转变为浊音的一点；再沿与前一垂线呈45°左右的斜线，由心区向后上方叩诊，并标记由浊音变为清音的一点；连续两点所形成的弧线，即为心脏浊音区的后上界（图4-2）。

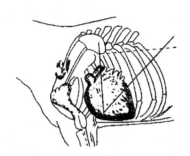

图4-1　马心区叩诊示意图

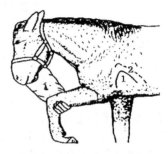

图4-2　马的心脏叩诊浊音区
1—绝对浊音区；2—相对浊音区

2. 心脏叩诊的病理变化

心脏叩诊区发生变化时，还应考虑肺脏的变化。对心脏来讲，相对浊音区的变化较绝对浊音区的变化更具有重要意义。

（1）心脏叩诊浊音区缩小　绝对浊音区缩小见于肺泡气肿及气胸，相对浊音区缩小可见于肺萎陷和覆盖心脏的肺叶部分发生实变的疾病等。

（2）心脏叩诊浊音区扩大　相对浊音区扩大，是由于心脏容积增大所致，可见于心肥大、心扩张、渗出性心包炎和心包积水等；而绝对浊音区扩大，是由于肺脏覆盖心脏的面积缩小所致，如肺萎陷等。

（3）心区叩诊呈鼓音　在渗出性心包炎，如果有腐败菌侵入而产生气体，心区叩诊可呈现鼓音，见于牛的创伤性心包炎。另外，当覆盖心脏的肺叶发生炎性浸润时，由于肺泡内充有液体，肺泡的含气量有一定程度的减少，而致肺组织的弹力减退，此时也可能在原来呈现半浊音的区域出现浊鼓音。

（4）心区敏感　当心区叩诊时，动物躲闪、呻吟、不安，常是心包炎或胸膜炎的特征。

（三）心音的听诊

1. 听诊部位

心脏听诊一般在动物左侧进行，被检动物取站立姿势，使其左前肢向前伸出半步，以充分显露心区。通常以软质听诊器进行间接听诊，将听头放于心区部位即可。听诊心音时，主要应注意心音的频率、强度、性质及有无分裂、杂音或节律不齐等。常见动物心音最佳听取点见表4-1。

2. 正常特点

（1）牛　黄牛一般较马的心音清晰，尤以第一心音明显，但持续时间较短；水牛及骆驼的心音没有马和黄牛清晰。

（2）猪　心音较钝浊，两个心音的间隔大致相等。

（3）犬　心音清亮，第一心音与第二心音的音调、强度、间隔及持续时间均大致相同。

（4）马　第一心音的音调较低，持续时间较长且音尾拖长；第二心音短促、清脆且音尾突然停止。

表 4-1　常见动物心音最佳听取点

动物种类	第一心音		第二心音	
	二尖瓣口	三尖瓣口	主动脉口	肺动脉口
牛、羊	左侧第 4 肋间，主动脉口的远下方	右侧第 3 肋间，胸廓下 1/3 的中央水平线上	左侧第 4 肋间，肩端线下 1～2 指处	左侧第 3 肋间，胸廓下 1/3 的中央水平线上
马	左侧第 5 肋间，胸廓下 1/3 的中央水平线上	右侧第 4 肋间，胸廓下 1/3 的中央水平线上	左侧第 4 肋间，肩端线下 1～2 指处	左侧第 3 肋间，胸廓下 1/3 的中央水平线上
猪	左侧第 5 肋间，胸廓下 1/3 的中央水平线上	右侧第 4 肋间，肋骨和肋软骨结合部稍下方	左侧第 4 肋间，肩端线下 1～2 指处	左侧第 3 肋间，接近胸骨处
犬	左侧第 5 肋间，胸廓下 1/3 中央	右侧第 4 肋间，肋骨与肋软骨结合部一横指上方	左侧第 4 肋间，肩端线下方	左侧第 3 肋间，接近胸骨处或肋骨与肋软骨结合处

3. 病理变化

（1）速率变化　高于正常时，称心率过速；低于正常时，称心率徐缓。

（2）心音性质的改变　常表现为心音混浊，音低且含混不清，主要是心肌瓣膜变性时振动改变的结果。可见于各种传染病引起的心肌变性，也可见于一些中毒性疾病。

（3）心音的强度变化　胸壁上听诊心音的强度取决于心脏本身的收缩力及心音向外传递过程的介质状态，如心包、肺的心叶、胸壁及胸腔的状态。在介质一定时，心音主要与心肌收缩力、瓣膜的振动状态及循环血量有关。第一心音主要与收缩力有关，第二心音主要与动脉根部压力有关。

临床上心音的增强与减弱多见于两心音同时增强或减弱；第一心音增强，第二心音减弱；第二心音增强，第一心音减弱。单独第一音减弱的情况少见。

① 两心音同时增强：主要见于心肥大、某些心脏病初期代偿、发热的初期、剧烈疼痛性疾病、轻度贫血、应用强心剂等。

② 两心音同时减弱：一切引起心肌收缩力减弱的病理过程、渗出性心包炎、渗出性胸膜炎、胸水、肺气肿、胸壁水肿等使心音传导能力增大的因素均可使两心音减弱。

③ 第一心音增强，第二心音减弱：这种情况多是第二心音低使第一心音相对增强，主要见于动脉根部压力下降，如大失血、严重脱水、休克等。此外，当心跳频率增高到一定程度时，第二心音明显减弱以致难以听到，此时，第一心音与第二心音比，则明显增强。

④ 第二心音增强，第一心音减弱：左心肥大、肾炎等可使主动脉根部第二音增强，肺充血、炎症可使肺动脉根部第二音增强。此时第一心音相对第二心音而呈现减弱状。

（4）心音分裂与重复　第一心音或第二心音分为两个音色相同的音响称为心音分裂或重复；两个声音之间间隔较短的称为分裂，间隔较长的称为重复。两者在临床诊断上意义相同，仅程度不同而已。

① 第一心音分裂：由二、三尖瓣关闭不同时所致，可见于心肌损害及其传导功能的障碍。

② 第二心音分裂：主要是主动脉与肺动脉根部压力不一，原因是两心室中某一方面的血液量少或一方压力低，使心室收缩持续时间短，进而使相关的半月瓣提前关闭所致。见于重度肺充血或肾炎。

（5）心律不齐　表现为心脏活动的快慢不均及心音的间隔不等或强弱不一，其原因是心肌兴奋性改变及传导功能障碍。幼畜伴呼吸出现的轻度心律不齐一般诊断意义不大。但重度心律不齐提示可能有心肌损害。

（6）心杂音　伴随心脏的收缩与舒张出现的正常心音以外的附加音，根据产生的部位分为心外杂音和心内杂音。

① 心外杂音：主要是心包杂音。其特点是：听之距耳较近；用听诊器的集音头压迫心区则杂音可增强。当心包炎渗出有一定量的液体，且心肌收缩力较强时，伴随心跳可产生击水音。如

果渗出不是以液体为主，而是以纤维素为主时，附在心包内膜与心肌外膜上的纤维素会摩擦产生摩擦音。心包杂音是牛创伤性心包炎的特征症状。

② 心内杂音：心脏的瓣膜及相应的瓣膜口发生形态的改变或血液性质发生改变时，伴随心脏的活动而产生的杂音称心内杂音。依据瓣膜是否有形态改变分为器质性杂音和非器质性杂音两种。

a.器质性杂音：是慢性心内膜炎的特征。即心瓣膜出现增生、缺损或粘连等变化。瓣膜关闭不全，造成部分血液反流或瓣孔狭窄，血流不畅，形成漩涡产生振动，出现杂音。器质性杂音按出现的时间可分为收缩期杂音与舒张期杂音。

b.非器质性杂音：主要有两种情况。一是瓣膜形态学上无病变，而是由于心肌高度弛缓或舒张时，瓣膜不能将扩大了的房室口完全关闭。另外一种是贫血性杂音，即血液稀薄，血流加快，形成杂音。这两种又称机能性杂音，这种杂音出现在心收缩期，比较弱。当心肌功能恢复或贫血得到改善后，杂音会减轻并消失。

二、血管的检查

血管的检查主要包括动脉检查、毛细血管检查和静脉检查。

1. 动脉检查

马属动物多检查颌外动脉，牛检查尾动脉；中、小动物（猪和羊等）则以股动脉为宜。健康动物的脉管有一定的弹性，搏动的强度中等，脉管内的血量充盈适度。正常的脉搏节律，其强弱一致、间隔均匀。

脉搏的力量较强则称强脉，见于热性病初期，心脏的代偿功能加强时。力量微弱称弱脉，见于心功能不全、主动脉瓣口狭窄、产生脉搏的动脉发生阻塞等。

2. 毛细血管检查

助手保定被检动物的头部，并上提其上唇，露出上切齿的齿龈黏膜（家禽暴露上腭黏膜）。检查者左手持秒表，用右手拇指按压被检动物的上切齿外侧的齿龈黏膜 2～3s，然后除去拇指的压迫，观察除去压迫后齿龈黏膜恢复原来颜色所需要的时间。

在伴有全身高度淤血和脱水的情况下，往往发现毛细血管再充盈时间延长，见于心力衰竭、中毒性休克和内毒素休克等，通常都在 3～5s。

3. 静脉检查

观察浅表静脉（如牛、马的颈静脉）的充盈状态及颈静脉的波动。静脉处可见有随心脏活动而出现的自颈基部向颈上部反流的波动称颈静脉波动。浅表静脉检查常见病理变化有三种。

（1）浅表静脉（如颈静脉、胸外静脉、股内静脉等）过度充盈　主要是由于体循环障碍，静脉回流受阻而引起，可见于牛创伤性网胃-心包炎等病症。

（2）静脉波动　正常情况下，马、牛等大动物随心跳可在颈静脉出现波动，属生理现象。如果波动波及整个颈静脉，则说明右心淤血，其特点是波动出现在第一心音与脉搏之前，这种波动又叫阴性波动。波动出现于心室收缩过程中，并以手指于颈中部的静脉处加压后，其近心端的波动仍存在，此是阳性波动的特点。

（3）假性静脉波动　它是由于颈动脉的强力搏动所引起的静脉波动，又称伪性静脉波动。

第二节　呼吸系统的检查

呼吸系统包括鼻腔、咽喉、气管、支气管和肺脏。呼吸系统是动物机体与外界环境进行气体交换，维持生命活动的重要系统，同时也是异物、病原侵入的主要门户，所以呼吸系统疾病发病率较高。

呼吸系统的检查包括呼吸运动的检查、呼出气和鼻液的检查、咳嗽的检查、上呼吸道的检查和胸、肺部的检查。常用的检查方法以临床基本诊断方法为主，包括视诊、触诊、叩诊、听诊，必要时应用支气管镜和 X 射线检查。此外，配合实验室检查。

一、呼吸运动的检查

呼吸运动是指家畜在呼吸时，呼吸器官及参与呼吸的其他器官所表现的节律性的协调运动。检查呼吸运动应注意呼吸频率、类型、节律的改变、对称性及呼吸困难等。

1. 呼吸频率

健康动物的呼吸频率比较平稳和恒定，但在病理情况下，可见到呼吸次数的增多和减少。

① 呼吸次数增多：常见于各种呼吸器官疾病、热性病、贫血和某些中毒。

② 呼吸次数减少：常见于各种脑炎、脑肿瘤、脑积水和疾病的濒死期。

2. 呼吸类型

健康动物的呼吸类型属胸腹式呼吸（但犬为胸式呼吸），即在呼吸时胸壁和腹壁的起伏动作协调一致，强度大致相同，又称混合式呼吸。病理情况下，表现为胸式呼吸或腹式呼吸。

① 胸式呼吸：呼吸活动中胸壁的起伏动作特别明显，而腹壁运动微弱。见于腹腔器官疾病，如急性腹膜炎、瘤胃臌气、重度肠臌气和腹壁外伤等。

② 腹式呼吸：呼吸活动中腹壁的起伏动作特别明显，而胸壁活动微弱。见于胸腔器官疾病，如肺气肿、胸膜炎、胸腔积液、肋骨骨折等。

3. 呼吸节律

健康动物吸气与呼气所持续的时间有一定的比例，每次呼吸的强度一致，间隔时间相等，称为节律性呼吸。呼吸节律异常可见以下三种情况。

（1）潮式呼吸 其特征是呼吸逐渐加强、加深、加快，当达到高峰后，又逐渐变弱、变浅、变慢，最后呼吸暂停（数秒至数十秒），然后又以同样的方式反复出现。临床上主要见于各种脑病、心力衰竭、某些中毒性疾病和呼吸中枢兴奋性减退等。

（2）库氏呼吸 呼吸不中断，但变成深而慢的大呼吸，并且每分钟呼吸次数减少。是呼吸中枢衰竭的晚期表现，表示病情危重，预后不良。主要见于疾病濒死期、脑脊髓炎、脑水肿、大失血及某些中毒等。

（3）毕氏呼吸 其特征是呼气和吸气分成若干个短促的动作，即数次连续的、深度大致相同的深呼吸和呼吸暂停交替出现。是呼吸中枢兴奋性极度降低的表现，表示病情危重。临床上主要主见于胸膜炎、慢性肺气肿、脑炎、中毒及濒死期家畜。

4. 呼吸的对称性

正常情况下，两侧胸壁在呼吸时起伏是一致的，称为呼吸的对称性。如一侧胸壁有病时，健康侧代偿加强，则表现出不对称呼吸运动。检查呼吸的对称性时检查人员应站立在动物的正后方。

5. 呼吸困难

健康家畜不需特殊用力。如呼吸用力而呼吸数、呼吸式、呼吸节律发生改变，称为呼吸困难。高度呼吸困难称为气喘。呼吸困难是呼吸器官疾病的一个重要症状，但其他器官患有严重疾病时，也可出现呼吸困难。根据引起呼吸困难的原因及其表现形式，呼吸困难可分为以下三种类型。

（1）吸气性呼吸困难 其特征是吸气用力，吸气时间显著延长，辅助吸气肌参与活动，常伴发特异的吸入性狭窄音（口哨音）。病畜呈现头颈平伸、鼻翼开张、四肢广踏、胸廓扩展，严重者张口吸气。是上呼吸道狭窄的特征，见于鼻腔狭窄、喉水肿、马腺疫、血斑病、猪传染性萎缩性鼻炎、鸡传染性喉气管炎等。

（2）呼气性呼吸困难 其特征是呼气用力，呼气时间显著延长，辅助呼气肌参与活动，多呈二重呼吸，高度呼吸困难时可见沿肋骨弓形成凹陷的喘气及肛门一出一入形成的肛门运动等。是肺组织弹性减弱和细支气管狭窄，肺泡内气体排出困难的特征，见于急性细支气管炎、慢性肺气肿和胸膜肺炎等。

（3）混合性呼吸困难 临床上最多见。其特征是吸气和呼气均发生困难，同时伴有呼吸次数的增加，吸气和呼气鼻孔均扩张。是由于呼吸面积减少，气体交换不全，血中二氧化碳浓度增高，引起呼吸中枢兴奋。见于呼吸器官疾病（如支气管炎、肺及胸膜疾病）、循环系统疾病（如心肌炎、心内膜炎、创伤性心包炎和心力衰竭）、贫血性疾病（如各种类型的贫血、焦虫病）、中毒性疾病（亚硝酸盐中毒、氢氰酸中毒、有机磷农药中毒、尿毒症、酮血症和严重的胃肠炎等）。

二、呼出气、鼻液、咳嗽的检查

1. 呼出气的检查

检查者用手背接近鼻端感觉家畜呼出的气流强度是否一致和呼出气体的温度。嗅诊呼出气及鼻液有无特殊气味。

当一侧鼻腔狭窄、一侧副鼻窦肿胀或大量积脓时，患侧的呼出气流强度较小，并常伴有呼吸的狭窄音及不同程度的呼吸困难；若两侧鼻腔同时存在病变，则依病变的程度和范围不同，两侧鼻孔气流的强度也可不一致。

健康动物的呼出气稍有温热感。当体温升高时，呼出气的温度也有所升高。呼出气的温度显著降低，可见于严重的脑病、中毒或虚脱。

如呼出气有难闻的腐败气味，见于上呼吸道或肺脏的化脓性或腐败性炎症、肺坏疽、霉菌性肺炎等；呼出气有酮臭气味，见于反刍动物酮血病。

2. 鼻液的检查

健康家畜一般无鼻液，气候寒冷季节有些动物可有微量浆液性鼻液，马常以喷鼻和咳嗽的方式排出，牛则常用舌舐去或咳出，若有大量鼻液流出，则为病理特征。

（1）鼻液数量　鼻液数量主要取决于疾病发展时期、程度及病变性质和范围。少量鼻液见于急性呼吸道炎症的初期和慢性呼吸道疾病。如上呼吸道炎症、急性支气管炎及肺炎的初期、慢性支气管炎、鼻疽及肺结核等。多量鼻液主要见于急性呼吸道疾病的中、后期。如急性鼻炎、急性咽喉炎、急性支气管炎、急性支气管肺炎、肺坏疽、大叶性肺炎和某些侵害呼吸道的传染病。

（2）一侧性鼻液及两侧性鼻液　一侧性鼻液见于一侧性鼻炎、一侧性副鼻窦炎、一侧性喉囊炎。两侧性鼻液见于双侧性鼻炎及喉以下的呼吸道炎症。

（3）鼻液性质　鼻液性状由于炎症的种类和病变的性质不同而异，一般在呼吸道炎性疾病经过中，按其渗出物特点，开始为浆液性，后逐渐变为黏液性和脓性，最后渗出物停止而愈。

①浆液性鼻液无色透明，稀薄如水。鼻液中含有少量白细胞、上皮细胞和黏液。见于急性呼吸道炎症的初期、流行性感冒等。②黏液性鼻液黏稠，呈灰白色。鼻液中含有多量黏液、脱落的上皮细胞和白细胞，呈引缕状。见于呼吸道黏膜急性炎症的中期。③脓性鼻液黏稠混浊，呈黄色或黄绿色。鼻液中含有多量中性白细胞和黏液。常见于呼吸道黏膜急性炎症的后期及副鼻窦炎、马鼻疽、肺脓肿破裂等。④腐败性鼻液污秽不洁，呈褐色或暗褐色。鼻液中含有腐败坏死组织，有恶臭和尸臭味。是腐败性细菌作用于组织的结果。见于马腺疫、肺坏疽和腐败性支气管炎等。⑤血性鼻液内混有血丝或血块，颜色鲜红，见于鼻腔出血；颜色粉红或鲜红，并且混有气泡。见于肺出血、肺坏疽、败血症。⑥铁锈色鼻液见于大叶性肺炎及传染性胸膜肺炎；鼻液混有大量的唾液、饲料残渣，见于咽炎及食管阻塞；鼻液中混有胃液，见于马急性胃扩张；鼻液中混有大小一致的泡沫，见于肺水肿。

3. 咳嗽的检查

咳嗽是动物的一种保护性反射动作，借以将呼吸道异物或分泌物排出体外。咳嗽也是一种病理表现，当呼吸道有炎症时，炎性渗出物或外来刺激，引起咳嗽。检查咳嗽的方法：可听取病畜的自然咳嗽，必要时常采用人工诱咳法。马人工诱咳法，拇指与食指、中指捏压喉头或气管的第一、二环状软骨，即可诱发咳嗽。检查咳嗽时，应注意其性质、频度、强度和疼痛。

从咳嗽性质来分，咳嗽一般分为干咳和湿咳。干咳时呼吸道内无分泌物或仅有少量黏稠的分泌物。其特征是咳嗽无痰，咳声干而短，见于慢性支气管炎、急性支气管炎的初期和胸膜炎。湿咳时呼吸道内积有多量稀薄的渗出物。其特征是咳嗽有痰，咳声钝浊，湿而长。见于急性咽喉炎、支气管炎及支气管肺炎等。

三、上呼吸道的检查

1. 鼻腔的检查

检查马属动物时，检查人员站于马头左（右）前方，左手的拇指和中指夹住鼻翼软骨向上拉起，用食指挑起外侧鼻翼即可检查；检查其他动物时，可将其头抬起，使鼻孔对着阳光或人工光源，即可观察鼻黏膜；检查小动物时，可使用开鼻器，将鼻孔扩开进行检查。主要注意其颜色、分泌物，有无肿胀、水疱、溃疡、结节和损伤等。正常情况下，鼻黏膜为淡红色，表面湿润富有光泽，略有颗粒，牛鼻孔附近黏膜上常有色素。

在临床上，鼻黏膜潮红，见于鼻卡他、流行性感冒；鼻黏膜肿胀，见于急性鼻炎；鼻黏膜点状出血，见于马传染性贫血（简称马传贫）、焦虫病、血斑病和败血症；鼻黏膜水疱，见于口蹄疫、猪传染性水疱病和水疱性口炎；鼻黏膜结节，即鼻黏膜出现粟粒大小、黄白色周围有红晕的结节，多分布于鼻中隔黏膜，见于鼻疽结节；鼻黏膜溃疡，浅在性溃疡见于鼻炎、腺疫、血斑病，深在性溃疡即边缘隆起如喷火口状，底部呈猪脂状，灰白色或黄白色，常分布于鼻中隔黏膜，见于鼻疽溃疡；鼻黏膜瘢痕，呈星芒状或冰花样，见于鼻疽瘢痕。

2. 喉和气管的检查

常用视诊、触诊、叩诊和听诊，必要时可用 X 射线透视和手术切开探查。检查者站在动物头颈侧方，以两手向后部轻压同时向下滑动检查气管，以感知局部温度，并注意有无肿胀。家禽可开口直接对喉腔及其黏膜进行视诊。

喉部肿胀并有热感，马见于咽喉炎、喉囊炎、腺疫；牛见于咽炭疽、牛肺疫、化脓性腮腺炎、创伤性心包炎；猪见于巴氏杆菌病、链球菌病；家禽见于传染性喉气管炎。触诊喉部有热、痛、咳嗽，见于急性喉炎、气管炎。

健康家畜喉和气管部听诊，可听到一种类似"赫"的声音，称为喉呼吸音；在气管出现的，称为气管呼吸音；在胸廓支气管区出现的，称为支气管呼吸音。这三种呼吸音的音性相同。如果喉和气管发生炎症或因肿瘤等发生狭窄时，则呼吸音增强，如口哨音、拉锯音，有时在数步远亦可听到，见于喉水肿、咽喉炎、气管炎等。当喉和气管有分泌物时，可出现啰音，如分泌物黏稠可听到干啰音，分泌物稀薄可听到湿啰音。

3. 副鼻窦的检查

副鼻窦主要是指额窦、颌窦和喉囊，其发病多为一侧性。若这些部位肿胀，有热有痛，鼻液断续由一侧流出，特别是鼻液呈凝乳状，叩诊呈浊音时，是发炎的表现。见于副鼻窦炎、喉囊炎等。一般多用视诊、触诊和叩诊进行检查。必要时可用圆锯术、穿刺术和 X 射线检查。

四、胸、肺部的检查

胸、肺部的检查是呼吸系统检查的重点。一般用视诊、触诊、叩诊和听诊检查，其中以叩诊和听诊最重要、最常用。必要时可应用 X 射线检查、实验室检查和其他特殊检查。

1. 胸壁的视诊

健康家畜的胸廓两侧对称同形，肋骨适当弯曲而不显凹陷。若两侧胸廓膨大，见于胸膜炎、肺气肿；若两侧胸廓显著狭窄，见于骨软症及佝偻病。

2. 胸壁的触诊

胸壁的触诊主要检查其温度、疼痛、震颤和有无变形等。如果胸壁体表温度升高，见于胸膜炎初期和胸壁损伤性炎症；如果胸壁疼痛，见于胸膜炎、肋间肌肉风湿症和肋骨骨折；如果胸壁震颤，见于胸膜炎初期及末期和泛发性支气管炎；如果在肋骨和肋软骨结合部能够触摸到肿胀变性的结节，见于骨软症和佝偻病。

3. 胸肺部的叩诊

大家畜用槌板叩诊法，小动物则用指指叩诊法。当发现病理性叩诊音时，应与对侧相应部位的叩诊音比较判断。

马肺叩诊区：略呈一长三角形。其前界为肩胛骨后角沿肘肌向下至第 5 肋间所划的垂线；上界为与脊柱平行的直线，距背中线 10cm 左右；后界为由第 17 肋骨与背界线交界处开始，向下向前经下列诸点所划的弧线，经髋结节线与第 16 肋间的交点，坐骨结节线与第 14 肋间的交点，肩端线与第 10 肋骨间的交点，而止于第 5 肋间（见图 4-3）。

牛肺叩诊区：为三角形，比马肺叩诊区小。其背界与马的相同，前界自肩胛骨后角沿肘肌向下划 "S" 状曲线，止于第 4 肋间，后下界自背界的第 12 肋骨上端开始，向前向下经髋结节线与第 11 肋间相交，经肩端线与第 8 肋间相交，终止于第 4 肋间（见图 4-4）。

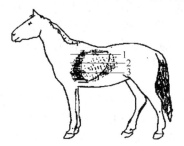

图 4-3　马肺叩诊区
1—髋结节水平线；2—坐骨结节水平线；
3—肩关节水平线

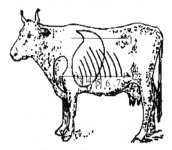

图 4-4　牛肺叩诊区
1—髋结节水平线；2—肩关节水平线；
3、4、5、6、7 分别为相应肋骨

猪肺叩诊区：上界距背中线 4～5 指宽，后界由第 11 肋骨处开始，向前向下经坐骨结节线与第 9 肋间的交点，经肩端线与第 7 肋间的交点，而止于第 4 肋间的弧线（见图 4-5）。

犬肺叩诊区：前界距背中线 4～5 指宽；后界由第 11 肋骨处开始，向下、向前经坐骨结节线与第 9 肋间之交点，肩关节水平线与第 7 肋间之交点而止于第 4 肋间（见图 4-6）。

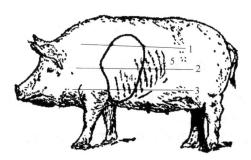

图 4-5　猪肺叩诊区
1—髋结节水平线；2—坐骨结节水平线；
3—肩关节水平线；4、5 分别为相应肋骨

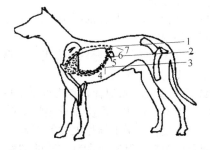

图 4-6　犬肺叩诊区
1—髋结节水平线；2—坐骨结节水平线；
3—肩端水平线；4、5、6、7 分别为相应肋骨

叩诊时，动物表现回视、躲闪、反抗等不安现象，常见于胸膜炎。肺叩诊区扩大，见于肺气肿、气胸；肺叩诊区缩小，多为腹腔器官膨大、腹腔积液、心包积液压迫肺组织引起。后下界前移，见于急性胃扩张、急性瘤胃臌气、肠臌气、腹腔积液等；后下界后移，见于心包积液。散在性浊音区，提示小叶性肺炎；成片性浊音区，提示大叶性肺炎；水平浊音，主要见于渗出性胸膜炎或胸腔积液。过清音，见于小叶性肺炎实变区的边缘和大叶性肺炎的充血期与吸收期，亦可见于肺疾患时的代偿区。鼓音主要见于肺泡气肿和气胸。

4. 胸肺部的听诊

听诊一般通过听诊器进行间接听诊。听诊时，宜先从胸壁中部开始，然后听上部和下部，由前向后依次进行。如发现异常呼吸音时，在该部周围和对侧相应部位进行比较听诊。

正常肺部可以听到两种不同性质的声音：肺泡呼吸音和支气管呼吸音。气体通过口径不一的呼吸道时，会产生明显的声音。声音在喉部最高，以后逐渐减弱，到支气管时，临床听诊类似将舌抬高而呼气时所发出的"赫、赫"音；到肺泡时，声音很低，类似"夫、夫"的声音，于吸气阶段较清楚。马属动物只能听到肺泡的呼吸音。

病理情况下，胸部呼吸音发生改变。主要表现为呼吸音增强、减弱、啰音等。

（1）肺泡呼吸音增强　常见于热性病。肺泡呼吸音局限性增强，是病变侵害一侧或部分肺组织，使其呼吸功能减退或消失，而健侧肺或无病变的部分呈代偿性呼吸功能亢进的结果，常见于支气管肺炎和大叶性肺炎；肺泡呼吸音粗糙，是由于毛细支气管黏膜充血肿胀，使肺泡入口处狭窄、肺泡呼吸音异常增强，常见于支气管炎、肺炎等。

（2）肺泡呼吸音减弱或消失　由肺泡弹力降低引起的，见于肺气肿；支气管、肺泡被异物或炎性渗出物阻塞引起的，见于细支气管炎、肺炎；胸壁肥厚，呼吸音传导受阻引起的，见于胸水、胸膜炎、胸壁水肿和纤维素性胸膜炎；由于胸壁疼痛，使呼吸运动障碍所致的，见于胸膜炎、肋骨骨折；支气管和肺泡被完全阻塞，气体交换障碍，见于大叶性肺炎、传染性胸膜肺炎。

（3）断续呼吸音或齿轮呼吸音　在病理情况下，肺泡呼吸音呈断续性，称为断续呼吸音。为部分肺泡炎症或部分细支气管狭窄，空气不是均匀进入肺泡而是分股进入肺泡所致。其特征为呼吸时不是连续性的而是有短促的间隙（呼气时一般不改变），将一次肺泡音分为两个或两个以上的分段，又称为齿轮呼吸。

（4）病理性支气管呼吸音　马肺部及其他家畜正常范围外的其他部位听诊出现支气管呼吸音，都是病理现象。这是肺实变的结果，由于肺组织的密度增加，传音良好所致。临床上见于各型肺炎、传染性胸膜肺炎、广泛性胸膜肺炎、广泛性肺结核、牛肺疫及猪肺疫等。

（5）病理性混合性呼吸音　当较深部的肺组织发生炎性病灶，而周围被正常肺组织遮盖，或浸润实变区和正常肺组织掺杂存在，肺泡呼吸音和支气管呼吸音混合出现，称为病理性混合性呼吸音。见于小叶性肺炎、大叶性肺炎的初期和散在性肺结核。在胸腔积液的上方有时可听到病理性混合性呼吸音。

（6）啰音　啰音是伴随呼吸而出现的附加音响，是一种重要的病理特征。按其渗出物性质分为干啰音和湿啰音。

① 干啰音是因支气管黏膜发炎、肿胀、管腔狭窄并附有少量黏稠分泌物所引起。其音尖锐，似蜂鸣、飞箭，类鼾音。

② 湿啰音又称水泡音，是支气管炎的表现，反映气道内有较稀薄的病理产物，分为大、中、小三种水泡音，这主要取决于分泌物所存在的支气管管腔的大小。

（7）捻发音　类似揉捻毛发的声音，是细小的水泡音，主要见于细支气管炎、大叶性肺炎的充血期及融解期、肺充血和肺水肿的初期。

（8）空瓮音　是气流通过细小支气管进入内壁光滑且大的肺空洞时，空气在空洞内共鸣而发出的声音。特征为类似轻吹狭口的空瓶口时发出的声音，声音柔和而深长，常带金属音调。

（9）胸膜摩擦音　当胸膜发炎时，胸膜表面变得粗糙，且有纤维素附着，呼吸时两层胸膜摩擦而产生的一种声音，类似两粗糙物的摩擦音。胸膜摩擦音是纤维素性胸膜炎的特征性症状。主要见于牛肺疫、犬瘟热、马传染性胸膜肺炎等。

（10）拍水音　类似拍击半满的热水袋或振荡半瓶水发出的声音。指当胸腔积液时，病畜突然改变体位或心搏动冲击液体所产生的声音。主要见于渗出性胸膜炎和胸腔积液等。

第三节　消化系统的检查

消化系统包括口腔、咽、食管、胃、肠及肝、脾、胰脏等。消化系统疾病在内科疾病中最多见，而且许多传染病、寄生虫病及中毒性疾病常并发消化系统疾病。因此，消化系统的检查对不同的动物都很重要。其检查方法，主要应用视、听、触、叩、嗅诊等物理方法。有条件的还应根据需要进行血、尿、粪实验室检查和 X 射线、B 超、电子腹腔镜等特殊检查。

一、饮食状态的检查

1. 饮欲和食欲

（1）食欲减退　动物表现不愿采食或采食量减少或仅喜欢采食一种饲料。是许多疾病的共有症状，主要见于消化器官本身疾病、热性病、疼痛性疾病等。

（2）食欲废绝　动物表现拒食饲料。主要见于严重的消化道疾病、急性热性病和某些烈性传染病等。

（3）食欲不定　动物表现食欲时好时坏，变化不定。主要见于慢性消化不良，如胃溃疡、胃肠卡他。

（4）食欲亢进　动物采食量超过正常的一种表现。主要见于甲状腺功能亢进、糖尿病、肠道寄生虫病和慢性消耗性疾病、早期妊娠和重病的恢复期。

（5）异嗜　动物表现食欲紊乱，喜食正常饲料以外的物质，如泥土、煤渣、垫草、粪尿、污水及被毛等，母畜吞食胎衣、食仔，幼仔互咬，鸡啄羽、啄肛等。提示动物在生理上缺乏某种营养素。矿物质、维生素、微量元素代谢紊乱及神经功能异常，主要见于佝偻病、骨软症、微量元素和维生素缺乏症、猪蛔虫病、狂犬病、伪狂犬病等。

（6）饮欲增加　动物表现口渴多饮。主要见于一切热性病、剧烈腹泻、剧烈呕吐、大量出汗、慢性肾炎、渗出性胸膜炎和腹膜炎、食盐中毒和牛真胃阻塞等。

（7）饮欲减退　动物不愿意饮水或饮水量减少，甚至表现拒绝饮水。主要见于马、骡腹痛病初期、消化道疾病初期以及伴有昏迷症状的脑病等。

2. 采食、咀嚼和吞咽

（1）采食异常　各种动物在正常状态下，其采食方式各有特点。采食异常主要表现为采食不灵活，或不能用唇、舌采食。主要见于各种口炎、舌和牙齿的疾病。

（2）咀嚼异常

① 咀嚼障碍：动物表现咀嚼缓慢无力，或因疼痛而中断，有时将口中食物吐出。一般依据程度不同分为咀嚼缓慢、咀嚼困难、咀嚼疼痛。主要见于口膜炎、舌及牙齿疾病、骨软症、慢性氟中毒、面神经麻痹、下颌骨折等。

② 虚嚼：口腔内没有食物但动物仍然表现出咀嚼动作。主要见于马腹痛病、传染性脑脊髓炎、破伤风和某些中毒；牛见于胃肠卡他、前胃弛缓、创伤性网胃炎和真胃疾病；也可见于猪瘟和羊的多头蚴病。

（3）吞咽困难　动物表现吞咽时伸颈摇头，屡次试咽而中止，并伴有咳嗽、流涎、饲料和饮水经鼻孔反流等。主要见于咽炎、咽麻痹、咽痉挛、食管阻塞等。

3. 反刍、嗳气和呕吐

（1）反刍　是反刍动物特有的消化活动。正常情况下，动物在饲喂后 0.5～1h 开始反刍，每昼夜反刍 6～8 次，每次反刍持续时间为 0.5～1h，每次返回口腔的食团再咀嚼 40～100 次。羊的反刍活动较牛快。

在病理状态下，出现反刍弛缓、反刍停止、反刍疼痛。常见于前胃积食、前胃迟缓、真胃变位及创伤性网胃-心包炎、热性病、中毒病等。

（2）嗳气　是反刍动物的一种生理现象，借以排出瘤胃内过多的气体。当气体通过时，由下而上出现气体移动波，同时可听到嗳气时的特有音响。一般每小时有嗳气活动：牛为 20～30 次，羊为 9～11 次。

嗳气增多是瘤胃食物发酵过程增强的结果，主要见于瘤胃臌气的初期或使用药物碳酸氢钠之后。嗳气减少是瘤胃功能降低及胃内容物干涸的结果，主要见于各种前胃疾病和热性病，由于嗳气减少常可引起瘤胃臌气。嗳气停止是瘤胃功能严重降低的结果，主要见于重症的瘤胃积食、瘤胃臌气和食管的完全阻塞。嗳气停止如果不能及时采取急救措施，动物会很快窒息死亡。

（3）呕吐 是一种病理性反射活动，动物借呕吐将进入消化道的有害物质排出。各种动物由于生理特点和呕吐中枢的感应能力不同，发生的呕吐情况各异。一般来说，犬、猫等肉食动物最易呕吐，其次为猪和禽，再次为反刍动物。马最难呕吐，一般仅有呕吐动作，在疾病严重时可能有胃内容物经鼻孔反流现象。

根据呕吐发生的原因将呕吐分为两大类：其一是中枢性呕吐，主要是有害物质通过血液直接作用于延脑呕吐中枢，主要见于脑膜炎、脑肿瘤、某些传染病、内中毒以及某些药物中毒（如氯仿、阿扑吗啡）；另一类是反射性呕吐，如软腭、舌根、咽受到刺激，过食、胃炎、胃溃疡、肠梗阻、腹膜炎、寄生虫、子宫的炎症都可引起呕吐。

二、口腔、咽及食管的检查

1. 口腔的检查

（1）检查方法

① 徒手开口法

a. 检查牛时，检查者位于牛头的侧方，一手捏住鼻中隔向上提起或提鼻绳，另一手从口角伸入口腔牵出舌，口即行张开（见图4-7）。

b. 检查马时，一手握笼头，另一手食指和中指从一侧伸入并横向对侧口角，手指下压并握住舌体，将舌拉出的同时用另一手的拇指从另一侧口角伸入并顶住上腭，即可开口（见图4-8）。

图4-7 牛的徒手开口法

图4-8 马的徒手开口法

② 开口器开口法

a. 马可使用单手开口器，一手握住笼头，一手持开口器自口角处伸入，将开口器螺旋形部分伸入上下臼齿之间，使口腔张开。用重型开口器时，将开口器的齿扳钳入上下切齿之间，再转动螺旋柄，即可逐渐使口腔张开（见图4-9）。

b. 猪用开口器开口时，助手握住猪的两耳，检查者将开口器平伸入猪的口内，将开口器用力下压，即可打开口腔（见图4-10）。

（2）检查内容

① 口唇：除老龄家畜外，健康家畜两唇紧闭、对合良好。病理情况下表现为唇下垂（见于面神经麻痹、马霉玉米中毒、重剧性疾病）、唇歪斜（见于一侧性面神经麻痹、猪萎缩性鼻炎）、唇紧张性闭锁（见于破伤风、脑膜炎）、唇肿胀（见于口黏膜的深层炎症和血斑病）、唇部疱疹（见于口蹄疫、马传染性脓疱口炎、猪传染性水疱病）、唇部结节溃疡和瘢痕（见于口蹄疫、黏膜病、马鼻疽和流行性淋巴管炎）。

② 流涎：动物表现口腔分泌物增多并自口角流出，主要是由于吞咽困难或唾液腺受到刺激使分泌增加。见于各型口炎和伴发口炎的各种传染病以及咽炎和食管阻塞。牛群中多数牛只出现大量牵缕性流涎，同时伴有跛行症状的应注意口蹄疫；猪只吐白沫，应注意中暑、中毒和急性心力衰竭。

图 4-9　马的开口器开口法

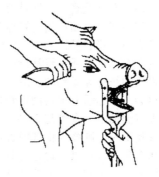

图 4-10　猪的开口器开口法

③ 气味：动物在生理状态下，口腔内除在采食之后，可有某种饲料的气味外，一般无特殊臭味。当动物患消化功能障碍的某些疾病时，口腔上皮脱落及饲料残渣腐败分解而产生臭味，见于热性病、口腔炎、肠炎及肠阻塞等；当动物患有齿槽骨膜炎时，可产生腐败臭味；当奶牛患有酮血症时，可产生烂苹果味。

④ 黏膜：口腔黏膜的检查包括温度、湿度、颜色和完整性。口腔温度升高见于口炎及各种热性病；口腔温度降低见于重度贫血、虚脱及病畜濒死期。口腔湿度降低见于一切热性病，马、骡腹痛病及长期腹泻等；口腔湿度增加见于口炎、咽炎、狂犬病、破伤风等。口腔黏膜颜色的病理变化表现为潮红、苍白、黄染、发绀，其诊断意义与其他部位的可视黏膜（如眼结膜、鼻黏膜、阴道黏膜）颜色变化的意义相同。其中，口腔黏膜的极度苍白或高度发绀，提示预后不良。口腔黏膜的完整性表现为口腔黏膜上出现疱疹、结节、溃疡，牛、羊可见于口蹄疫、恶性卡他热及维生素缺乏症；猪可见于传染性水疱病、口蹄疫、痘疮；马可见于脓疱性口炎；鸡发生白喉。牛发生坏死杆菌病时，口腔黏膜上常附有伪膜。

⑤ 舌：舌的检查应该首先注意舌苔的变化。舌苔是舌表面上附着的一层灰白色、灰黄色、灰绿色上皮细胞沉淀物。舌苔灰白见于热性病初期和感冒；舌苔灰黄见于胃肠炎；舌苔黄厚见于病情严重和病程长久。健康动物舌转动灵活且有光泽，其颜色与口腔黏膜相似，呈粉红色。当血液循环高度障碍或缺氧时，舌色深红或呈紫色；如果舌色青紫、舌软如绵则常提示病情危重、预后不良；木舌（舌硬如木，体积增大）可见于牛放线菌病；舌麻痹可见于某些中枢神经系统疾病（如各型脑炎）的后期和饲料中毒（如霉玉米中毒、肉毒梭菌中毒）；舌体横断性裂伤多为衔勒所致。

⑥ 牙齿：牙齿的检查主要注意齿列是否整齐，有无松动、龋齿、过长齿、波状齿、赘生齿。牙齿磨灭不整，常见于骨软病或慢性氟中毒。

2. 咽的检查

当病畜表现吞咽障碍，尤其是伴随着吞咽动作有饲料或饮水从鼻孔流出时，应作咽部检查。检查方法主要是视诊和触诊，视诊注意头颈姿势及咽部周围是否有肿胀；触诊可用两手在咽部左右两侧触压，并向周围滑动，以感知其温度、硬度及敏感性。

病畜头颈伸直，咽喉部肿胀，触诊有热痛反应，常见于咽炎；如幼驹发病且伴有附近淋巴结肿胀，可见于马腺疫；牛咽喉周围的硬肿，应注意结核、腮腺炎和放线菌病；猪应注意咽炭疽、链球菌病和急性肺疫；当发生咽麻痹时，黏膜感觉消失，触诊无反应而不出现吞咽动作。

3. 食管的检查

当病畜表现吞咽障碍及怀疑食管阻塞时，对食管应进行视诊、触诊和探诊等检查。

（1）食管视诊　注意观察吞咽动作、食物沿食管通过的情况、局部有无肿胀和波动；如果食管呈局限性膨隆，主见于食管阻塞、食管狭窄和食管憩室；如果食管呈腊肠样肿大，主见于食管扩张。

（2）食管触诊　检查者站在病畜左侧，左手放在右侧食管沟固定颈部，右手指端沿左侧颈部食管沟自上而下滑动检查，注意是否有肿胀、异物、波动感及敏感反应等。当食管发炎时，触诊有疼痛反应和痉挛性收缩；当食管痉挛时，触诊食管紧张呈索状；当颈部食管阻塞时，触诊可感知阻塞物的大小、形状及性质；当胸部食管阻塞时，整个食管膨大如腊肠样，触诊呈捏粉状。

（3）食管探诊 是通过胃管检查胸部食管疾病的一种方法，同时也是一种有效的治疗手段。根据胃管进入的长度和动物的反应，可确定食管阻塞、狭窄、憩室和炎症发生的部位，并可提示胃扩张的可疑。根据需要可借助胃管抽取胃内容物进行实验室检查。如食管阻塞时，则胃管到达阻塞部位即不能前进；食管憩室时，插入憩室内则不能前进，当反复提插胃管时可以从憩室上方通过；食管狭窄时，则插入胃管困难，但饮水未见变化；食管痉挛时，则胃管前进阻力增大，如果缓慢操作有时可以通过；食管炎时，食管探诊病畜表现不安、咳嗽、虚嚼；急性胃扩张时，当胃管插入胃内后，可有大量酸性气体或黄绿色稀薄胃内容物从胃管排出。

（4）嗉囊检查 家禽嗉囊是食管在胸部入口前的突出部分，稍偏左。嗉囊黏膜内分布有黏液腺，分泌黏液。嗉囊是积存、浸润和软化食物的器官。主要检查方法是触诊和视诊。常见疾病有嗉囊积食（内容物充实坚硬）、嗉囊积气（内容物膨胀有弹性）、嗉囊积液（内容物柔软有波动）。

三、腹部及胃肠的检查

1. 腹部检查

主要以视诊和触诊为主。健康动物腹围的大小与外形，除母畜妊娠后期生理性的（以右侧膨大为主）及长期放牧条件下自然形成的增大外，主要决定于胃肠内容物的数量、性质并受腹膜腔的状态和腹壁紧张度的影响。病理情况下常见以下几种。

（1）腹围膨大 反刍动物左侧腹围膨大见于瘤胃臌气和积食，右侧腹围膨大常见于真胃积食和瓣胃阻塞，两侧腹围膨大常见于腹腔积液。马属动物右侧腹围膨大常见于肠臌气，两侧腹围膨大常见于胃肠积食和腹腔积液，腹壁局限性肿胀见于血肿、腹壁疝和淋巴外渗；猪两侧腹围膨大见于胃食滞，脐部肿胀见于脐疝；犬腹围膨大见于胃扩张、腹腔积液和肠便秘。

（2）腹围缩小 动物腹围缩小主要见于长期饲喂不足、食欲扰乱、营养不良、顽固性腹泻及慢性消耗性疾病和寄生虫病等，如贫血、结核、副结核、破伤风、腹膜炎、慢性猪瘟、仔猪副伤寒、气喘病、犬细小病毒肠炎、犬瘟热等。

（3）腹壁敏感 触诊时病畜表现回顾、躲闪，甚至抗拒，见于腹膜炎和胃肠炎。

（4）腹肌紧张 见于破伤风、传染性脑脊髓炎和胃肠炎。

（5）腹下水肿 触诊呈捏粉状，指压留痕，见于肝片吸虫病、心力衰竭、肾病和营养不良。

（6）疝 腹壁或脐部呈局限性膨大，听诊可听到肠音，触诊可发现疝环。

2. 胃肠检查

（1）反刍动物的胃肠检查

① 瘤胃检查：瘤胃位于腹腔的左侧，其容积为全胃总容积的80%，与腹壁紧贴。检查方法包括视诊、叩诊、触诊和听诊。用手指或叩诊器于左肷部进行叩诊，以判定其内容物性质；用右手握拳或以手掌触压左肷部，感知其内容物性状，蠕动强弱及频率；用听诊器于左肷部听诊，以判定瘤胃蠕动音的次数、强度、性质及持续时间。

正常状态下，瘤胃上部叩诊呈鼓音；触诊内容物呈面团状，蠕动力量强，可随胃壁蠕动将检查者的触压手抬起；听诊瘤胃随着每次蠕动波可出现逐渐增强又逐渐减弱的"沙沙"音，似吹风样或远雷声，牛每分钟为1~3次，羊每分钟为2~4次。

病理状态下，视诊左肷部膨隆，触诊有弹性，叩诊呈鼓音，是瘤胃臌气的特征。触诊内容物坚实，见于瘤胃积食；触诊内容物稀软见于前胃弛缓。听诊瘤胃蠕动频率、蠕动音增强，可见于瘤胃鼓胀的初期；蠕动次数稀少、蠕动音微弱，见于瘤胃积食和前胃弛缓。

② 网胃检查：牛网胃位于左侧心区后方腹壁下1/3、第6~8肋骨与剑状软骨之间，主要是对其做疼痛检查，检查方法有如下几种。

a. 拳压法：检查者蹲于病畜左侧，右膝屈曲于病畜腹下，将右臂肘部置于右膝上做支点，右手握拳并抵在病畜剑状软骨部，用力抬腿并以拳顶压，观察病畜有无疼痛反应。

b.抬压法：两人用一木棍，置于病畜剑状软骨部向上抬举，并将木棍前后移动，抬举木棍后突然下落，以观察病畜有无疼痛反应。

c.捏压法：检查者用双手捏提鬐甲部皮肤，或由助手握住牛鼻中隔向前牵引，使头部成水平状态，病畜若有疼痛表现，则多表现不安或疼痛或试图卧下。

d.下坡运动检查：即牵病牛向下坡运动，若为患病牛往往忌直行下坡，呈斜行。另外还可以借助金属探测仪和X射线检查。在患创伤性网胃-心包炎的情况下，听诊心脏时，有时可听到心包摩擦音或拍水音，并多伴有胸前水肿等。

经上述检查方法，若病牛出现呻吟、躲闪、反抗、试图卧下等，均可提示为创伤性网胃炎或创伤性网胃-膈肌-心包炎。

③ 瓣胃检查：对病牛做瓣胃检查可采用触诊和听诊两种方法。触诊的方法是：在病牛右侧第7～9肋肩关节水平线上下3cm范围内，用拳头叩击或者用手指顶端用力压迫，如果病牛有疼痛反应，就要考虑患有瓣胃阻塞或者瓣胃炎。听诊也在上述部位进行。可听到像瘤胃蠕动的声音，但是声音比较弱小。如果瓣胃蠕动的声音减弱或者消失，病牛就可能患有瓣胃阻塞、严重的前胃疾病或者热性病等。

④ 皱胃检查：做皱胃检查可采用触诊、叩诊和听诊等方法。采用触诊时，可在病牛右侧第9～11肋间，用手沿着肋骨的弓部向前下方触压，如果牛反应敏感，则说明患有皱胃炎症。皱胃右方因病变位时，利用叩诊的方法在右侧最后3个肋骨间可以叩出鼓音；左方变位时，左侧同样的部位也可叩出鼓音。采用听诊的方法可以在病牛右侧第9～11肋间，听到好像流水的声音或者含水漱口的声音，这就是皱胃蠕动的声音。蠕动的声音增强，说明患有皱胃炎；蠕动的声音减弱或者消失，说明患有胃积食或者前胃运动功能严重障碍症。要是患有皱胃变位症，可以在与变位相对应的部位听到钢管音。

⑤ 肠管检查：反刍动物的肠管位于腹腔右侧的后半部，所以在右侧腹壁听诊可听到短而稀疏的流水音或鸽鸣样蠕动音。常用的检查方法有听诊和触诊。肠音亢进见于各种类型的肠炎和胃肠炎，以及某些伴有肠炎的传染病和中毒病等；肠音减弱见于肠便秘、肠阻塞、中毒和重症肠炎；肠音消失见于肠变位、肠臌气和重症肠阻塞；肠音不整见于慢性胃肠卡他；金属音见于肠痉挛和肠臌气。

（2）马属动物的胃肠检查

① 胃检查：马属动物胃的体积小，位于左侧第14～17肋骨之间，相当于髋结节水平线附近，不与腹壁接触，悬空在腹腔。因此，用一般诊断方法检查有一定困难。临床上检查常用视诊、胃管探诊及直肠内触诊，主要检查胃扩张。用胃管探诊可导出大量的胃内容物或气体，病畜随即安静，病情好转；直肠内触诊可在肾前下方摸到紧张而有弹性的胃后壁；胃部听诊可听到短促而微弱的"沙沙"声、流水声或金属声，每分钟3～5次。

② 肠管检查：正常小肠蠕动音如流水声或含漱音，每分钟8～12次；大肠音如雷鸣或远炮声，每分钟4～6次。肠管的检查主要是听诊，以判定肠蠕动音的强弱及性质。小肠的左肷部，右大结肠沿右侧肋弓下方，左侧大结肠在左腹下1/3处听诊。必要时可配合叩诊或直肠检查。

肠音增强似流水声，见于肠炎；肠音微弱，见于热性病及消化道功能障碍；直肠内触诊有大量黏液或带血的黏液以及纤维素状物，见于肠套叠或肠扭转。

（3）猪的胃肠检查　猪胃的容积较大，其大弯可达剑状软骨后方的腹底部。小肠位于腹腔右侧及左侧的下部；结肠呈圆锥状位于腹腔左侧；盲肠大部分在右侧。触诊时，使猪取站立姿势，检查者自两侧肋弓后开始，渐向后上方滑动加压触摸；或取侧卧，用屈曲的手指，进行深部触摸；或用听诊器于剑状软骨与脐中间腹壁听取胃蠕动音，腹腔左、右侧下部听取肠蠕动音。

触诊胃区有疼痛反应，见于胃食滞，当胃食滞时强压触诊可感知坚实的内容物或引起呕吐；肠便秘时深触诊可感知较硬的粪块；胃肠炎时肠蠕动音增强；便秘时肠蠕动音减弱；肠臌气时叩诊呈鼓音。

（4）犬、猫的胃肠检查　常用触诊方法检查。通常用双手拇指以腰部做支点，其余四指伸直置于两侧腹壁，缓慢用力感觉腹壁及胃肠的状态。也可将两手置于两侧肋骨弓的后方，逐渐向后上方移动，让内脏器官滑过指端，进行触诊。腹壁触诊可以确定胃肠充满度、胃肠炎、肠便秘及肠变位。胃肠炎时，胃区触诊有疼痛反应；胃扩张时，左侧肋骨弓下方膨大；肠便秘时，在骨盆腔前口可摸到香肠粗细的粪结；肠套叠时，可以摸到坚实而有弹性的肠管。肠音增强见于消化不良、胃肠炎的初期；肠音减弱见于肠便秘、肠阻塞和重剧的胃肠炎等。

四、排粪动作及粪便的感观检查

1. 排粪动作的检查

在正常情况下，各种动物均采取固有的排粪动作和姿势。马、牛、羊排粪时，背腰稍拱起，后肢稍开张并略向前伸；犬排粪采取下蹲姿势；马和山羊可以在行进中排粪。病理情况常见于以下几种。

（1）便秘　是肠蠕动及分泌功能降低的结果。其特点是粪色深、干小，外面附有黏液。动物表现排粪吃力、次数减少。见于各种热性病、慢性胃肠卡他、肠阻塞、牛前胃弛缓、瘤胃积食、瓣胃阻塞。

（2）腹泻　是肠蠕动及分泌功能亢进的结果。其特点是粪呈粥状或水样；动物表现出排粪频繁。见于各种类型的肠炎及伴发肠炎的各种传染病，如猪瘟、牛副结核、猪大肠杆菌病、仔猪副伤寒、传染性胃肠炎及某些肠道寄生虫病等。

（3）排便失禁　动物未采取排粪姿势而不自主地排出粪便，主要是肛门括约肌松弛或麻痹的结果。见于腰荐部脊髓损伤或脑病、急性胃肠炎、长期顽固的腹泻性疾病等。

（4）里急后重　动物屡呈排粪姿势，并强力努责，但每次仅排出少量的粪便或黏液，见于直肠炎及肛门括约肌疼痛性痉挛、子宫内膜炎和阴道炎。

（5）排便疼痛　动物排粪时表现疼痛、不安、惊恐、努责、呻吟，主要见于腹膜炎、直肠炎、胃肠炎和创伤性网胃炎、无肛门、粪便和被毛堵塞肛门等。

2. 粪便的感官检查

各种动物的排粪量和粪便性状各异，同时受饲料的数量和质量的影响极大。临床检查时，要仔细观察粪便的气味、数量、形状、颜色及混杂物。

（1）气味　粪便有特殊腐败味或酸臭味，见于肠炎、消化不良。

（2）颜色　灰白色粪便，见于仔猪大肠杆菌病、雏鸡白痢；灰色粪便，见于重症小肠炎、胆管炎、胆道阻塞和蛔虫病；褐色和黑色粪便，见于胃和前部肠管出血；红色粪便，即粪球表面附有鲜红血液，见于后部肠管出血；黄色或黄绿色粪便，见于重症下痢和肝胆疾病。

（3）混杂物　粪便混有未消化的饲料，见于消化不良、骨软症和牙齿疾病；粪便混有血液，见于出血性肠炎；粪便混有呈块状、絮状或筒状的纤维素，见于纤维素性肠炎；粪便混有多量黏液，见于肠卡他；粪便混有脓汁，见于化脓性肠炎；粪便混有灰白色、成片状的伪膜，见于伪膜性肠炎和坏死性肠炎；粪便混有虫卵，见于各种肠道寄生虫病。

五、直肠的检查

直肠检查是手伸入直肠内隔着肠壁对腹腔及骨盆腔器官进行触诊的一种方法，简称直检。直检对大家畜发情鉴定、妊娠诊断、腹痛病、母畜生殖器官疾病、泌尿器官疾病具有一定的诊断价值，同时对某些疾病具有重要的治疗作用（如隔肠破结等）。

1. 准备工作

动物六柱栏内站立保定，马的左右后肢应分别以夹套固定于栏柱下端，以防后踢。为防卧下及跳跃，要加腹带及肩部压绳。尾部向上或一侧吊起。术者剪短并磨光指甲，戴上一次性长臂薄膜手套，涂肥皂水或石蜡油润滑。对腹围增大的病畜应先行盲肠穿刺术或瘤胃穿刺术放气，否则腹压过高，不易检查。对腹痛剧烈的病畜应先给予镇静剂；对心脏衰弱的病畜应先给予强心剂，然后检查。一般先用适量温肥皂水灌肠，排除积粪，松弛肠壁，便于检查。

2. 操作方法

术者站于病畜的左后方，以右手检查。检查时五指并拢呈圆锥形，旋转插入肛门并向前伸入直肠，如遇粪球可纳入手掌心取出。如膀胱积尿，可下压膀胱，以促其排出尿液。病畜骚动努责时可停止前进或稍后退，待其安静后再慢慢深入，直至将手伸到直肠狭窄部后，即可进行检查（努则退，缩则停，缓则进）。如病畜努责过甚，可用 1‰普鲁卡因 10～30ml 做后海穴封闭，使直肠及肛门括约肌松弛。

3. 检查顺序与内容

（1）肛门及直肠状态　检查肛门的紧张程度及其附近有无寄生虫、黏液、血液、肿瘤等，并注意直肠内容物的多少与性状，黏膜的温度及湿度等。

（2）骨盆腔内部检查　术者的手稍向前下方即可摸到膀胱、子宫等。膀胱空虚，可感知呈梨形的软物体；膀胱过度充盈，感觉似一球形囊状物，有弹性和波动感。触诊骨盆壁是否光滑，有无脏器充塞和粘连现象。如后肢呈现跛行，需检查有无盆骨骨折。

（3）腹腔内部检查

① 马腹腔内部检查：肛门→直肠→骨盆腔→膀胱→小结肠→左侧大结肠及骨盆曲→腹主动脉→左肾→脾脏→肠系膜根→十二指肠→胃→盲肠→胃状膨大部。

小结肠大部分位于骨盆口左前方，肠内有鸡蛋大小粪球，由于小结肠游离性较大，便于检查；左侧结肠位于腹腔左侧、耻骨水平面的下方，其骨盆弯曲部在骨盆腔前口的左前下方，其下层结肠内外各具有一条纵带和许多囊状隆起，当左侧结肠便秘时容易摸到；左肾位于第 2、3 腰椎左侧横突下，质地坚实，呈半圆形，手掌向上即可感知；由左肾下方向左腹壁滑动，在最后肋骨部可感知脾脏的后缘，脾脏后缘呈镰刀状；从左肾前下方前伸，当患急性胃扩张时可摸到膨大的胃后壁，并随呼吸而前后移动；盲肠位于右肷部，触诊呈膨大的囊状，并可摸到由后上方走向前下方的盲肠纵带；于前肠系膜根稍右前方可触到胃状膨大部，便秘时，可感知坚实而呈半球形；沿前肠系膜根后方，向下距腹主动脉 10～15cm 下方，当十二指肠便秘时，可触到由右向左呈弯形横走的圆柱状体，移动性较小，即是积食的十二指肠。

② 牛腹腔内部检查：肛门→直肠→骨盆→耻骨前缘→膀胱→子宫→卵巢→瘤胃→盲肠→结肠祥→左肾→输尿管→腹主动脉→子宫中动脉→骨盆部尿道。

耻骨前缘左侧是瘤胃上、下后盲囊，感觉呈捏粉样，当瘤胃上后盲囊抵至骨盆入口甚至进入骨盆腔内，多为瘤胃臌气或积食。当真胃扩张或瓣胃阻塞，有时于骨盆腔入口的前下方，可摸到其后缘。肠几乎全部位于腹腔的后半部，盲肠在骨盆口前方，其尖端的一部分达骨盆腔内，结肠祥在右肷部上方，空肠及回肠位于结肠祥及盲肠的下方。左肾的位置决定于瘤胃内容物的充满程度，可左可右，可由第 2～3 腰椎延伸到第 3～6 腰椎，右肾稍前悬垂于腹腔内，不易摸到，如肾体积增大，触之敏感，见于肾炎。母畜可触诊子宫及卵巢的形态、大小和性状；公畜触诊其骨盆部尿道的变化。

六、肝脏及脾脏的检查

1. 肝脏的检查

肝脏的检查，除用触诊、叩诊和肝功能化验外，必要时可进行穿刺及超声检查。

反刍动物如牛的肝脏位于腹腔右侧，正常时于右侧第 10～12 肋骨间中上部，叩诊即可呈现近似四边形的肝脏浊音区。浊音区扩大，见于肝炎、肝硬化、肝胀肿或肝片吸虫病。

马的肝脏位于右侧第 10～17 肋间的中下部，左侧第 7～10 肋间。在右侧肋骨弓下强力触诊或冲击式触诊，如动物表现敏感反应时，提示肝区敏感与实质性肝炎。肝脏肿大时，叩诊肝脏，肝浊音区扩大。

犬从右侧最后肋骨后方，向前上方触压可以触知肝脏。患肝脏疾病时，肝浊音区扩大，向后方延伸，后缘可以达到背部和侧方，特别是右侧肋骨弓下部显著，触诊疼痛。

2. 脾脏的检查

牛脾脏位置，由于紧贴在瘤胃的上壁，被肺后缘所覆盖，叩诊时不易发现特有的浊音区，只有存在脾脏显著肿大的疾病（如炭疽、白血病等）时，才可于肺与瘤胃上部之间出现较小的狭长浊音区。

马的脾脏位于左侧腹部，肺叩诊区后方，其后缘接近左侧最后肋骨，上缘与左肾相接近。触诊时脾后缘超出肋弓，叩诊时浊音区扩大，见于脾肿大。脾脏叩诊浊音区后移，提示急性胃扩张。

犬的脾脏位于左季肋部。使犬右侧卧，左手托右腹部，右手在左季肋部下向深部压迫，借以触知脾脏的大小、形状、硬度和疼痛反应。犬的脾脏肿大，见于白血病、脾脏淀粉样变性、急性脾炎或慢性脾炎、炭疽、吉氏巴贝斯虫病等。

第四节 泌尿生殖系统的检查

泌尿系统的主要功能是排泄代谢废物及体内多余物质，从而维持体内水、电解质和酸碱平衡以及渗透压的平衡。肾脏是机体最重要的排泄器官，此外还分泌某些生物活性物质，如肾素促红细胞生成素、维生素 D_3 和前列腺素等。如果肾脏和尿路的功能活动发生障碍，代谢最终产物的排泄将不能正常进行，酸碱平衡、水和电解质的代谢就会发生紊乱，内分泌功能也会失调，从而导致机体各器官的功能紊乱。因此，掌握泌尿器官的检查和尿液的检验方法及泌尿系统疾病的症状学，不仅对泌尿器官本身，而且对其他各器官、系统的诊断和疾病防治都具有重要的意义。

一、排尿动作及尿液的感官检查

1. 排尿动作的检查

各种家畜在正常情况下，因种类和性别不同，其排尿姿势也不尽相同。但大都取站立姿势。母畜排尿时，后肢向后侧方展开，后躯稍下沉，尾上举，背腰拱起。公马排尿与母畜同，但尾不上举。公牛、公羊在行走及采食中均可排尿，静止时排尿也不改变姿势。公猪排尿时，自然站立，不改变姿势，尿液分段射出。排尿的次数与排尿量取决于动物饮水的多少、环境温度及水分从非尿途径排出的多少（如腹泻、出汗）。

排尿状态建立在排尿反射以及膀胱、尿道组织功能正常的基础上。病理情况下，肾脏、膀胱、尿道及有关反射弧的任何一部分功能出现障碍均可发生排尿异常。

（1）尿淋漓 病畜排尿不畅，排尿困难，尿呈点滴状、线状或断续排出，见于尿闭、尿失禁及排尿疼痛的疾病。

（2）排尿疼痛 病畜排尿时拱腰，腹肌强烈收缩，反复用力，前肢刨地，后肢踢腹，头不断后盼或摇尾、呻吟，屡呈排尿姿势，但无尿液排出，或尿液呈点滴状或线状排出。排尿完后，较长时间仍保持排尿姿势，见于膀胱炎、尿道炎、尿道阻塞、阴道炎等。

（3）多尿 排尿次数增多，而每次排尿量增多或不减少，是肾小球滤过功能增强或肾小管重吸收能力减退的结果。见于慢性肾炎初期、渗出性胸膜炎、腹膜炎的吸收期及糖尿病。

排尿次数增多，每次尿液减少的，称为尿频。尿液不断呈点滴状排出，是由膀胱、尿道、阴门黏膜敏感性增高所引起。见于膀胱炎、尿道炎及阴道炎。

（4）少尿 排尿次数减少，尿量也少，是由肾泌尿功能降低或机体脱水引起的。见于急性肾炎、心脏衰竭、胸腹膜炎（渗出性炎症及重度腹泻等）。直检时膀胱无尿液，导尿也无尿液排出或排出量很少。

（5）无尿 即不见排尿，主要是由肾泌尿功能衰竭，输尿管、膀胱、尿道阻塞及膀胱破裂或麻痹引起。见于急性肾小球炎症的初期或慢性肾炎的后期。临床上常分为肾前性少尿或无尿，肾源性少尿或无尿，肾后性少尿或无尿。直检可以确诊。

（6）尿闭　肾脏泌尿功能正常，而膀胱充满尿液不能排出，称为尿闭。此时完全不能排尿或尿液呈点滴状流出，这多是由于尿路受阻引起。见于尿道阻塞、膀胱麻痹、膀胱括约肌痉挛或腰荐部脊髓损伤等。

（7）尿失禁　指不受意识控制地排尿，主要见于腰荐部脊髓受损、膀胱括约肌麻痹以及脑部疾病等。

2. 尿液的感观检查

（1）颜色　正常尿液含有一定尿黄素和尿胆原，故呈淡黄色，其黄色深浅与动物品种、饲料、饮水、出汗和使役条件有关。一般来说，马尿呈淡黄色或黄色；黄牛尿及奶牛尿呈淡黄色；水牛尿及猪尿色浅如水样。病理情况下常见于以下几种。

红尿是指尿液呈红色，虽然红色物质不同，来源不同，但在直观检查中均以红色为特征。红尿见于尿中含有血液、血红蛋白、肌红蛋白或某些药物等。

① 血尿：尿中混有血液称为血尿。血尿在家畜中较多见，血尿的诊断首先应确定尿中是否混有红细胞和出血部位及病变性质。若为全程血尿，则表示肾出血，尿呈洗肉样均匀色。尿沉渣镜检有红细胞、管型及肾上皮细胞。若为初始血尿，则表示尿道出血，尿沉渣内有细条凝血丝，镜检有尾状上皮细胞或扁平上皮细胞，见于重症尿道炎。若为终末血尿，则表示膀胱出血，尿沉渣内有大小不等的凝血块，镜检有大量扁平上皮细胞，见于重症膀胱炎。

② 血红蛋白尿：尿内含有游离的血红蛋白，称为血红蛋白尿。尿液外观为透明暗红褐色，经离心后颜色无改变，沉淀中无或有少量红细胞，见于溶血性疾病，如幼驹溶血病、犊牛水中毒、焦虫病及败血症等。

③ 肌红蛋白尿：尿内含有肌红蛋白，称为肌红蛋白尿。尿呈红色或茶色，由于肌红蛋白分子小，容易从肾小球滤出，故血浆不呈红色，镜检无红细胞，见于马麻痹性肌红蛋白尿病。

a. 黄褐色尿：当尿内含有一定量胆红素或尿胆原时，则尿呈黄褐色或绿色，主见于实质性肝炎及阻塞性黄疸。另外，服用了呋喃类药物、核黄素、四环素和土霉素时尿也呈黄色。

b. 蓝色尿：服用某些药物时出现，如美蓝、溶石素等。

c. 黑色尿：注射石炭酸和酚类制剂时出现。

d. 白色尿：主要因为尿液中混有脂肪所致，犬常见。另外，见于泌尿系统的化脓性炎症。

（2）气味　尿液的正常气味与尿的浓度有关，排尿量越少，尿越浓，气味越重。生理情况下，大家畜的尿液呈厩舍味，猪的尿液呈大蒜味，猫的尿液呈腥臭味。病理情况下，尿的气味可有不同改变。例如尿道结石时，尿液在膀胱内停留时间过久造成氨发酵，使尿液具有氨臭味；尿路、膀胱的坏死性炎症和溃疡以及尿毒症时，尿液带有腐败臭味。反刍动物患酮病和奶牛发生生产瘫痪时，尿液发出一种烂苹果气味。

（3）透明度和黏稠度　正常情况下，马属动物的尿液混浊不透明且有一定的黏稠度，静置后沉淀。如果马属动物的尿液变得透明且黏稠度降低，除过劳、过量饲喂精料外，主见于酸中毒和骨软症。正常情况下，反刍动物的尿液透明不混浊且黏稠度低，静置后不沉淀。如果反刍动物的尿液变得混浊不透明，主见于肾脏和尿路的疾患。

二、肾、膀胱及尿道的检查

1. 肾脏的检查

肾脏是一对实质脏器，位于脊柱两侧腰下区，包于肾脂肪囊内，右肾的位置一般比左肾稍往前。当动物患有某些肾脏疾病（如急性肾炎、化脓性肾炎等）时，由于肾脏的敏感性增高，肾区疼痛明显，病畜常表现出腰背僵硬、拱起，运步小心，后肢向前移动迟缓。牛有时在腰胯区呈膨隆状；马间或呈现轻度肾性腹痛；猪患肾虫病时，拱背、后躯摇摆。此外，应特别注意肾性水肿，通常多发生于眼睑、腹下、阴囊及四肢下部。此外，触诊和叩诊为检查肾脏的重要方法。大动物可行外部触诊、叩诊和直肠触诊；小动物则只能行外部触诊。外部触诊或叩诊时，应观察有无压痛反应。肾脏的敏感性增高可能表现出不安、拱背、摇尾和躲避压迫等反应。直肠触诊应注意检查肾脏的大小、形状、硬度、有无压痛、活动性、表面是否光滑等。

在病理情况下，肾脏的压痛可见于急性肾炎、肾脏及其周围组织发生化脓性感染、肾肿胀等，在急性期压痛更为明显。直肠触诊如感到肾脏肿胀、增大、压之敏感，并有波动感，提示肾盂肾炎、肾盂积水、化脓性肾炎等。肾脏质地坚硬、体积增大、表面粗糙不平，可提示肾硬变、肾肿瘤、肾结核、肾石及肾盂结石。患肾脏肿瘤时，肾脏触诊常呈菜花状。肾萎缩时，其体积显著缩小，多提示为先天性肾发育不全或萎缩性肾盂肾炎及慢性间质性肾炎。

2. 膀胱的检查

大动物的膀胱位于盆腔底部。膀胱空虚时触之柔软，大如梨状；中度充满时，轮廓明显，其壁紧张，且有波动；高度充满时，可占据整个盆腔，甚至垂入腹腔，手伸入直肠即可触诊。

牛、马大动物的膀胱检查，只能行直肠触诊；小动物可将食指伸入直肠进行触诊，或在腹部盆腔入口前缘施行外部触诊。检查膀胱时，应注意其位置、大小、充满度、膀胱壁厚度以及有无压痛等。

在病理情况下，膀胱疾患所引起的临床症状表现有尿频、尿痛、膀胱压痛、排尿困难、尿潴留和膀胱膨胀等。直肠触诊时，膀胱可能增大、空虚、有压痛，其中也可能含有结石块、瘤体物或血凝块等。

3. 尿道的检查

对尿道可通过外部触诊、直肠内触诊和导管探诊进行检查。公牛、公马位于骨盆腔部分的尿道，可通过直肠内触诊；位于骨盆腔及会阴以下的部分，可行外部触诊。公牛及公猪的尿道有"S"状弯曲，导尿管探查较为困难。公马可行导尿管探查。

急性尿道炎，病畜呈现尿频和尿痛，尿道外口肿胀，常有黏液或脓性分泌物排出；尿道结石时，表现为尿淋漓或无尿，触诊结石部位膨大坚硬并有疼痛反应，导管探查会遇到梗阻。

三、外生殖器及乳房的检查

1. 公畜外生殖器检查

观察动物的阴囊、阴筒、阴茎有无变化，并配合触诊进行检查。阴筒肿胀，触诊留指压痕，多为皮下水肿的表现；阴囊肿大，触诊睾丸肿胀并有热痛反应，提示睾丸炎。马单侧阴囊肿大，触诊内容物柔软，并有疼痛、不安反应时，应注意阴囊疝。猪的包皮囊肿时，提示包皮囊积尿或包皮炎。

2. 母畜外生殖器检查

观察分泌物及外阴部有无变化；必要时可用开室器进行阴道深部检查，观察阴道黏膜颜色、湿度、损伤、炎症、有无疹疱、溃疡等病变，同时注意子宫颈口状态。如阴道分泌物增多，流出黏液或脓性液体，阴道黏膜潮红、肿胀、溃疡，见于阴道炎、子宫炎。马外阴部皮肤有圆形或椭圆形斑块，可见于媾疫；猪、牛的阴户肿胀，见于镰刀菌、赤霉菌中毒病。阴道或子宫脱出时，在阴门外有脱垂的阴道或子宫；母牛胎衣不下时，阴门外吊着部分胎衣。

3. 乳房检查

观察乳房、乳头的外部状态，注意有无疱疹。触诊判定其温热度、敏感度及乳房的肿胀和硬结等。同时触诊乳房淋巴结，注意有无异常变化，必要时可挤少量乳汁，进行感观检查。

视诊应该注意乳房大小、形状、颜色以及有无外伤、水疱、结节、脓疱等。如果牛、羊的乳房上出现水疱、结节和脓疱多为痘疹、口蹄疫。

触诊可确定乳房皮肤的薄厚、温度、软硬度及乳房淋巴结的状态，有无肿胀及其硬结部位的大小和疼痛程度。

当发生乳房炎时，炎症部位肿胀、发硬，皮肤呈紫红色，有热、痛反应。有时乳房淋巴结也肿大，挤奶不畅。炎症可发生于整个乳区或某一乳区。如发生乳房结核时，乳房淋巴结显著肿大，形成硬结，触诊常无热、痛反应。

第五节　神经系统的检查

神经系统在机体生命活动中，起着主导作用，它调节机体与外界环境的平衡，保护机体内部各器官相互联系与协调，使机体成为统一的整体。因此，神经系统疾病，必然会出现一系列神经症状。神经系统检查方法与其他系统不同，主要是用呼唤、针刺、触摸被毛、搬动肢体、光照眼球及强迫运动等方法检查病畜有无异常。其他视诊、触诊及叩诊检查是次要的，但在一定脑病经过中，也有诊断意义。必要时可选择性地进行脑脊液穿刺诊断、实验室检查、X射线检查、眼底镜检查、脑电波检查等辅助诊断。

一、精神状态的检查

精神状态的检查是观察动物对于刺激是否具有反应以及如何反应。家畜的意识如果发生障碍，提示中枢神经系统功能发生改变，主要表现为精神兴奋或抑制。

检查方法有：问诊，观察和检查动物的面部表情以及眼、耳、尾、四肢及皮肌的动作、身体姿势、运动时的反应。

1. 精神兴奋

精神兴奋是中枢神经功能亢进的结果。动物临床表现不安、易惊，轻微刺激即可产生强烈反应，甚至挣扎脱缰，前冲、后撞，暴眼凝视，乃至攻击人、畜，有时癫狂、抽搐、摔倒而骚动不安；兴奋发作，常伴有心率增快、节律不齐、呼吸粗粝、快速等症状。依其兴奋程度分为恐怖、异常敏感、不安、躁狂和狂乱。多提示脑膜充血、炎症，颅内压升高，代谢障碍以及各种中毒病。可见于日射病，热射病，流行性脑脊髓膜炎（简称流脑），酮病，狂犬病，马、骡伊氏锥虫病等。

2. 精神抑制

精神抑制是中枢神经系统功能障碍的另一种表现形式，是大脑皮质和皮质下网状结构占优势的表现。根据程度不同可分为精神沉郁、昏睡和昏迷三种。

（1）精神沉郁　最轻度的抑制现象。病畜对周围事物注意力降低，反应迟钝，离群呆立，低头耷耳，眼睛半闭或全闭，行动无力。但病畜对外界刺激仍有意识、反应。多见于脑炎、脑水肿初期以及某些中毒病的初期、各种热性病、缺氧等多种疾病过程中。

（2）昏睡　神经中枢中度抑制的现象。动物处于不自然的熟睡状态，如将鼻、唇抵在饲槽上，或倚墙或躺卧而沉睡。对外界的事物、轻度刺激毫无反应，意识活动很弱，只有强烈的刺激才能使之觉醒，但很快又陷入沉睡状态。见于脑膜脑炎、脑室积液及中毒病后期等。

（3）昏迷　高度抑制中枢神经的现象。对外界刺激全无反应，角膜反射、瞳孔反射消失，卧地不起，仅保留自主神经活动，全身肌肉松弛，呼吸、心跳节律不齐。见于各种热射病、脑水肿、脑损伤、贫血、出血、脑炎、流脑、细菌或病毒感染及中毒（如酒精、吗啡等中毒）、营养代谢病（如酮病、低血糖、生产瘫痪）等。

二、运动功能的检查

动物的协调运动，是在大脑皮质的控制下，由运动中枢的传导径及外周神经元等部分共同完成。运动中枢和传导径由椎体系统、椎体外系统、小脑系统三部分组成。临床上家畜出现各种形式的运动障碍除运动器官受损外，常因一定部位的脑组织受损伤而运动中枢和传导径的功能出现障碍所引起。病理情况下表现出如下现象。

1. 强迫运动

强迫运动是指不受意识支配和外界环境影响，而出现的不随意运动。常见的强迫运动有以下几种。

（1）回转运动　病畜按同一方向作圆圈运动，圆圈直径不变者称圆圈运动或马场运动。以一肢为中心，其余三肢围绕此肢而在原地转圈者称时针运动。转圈的方向，可随病变性质、部位、大小而不同。此见于牛、羊的多头蚴病。圆圈的直径，常随虫体包囊等体积的增大而缩小。回转运动也见于脑炎、李氏杆菌病等。

（2）盲目运动 患畜作无目的地徘徊，不注意周围事物，对外界刺激缺乏反应。或不断前进，或头顶障碍物不动。此乃因脑部炎症、大脑皮质额叶或小脑等局部病变或功能障碍所致。如狂犬病、伪狂犬病等。

（3）暴进及暴退 患畜将头高举或下沉，以常步或速步跟跄地向前狂进，甚至落入沟塘内而不躲避，称为暴进，见于纹状体或视丘损伤或视神经中枢被侵害而视野缩小时。患畜头颈后仰，颈肌痉挛而连续后退，后退时常颠颤，甚至倒地，则称为暴退，见于摘除小脑、颈肌痉挛而后角弓反张时，如流行性脑脊髓膜炎。

（4）滚转运动 病畜向一侧冲挤、倾倒、强制卧于一侧，或循身体长轴一侧打滚时，称为滚转运动。多伴有头部扭转和脊柱向打滚方向弯曲。常提示迷路、听神经、小脑脚周围的病变，使一侧前庭神经受损，迷路的紧张性消失，以至身体一侧肌肉松弛所致。见于新城疫等。

2. 共济失调

静止时姿势不平衡，运动时运作不协调。这是临床上较多见的症状。正常时参与体位、动作协调平衡的有小脑、前庭、椎体等，甚至视觉也参与上述过程。

（1）静止性失调 表现为动物在站立状态下出现共济失调，而不能保持体位平衡。临床表现头部摇晃，体躯左右摇摆或偏向一侧，四肢肌肉软弱、战栗，关节屈曲。常四肢分开而广踏。运步时，步态跟跄不稳，易倒向一侧。常提示小脑、小脑脚、前庭神经或迷路受损害。

（2）运动性失调 表现步幅、运动强度、方向均异常。后躯跟跄，躯体摇晃，步态笨拙。运步呈高抬腿或涉水样，见于大脑皮质、小脑、前庭或脊髓的传导径受损。

3. 痉挛

痉挛是指横纹肌不随意的急剧收缩。按肌肉收缩形式不同有阵发性痉挛、强直性痉挛和癫痫。

（1）阵发性痉挛 是个别肌肉或肌组织发生短而快的不随意收缩，呈现间歇性。见于病毒或细菌感染性脑炎、脑脊髓炎、化学物质中毒、植物中毒、低血钙症和青草搐搦等代谢疾病。单个肌纤维束阵发性收缩，而不波及全身的痉挛，称为纤维性痉挛；波及全身的强烈阵发性痉挛，称为惊厥。

（2）强直性痉挛 肌肉长时间均等地持续性收缩，像凝固在某种状态一样。见于脑炎、脑脊髓炎、破伤风、有机磷农药中毒等。反刍动物酮病、生产瘫痪、青草搐搦等也可见到。

（3）癫痫 大脑皮质性的全身性阵发性痉挛，伴有意识丧失、大小便失禁，称为癫痫。见于脑炎、脑肿瘤、尿毒症、仔猪维生素A缺乏症、仔猪副伤寒、仔猪水肿病等。

4. 瘫痪

瘫痪指动物的随意运动减弱或消失。按致病原因，瘫痪可分为器质性瘫痪（运动神经受损）与功能性瘫痪（运动神经无器质性变化）两种。后者多由血液循环发生障碍、中毒等引起，消除病因后可恢复。根据解剖部位不同，瘫痪可分为中枢性与外周性两种。中枢性瘫痪指脑、脊髓高级运动神经元发生的病变，也称上运动神经元性瘫痪，造成其控制下的神经元反射活动减弱或消失，因而表现出反射亢进，瘫痪肌肉不易快速萎缩，见于各种原因引起的脑炎等。外周性瘫痪又称下运动神经元性瘫痪。特点是肌肉张力降低，反射减弱或消失，肌肉失去营养冲动的传递，易萎缩。

三、反射功能的检查

反射是神经系统活动的基本形式，通过反射弧来完成。当反射弧的任何一部分发生异常或高级中枢神经发生疾病时，都可使发射功能发生改变。通过反射检查，可以判定神经系统受损害的部位。

1. 皮肤反射

（1）鬐甲反射 轻触鬐甲部被毛或皮肤，则皮肤收缩抖动。

（2）腹壁反射　轻触腹壁，腹肌收缩。

（3）肛门反射　轻触肛门皮肤，肛门外括约肌收缩。

（4）蹄冠反射　用针轻触蹄冠，动物立即提肢或回缩。

2. 黏膜反射

（1）喷嚏反射　刺激鼻黏膜则引起喷嚏。

（2）角膜反射　用羽毛或纸片轻触角膜，则立即闭眼。

3. 深部反射

（1）膝反射　动物横卧，使上侧后肢肌肉保持松弛状态，当叩击髌骨韧带时，由于股四头肌牵缩，下腿伸展。

（2）腱反射　动物横卧，叩击跟腱，则引起附关节伸展与球关节屈曲。

4. 病理变化

（1）反射减弱或消失　是反射弧的传导路径受损所致。常提示脊髓背根（感觉根）、腹根（运动根）或脑、脊髓灰质的病变，见于脑积液、多头蚴病等。极度衰弱的病畜反射亦减弱，昏迷时反射消失，这是高级中枢兴奋性降低的结果。

（2）反射亢进　是反射弧或中枢兴奋性增强或刺激过强所致。见于脊髓背根、腹根或外周神经的炎症、受压和脊髓炎等。破伤风、有机磷中毒、狂犬病等常见全身反射亢进。

四、自主神经功能的检查

自主神经功能障碍表现为以下三种情况。

1. 交感神经紧张性亢进

交感神经异常兴奋，可表现出心搏动亢进、外周血管收缩、血压升高、口腔干燥、肠蠕动减弱、瞳孔散大、出汗增加（马、牛）和高血糖等症状。

2. 副交感神经紧张性亢进

可呈现与前者相拮抗的症状。即心动徐缓、外周血管紧张性降低、血压下降、腺体分泌功能亢进、口内过湿、胃肠蠕动增强、瞳孔缩小、低血糖等。

3. 交感、副交感神经紧张性均亢进

交感神经和副交感神经两者同时紧张性亢进时，动物出现恐怖感、精神抑制、眩晕、心搏动亢进、呼吸加快或呼吸困难、排粪与排尿障碍、子宫痉挛、发情减退等现象。当出现自主神经系统疾病时，发生运动和感觉障碍，主要表现为呼吸的节律异常、心跳的节律异常、血管运动神经的调节异常、吞咽异常、呕吐异常、消化液分泌异常、肠蠕动异常、排泄和视力调节异常等。

【复习思考题】

1.简述心血管系统检查要点和诊断意义。

2.简述呼吸系统检查要点和诊断意义。

3.简述消化系统检查要点和诊断意义。

4.简述泌尿系统检查要点和诊断意义。

5.简述神经系统检查要点和诊断意义。

第五章　临床辅助检查和实验室检查

【知识目标】

　　1. 理解临床上用于实验室检查的各种病料采取、保存与送检的方法。

　　2. 熟练掌握血液常规检验、尿液检验、粪便检验、胃内容检验、常见毒物检验的方法和临床意义。

　　3. 掌握各种实验室检查项目的基本原理。

【技能目标】

　　1. 能独立完成病料的采取、送检。

　　2. 能熟练地进行病患动物所需实验室项目的检验。

第一节　血液常规检查

　　血液具有输送营养、氧气、抗体、激素和排泄废物以及调节体温、体液、渗透压、酸碱度平衡等重要功能。在心脏舒缩活动和神经体液的调节下，血液不断循环于机体每个部分，与各组织器官发生密切联系。因此，除了畜禽造血系统本身的各种疾病可以直接引起血液固有成分的变化外，机体其他部分的疾病也可影响血液的各种成分。所以，血液检验不仅是诊断各种畜禽血液病的主要依据，同时对其他系统疾病的诊断以及在判断机体状态、观察疗效、预后等方面也有很大帮助。

　　血液检验的项目较多，通常规定要做的、最基本的项目是血常规检验，包括红细胞沉降率测定、血红蛋白含量测定、红细胞计数、白细胞计数及白细胞分类计数等项目。在实践中，通常可根据诊疗工作的需要，有目的地选择某些项目。

一、血液样品的采集与抗凝

1. 血液样品的采集

　　根据检验项目、采血量的多少和动物的特点，可选用末梢采血、静脉采血和心脏采血。

　　（1）末梢采血　适用于采血量少、血液不加抗凝剂而且直接在现场检验的项目。如涂血片、血红蛋白测定、红细胞计数等。马、牛可在耳尖部，猪、羊、兔等在耳背边缘小静脉，鸡则在冠或肉髯。先保定好动物，局部剪毛，用酒精消毒，充分干燥后，用消毒针头刺入约0.5cm或刺破小静脉，让血液自然流出。擦去第一滴血（因其混有组织液影响计数），用吸管直接吸取第二滴血做检验。但在血液寄生虫检查时，第一滴血的检出率较高。穿刺后，如血流停止，应重新穿刺，不可用力挤压。鸡血比其他家畜血更易凝固，吸血时操作要快速敏捷。

　　（2）静脉采血　适用于采血量较多，或在现场不便检查的项目。如红细胞沉降率测定、血细胞比容测定及全面的血常规检查等。除制备血清外，静脉血均应置于盛有抗凝剂的容器中，混匀后以备检查。

　　马、牛、羊的采血一般多在颈静脉，保定动物，先在穿刺部位（颈静脉沟上1/3与中1/3交界处）剪毛消毒，然后左手拇指压紧颈静脉近心端，使之怒张，右手拇指和食指捏紧消毒、干燥的采血针体，食指腹顶着针头，迅速、垂直地刺进皮肤并进入颈静脉，慢慢向外调整针的深度，待血流出时，用盛有抗凝剂的容器沿容器壁导入血液，并轻轻晃动，以防血液凝固。奶牛还可在乳静脉采血。

猪可在耳静脉或断尾采血，如小猪在耳静脉采血困难时，可在前腔静脉采血。使猪仰卧保定，把两前肢向后方拉直，同时将头向下压，使头颈伸展，充分暴露胸前窝。常规消毒后，手执注射器，针尖斜向对侧后内方与地面呈 60°角，向右侧或左侧胸前窝刺入，边刺入边回抽，进针 2～4cm 深即可抽出血液。拔出注射器，除去针头，将血液慢慢注入抗凝剂容器中。

禽常在翅内静脉采血。先拔去羽毛，消毒后用小针头刺入静脉，让血液自然流入装有抗凝剂的容器中即可。不可用注射器抽取，以防引起静脉塌陷出现气泡。

犬、猫及肉食动物可在四肢的静脉采血，如在隐静脉采血时，局部剪毛消毒，助手握紧股部以固定后腿并使血管怒张，用注射器刺入即可抽出血液。

（3）心脏采血　禽和实验小动物需要血量较多时可用本法。如鸡的心脏采血：鸡取右侧卧保定，左胸部向上，用 10ml 注射器接上 5cm 长的 20 号针头，在胸骨脊前端与背部下凹处连线的中点，垂直或稍向前内方刺入 2～3cm，可采得心血。成年鸡每次可抽 5～10ml。兔的心脏采血：在固定板上仰卧保定，局部剪毛消毒，用左手四指（除拇指外）按紧兔的右侧胸壁，拇指感触兔左侧胸壁心脏搏动最强处，右手持注射器垂直刺入，边刺入边回抽，如刺中右心室可得暗红色的静脉血，刺中左心室则抽出鲜红色的动脉血。成年兔每次可抽血 10～20ml。

2. 血液样品的抗凝

（1）血液样品的抗凝　除需分离血清外，自静脉或心脏采出的血液均应加入抗凝剂，以防血液样品凝固。临床常用的抗凝剂除肝素（具有抗凝血酶的作用）外，多数是以脱钙作用而使血液不能凝固。常用的抗凝剂有下列几种。

① 双草酸盐合剂：草酸铵 1.2g，草酸钾 0.8g，蒸馏水 100ml。取此液 0.5ml（分装于小瓶中，在 60℃ 以下的烘箱中烘干），可使 5ml 血液不凝固。适用于血液检验，尤其是血细胞比容的测定。但由于其具有一定毒性并可使血小板聚集，因此不宜做输血及血小板计数的抗凝剂。

② 乙二胺四乙酸二钠（简称 EDTA 二钠）：常用 10％水溶液，按每 5ml 血液加入 1～2 滴使用，也可以将其 2 滴水溶液置小瓶中，在 60℃ 以下的烘箱中烘干备用。此剂抗凝作用强，能保持红细胞的形态，可防止血小板聚集，最适于血液学，尤其是血液有形成分的检验。但输血时不能用。

③ 柠檬酸钠：配制成 3.8％溶液，每 0.5ml 可使 5ml 血液不凝固，主要用于输血和红细胞沉降率测定。不适用于血液化学检验。

④ 肝素：配制成 1％水溶液放冰箱内保存，每 0.1ml 可抗凝 5ml 血液，用此液湿润注射器筒，采血 5ml 可不致凝固。此剂抗凝作用强，适用于血液有机和无机成分的分析。

（2）血液样品的处理　血涂片应先予以固定。如果要分离血浆，可将抗凝血以 2000～3000r/min 离心 5～10min 或在室温下静置沉淀，上层液体即为血浆。需要分离血清时，将装有凝固血液样品（未加抗凝剂）的试管放于室温环境下或 37℃ 水浴中 0.5h，用竹签将血凝块从管壁慢慢剥离并继续保温，促使血清析出，再经电动离心后，尽快把血清分离到另外的试管中，一般不要迟于血凝后 45min，以减少细胞内、外成分的变动。

二、红细胞沉降率的测定

血液加入抗凝剂后，吸入特制的测定管中，在一定时间内红细胞下沉的毫米数，称为红细胞沉降率（ESR），简称血沉。

1. 原理

抗凝血中的红细胞沉降率的快慢，是一个复杂的物理化学和胶体化学过程。一般认为，与血中电荷的含量有关。红细胞与血浆白蛋白带负电荷，而血浆球蛋白、纤维蛋白原和胆固醇却带正电荷，在正常时保持着正负电荷的相对稳定，红细胞不易形成串钱状，其沉降速度在正常范围内。在疾病过程中，上述任何一方的数目或含量改变，会直接影响正负电荷的相对稳定性。假如正电荷增多，则负电荷相对减少，红细胞互相吸附，形成串钱状而血沉加快；反之，红细胞互相排斥，则血沉变慢。

2. 测定方法

测定血沉的方法很多，有六五型血沉管法、魏氏法、潘氏法、温氏法、微量法等。我国兽医临床上主要应用前两种方法。

（1）六五型血沉管法 六五型血沉管内径为 0.9cm，全长 17～20cm，管壁有 100 个刻度，自上而下标有 0～100，容量为 10ml。另一侧自下而上标有 20～125 刻度，用于换算血红蛋白含量。适用于马、骡、驴血沉的测定。

测定时，于血沉管内加入 10％EDTA 二钠 4 滴（或草酸钾粉末 0.02～0.04g），由颈静脉采血，加入血沉管至刻度"0"处，用胶皮塞或拇指堵住管口，轻轻颠倒血沉管 8～10 次，使血液与抗凝剂充分混合后，在室温下垂直立于试管架上，经 15min、30min、45min、60min 各观察一次，分别记录血沉管上红细胞柱高度的刻度数值，即为各段时间的血沉值。

（2）魏氏法 魏（Westergren）氏血沉管全长 30cm，内径 2.5mm，管壁有 200 个刻度，每一个刻度距离为 1mm，自上而下标有 0～200，其容量为 1ml，附有特制的血沉架。

操作时，先取 3.8％柠檬酸钠溶液 1ml，加入小试管内，然后静脉采血 4ml 混匀。用魏氏血沉管吸此抗凝血至"0"刻度处，然后在室温下，将血沉管垂直放于血沉架上，其观察时间与上法相同。也可用 5ml 注射器吸取灭菌的 3.8％柠檬酸钠溶液 1ml，再采血 4ml，混匀后，从魏氏血沉管下部将抗凝血注至"0"刻度处，立于血沉架上，进行观察。

3. 注意事项

血沉管必须垂直静立，否则会使血沉加快。但由于黄牛、奶牛、羊的血沉极为缓慢，为尽快测出结果，可将血沉架倾斜 60°角放置。

温度的高低，能影响血沉速度。温度越高，血沉越快，反之，可使其减慢，故血沉测定以室温 20℃左右为宜。冷藏的血液，应先把血温回升至室温后再做检查。

采血后应在 3h 内测完，如放置时间延长，可使血沉减慢。魏氏法中血液与抗凝剂的比例为4：1，应准确，如比例增加，血沉减慢，反之则血沉加快。

4. 正常参考值

不同方法测得的血沉值不同，故在报告测定结果时应注明所用方法。家畜的血沉正常参考值见表 5-1。

表 5-1 家畜的血沉正常参考值

动物种类	血沉值/mm				测定方法	测定来源
	15min	30min	45min	60min		
马	31.0	49.0	53.0	55.0	六五型法	中国人民解放军兽医大学[1]
马	20.7	70.7	95.0	115.0	魏氏法	中国农科院中兽医研究所
骡	23.0	47.0	52.0	54.0	六五型法	中国人民解放军兽医大学[1]
驴	32.0	75.0	96.7	110.0	魏氏法	甘肃农业大学
黄牛	0.15	0.63	1.1	1.4	魏氏法	云南农业大学
奶牛	0.3	0.7	0.75	1.2	魏氏法	甘肃农业大学
水牛	9.8	30.8	65.0	91.6	魏氏法	江苏农学院[2]
山羊	0	0.5	1.6	4.2	魏氏法，倾斜 60°	西北农业大学[3]
猪	3.8	8.4	20.0	30.0	魏氏法	甘肃农业大学

① 现吉林大学农学部，后同；

② 现扬州大学，后同；

③ 现西北农林科技大学，后同。

5. 临床意义

血沉测定是一项非特异性的试验，仅能说明体内存在病理过程，并不能单独据此来确诊疾病。

（1）血沉加快 常见于各种贫血及白血病时（由于红细胞数减少，血沉加快），目前仍把它作为普检马传染性贫血的重要指标之一；亦见于急性全身性感染、各种炎症、组织损伤及坏死（由于血浆球蛋白或纤维蛋白原相对或绝对增高，均可使血沉加快）、恶性肿瘤（由于上述两方面的原因，而使血沉加快）。

（2）血沉减慢　主要见于各种原因引起的脱水而血液浓缩，以及某些引起纤维蛋白原含量严重减低的肝脏疾患。

三、血细胞比容测定

将一定量的抗凝血液注入特制的测定管中，用一定速度和时间离心沉淀，使红细胞压缩到最小容积，读取沉积红细胞占全血的百分比，这种测定方法称为血细胞比容（packed cell volume，PCV）测定，简称压容测定。

1. 器械和抗凝剂

（1）器械

① 温氏（Wintrobe）压积测定管。为 11cm 长、内径 2.5mm、内底平坦的厚壁玻璃管。管壁上有厘米和毫米刻度。右侧刻度由上到下为 10～0，供压容测定用；左侧刻度由上到下为 0～10，供血沉测定用。

② 长毛细滴管或长针头。其长度应比温氏压积测定管稍长。

③ 水平电动离心机。要求转速为 3000～4000r/min。

（2）抗凝剂　用能保持红细胞大小形态不变的双草酸盐合剂或 10％EDTA 二钠溶液，置瓶内烘干备用。

2. 方法

用长毛细滴管或长针头吸取已混匀的抗凝血，先插入温氏压积测定管底，然后边注入血，边提起滴管（滴管口不要离开液面，以免产生气泡），直至血液达到刻度 10 处。

将温氏压积测定管置离心机内，以 3000r/min，对马血离心 30min，对牛、羊、猪等血离心 60min。

离心后，管内血柱被分为四层，最上层为血浆，第二层灰白色物质为白细胞和血小板，第三层红黑色薄层为含还原血红蛋白的红细胞层，最下层为含氧合血红蛋白的红细胞层。读取红细胞层所达到的毫米数，即为每 100ml 血液中血细胞比容百分率（如离心机是倾斜式的，细胞沉淀为斜面，则以高、低面刻度读数之和除以 2 来计算出血细胞比容）。

3. 正常参考值

家畜血细胞比容的正常参考值见表 5-2。

表 5-2　家畜血细胞比容的正常参考值　　　　　　　　　　　单位:％

动物	平均值±标准差	资 料 来 源	动物	平均值±标准差	资 料 来 源
马	35.44±3.60	中国人民解放军兽医大学	黄牛	38.70±3.56	河南农业大学
骡	39.50±3.19	中国人民解放军兽医大学	水牛	33.00±1.90	江苏农学院
驴	37.04±2.78	江苏农学院	绵羊	31.70±0.92	江苏农学院
奶牛	36.01±4.55	北京农业大学[①]	猪	42.52±2.44	浙江农业大学[②]

① 现中国农业大学；

② 现浙江大学农业与生物技术等相关学院。

4. 临床意义

（1）血细胞比容增高　常见于各种原因引起的脱水造成红细胞相对性增多。例如急性胃肠炎、肠阻塞、剧烈呕吐以及渗出性胸膜炎等。由于血细胞比容增高的数值与脱水程度成正比，故临床上常根据其增高的程度，作为估计脱水程度、确定补液量和观察补液效果的指标。如马的血细胞比容达 40％为轻度脱水，40％～50％为中度脱水，50％以上为重度脱水。另外，血细胞比容每超出正常值最高限的一个小格（1mm），在一日之内应补液 800～1000ml。如果病畜仍在继续脱水或摄入水困难，还应酌情增补液体。血细胞比容增高亦见于红细胞绝对性增多。

（2）血细胞比容降低　见于各种原因引起的贫血。在某些类型的贫血中，血细胞比容与红细胞数、血红蛋白含量的降低程度并不成一定比例。因此，根据这三项数值，可以计算出红细胞平均指数，作为贫血形态学分类的客观指标，有助于贫血的诊断和治疗。

四、血红蛋白含量测定

血红蛋白（hemoglobin，Hb）测定方法很多，最常用的是沙利目视比色法，虽然精确度存在一定误差，但方法简便快速，目前仍被兽医在临床广泛应用。

1. 原理

红细胞遇酸溶解，释放出血红蛋白，并被酸化成褐色的酸性血红素。稀释后与标准色柱比色，即可测定出每100ml血液中血红蛋白的克数或百分数。

2. 器械和试剂

（1）器械 沙利氏血红蛋白计1套（内有测定管1支，装有标准褐色玻璃比色板的比色座1个，其血红蛋白吸管上有容积为10mm³和20mm³的两个刻度），在测定管的两侧有刻度：从下往上，一侧为2～24的刻度，表示100ml血液中含有血红蛋白的克数；另一侧有20～160的刻度，表示100ml血液中血红蛋白的百分数。国产的血红蛋白计是以每100ml血液含14.5g血红蛋白为100%而设置的。但各种不同牌号的血红蛋白计颇不一致，有低至以13.8g作为100%者，也有以高达17.6g作为100%者，故如以其他牌号血红蛋白计进行测定时，应注明所用测定管之标准，或为求统一，均以"g%"表示为宜。

（2）试剂 0.1mol/L盐酸（亦可用1%盐酸代替）。取浓盐酸8.5ml于1000ml容量瓶中，然后加蒸馏水至刻度。

3. 方法

于测定管内加0.1mol/L盐酸至刻度"2"处。用吸血管吸抗凝血（或耳尖血）至刻度20mm³处，擦净管外壁的血迹，将血液吹入测定管的盐酸液中，再吸取上清的盐酸液至刻度处，反复洗涤数次，轻轻摇动测定管（或用玻璃棒搅拌），使血液与盐酸混合，静置10min。

慢慢沿测定管管壁逐滴加入蒸馏水（或0.1mol/L盐酸），边加边混匀，边观察，直至液体颜色与标准色柱一致时为止。

读取测定管内液体凹面的刻度数，即为100ml血液中血红蛋白的克数或百分数。

4. 注意事项

要注意保持血红蛋白计原套用具，不要随意调换。抗凝血要摇匀，吸血要准。不要向测定管中用力吹吸，以防产生气泡，万一产生了气泡，可用小玻棒蘸少量95%酒精，然后接触气泡，即可消除。静置时间，以10min为准，否则结果可能偏高或偏低。为使结果更为准确，在读数后再加蒸馏水1滴，然后读数，如液体色泽变淡，以前一次的读数为准，如液体色泽不变淡，则以后一次的读数为准。

5. 正常参考值

家畜血红蛋白正常参考值见表5-3。

表5-3 家畜血红蛋白正常参考值　　　　　　　　　　　　　　单位：g/L

动物	平均值±标准差	资料来源	动物	平均值±标准差	资料来源
马	127.7±20.5	中国人民解放军兽医大学	水牛	120.0±4.9	江苏农学院
骡	127.4±21.8	中国人民解放军兽医大学	奶山羊	78.2±4.5	西北农业大学
驴	109.9±30.2	甘肃农业大学	绵羊	118.0±8.7	内蒙古农牧学院[2]
黄牛	95.5±10.0	延边农学院[1]	猪	116.0±9.9	河北农业大学
奶牛	129.0±22.8	江苏农学院			

① 现延边大学农学院，后同；
② 现内蒙古农业大学，后同。

6. 临床意义

与红细胞计数的临床意义相一致。

五、红细胞计数

计算每立方毫米血液内所含红细胞数目，称为红细胞计数（red blood cell count，RBC）。其计数方法有显微镜计数法、光电比浊法、电子计数仪计数法等，目前临床多采用在试管内稀释血液后的显微镜计数法。

1. 原理

用适当的稀释液将血液作 200 倍稀释，滴入计算室后，在显微镜下计数，经过换算即可求得每立方毫米血液内的红细胞数。经稀释液作用虽仍保留白细胞，但对红细胞计数影响不大，因为一般情况下红细胞与白细胞之比约为 1000：1。

2. 器械和稀释液

（1）器械

① 红细胞计中的计算板，常用的是改良纽巴氏计算板。它是由一块特制的厚玻璃板制成：中央刻有两个相同的计算室，每个计算室划分为 9 个大方格，每个大方格面积为 $1mm^2$。四角的每个大方格又划分为 16 个中方格，供计数白细胞用，中间的一个大方格用双线划分为 25 个中方格，每个中方格又划分为 16 个小方格，共计 400 个小方格，供计数红细胞用。如将血盖片置于计算室两侧的曲面（或支柱）上，血盖片与计算室之间的深度为 0.1mm，故每个大方格的容积为 $1mm^3$（见图 5-1 和图 5-2）。

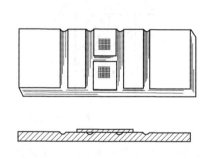

图 5-1　红细胞计数板构造

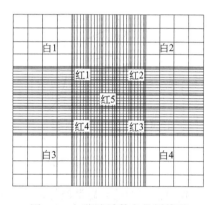

图 5-2　红细胞计数室的划线区

② 红细胞计中的红细胞吸管。

③ 血盖片，为红细胞计数专用玻片，厚度为 0.4mm，质地较硬。

④ 沙利吸血管，2ml 刻度吸管，小试管，显微镜。

（2）稀释液　红细胞计数所用的稀释液主要有以下两种。

① 0.85％氯化钠溶液。

② 赫姆（Hayem）氏液。氯化钠 1.0g，结晶硫酸钠 5.0g，氯化汞 0.5g，蒸馏水加至 200ml，溶解后过滤备用。

3. 方法

（1）试管稀释法　取小试管 1 支，先以普通吸管准确吸取红细胞稀释液 2.0ml 放于小试管中，再用血红蛋白吸管准确吸取供检血液至 $10mm^3$（0.01ml）处（也可将稀释液和供检血液均取其两倍量），用干脱脂棉拭去管尖外壁附着的血液。然后将血红蛋白吸管插入已装稀释液的试管底部，缓缓放出血液。再吸取上清液，反复洗净附在吸管内壁上的血液数次，立即振摇试管 1～2min，使血液与稀释液充分混合。

把血盖片覆盖于计算室上，用小玻璃棒蘸取已混匀的红细胞悬液 1 滴，轻轻接触两者结合处，使悬液自然流入计算室内。静置 3min 后，即可计数。

在镜下计数时，先用低倍（10×）物镜找到计算室中央的大方格（红细胞计数区），然后转用高倍（40×）物镜，计数中央大方格内四角的 4 个中方格和中央的一个中方格，共计 5 个中方格（80 个小方格）内的全部红细胞数（或用对角线的方法数 5 个中方格）。

为避免重复和遗漏，计数时要按一定的顺序进行。并且对压在方格左边和上边线上的红细胞均计在本格内，压在右边和下边线上的红细胞则不计在本格内，此即谓"数上不数下，数左不数右"的计数原则。

计数完毕，可按下列公式计算：

$$\frac{R}{80} \times 400 \times 200 \times 10 = 1mm^3 \text{ 血液中的红细胞总数}$$

式中，R 为 5 个中方格（即 80 个小方格）内的红细胞总数，400 即为一个大方格（即 $1mm^2$ 面积）内的 400 个小方格，200 为稀释倍数（即稀释液取 1.99ml，吸血 0.01ml。为方便操作，通常稀释液取 2ml，吸血 0.01ml，结果稀释倍数为 201，但计算仍用 200，误差忽略不计）。

为了换算成 $1mm^3$ 容积内的红细胞数，因为血盖片与计算室之间的深度是 0.1mm，所以要乘以 10。

上式简化后为：$R \times 10000 = $ 红细胞数/立方毫米血液

（2）吸管稀释法　用红细胞计内的特制红细胞吸管吸血至 0.5 刻度外，再吸取稀释液至 101 刻度，即血液成 200 倍稀释。然后，按图 5-3、图 5-4 所示方法在计算室上充液、观察并换算。

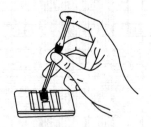 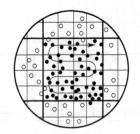

图 5-3　计数室充液方法　　　　　图 5-4　红细胞计数顺序及中格区

（3）换算法　如缺乏显微镜等条件或大批普查时，对马的红细胞数可利用六五型血沉管来粗略换算。

通常是以静置 1h 的红细胞柱高的刻度数（不是血沉值），减 2 乘以系数 18.4 万，也可以静置 24h，红细胞柱高的刻度数乘以 21.6 万，即得每立方毫米血液内的红细胞数。

4. 注意事项

红细胞计数都有一定的误差，其原因主要是仪器本身和技术操作上的缺陷，以及红细胞在计算室中分布的固有误差。为获得正确结果，应注意如下几方面的事项。

① 吸血前混匀血液。吸稀释液和吸血要准确。血柱中应无气泡、无血块，同时不要吸得过多。管外壁血迹要擦净。

② 充液前混匀检液。检液中应无沉淀。充液要均匀，不多，不少，无气泡。充液后不再振动计算板。

③ 镜检计数要严格按顺序和原则进行（计数时误差一个细胞，计算时则要误差一万个细胞），至少要计数 5 个中方格内的红细胞数，并且各中方格之间的红细胞最高数与最低数之差不应超过 20 个。

5. 正常参考值

我国幅员辽阔，各地环境条件、海拔高度不同，又受家畜年龄、性别等因素的限制，即使同一品种的动物，红细胞数亦有一定差异。各地报道数据有所不同（见表 5-4）。

6. 临床意义

红细胞数与血红蛋白含量的病理变化通常是平行一致的，表现为增多或减少，因而其临床意义基本相同。只是在某些类型贫血时，两者的减少程度可能不相一致，需要计算红细胞平均指数才能准确鉴别。

表5-4 家畜红细胞数正常参考值　　　　　　　　　　　　　　单位：$10^{12}/L$

动物	平均值±标准差	资料来源	动物	平均值±标准值	资料来源
马	7.93±1.40	中国人民解放军兽医大学	奶牛	5.97±0.86	南京农业大学
骡	7.55±1.30	中国人民解放军兽医大学	绵羊	8.42±1.20	新疆八一农学院[①]
驴	5.42±0.23	甘肃农业大学	奶山羊	17.20±3.03	西北农业大学
黄牛	7.24±1.57	延边农学院	猪	6.90±0.50	江苏农学院
水牛	5.91±0.98	江苏农学院			

① 现新疆农业大学，后同。

（1）红细胞数增多和血红蛋白含量增多　临床上绝大多数为相对性增多，而绝对性增多较少见。

① 相对性增多：是由于机体脱水，造成血液浓缩。如剧烈腹泻、呕吐、大出汗、多尿、大面积烧伤、渗出液和漏出液大量形成、饮水不足等。

② 绝对性增多：由于各种生理或病理性因素（如缺氧）刺激骨髓使造血功能增强，导致红细胞绝对数增多，见于高原地区的动物和严重的慢性心肺病以及真性红细胞增多症。

（2）红细胞数减少和血红蛋白含量减少　主要是由于红细胞损失过多或生成不足两方面的原因，见于各种类型的贫血。这两项指标的改变是确定贫血程度以及观察疗效的主要依据，但要进一步确定贫血原因和类型，还应配合其他血液检查（如血细胞比容测定和血片染色观察等）和临床症状综合分析。贫血的分类，通常有形态学分类和病因学分类两种方法，二者互相结合则有助于贫血的诊断和治疗。现按病因学分类法简述如下。

① 失血性贫血：由于红细胞损失过多所致，见于内脏破裂、手术和创伤、伴有胃肠或内脏器官出血的疾病（如雏鸡球虫病、夹竹桃中毒等）以及马血斑病、水牛过劳性血尿等。

② 溶血性贫血：主要是红细胞破坏过多所致。见于血原虫病（如梨形虫病、边虫病）、病原微生物感染（如钩端螺旋体病、牛羊的细菌性血红蛋白尿病、马传染性贫血）、溶血性毒物中毒（如蓖麻子、铅、砷、蛇毒中毒等）、免疫溶血（如异型输血、新生幼畜溶血病）。

③ 营养不良性贫血：由于造血物质（如蛋白质、铁、铜、钴、B族维生素等）不足所致。见于仔猪缺铁性贫血、衰竭症、慢性消耗性疾病（如寄生虫病、结核病、慢性胃肠卡他等）。

④ 再生障碍性贫血：由于骨髓造血功能受到抑制所致。此时颗粒白细胞和血小板也同时减少。见于某些药物中毒（如磺胺类、氯霉素、重金属盐等）、物理因素作用（如X射线辐射）以及生物性因素（如马传染性贫血病毒、蕨类植物毒等）的影响。

六、白细胞计数

计算每立方毫米血液内白细胞的总数，称为白细胞计数（white blood cell count，WBC）。目前兽医临床仍以试管稀释后经显微镜计数的方法为主。

1. 原理

用稀酸溶液破坏红细胞，保留白细胞，再行计数。

2. 器械与稀释液

（1）器械　除白细胞吸管外，其他与红细胞计数相同。

（2）稀释液　1%～3%冰醋酸溶液，内加数滴结晶紫使呈淡紫色，以便与红细胞稀释液相区别，并可使白细胞核略微着色。

3. 方法

（1）试管稀释法　试管稀释法的操作过程大体上与红细胞计数相同。在小试管内加入白细胞稀释液 0.4ml（实际应为 0.38ml），吸血 20mm³，立即吹入稀释液中，混匀。用小玻璃棒蘸取已混匀的检液 1 滴，填充入计算室内，静置 3min 后计数。

用低倍镜将计算室四角 4 个大方格内的全部白细胞按顺序计数，对压线细胞的取舍原则同红细胞计数。最后，可按下列公式计算：

$$\frac{W}{4（4 个大方格）}\times 10（换算为 1mm^3）\times 20（稀释倍数）=1mm^3 \text{血液中的白细胞总数}$$

式中，W 为 4 个大方格内的白细胞总数。上式简化后为：

$$W\times 50=\text{白细胞数}/\text{立方毫米血液}$$

（2）吸管稀释法 用红细胞计内的特制白细胞吸管吸血至 0.5 刻度处，再吸取稀释液至 11 刻度，即血液成 20 倍稀释。充液、计数及换算方法与试管稀释法相同。

4. 注意事项

为了取得准确结果，要严格按照红细胞计数的注意事项进行操作。并且每个大方格内白细胞的差数不应超过 8 个。

如血液内含有多量有核红细胞，因其不受稀酸破坏，由于混淆，易使计数的白细胞数增高，遇此情况，必须校正。例如，白细胞总数为 12000/mm³，在白细胞分类计数中发现有核红细胞占 20%，则实际白细胞数可按下述公式计算：

$$100:20=12000:x$$

$$x=\frac{20\times 12000}{100}=2400/mm^3（\text{有核红细胞数}）\quad 12000-2400=9600/mm^3（\text{白细胞数}）$$

5. 正常参考值

家畜白细胞数正常参考值见表 5-5。

表 5-5 家畜白细胞数正常参考值 单位：$10^9/L$

动物	平均值±标准差	资料来源	动物	平均值±标准值	资料来源
马	9.50(5.40~13.5)	中国人民解放军兽医大学	奶牛	9.41±2.13	南京农业大学
骡	8.70(4.60~12.0)	中国人民解放军兽医大学	绵羊	8.45±1.90	新疆八一农学院
驴	10.72±2.72	甘肃农业大学	奶山羊	13.20±1.88	西北农业大学
黄牛	8.43±2.08	延边农学院	猪	14.92±0.93	江苏农学院
水牛	8.04±0.77	江苏农学院			

注：括号内的数据为变动范围。

6. 临床意义

（1）白细胞增多 在大多数急性细菌性感染，尤其是金黄色溶血性葡萄球菌、链球菌、肺炎双球菌等感染时，白细胞数明显升高。

当组织器官发生急性炎症，如肺炎、胃肠炎、子宫炎、乳房炎、创伤性心包炎等，特别是化脓性炎症，可引起白细胞明显增多。

在严重的组织损伤，急性大出血，急性溶血；某些中毒（酸中毒、敌敌畏中毒、尿毒症等）以及注射异体蛋白（血清、疫苗等）后，白细胞数均可增多。

白血病时，白细胞数持久性、进行性增多。

（2）白细胞减少 见于病毒性感染时，如猪瘟、流行性感冒、马传染性贫血等；伴有再生障碍性贫血的疾病；此外，在严重感染、高度衰竭以及内毒素性休克时，可见白细胞数减少。

七、白细胞分类计数

通过显微镜观察染色血片，计算血液中各类白细胞的百分率，称为白细胞分类计数（differential count，DC）。利用白细胞总数和各类白细胞的百分率，即可计算出每立方毫米血液中各类白细胞的绝对值。白细胞分类计数对疾病的诊断、预后及疗效观察具有重要意义。

1. 器械和染色液

（1）器械

① 载玻片：要求清洁，干燥，中性，无油脂。因此使用前必须适当处理。

a.新玻片：常有游离碱质，可先用肥皂水洗刷，流水冲洗，然后浸泡于1％～2％盐酸或乙酸溶液中，约1h后再用流水冲洗，晾干后浸于95％酒精内备用。

b.旧玻片：先放入含有洗衣粉的水中煮沸20min，洗刷干净，再用流水反复冲洗，晾干后浸于35％酒精内备用。

使用时，用镊子取出载玻片擦干。切勿让手指与玻片表面接触，以保持玻片的清洁。

② 染色盆、染色架、显微镜及香柏油等。

（2）染色液　染料的基本成分可分成两种。酸性染料伊红（阴离子染料）和碱性染料美蓝，或其氧化物天青（阳离子染料）。细胞的染色是由于其蛋白质各部分对染料有选择性的物理吸附作用和化学亲和作用，因而在血片上染成不同的颜色。血红蛋白、嗜酸性颗粒本身为碱性物质，与酸性染料伊红结合，染成红色核蛋白；嗜碱性颗粒本身为酸性物质，与碱性染料美蓝或天青结合，染成蓝色；嗜中性颗粒在弱酸性条件下呈等电点状态，与伊红和美蓝同时结合，形成红、蓝相混的紫红色。

由此可见，染色过程与酸碱度关系极大，必须在中性或弱酸性条件下，才能保证蛋白质各部分能充分地选择性吸附。同时，应用缓冲液以纠正染色偏酸或偏碱的情况。

① 瑞氏（Wright）染液：瑞氏染料1.0g，甲醇（分析纯）600ml。

将瑞氏染料置于研钵中，加少量甲醇研磨，使其尽可能充分溶解，将已溶解的染液倾入棕色瓶中。对未溶解的染料再加入少量甲醇研磨。直至染料溶完，甲醇全部用完为止。在室温中保存一周，过滤后备用。新配染液偏碱性，如放置越久，则天青形成越多，染色越好。配制时可在染液中加中性甘油30ml，以防止染色时甲醇挥发过快，并使细胞着色清晰。

② 吉姆萨（Giemsa）染液：吉姆萨染料0.5g，中性甘油33.0ml，甲醇（中性）33.0ml。

先将吉姆萨染料置研钵中，加入少量中性甘油，充分研磨，然后再加入其余的中性甘油，水浴加温（56～60℃）1～2h，经常用玻璃棒搅拌，使染料粉溶解。最后加入甲醇，混合后装于棕色瓶中，1周后过滤备用。此即吉氏原液。临用时，以pH 6.4～6.8的磷酸缓冲盐水或新鲜中性蒸馏水9份，加原液1份，稀释成为应用液。

③ 磷酸缓冲盐水（pH 6.8）：磷酸二氢钾5.47g、磷酸氢二钠3.8g、蒸馏水加至1000ml，混合溶解后即可应用。

2. 方法

（1）涂片　用左手的拇指与中指夹持1张载玻片，先以细玻璃棒取血1小滴（最好是未加抗凝剂的新鲜血）置载玻片的一端，然后右手持另1张边缘平滑的推片（最好此载玻片稍窄或磨去两角），倾斜30°～45°角，由血滴的前方向后接触血滴，待血液扩散成线状后，立即以均等的速度轻而平稳地向前推进，直至血液推尽为止。

涂片时，血滴越大，角度越大，推片速度越快，则血膜越厚，反之则血膜越薄。白细胞分类计数的血片宜稍厚，进行红细胞形态及血原虫检查的血片宜稍薄。

一张良好的血片，要求厚薄适宜，血液分布均匀，边缘整齐，能明显分出头、体、尾三部分，两侧留有空隙（以写明畜别、编号、日期）。血膜分布不均，主要是由于推片不齐，用力不均，玻片不洁所致。

推好的血片可在空气中挥动，使其迅速干燥，以防细胞皱缩变形，并尽快固定染色（见图5-5）。

（2）染色

① 瑞氏染色法：用蜡笔在血膜两端划线，以防染液外溢。将血片平置于染色架上，滴加瑞氏染液，并计其滴数，以盖满血膜为度。约1min后，再滴加等量的磷酸缓冲盐水，轻摇玻片或吹气，使之混匀。5～10min后，用蒸馏水直接冲洗（切勿先倾去染液再冲洗，否则沉淀物附于

血膜上而不易除去），干燥后可供镜检。

② 吉氏染色法：将血片用甲醇数滴固定 3～5min 后，再直立于盛有吉氏应用液的染色缸中，经染色 30～60min，取出血片，用蒸馏水冲洗，干燥后即可镜检。

③ 瑞-吉氏复合染色法：吉氏染色对细胞核及血原虫效果较好，对胞浆及颗粒的染色则不如瑞氏染色法。采用复合染色，如掌握得法，可兼取二者的长处。用瑞氏染液染色 1～2min，再用吉氏应用液复染 8～10min 即可。

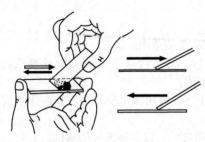

图 5-5 涂制血片的方法

染色良好的血片，肉眼观察呈粉红色（染色偏碱性时呈灰蓝色，偏酸性时呈鲜红色）。在显微镜下能清楚观察到各种白细胞的染色特征，并且血片上无沉渣附着。

染色效果主要是由两个环节决定的，首先是酸碱度，要注意甲醇、甘油、冲洗用水、玻片等保持中性或弱酸性，并尽可能使用缓冲液，其次是染色时间，这与染液性能、浓度、室温高低及血片厚薄有关。所以对每批染液和缓冲液，均需试染，以掌握最佳染色时间和稀释比例，并在以后工作中不断根据染色效果而灵活调节。

（3）分类计数 先用低倍镜全面观察血片上细胞分布情况及染色质量，然后选择染色良好、细胞分布均匀的部分，用油镜进行分类。由于密度大的细胞（粒细胞、单核细胞等）多分布在血片的边缘和尾部，密度小的细胞（如小淋巴细胞等）则多分布在血片的头部和中间。为减少这种细胞分布的固有误差并避免重复计数，血片必须按一定方向曲折移动而分类计数，并且分类计数的白细胞总数至少要达 100 个（如果计数 200～300 个白细胞，则其百分率更为准确）。

记录时，可用白细胞分类计数器，或设计一个表格，用写"正"字的方法加以记录。

报告时，一般按百分率，必要时按绝对值。

$$某种白细胞百分率 = \frac{某种白细胞数}{分类计数白细胞总数} \times 100$$

某种白细胞绝对值 = 白细胞总数/立方毫米 × 某种白细胞的百分率

3. 各类白细胞的形态特征

在镜下辨认各种白细胞时，必须掌握其主要特征，如细胞大小、核的形状结构及染色性、胞浆颜色、有无颗粒及颗粒特点等。在同一张血片上对照比较，互相鉴别。

（1）中性粒细胞 圆形，直径 10～15μm。胞浆淡红色，胞浆内有多量紫红色细小颗粒（染色不佳时则看不清楚）。核染成深紫色，其形状多样，核微呈肾形，染色稍淡的称幼年核；呈带形或"S"形，两边平行的称杆状核；分成 2～3 叶，在叶之间有细丝相连的称分叶核。有时因核叶重叠看不到细丝，但核量较多，染色质致密，也可认为是分叶核。

（2）嗜酸粒细胞 大小、形态与中性粒细胞大体相似，唯胞浆内含有粗大的鲜红色颗粒（马的这种嗜酸性颗粒明显大于其他家畜）。核多数为 2 叶。

（3）嗜碱粒细胞 大小、形态与中性粒细胞相似，但胞浆内含有粗大的深蓝色颗粒，常遮盖在核上。核分叶不明显。

（4）淋巴细胞 淋巴细胞分大小两种，小淋巴细胞呈圆形，直径 7～10μm，核染成深紫色，圆形或肾形。胞浆很少，常仅呈一片月牙状，染成蓝色。大淋巴细胞直径 10～19μm，核圆形或肾形。胞浆相对较多，染成天蓝色，在胞浆与核之间有淡染带。有时内含少数紫红色大颗粒。

（5）单核细胞 外周血液中最大的细胞，直径为 12～24μm。核染成紫色，其染色质疏松，核形不规则，呈肾形、多角形、折叠状等。胞浆较多，染成浅灰蓝色，有时内含少量灰尘样淡红色小颗粒。

4. 正常参考值

家畜各种白细胞百分比正常参考值见表 5-6。

表 5-6　家畜各种白细胞百分比正常参考值

动物	嗜碱粒细胞/%	嗜酸粒细胞/%	中性粒细胞			淋巴细胞/%	单核细胞/%	资料来源
			幼年核/%	杆状核/%	分叶核/%			
驴	0.17	5.37	1.40	1.77	36.65	53.90	0.74	甘肃农业大学
奶牛	0.12	7.80	0.72	9.52	19.64	59.24	2.96	青海畜牧兽医学院[①]
绵羊	0.20	2.90	—	3.1	23.80	68.10	1.90	新疆八一农学院
奶山羊	0.70	0.70	—	—	41.80	54.50	2.30	西北农业大学
猪	0.23	3.03	0.55	3.74	31.42	58.45	2.58	云南农业大学

① 现青海大学农牧学院。

5. 临床意义

白细胞总数的变化，能反映机体防御功能的一般状态，因而具有一般的诊断意义。而白细胞分类计数则能进一步反映机体防御功能的特殊状态，在诊断上具有深刻的意义。所以在分析临床意义时，必须把两者结合起来，全面考虑。

某种白细胞的绝对值及其百分比均增加，称为某种白细胞的绝对性增多；如果其绝对值正常，而百分比增加是由于另一类白细胞的百分比减少所致，则称为某种白细胞的相对性增多。在分析病情时必须注意这一点。

（1）中性粒细胞　中性粒细胞是急性炎症初期的主要细胞成分。临床上，白细胞总数增高和降低常常与中性粒细胞增减直接相关。

① 中性粒细胞增多：与白细胞总数增多的诊断意义基本一致（除某些类型的白血病之外）。

② 中性粒细胞减少：与白细胞总数减少的诊断意义基本一致。

③ 中性粒细胞的核相变化：在病理条件下，中性粒细胞还表现出核相的改变。核形标志着白细胞的成熟情况，如外周血液中未成熟的中性粒细胞增多，即杆状核细胞、幼年核细胞甚至髓细胞的比例升高，称为核左移。如血液内分叶核细胞比例升高，而且核的分叶数也增多（多为4～5叶以上），则称为核右移。

核左移反映了感染的程度和机体的反应能力。核左移同时伴有白细胞总数升高，称为再生性左移，表示骨髓造血功能加强，机体处于积极防御状态；核左移显著而白细胞总数并不升高甚至减少，称为退行性左移，表示感染极为严重，骨髓造血功能衰竭，机体抗病力降低，是预后不良的指征。但牛对细菌感染的反应较弱，因而在感染初期白细胞总数往往无明显升高，主要表现在核左移及中性粒细胞的中毒性变化方面，这一点值得注意。

核右移乃骨髓造血功能衰退的标志，多由于机体高度衰竭而引起，对此预后宜慎重。

④ 中性粒细胞的中毒性变化：在分类计数时，尚要注意中性粒细胞的形态有无异常。例如，成熟中性粒细胞的胞浆成为嗜碱性而变成灰蓝色，或胞浆内有大小不等的点状、梨状、云雾状的嗜碱性物质（蓝色）；胞浆中出现不着色的空泡或蓝黑色、大小不等、分布不均的颗粒。这些中毒性变化与感染的程度密切相关，感染越严重，则变化越明显。

（2）嗜酸粒细胞　一般认为与过敏反应密切相关。

① 嗜酸粒细胞增多：见于过敏性疾病（如荨麻疹、注射异种蛋白等）、寄生虫病（如肝片吸虫病、球虫病、旋毛虫病等）、皮肤病（如湿疹）、应激反应的抗休克期及感染性疾病的恢复期。

② 嗜酸粒细胞减少：见于感染性疾病或严重热性病的初期乃至后期、骨髓功能高度受损、应用皮质类固醇药物及应激反应的休克期。嗜酸粒细胞长时间消失，表明预后不良。但消失后又重新出现，则表示病情好转。

（3）淋巴细胞　淋巴细胞属于特异性的免疫细胞，参与体液免疫和细胞免疫。

① 淋巴细胞增多：主要见于慢性传染病（如结核病、鼻疽、布氏杆菌病等）、淋巴性白血病、急性感染性疾病和急性中毒的恢复期以及中性粒细胞减少时的相对性淋巴细胞增多症。

② 淋巴细胞减少：主要见于放射线照射、内源性皮质类固醇释放（如感染，肿瘤，肝、肾、胰等功能衰竭）、休克和创伤以及淋巴细胞相对减少。

（4）单核细胞　对病原体（尤其是能形成肉芽肿性炎症反应的病原体）、组织坏死碎片和死亡的细胞等大分子颗粒有较强的吞噬能力，往往是炎区后期的主要细胞成分，同时参与特异性免疫过程。

① 单核细胞增多：主要见于慢性感染（如霉菌、原虫、结核杆菌、布氏杆菌等）及慢性病理过程（如化脓、坏死、营养障碍、内出血等）。也见于李氏杆菌病、禽传染性滑膜炎、对犬使用皮质类固醇时。

② 单核细胞减少：主要见于高度中性粒细胞增多症（如败血症时）及严重贫血。一般认为其长时间消失，预后不良。

（5）嗜碱粒细胞　在一些慢性变态反应性疾病、高脂血症、Ⅰ型变态反应性疾病（如犬慢性恶丝虫病）、白血病的一个时期，出现嗜碱粒细胞增多。

第二节　尿液检验

泌尿器官患病时，会导致尿液的数量、性质发生改变。此外，物质代谢障碍，神经体液调节功能障碍，各种毒物中毒均可使尿液发生变化。因此，尿液检验在诊断泌尿器官疾病与其他一些疾病时，具有重要的诊断意义，对预后与验证疗效也有一定的意义。

一、尿液的采取和保存

通常用清洁的容器收集待检动物自然排出的原液作为供检尿液，必要时用导尿管采集。一般宜采集动物清晨第一次排出的尿液供检，为准确计算尿量，可装置集尿袋收集全天的尿液。

通常应采集新鲜尿液供检，如不能立即检验而又值夏季高温时，为防止尿液发酵分解，需保存在冰箱中或加入防腐剂保存。常用的防腐剂有硼酸（每100ml尿中加入硼酸0.25g）、麝香草酚（每100ml尿中加入麝香草酚0.1g）、甲苯（每100ml尿中加入甲苯0.5ml）、甲醛溶液（每100ml尿中加入甲醛溶液0.2ml）。

二、尿液物理性质检查

1. 尿色

将尿液盛于小玻璃杯或小试管中，衬以白色背景而观察。正常时，马尿呈淡黄色或黄色；黄牛尿呈淡黄色；水牛及猪尿，色浅如水样。

疾病时尿色可出现下列变化。

（1）黄尿　尿色变棕黄色或深黄色，多为饮水不足或脱水性疾病所致，如阻塞性黄疸或肝实质性黄疸时。尿中胆色素增加，此时尿呈黄绿色，振摇时易起泡沫，其泡沫也被染为黄色。

（2）红尿　尿中混有血液时，因血液多少不同，而呈淡红或棕红色。血尿的特点是混浊而不透明，振摇时呈云雾状，放置后有沉淀，镜检可发现多量红细胞，如血尿排于地面上，可见血丝或血块。注意观察排尿时，是整个排尿过程中尿液发红，还是排尿开始阶段或终末阶段的尿液发红。排尿初始，尿色鲜红，多为尿道病变或尿道损伤；终末阶段尿色变红，常为膀胱病变所引起（如急性膀胱炎、膀胱结石或肿瘤等）；若排尿的全过程尿液均发红为肾脏或输尿管病变所引起。

尿中含有游离的血红蛋白，称为血红蛋白尿。尿液外观为透明暗红褐色，经离心后颜色无改变，沉淀中无或有少量红细胞。血红蛋白尿是溶血性疾病的标志，见于新生骡、驹溶血性黄疸病，马、牛巴贝斯虫病等。

（3）白尿　尿中含有脂肪而使尿液呈乳白色，镜检可观察到脂肪滴和脂肪管型，见于犬脂肪尿病。此外，白尿也见于肾盂及尿路的化脓性炎症。

除上述情况外，给动物内服或注射某些药物，也可使尿液颜色发生改变。如内服呋喃唑酮时，尿呈黄色；内服芦荟时，尿呈红黄色；注射美蓝或台盼蓝后，尿呈蓝色；注射酚红后，尿呈红色。这些情况可通过调查病史而查明。

2.透明度及黏稠度

检查透明度应将尿液置于小烧杯中透光观察。检查黏稠度应将尿液从一容器向另一容器倾倒或用滴管吸取以观察有无丝缕状物。

马属动物的尿液，因其中含有大量的碳酸钙、不溶性磷酸盐及黏液物质而混浊不透明，有时带有黏液样长丝缕，静置时表面可形成一层碳酸钙的闪光薄膜，底层出现黄色沉淀。马尿如变为清水样，常为体内产酸过多使尿中碳酸盐消失的结果。

牛、羊及猪的尿液透明，不混浊，且无沉淀。相反，如变为混浊不透明且有黏液，常为肾脏及尿路的炎性变化使尿中白细胞、脓细胞、上皮细胞及管型增加的结果。

3.气味

各种家畜的尿液，由于存在挥发性脂肪酸，故有其特殊的气味，尿液愈浓稠，气味愈强烈。病理情况下，尿的气味可发生改变。如膀胱炎或尿液长期潴留时，由于细菌的作用使尿素分解产生氨而有刺鼻的氨臭味。当膀胱和尿道有溃疡、坏死或化脓性炎症时，由于蛋白质分解，尿液带有腐败臭味。牛酮病时，由于尿中含有大量酮体，故有一种烂苹果味。

4.比重

正常尿的比重以溶解于其中的固体物质为转移。尿比重的大小，与排尿量的多少成反比，即尿量多，比重小，尿量少，比重大。但糖尿病例外，此时，尿量多，比重也大。

测定方法，选用刻度为$1.000\sim1.060$的比重计作为尿比重计。测定时，把尿盛于适当大小的量筒内，然后将尿比重计沉入尿内，经$1\sim2min$待比重计稳定后，读取尿液凹面的读数即为尿的比重数。尿量不足时，可用蒸馏水将尿稀释数倍，然后将测得尿比重的最后两位数字乘以稀释倍数，即得原尿的比重。

测定时应在$15℃$的室温中进行，因为尿比重计上的刻度，是以尿温$15℃$时制定的。当尿温高于$15℃$，则每高$3℃$应将测定的数值加0.001；每低$3℃$，则于测定的数值中减去0.001。如尿比重计标明是以$20℃$时制定的，亦应用同法修正测定的结果。

健康动物尿比重：马$1.025\sim1.050$；牛$1.015\sim1.050$；羊$1.015\sim1.070$，骆驼$1.030\sim1.060$；猪$1.018\sim1.022$；犬$1.020\sim1.050$。

尿比重增高：家畜饮水过少，繁重劳役和外界气温高而出汗多时，尿量减少，比重增高，此乃生理现象。在病理情况下，凡是伴有少尿的疾病，如发热性疾病，便秘以及一切使机体失水的疾病（如严重胃肠炎），急性肾炎时，尿比重亦可增加。

尿比重减低：家畜大量采食多汁饲料和青饲料，饮入大量水后，尿量增多，比重减低，此乃正常现象。在病理情况下，肾功能不全，不能将原尿重吸收而发生多尿时，尿比重减低（糖尿病例外）。在间质性肾炎，肾盂肾炎，非糖性多尿症及神经性多尿症，牛酮病时，尿的比重亦可减低。

三、尿液化学性质检验

1.尿液酸碱反应测定

用广泛pH试纸测定酸碱反应，方法是取试纸条浸于尿中，数秒钟后取出，与标准色板比色，与色板相同颜色所指示的数字，即为该尿液的pH值。也可用酸度计测定。

草食动物的尿液为碱性，肉食动物的尿液为酸性，杂食动物的尿液则近于中性。健康动物尿液pH值：马$7.2\sim7.8$；牛$8\sim8.5$；猪$6.5\sim7.8$；犬$6.0\sim7.0$。

草食动物的尿液变为酸性，见于某些热性病、长期食欲不振、长期营养不良、某些原因引起的采食困难（如咽炎）、某些营养代谢疾病（如奶牛酮病，各种家畜的骨软症）等。

肉食动物的尿液变为碱性，见于泌尿系统的炎性疾病（如膀胱炎）。

杂食动物的尿液显著的偏酸或偏碱都是不正常的，其临床意义与草食动物或肉食动物的病理情况相同。

2. 尿中蛋白质的检验

（1）原理 检查尿中蛋白质的方法甚多，其原理基于蛋白质遇酸类、重金属盐或中性盐作用发生凝固、沉淀，或加热而使其凝固，或加酒精而使其凝固。

（2）方法

① 硝酸试法：取一支中试管，先加 35% 硝酸 1~2ml，随后沿试管壁缓慢滴加尿液，使两液重叠，静置 5min，观察结果。两液叠面产生白色环者为阳性反应。白色环愈宽，表示蛋白质含量愈高。按含量的多少，常用 1~4 个"+"号表示。

② 磺柳酸试法：置酸化尿液少许于载玻片上，滴加 20% 磺柳酸液 1~2 滴，如有蛋白质存在，即产生白色混浊。此法观察极为方便，其灵敏度很高，约为 0.0015%。

（3）临床意义 健康动物的尿中，仅含有微量的蛋白质，用一般方法难以检出，当喂饲大量蛋白质饲料或妊娠期以及新生幼畜等，可呈现一时性的蛋白尿。

病理性蛋白尿主要见于急性及慢性肾炎，此外膀胱炎、尿道的炎症时，亦可出现轻微的蛋白尿。多数的急性热性传染病（如猪瘟、猪丹毒、流感、马腺疫；马传染性贫血、血孢子虫病等）、某些饲料中毒、某些毒物及药物中毒等亦可出现蛋白尿。尿中蛋白含量达到 0.5% 而且持续不降者，表示病情严重，预后不良。

3. 尿中潜血的检验

健康家畜的尿液不含红细胞或血红蛋白。尿液中不能用肉眼直接观察出来的红细胞或血红蛋白叫做潜血（隐血），可用化学方法加以检查。

（1）原理 尿液中的血红蛋白或红细胞被酸破坏所产生的血红蛋白，有过氧化氢酶的作用（但并非为酶，因为被煮沸后仍有触媒作用），它可以分解过氧化氢而产生新生态的氧，使联苯胺氧化成呈蓝色的联苯胺蓝。

（2）试剂 4,4'-二氨基联苯（化学纯）、冰醋酸、过氧化氢溶液、过氧化钡、50%乙酸溶液等。

（3）方法

① 联苯胺法：取联苯胺少许（约一刀尖），溶解在 2ml 冰醋酸中，加双氧水 2~3ml，混合后，加入等量被检尿，如液体变绿色或蓝色，表示尿中有血红蛋白存在。

② 过氧化钡试粉法：取小试管 1 支，加联钡混合粉（联苯胺 1 份，过氧化钡 3 份，混合研为细末）少许（约一刀尖），加 50% 乙酸溶液 1ml，充分振荡混合，使其溶解，随后加入尿液约 0.5ml，混合后观察结果。若试管内液体变绿或变蓝，即为阳性反应。

（4）注意事项 所用试管、滴管等玻璃器皿，必须经清洁液处理，防止假阳性反应。联钡混合粉加入 50% 乙酸后，切勿强力振摇，因为乙酸与过氧化钡产生的过氧化氢浓度很高，而且其中的一个氧原子是不稳定的，若强力振摇，释放出的氧也会将联苯胺氧化，未加尿液之前，试剂就变为蓝绿色。

（5）临床意义 尿中出现红细胞，多见于泌尿系统各部位的出血，如急性肾小球性肾炎、肾盂肾炎、膀胱炎、尿结石以及某些地方性血尿病等。此外，出血性败血症、出血性紫斑、出血性钩端螺旋体病、炭疽、心力衰竭伴发肾淤血症状者，尿中也会呈现隐血阳性反应。某些溶血性疾病如新生仔畜的溶血性黄疸、血孢子虫病、某些中毒等，尿中均可呈现隐血阳性反应。

4. 尿中葡萄糖的检验

健康家畜的尿中仅含微量的葡萄糖，用一般化学试剂无法检出，故认为正常尿中不含糖。用一般方法检验出尿中含葡萄糖，称为糖尿，表示机体的碳水化合物代谢出现障碍或肾的滤过功能严重破坏。

（1）原理 葡萄糖含有自由醛基（—CHO），具有还原性质，在热碱性溶液中，能将硫酸铜还原成黄色的氧化铜或黄色的氧化亚铜，又因二价铜盐在水解时会生成不溶解的氢氧化铜沉淀，故在试剂中加入柠檬酸钠，使与铜离子结合，以保持稳定状态。

（2）试剂　班氏（Benedict）试剂：结晶硫酸铜 17.3g，无水碳酸钠 100.0g，柠檬酸钠 173.0g，蒸馏水加至 1000.0ml。

先将柠檬酸钠及无水碳酸钠溶解于 700ml 蒸馏水中，可加热促其溶解。另将硫酸铜溶解于 100ml 蒸馏水中，然后将硫酸铜溶液慢慢倾入已冷却的上液内，并加蒸馏水至 1000ml，过滤，保存于褐色瓶内备用。

（3）方法　取班氏试剂 5ml 置于试管中，加尿液 0.5ml（约 10 滴）充分混合，加热煮沸 1～2min，静置 5min 后观察结果判断：管底出现黄色或红色沉淀者为阳性反应。黄色或红色的沉淀愈多，表示尿中葡萄糖含量愈高。

（4）注意事项

① 尿中如含有蛋白质，应把尿加热煮沸，然后过滤，再行检验。

② 尿液与试剂一定要按规定的比例加入，如尿液加得过多，由于尿液中某些其他微量的还原物质，也可呈现还原作用而产生假阳性反应。

③ 应用水杨酸类，水合氯醛，维生素 C 及链霉素治疗时，尿内可能有还原物质而致假阳性反应。

（5）临床意义　尿中出现葡萄糖，不一定就是有病，如一时性恐惧、兴奋及饲喂大量含糖饲料等，都会发生生理性的暂时糖尿。病理性糖尿可见于肾脏疾病（肾小管对葡萄糖的重吸收作用减低）、脑神经疾病（如脑出血、脑脊髓炎）、化学药品中毒（如松节油、汞、水合氯醛等）及肝脏疾患等。与此同时，病畜常常呈现相应的临床症状。家畜真正由胰岛素不足所引起的糖尿，有时仅见于犬。

5. 尿中酮体的检验（Lange 法）

酮体包括三种物质，即 β-羟丁酸、乙酰乙酸和丙酮，这些物质都是脂肪酸氧化程序不能完成的结果。

健康家畜的尿中含微量的酮体，用一般化学试剂无法检出，当尿中含多量酮体时，称为酮尿。

（1）原理　尿液中的乙酰乙酸、丙酮，在碱性溶液中，与亚硝基铁氰化钠作用产生红紫色的亚铁五氰化铁，这种物质在乙酸溶液内不但不褪色，而且色泽深度还会增加。

（2）试剂

① 5％亚硝基铁氰化钠水溶液，此液不能长期保存，应配制新鲜溶液并储于棕色瓶中。

② 10％氢氧化钠水溶液。

③ 20％乙酸（98％的乙酸 20ml，加蒸馏水至 100ml）。

（3）方法　取中试管 1 支，先加尿液 5ml，随即加入 5％亚硝基铁氰化钠溶液和 10％氢氧化钠各 0.5ml（约 10 滴），颠倒混合，再加 20％乙酸 1ml（约 20 滴），颠倒混合，观察结果判断：尿液呈现红色者为阳性反应，加入 20％乙酸后红色又消失者为阴性反应。根据颜色的不同，可估计丙酮的大概含量。

（4）注意事项　尿液采集后立即送检或冷藏，否则，在室温中放置过久，其中的丙酮会自行挥发，影响检验结果。

（5）临床意义　尿中出现酮体，主要见于奶牛的酮病、羊的妊娠毒血症等。另外，长期拒食、长期饥饿、各种原因所致的消瘦、酸中毒、长期麻醉以及恶性肿瘤等，尿中也会出现少量的酮体。丙酮含量达到 3～4 个"＋"号者，说明病情较重，经一段时间治疗而丙酮含量仍然不见减少者，表示预后不良。

四、尿沉渣检查

尿沉渣包括无机沉渣和有机沉渣，用显微镜观察沉渣的种类，能查明理化检查所不能发现的病理变化，对泌尿系统疾病的定位诊断具有重要意义。

1. 尿沉渣的检查方法

　　取尿液约 10ml 置离心管中，以 1000r/min 离心 5min，用滴管将上清液吸出，轻轻振摇离心管，使沉渣均匀地混悬于少量剩余尿中。用吸管吸取沉渣 1 滴置载玻片上，加盖玻片。为使沉渣便于识别，可在载玻片上滴加 0.1% 碘溶液，能使上皮细胞呈浅黄色，白细胞或脓细胞呈棕黄色。镜检时，宜将聚光器降低，光圈缩小，使视野稍暗，先用低倍镜检视，然后换高倍镜观察。检查细胞至少应观察 10 个高倍镜视野，管型至少应观察 20 个低倍镜视野。

2. 尿中的无机沉渣（见图 5-6）

(a) 草酸钙结晶　　　(b) 磷酸铵镁盐结晶　　　(c) 尿酸结晶　　　(d) 尿酸铵结晶

图 5-6　尿中的无机沉渣
（引自河南中医学院精品课程网）

　　(1) 碱性尿中的无机沉渣

　　① 碳酸钙：碳酸钙是草食动物尿的正常组成成分，马尿中多见。其形状为圆形，具有放射线纹，此外有哑铃状、磨刀石状、饼干状及鼓槌状等。若向尿中加入乙酸，则此种结晶消失并放出二氧化碳。

　　草食动物尿中缺乏碳酸钙是病理状态，为尿液变酸的特征。

　　② 磷酸铵镁：为多角棱柱状结晶，也有雪片状或羽毛状，易溶于盐酸及乙酸中，不溶于碱性溶液或热水中。尿中出现磷酸铵镁提示尿在膀胱或肾盂中有发酵现象，为肾盂肾炎和膀胱炎的特征。

　　③ 磷酸钙（镁）：三价磷酸钙或磷酸镁为无定形、呈白色或淡灰色的颗粒，常集于磷酸铵镁之旁。可溶于乙酸中而不产气，加热时不消失，中性或弱酸性尿中的磷酸盐，呈发亮的楔状三棱形，有时集聚成束，偶见针状结晶，与硫酸钙结晶十分相似。

　　此种结晶为碱性尿的正常成分，也可见于弱酸性及两性反应尿中。

　　④ 尿酸铵：此种结晶形状类似曼陀罗果穗，呈黄色或褐色，表面有刺突，有时呈放射状。可溶于乙酸和盐酸中并形成尿酸结晶，易溶于氨水中，加热时结晶溶解，冷却后又析出。尿酸铵可溶于氢氧化钾并形成氨。在膀胱炎、肾盂肾炎等化脓性炎症的尿沉渣中常可见到。

　　⑤ 马尿酸：为棱柱状或针状结晶，有时结合成束，如交错的针状、扇状、小扫帚状。此为马尿的正常成分，易溶于氨水和酒精，不溶于盐酸和乙酸。马尿中马尿酸减少或消失，为肾实质患病的指标。

　　(2) 酸性尿中的无机沉渣

　　① 草酸钙：见于酸性、中性和弱碱性尿中，为各种家畜尿的正常成分。其典型结晶形状为四角八面体，如信封状，无色，折光性强，有时呈球状、盘状、饼干状及砝码状等。草酸钙不溶于乙酸，而溶于盐酸。除采食富于草酸盐的食物外，如尿中出现大量草酸钙，称为草酸盐尿，为代谢紊乱的指标。见于糖尿病，慢性肾炎及脑神经疾病。

　　② 硫酸钙：主要见于肉食动物尿、酸性尿中。呈长棱柱状或针状，有时聚集成束状、扇状结晶。不溶于乙酸及氨水，但能溶于大量苏打水中。临床上常见于马的小肠卡他及内服硫酸钠之后。

　　③ 尿酸：是肉食动物尿中的正常成分，亦可自草食动物的弱酸性尿中析出。尿酸结晶为棕黄色，呈磨刀石状、叶簇状、菱形片状、十字状、梳状等。不溶于酸而溶于碱。见于饥饿及发热

性疾病。

④ 尿酸盐：主要为尿酸的钾盐及钠盐，见于酸性尿中，呈棕黄色小颗粒状，聚集成堆，加热则溶解，冷后又析出。可溶于苛性碱溶液中，加乙酸后逐渐形成尿酸结晶。尿酸盐含量增多，表示蛋白质分解旺盛。

3. 尿中的有机沉渣

尿沉渣中有机成分的检查有利于肾脏和尿路疾病的确定诊断。尿中的有机沉渣主要有上皮细胞、红细胞、白细胞（见图 5-7）及管型。

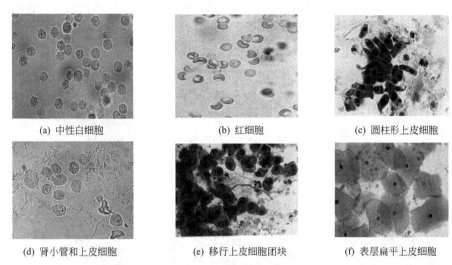

(a) 中性白细胞 (b) 红细胞 (c) 圆柱形上皮细胞

(d) 肾小管和上皮细胞 (e) 移行上皮细胞团块 (f) 表层扁平上皮细胞

图 5-7 尿沉渣中的上皮细胞，红细胞及白细胞
（引自河南中医学院精品课程网）

（1）上皮细胞

① 肾上皮细胞：呈圆形或多角形，也有圆锥形或圆柱形的，比白细胞略大。细胞核大而明显，位于细胞的中央，细胞浆中有小颗粒。肾上皮细胞的大量脱落以及尿中出现肾上皮管型，表示肾实质有严重疾患。其他能引起肾脏损伤的疾病（如腺疫、胸膜肺炎、流感、大叶性肺炎等），尿中也可出现肾上皮细胞。

② 肾盂及尿路上皮细胞：比肾上皮细胞大，肾盂上皮细胞呈高脚杯状，细胞核较大，偏于一边。尿路上皮细胞多呈纺锤形，也有多角形及圆形者，核大，位于中央或略偏。这些细胞在尿中大量出现，为肾盂肾炎、输尿管炎的特征症状。

③ 膀胱上皮细胞：膀胱黏膜表层细胞为大而多角的扁平细胞，含有小而明显的圆形或椭圆形的核。中层的细胞为纺锤形，深层的细胞为圆形。患膀胱炎时，尿中可出现大量的扁平上皮细胞。

（2）红细胞、白细胞、脓细胞及黏液

① 红细胞：健康家畜的尿中无红细胞。尿中出现红细胞，则为病理状态。如欲确定出血的部位，必须注意上皮细胞及蛋白质的量。如尿中蛋白质含量甚多，同时可看到肾上皮细胞及红细胞管型，则可认为是肾源性出血。如果尿中有肾盂上皮细胞及膀胱上皮细胞，并有大的血块，则为肾盂、膀胱及尿道的出血。

新鲜尿液中的红细胞，呈小圆形、淡黄褐色；碱性尿及稀薄的尿中的红细胞，常呈膨胀状态；在酸性及浓缩尿中的红细胞，多呈皱缩状态，且边缘呈锯齿状。

② 白细胞：尿中如有大量的白细胞则尿的物理性质发生变化，不透明而混浊，静置后有大量沉淀。尿中如有多量的中性粒细胞，无疑是表示尿路的炎症过程。在蛋白质增多和有肾上皮细胞的情况下，如尿中有大量的白细胞，则为肾炎的象征。尿路发炎时，尿中仅有白细胞而无蛋白质和肾上皮细胞。

新鲜尿中的白细胞，较易识别；酸性尿中的白细胞较为完整；碱性尿中的白细胞，常膨胀不清。

③ 脓细胞：主要为变性的嗜中性分叶白细胞，镜检时结构模糊，常聚集成堆，细胞核隐约可见。尿中出现多量的脓细胞，可见于肾炎、肾盂肾炎、膀胱炎和尿道炎。

④ 黏液：尿中的黏液呈轻雾状，马尿中特别多。尿道发炎时，黏液显著增多，有时黏液呈柱状（假圆柱）、分支状，较透明管型稍宽。黏液管型加乙酸后不消失，加碘化钾后则染成黄色。

（3）管型 管型是蛋白质在肾小管内凝集而成的圆柱状物体，一端圆或齐，长而略曲。当尿中出现管型时，表示肾实质有明显病理变化。管型按其形状和特性分为下列数种（见图5-8）。

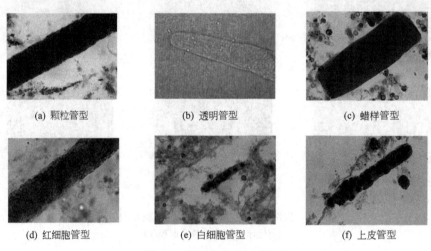

(a) 颗粒管型　　(b) 透明管型　　(c) 蜡样管型

(d) 红细胞管型　　(e) 白细胞管型　　(f) 上皮管型

图 5-8 尿沉渣中的各种管型
（引自河南中医学院精品课程网）

① 上皮管型：由脱落的肾上皮细胞与蛋白性物质黏合而成。尿中出现上皮管型或在透明管型上存在有肾上皮细胞，均表示肾有炎症或有变性过程。

② 颗粒管型：为由肾上皮细胞的变性，崩解所形成的管型，表面散在有大小不等的颗粒。不透明，短而粗，常断裂成节。见于急性肾炎、慢性肾炎、肾病变等肾脏器质性疾患时。

③ 透明管型：结构细致、均匀，边缘明显，几乎透明，长短不一，多半伸直而少曲折。在黄疸病毒的尿中，此种管型被染成黄色。在血尿中被染成红褐色。如尿长久放置，则透明管型可崩解或消失。透明管型的形成，显然是由于随尿排出的蛋白质凝固，或由体内管状组织的管壁被均质化所致，为上皮管型及红细胞管型构成之基础。透明管型见于肾脏疾病及大循环淤血的心脏病。

④ 红细胞管型：由红细胞构成，或是由透明管型及颗粒管型中红细胞沉积所致。尿中发现此种管型，表示肾脏患有出血性的炎性疾患。

⑤ 脂肪管型：由上皮管型和颗粒管型脂肪变性的产物所形成，是一种较大的管型，表面盖以脂肪滴和脂肪酸结晶，依据其强屈光性及化学性质不难区别。它不溶于酸、碱，而溶于乙醚中。脂肪管型见于肾的脂肪变性，炎症过程。

⑥ 蜡样管型：特征为质地均匀，轮廓明显，具有毛玻璃样的闪光，表面似蜡块，长而直，很少有弯曲，较透明管型宽，此种管型为肾上皮细胞淀粉样变性的产物。在重剧急、慢性肾小球肾炎的病程中，如果出现蜡样管型，常为预后不良之指征。

管型在碱性尿液中容易崩解，所以草食动物的尿中有时很难见到管型。为了适当延长管型的存在，对于送检的碱性尿液，应加入少量10%乙酸溶液，使尿液保持酸性并予冷藏。

第三节 粪便检验

粪便检验是临床上判断消化系统功能状态，诊断消化系统疾病甚至其他系统疾病的辅助方法，包括粪便的感观检查、化学检验以及显微镜检查。本节不涉及粪便虫卵检查。

一、粪便酸碱度测定

1. 方法

（1）广泛 pH 试纸法　取一小条试纸，放在粪便的表面，等到纸条被粪便的水分润湿后，取下纸条与 pH 标准色板进行比较，记下与它相似的 pH 数值，然后把粪球或粪块打开，用同样的方法检验粪便内部的酸碱反应。

（2）溴麝香草酚蓝法　取粪球表面和粪球内部的粪块（大小如玉米粒）各一块，分别放在一张洁净的载玻片的两端，玻片下面衬放一张白纸。在每块粪块上，各加 1～2 滴 0.04% 溴麝香草酚蓝溶液，1min 后观察反应并记录结果。

2. 判断

（1）广泛 pH 试纸法　pH 7 为中性反应，值越低，表明酸度越大；值越高，表明碱度越大。

（2）溴麝香草酚蓝法　呈现绿色的为中性反应，呈现黄色的为酸性反应，呈现蓝色的为碱性反应。

3. 临床意义

草食动物的正常粪便，都呈现弱碱性反应。如果粪便呈现酸性反应，则表明胃肠内的食物发酵产酸，常见于胃肠卡他。如果粪便呈现较强的碱性反应，表明胃肠内产生了炎性渗出物，多见于胃肠炎。

二、粪便隐血的检验

粪便中不能用肉眼看出来的血液叫做隐血。整个消化系统不论哪一部分出血，都可以使粪便含有隐血。这项检验对于消化系统的出血性疾病的诊断、治疗及预后都有意义。肉食动物应禁食 3 天肉类食物，方可进行这项检验。

1. 原理及试剂

与尿中隐血的检验相同。

2. 方法

用竹签或竹制镊子在粪便的不同部位各取一小块（大小如玉米粒），于干净载玻片上涂成直径约 1cm 大小的涂片（粪干时，可加少量蒸馏水，混合涂布）。将玻片在酒精灯上缓缓通过数次，以破坏粪中的酶类，待冷却后，滴加 1% 联苯胺冰醋酸溶液和过氧化氢溶液各 1ml，将玻片轻轻摇晃数次，1min 内观察结果。

3. 判断

正常无隐血的粪便不呈现颜色反应。呈现蓝色反应为阳性，蓝色出现越早，表明粪便内的隐血越多（见表 5-7）。

表 5-7　粪便隐血检验的显色时间和隐血程度的关系

符　号	蓝色开始出现的时间/s	符号	蓝色开始出现的时间/s
±	60	++	15
+	30	+++	3

注：±代表可疑，需要重新检验；+代表出血少；++代表出血中等；+++代表出血严重。

4. 临床意义

胃肠道任何部位出血，粪便隐血检验都可呈现阳性，见于出血性胃肠炎、胃溃疡、牛创伤性网胃炎、马肠系膜动脉栓塞、羊血矛线虫病、犬钩虫病等。

三、粪便的显微镜检查

1. 方法

由粪便的不同部位采取少许而适量的粪块，放在洁净的载玻片上，加少量生理盐水，用牙签混合并涂成薄层，无需加盖玻片，用低倍镜检视。假如粪便比较稀薄，可取粪汁1滴，进行上述的制片手续。

遇到水样粪便时，因粪内含有大量的水分，检查前让其自行沉淀或低速离心片刻，然后用吸管吸取沉渣，制片进行镜检。

对粪球表面或粪便中肉眼可见的异常混合物，如血液、脓汁、脓块、肠道黏膜及伪膜等，仔细地挑选出来，移到载玻片上，覆盖盖玻片，随后用低倍镜或高倍镜镜检。

2. 镜下所见

（1）饲料及食物残渣　植物细胞及植物组织本身具有厚而有光泽的细胞膜及叶绿素，饲以混合性食物时，可见植物细胞、淀粉颗粒及脂肪滴等，粪便中的脂肪滴多呈圆形，颜色淡黄，可被苏丹Ⅲ染成红色，粪便中出现过多的脂肪滴为消化障碍、脂肪吸收不全的特征。未被消化的淀粉颗粒滴加稀碘溶液后变为蓝色；消化不完全的淀粉颗粒滴加稀碘溶液后，则呈紫色或淡红色。

（2）细胞　各种细胞数量的多少，以高倍镜10个视野内的平均数报告。

① 红细胞：粪中发现大量红细胞，可能为后部肠管出血。有少量散在，形态正常的红细胞，同时有多量白细胞者，说明肠管有炎症性疾患。

② 白细胞及脓细胞：白细胞为圆形、有核、构造清晰的细胞，常分散存在。脓细胞的构造不清晰，常聚集在一起甚至成堆存在。粪中发现多量白细胞及脓细胞，表明肠管有炎症或溃疡。

③ 上皮细胞：有扁平上皮细胞和柱状上皮细胞，前者来自肛门附近，后者来自肠黏膜。当有少量柱状上皮细胞同时有白细胞、脓细胞及黏液时，为肠管的炎症性疾患。

（3）伪膜　镜下见有黏液及丝状物，缺乏细胞成分者实为纤维蛋白渗出后变成的纤维蛋白膜，多见于牛、马和猪的黏液膜性肠炎。检查此项目，可与重性肠炎时，由肠管脱落的肠黏膜相区别。

（4）寄生虫　注意观察有无寄生虫虫卵及幼虫。

第四节　瘤胃内容物检验

消化系统疾病，特别是患有胃及瘤胃疾病时，为了获得更多的依据，进行全面的综合诊断，必要时应配合胃液及瘤胃内容物的检验，包括胃液的物理性质检查、胃液的化学成分检验及胃内容物的显微镜检查。

一、瘤胃内容物的采集

采取瘤胃内容物最简便的办法是，动物反刍时，借食团随食管逆蠕动送至口腔之际，检查人员突然打开口腔，一手抓住舌头向外拉，另一手伸入舌根部，即可将瘤胃内容物收集在手掌中。然而这种方法仅对健康牛奏效，且每次采取的数量有限。

在临床上，常用胃管吸引法。经口或鼻插入胃管，到达瘤胃入口时，感到有一定的抵抗，此时再继续送入50～80cm，安上电动（或手压式）胃液吸引器，即可吸出瘤胃内容物。

也可在左肷部用消毒后的长针头，穿刺吸取瘤胃内容物。

为检验采样的数量，一般吸取100～200ml即够用。所采瘤胃内容物，用四层纱布过滤后，及时送化验室进行检验。

二、酸碱度的测定

1. 方法

可用广泛pH试纸法测定，也可用酸度计测定。

2. 正常参考值

一般来说，正常瘤胃液的 pH 值在 6.5～7.5 之间，低于 6.5 和高于 7.5 时，就应考虑为异常。表 5-8 是各地报道的正常参考值。

表 5-8　瘤胃酸碱度正常参考值

动　物	测定头数/头	数　值	资料来源
黄牛	44	7.94（7.0～8.6）	陕西省畜牧兽医研究所
水牛	160	6.83±0.44	广西农业大学
水牛	70	7.34±0.37	湖南农业大学

注：引自沈永恕主编的《兽医临床诊疗技术》。

3. 临床意义

pH 值在 4.0～6.0 时，为乳酸发酵所致，常见于过食精料引起的瘤胃酸中毒症。pH 值在 5.0 以下时，多数微生物及纤毛虫死亡，发生严重消化障碍；pH 值在 8.0 以上时，可认为由于蛋白质给予过多，引起消化障碍。患前胃弛缓时，pH 值也会升高。

三、发酵试验

1. 方法

取过滤胃液 50ml、葡萄糖 40mg 置于糖发酵管内，在 37℃恒温箱中放置 60min，读取产生气体的毫升数。

2. 正常值

健康牛、羊瘤胃糖发酵试验 60min 时，可产气体 1～2ml，最高可达 5～6ml。

3. 临床意义

健康牛、羊瘤胃所产生的气体，通过嗳气排出，患营养不良、食欲缺乏、前胃弛缓以及某些发热性疾病时，由于瘤胃内的微生物活动减弱或停止，使糖发酵能力降低，气体的体积常在 1ml 以下，黄牛患前胃弛缓时，据测定 24h 发酵所产生的气体仅有 0.5ml。

四、纤毛虫计数

1. 稀释液

（1）甲基绿甲醛溶液（MHS）。配方如下。

甲醛溶液 100.0ml、氯化钠 8.5g、甲基绿 0.3g、蒸馏水 900.0ml，混合，溶解，备用。

此液有利于纤毛虫着色，因此具有固定与染色的作用，便于和胃内其他物质区别。

（2）0.3％冰醋酸溶液。

以上两种任选其一即可。

2. 方法

（1）准备计数板：用红细胞计数板，在计数室的两侧用黏合剂粘上 0.4mm 的玻片两条，使计数室与盖玻片之间的高度变成 0.5mm，这样才能使全部纤毛虫顺利进入计数室。所制成的计数板，专供纤毛虫计数用。

（2）吸取稀释液 1.90ml，置于小试管中，再加入用四层纱布过滤后的瘤胃液 0.1ml，混匀，即为 20 倍稀释。

（3）用滴管吸取稀释好的瘤胃液，充入计数室，静置片刻，用低倍镜观察。

（4）计数四角 4 个大方格内纤毛虫的数目（计数方法与白细胞计数法相同），代入公式计算出 1ml 中的纤毛虫数目。

3. 计算

$$\frac{4 个大方格内纤毛虫的总数}{4} \times 20 \times 2 \times 1000 = 1ml 瘤胃液中纤毛虫的总数$$

报告结果时，通常用"万/毫升"表示。

4. 注意事项

（1）取样时，如用胃管抽取，应将胃管插到瘤胃背囊，而前庭区往往混有较多唾液，纤毛虫相对较少，采样量至少应在 100ml 以上。

（2）目前我国无统一的专用于纤毛虫计数的计数板，可根据具体情况自行设计制作计数板。

5. 正常参考值

健康动物瘤胃内纤毛虫的正常参考值见表 5-9。

表 5-9 健康动物瘤胃内纤毛虫的正常参考值

动 物	测定头数/头	数值/(万/毫升)	资 料 来 源
黄牛	44	51.26(13.90～114.60)	陕西省畜牧兽医研究所
水牛	162	34.09±12.18	广西农学院[1]
水牛	70	39.27±8.51	湖南农学院[2]
奶山羊	66	37.79±13.38	西北农业大学

[1] 现广西农业大学；

[2] 现湖南农业大学。

注：引自沈永恕主编的《兽医临床诊疗技术》。

6. 临床意义

瘤胃内纤毛虫是正常消化必不可少的原虫，在前胃弛缓时，纤毛虫可明显减少，如降至 5 万/毫升左右。而在瘤胃酸中毒或瘤胃积食时，可下降至 5 万/毫升以下，甚至纤毛虫消失。在治疗前胃疾病时，纤毛虫计数是推断消化功能是否恢复的一个重要指标。

第五节 常见毒物的检验

一、样品的采集、包装及送检

毒物检验的样品，可选取胃内容物、肠内容物、剩余饲料、可疑饲料约 500g、发霉饲料 1000～1500g、呕吐物全部、饮水 1000ml、尿液 1000ml、血液 50～100ml、肝的 1/3 或全部、肾脏 1 个、土壤 100g、被毛 10g，供检验。

所取样品单独分装。若需送检，样品应分装于清洁的玻璃瓶中或塑料袋内，严密封口，贴上标签，即时送检。

在送样时，要附送临床检查和尸体剖检报告，并尽可能提出要求检验的毒物或大致范围。

二、亚硝酸盐的检验

1. 检样处理

取胃内容物、呕吐物、剩余饲料等约 10g，置一小烧瓶内，加蒸馏水及 10％乙酸溶液数毫升，使成酸性，搅拌成粥状，放置 15min 后，滤过，所得滤液，供定性检验用。

2. 定性检验

（1）格瑞斯反应

原理：亚硝酸盐在酸性溶液中，与对氨基苯磺酸作用产生重氮化合物，再与 α-甲萘胺偶合产生紫红色偶氮素。

试剂：格瑞斯试剂。称取 α-甲萘胺 1g、对氨基苯磺酸 10g、酒石酸 89g，共研末，置棕色瓶中备用。

操作：将适量格瑞斯粉置于白瓷反应板凹窝中，加入被检液数滴，如显紫红色，为阳性。

（2）联苯胺冰醋酸反应

原理：亚硝酸盐在酸性溶液中，将联苯胺重氮化成醌类化合物，呈现棕红色。

试剂：联苯胺冰醋酸试剂。取联苯胺 0.1g，溶于 10ml 冰醋酸中，加蒸馏水至 100ml，过滤储存于棕色瓶中备用。

操作：取被检液1滴置白瓷反应板凹窝中，再加联苯胺冰醋酸溶液1滴，呈现棕黄色或棕红色为阳性反应。

注意事项：格瑞斯反应十分灵敏，只有强阳性反应，才可证明为亚硝酸盐中毒，反应微弱时，需要用灵敏度较低的方法进行检验。

三、氢氰酸和氰化物的检验

定性检验，可用改良普鲁士蓝法。

1. 原理

氰离子在碱性溶液中与亚铁离子作用，生成亚铁氰复盐；在酸性溶液中，遇高铁离子即生成普鲁士蓝。

2. 试剂

10％氢氧化钠溶液，10％盐酸溶液，10％酒石酸溶液，20％硫酸亚铁溶液（临用时配制）。

用定性滤纸1块，在中心部分依次滴加20％硫酸亚铁溶液及10％氢氧化钠溶液，制成硫酸亚铁-氢氧化钠试纸。

3. 操作

取检样5～10g，切细，放入小烧瓶内，加蒸馏水调成粥状，再加10％酒石酸溶液适量使成酸性，立即在瓶口上盖上硫酸亚铁-氢氧化钠试纸，用小火徐徐加热煮沸数分钟后，取下试纸，在其中心滴加10％盐酸溶液，如有氢氰酸或氰化物存在，则出现蓝色斑。

四、有机磷农药的检验

1. 检样处理

取胃内容物等适量，加10％酒石酸溶液使成弱酸性，再加苯淹没，浸泡半天，并经常搅拌，滤过，残渣中再加入苯提取1次，合并苯溶液于分液漏斗中，加20％硫酸溶液反复洗去杂质并脱水。将苯溶液移至蒸发皿中，自然挥发近干，再向残渣中加入无水乙醇溶解后，供检验用。

2. 几种有机磷农药的定性检验

（1）对硫磷（1605）的检验——硝基酚反应法。

原理：对硫磷（1605）在碱性溶液中水解后，生成黄色的对硝基酚钠，加酸可使黄色消失，加碱可使黄色再现。

试剂：10％氢氧化钠溶液，10％盐酸溶液。

操作：取处理所得供检液2ml于小试管中，加10％氢氧化钠溶液0.5ml，如有1605存在即显黄色。置水浴中加热，则黄色更加明显。再加10％盐酸溶液后，黄色消退，又加10％氢氧化钠溶液后再出现黄色，如此反复3次以上均显黄色者为阳性，否则为假阳性。

（2）内吸磷（1059）等的检验——亚硝酰铁氰化钠法。

原理：1059等有机磷农药内含有

使其在碱性溶液中水解生成硫化物，与亚硝酰铁氰化钠作用生成紫红色的络合物。

试剂：10％氢氧化钠溶液，1％亚硝酰铁氰化钠溶液。

操作：取供检液2ml，自然挥发干，加蒸馏水1ml溶于试管中，加10％氢氧化钠溶液0.5ml，使呈强碱性，在沸水浴上加热5～10min，取出放冷。再沿试管壁加入1％亚硝酰铁氰化钠溶液1～2滴，如在溶液界面显红色或紫红色，为阳性，说明样品中含有1059、甲拌磷（3911）、乙硫磷（1240）、马拉硫磷（4049）、三硫磷、乐果等。

（3）敌百虫和敌敌畏的检验——间苯二酚法。

原理：敌敌畏、敌百虫在碱性条件下水解生成二氯乙醛，与间苯二酚缩合成红色产物。

试剂：5％氢氧化钠乙醇溶液（现配），1％间苯二酚乙醇溶液（现配）。

操作：取定性滤纸 3cm×3cm 1 块，在中心滴加 5％氢氧化钠乙醇溶液 1 滴和 1％间苯二酚乙醇溶液 1 滴，稍干后滴加检液数滴，在电炉或小火上微微加热片刻，如有敌百虫或敌敌畏存在时，则呈粉红色。

敌百虫与敌敌畏的鉴别：于点滴板上加 1 滴样品，使之挥发干后，于残渣上加甲醛硫酸试剂（每毫升硫酸中加 40％甲醛 1 滴），若显橙红色为敌敌畏，若显黄褐色为敌百虫。

【复习思考题】

1. 简述血常规检验的临床意义。
2. 尿中蛋白质检验有何意义？
3. 什么叫管型？尿中出现管型有何意义？
4. 简述粪便检验的诊断意义。
5. 简述瘤胃纤毛虫计数的操作方法及临床意义。

第二篇

内科疾病

第六章　消化系统疾病

【知识目标】

1. 熟练掌握前胃疾病的鉴别诊断，明确其病因、症状和防治原则。
2. 熟练掌握胃肠炎的病因、症状和防治原则。
3. 掌握食管阻塞、肠功能障碍和腹膜疾病的病因、症状和防治原则。

【技能目标】

能正确进行消化系统疾病常规的治疗操作，如洗胃、瘤胃穿刺等。

第一节　概　　述

一、消化系统疾病的症状

饮食欲减退或废绝、采食与咀嚼异常、吞咽困难、唾液分泌减少或过多、呕吐、反刍与嗳气减少或停止、腹泻、便秘或少便、胃肠道出血、腹痛、腹胀、排粪失禁、消化功能减退、脱水、休克等。

二、消化系统检查

根据完整而确切的病史和临床检查，对大多数患消化系统疾病的病例可作出诊断。临床和实验室检查包括：视诊，可以观察到采食、咀嚼、吞咽和咽下的状况，口腔变化以及腹围大小；触诊，腹壁触诊和直肠检查，可以判定腹腔脏器的形状、硬度、大小和位置，反刍动物瘤胃蠕动的力量、频率、持续时间和胃内容物的性质；粪便检查，可评价粪便的量、形状、颜色，有无黏液、血液、纤维蛋白膜、未消化的饲料颗粒等。对于诊断不确切或手术治疗的病例可作剖腹探查及取材进行活检。此外 X 射线检查和 B 型超声波检查可以诊断中、小动物的肠阻塞、肠变位、食管阻塞、胆结石等疾病；X 射线检查还可以判定牛创伤性网胃-腹膜炎的金属异物的形状、位置等。

三、消化系统疾病的防治原则

消化系统疾病的发生往往与饲养管理有关，要贯彻预防为主的方针，做到精心饲养，给予质量良好的、合乎卫生要求的全价日粮；饮饲应有规律，不能突然改变；搞好畜舍卫生，尽量减少应激因素对畜禽的影响；役畜应合理使役；舍饲家畜每天应到运动场作适当运动，增强体质。

消化系统疾病可源于其他系统疾病，也可影响到其他系统。因此治疗时，不应只考虑某一症状或局部病灶，而应进行整体和局部相结合的疗法，才能收到理想的疗效。

第二节　口腔、咽部及食管疾病

一、口炎

1. 概念

口炎是口腔黏膜表层或深层组织的炎症。它包括舌、腭和齿龈的炎症。临床上以口腔黏膜的红、肿、热、痛，甚至糜烂、溃疡、出血和坏死以及厌食、流涎、口臭等为特征。

按炎症的性质分为卡他性口炎、水疱性口炎和溃疡性口炎，以卡他性口炎较多见。

2. 病因

主要有机械性刺激、化学性刺激以及继发于舌伤和咽炎、某些传染病、某些中毒病和核黄素、抗坏血酸缺乏等。

3. 症状

病畜表现采食小心，拒食粗硬饲料，咀嚼缓慢，甚至咀嚼几下又将食团吐出。口腔湿润，唾液呈白色泡沫状附着于口唇边缘，或呈牵丝状流出，重症口炎则唾液大量流出，可污染饲槽或厩床、畜舍。口腔检查时，病畜抗拒，并见口腔黏膜潮红、肿胀，口温增高，舌面被覆多量舌苔，有腐败臭味，有的唇、颊、硬腭及舌等处有损伤或烂斑。

水疱性口炎：口腔黏膜上有大小不等的水疱，内含透明或黄色浆液性液体。

溃疡性口炎：口腔黏膜发生糜烂、坏死或溃疡，流出灰色不洁而有恶臭味的唾液。

4. 治疗

冲洗口腔，可用1％硼酸溶液或0.1％高锰酸钾溶液；亦可用收敛剂，如1％～2％明矾溶液或鞣酸、新洁尔灭溶液等。口腔有溃疡时，可用0.2％～0.5％硫酸铜溶液、1％～5％蛋白银、碘甘油等涂布创面。对严重口炎，口衔磺胺明矾合剂（长效磺胺粉10g，明矾2～3g，装入布袋内），每日更换1次，效果良好。

中药青黛散治疗口炎有较好疗效。将其装入布袋内，热水润湿，口内衔之。吃草时取下，吃完再衔上，饮水时不必取下，通常每天更换1次。

二、咽炎

1. 概念

咽炎是咽黏膜及其邻近部位（软腭、扁桃体、咽淋巴滤泡）以及深层组织发炎的总称。各种动物均可发生，马、猪多见。临床上以吞咽障碍、咽部肿胀、触压敏感和流涎为特征。

2. 病因

引起咽炎的主要原因是机械性刺激，如粗硬饲草，尖锐异物，粗暴地插入胃管或马胃蝇蛆的寄生等，均可损伤咽部黏膜而引起咽炎。吸入刺激性气体以及寒冷刺激，也能引起本病的发生。在寒冷、机械性刺激、化学性刺激等因素的作用下，咽部黏膜屏障功能降低，咽部的常在菌大量繁殖引起感染，因而发生咽炎。

咽炎常继发于感冒、恶性卡他热、猪瘟、羊痘、腺疫、血斑病、口炎及巴氏杆菌病等病程中。

3. 症状

病畜头颈伸展，避免运动。触诊咽部温热、疼痛，病畜抗拒，表现伸颈摇头，并发生咳嗽，猪和肉食动物常出现呕吐。吞咽障碍和流涎是本病的特征。主要是食物通过咽时，动物摇头不安，前肢刨地，甚至呻吟，常将食团吐出。在吞咽时，部分食物或饮水由鼻腔逆出，因而病畜两侧鼻孔常被混有食物和唾液的鼻液污染。口腔内往往蓄积多量黏稠唾液，呈牵丝状流出，或于开口时大量流出。如为蜂窝织炎性咽炎，常并发喉水肿或肺炎等症。猪因呼吸困难而张口呼吸。

4. 诊断

根据吞咽障碍、咽部肿胀及触压咽部敏感、饮水和饲料从鼻孔流出等症状，不难作出诊断。

5. 治疗

消除炎症，可局部用温水或白酒温敷，以促进炎性渗出物的吸收，每次20～30min，每日2～3次，或在咽部涂搽刺激剂，如10％樟脑酒精、鱼石脂软膏，或复方醋酸铅散，用醋调成糊剂，局部外敷。也可口衔磺胺明矾合剂。有条件的，还可进行蒸气吸入。重症病例，可应用抗生素和磺胺类药物。

三、食管阻塞

1. 概念

是食管被食团或其他物质阻塞，导致食物通过发生障碍的疾病。马、牛较常见。临床上以突然发生咽下障碍为特征。

2. 病因

家畜饿后采食过急是食管阻塞发生的主要原因。牛常因吞食块根类饲料或西瓜皮、玉米棒和大块饼类等不经仔细咀嚼即行咽下造成。马常因吞食未泡软的豆饼和块根类饲料如薯类、甜菜等而发病。猪亦有因吞食马铃薯等而发病的。犬多因争食骨头等而发病。其次是动物在采食中受到惊扰，突然扬头吞咽，也是食管阻塞的常见原因。

3. 症状

动物于采食中突然发病，停止采食，骚动不安，摇头缩颈，并不断地做空嚼、吞咽或呕吐等动作。口中大量流涎，有时呈泡沫状流出，屡有咳嗽，食管和颈部肌肉或有痉挛性收缩，或有时发现食管的逆行蠕动。如阻塞在颈部食管时，触诊可摸到阻塞物，并引起患畜的疼痛反应。在左侧颈静脉沟处可发现局限性膨大部分。

如阻塞处在胸部食管时，因咽下唾液的蓄积，外部触诊有时可看到食管膨大，触诊有波动感。动物即使能吃草、饮水，也不能咽下，食物和饮水进入食管后，复又从两侧鼻孔和口中逆出。进行食管探诊时，胃管插至阻塞部有抵抗感，不能前进。如反刍动物食管完全阻塞时，可由于嗳气的障碍而引起急性瘤胃臌气。犬食管梗塞时，可因阻塞物压迫颈静脉，引起头部血液循环障碍而发生头部水肿。

4. 治疗

（1）重点在于排除食管中的阻塞物，如牛因阻塞而引起急性瘤胃臌气时，应首先进行瘤胃穿刺放气，而后治疗食管阻塞。在一般情况下，先用5％水合氯醛酒精液200～300ml，静脉注射，使食管壁弛缓。

（2）阻塞物在咽后的治疗　如阻塞物在咽后食管，即在食管的起始部分，可以两手直接从食管外部将阻塞物推向口腔，而后取出。

（3）颈部或胸部食管阻塞的治疗　如阻塞物在颈部食管或胸部食管，可用胃管先将食管中蓄积的液体导出，后注入2％普鲁卡因15～30ml，经5～10min后，再注入滑润剂150～300ml。前者以两手自食管外部将阻塞物推向口腔，后者用胃管或食管探子将阻塞物推入胃中。胸部食管阻塞，经上述方法处理无效时，可将胃导管插入食管，先导出其中蓄积的唾液，后灌入少量的油类，再接上打气管，慢慢打气，边打气边推进胃导管，直至将阻塞物送入胃中。

（4）马食管梗塞的治疗　可将病马缰绳拴在左前肢系凹部，尽量使马头低下，然后驱赶病马快速行进或上下坡，往返运动30min左右，借助颈部肌肉收缩，往往可将阻塞物送入胃内而治愈。

（5）食管阻塞的手术治疗　如阻塞物太大或经上述方法治疗均无效，则采用手术治疗。

第三节　反刍动物前胃疾病

一、瘤胃积食

1. 概念

瘤胃积食是瘤胃积滞大量饲料，引起瘤胃体积增大，胃壁扩张，胃正常功能紊乱的一种疾病。特征：瘤胃膨胀，触诊坚硬或黏硬，反刍停止，瘤胃蠕动音消失。牛羊常见。

2. 病因

主要原因有过量采食饲料、饥饱不均、饲料单纯、饮水不足、长途运输以及继发前胃弛缓、瓣胃阻塞、皱胃阻塞等。

3. 症状

腹围增大，左下侧瘤胃上部饱满（肷部平坦），中下部向外突出，心跳、呼吸上升。按压瘤胃，内容物黏硬或似面团，压痕消失缓慢，瘤胃上部有气体，按压时有痛感。嗳气，流涎，食欲、反刍消失，听诊瘤胃蠕动音减弱或消失。

4. 诊断

有过食生活史，瘤胃被内容物充满而黏硬，腹围增加。

5. 治疗

促进瘤胃蠕动，加速内容物排除。

（1）消食化积　首先禁食，并进行瘤胃按摩，每次 5～10min，每隔 30min 为 1 次。或先灌服大量温水，随即按摩，效果更好。也可用酵母粉 500～1000g，一份分 2 次内服，具有化食作用。清肠消导，可用硫酸镁或硫酸钠 300～500g、液化石蜡或植物油 500～1000ml、鱼石脂 15～20g、75％酒精 50～100ml、常水 6000～10000ml，一次内服。

（2）促进前胃蠕动　同前胃弛缓。

（3）防止脱水、解除自体中毒　同前胃弛缓。

二、瘤胃臌气

1. 概念

瘤胃臌气是因采食大量易发酵饲料，产生大量气体，导致瘤胃、网胃迅速扩张，压迫膈及胸腔脏器，引起呼吸、血液循环障碍，甚至窒息死亡的一种疾病。特征：腹围显著增大，呼吸迫促，反刍、嗳气障碍。牛、羊多发，山羊少发。

2. 病因

（1）原发性（最常见）　采食大量易发酵的青绿饲料，特别是幼嫩多汁的豆科植物（苜蓿、豌豆等）。

（2）继发性　继发于前胃弛缓、食管阻塞、创伤性网胃炎等。

3. 症状

（1）原发性症状

① 左上腹部膨大，严重时左肷窝处突出，瘤胃叩诊呈"咚咚"鼓音，蠕动先增加后减少。

② 病畜腹痛不安，不断回头望腹，常以后肢踢腹，触诊瘤胃有弹性。

③ 急性症状：心率上升，呼吸困难，眼球突出，结膜发绀。如不及时抢救，常在几小时内死去。

④ 泡沫性膨胀：常有泡沫状唾液从口腔逆出或喷出，瘤胃穿刺时只能断断续续排出少量气体，常阻塞穿刺针孔。

（2）继发性症状　常为慢性，时轻时重，常为非泡沫性膨胀。

4. 诊断

采食大量易发酵饲料。腹部膨胀，尤以左肷部突出；触诊有弹性，叩诊呈鼓音。体温正常，呼吸、血液循环障碍。

5. 治疗

原则：排气减压，制止发酵产气，促进瘤胃内容物排除。具体措施如下。

（1）排除气体　病初：使病畜头颈抬举，按摩腹部或以臭椿连树皮横于畜口。

（2）止酵消沫　止酵：松节油 20～30ml，鱼石脂 10～15g，酒精 30～50ml，适量温水或 8％氧化镁溶液 600～1000ml，一次内服，具有消胀作用。

严重病例：先穿刺放气。

非泡沫性：放气后，稀盐酸 10～30ml，注入瘤胃（指用胃导管灌入瘤胃）或鱼石脂 12～25g、酒精 100ml、常水 1000ml、青霉素 100 万国际单位，注入瘤胃，效果更佳。

泡沫性：二甲基硅油，牛 2～2.5g，羊 0.5～1g。或消胀片（二甲基硅油，15mg/片），牛 30～60 片。或取 300ml 菜籽油（也可用豆油、花生油或香油代替），温水 500ml，制成油乳剂内服。或松节油 30～40ml，液体石蜡 500～1000ml，常水适量，一次内服。

（3）兴奋或恢复瘤胃正常功能　新斯的明，10～20mg/次，每天 2 次，肌内注射。

（4）手术或放气。

6. 预防

（1）放牧或改喂青绿饲料前 1 周，先饲喂青干草、稻草或作物秸秆，然后放牧或青饲，避免饲料骤变发生过食。

（2）清明后放牧或采刈开花前的豆科植物，堆积发酵或被雨露浸湿的青草尽量少喂。

（3）豆科牧草下午比上午含糖量高，易膨胀，应注意。

（4）幼嫩牧草易发酵，应晒干后加干草饲喂，并限制喂量。牛、羊放牧时应在茂盛牧区和贫瘠牧区轮牧，避免过食。

（5）注意饲料的保管，防霉败，加喂精料应适当限制，特别是粉渣、酒糟、甘薯、马铃薯、胡萝卜等，更不宜突然多喂，喂后也不能立即饮水。

（6）舍饲牛、羊，开始放牧前 1～2 天，先给聚氧乙烯或聚氧丙烯 20～30g，加豆油少量（羊 3～5g，牛 10～20g），共入饮水中，内服，然后再放牧，可以预防本病。

三、前胃弛缓

1. 概念

前胃弛缓是前胃神经兴奋性降低和肌肉收缩力减弱引起的消化功能障碍的一种消化不良综合征。临床上以食欲下降，前胃蠕动减弱或停止，缺乏反刍和嗳气为特征。牛多发此病，尤其是舍饲牛群。

2. 病因

（1）原发性　也称单纯性消化不良。与饲养管理和自然气候的变化有关，主要是饲料过于单纯，草料质量过低，矿物质，维生素缺乏，饲养失宜，管理不当和应激反应。

（2）继发性　是综合征。主要有寄生虫病：肝片吸虫病、血孢子虫病等。传染病：牛肺病，流行热，结核，布氏杆菌病。某些营养代谢病：牛骨软病，产后瘫痪，酮血病及中毒病。牛的胃脏、口腔疾患：创伤性网胃炎、皱胃疾病、瘤胃积食、瓣胃阻塞、肠阻塞、口炎、舌炎等。药用不当：长期应用抗生素、磺胺类药物，破坏了瘤胃菌群的共生关系。

3. 症状

（1）急性型　多呈现急性消化不良，精神委顿。

① 食欲减退或消失，反刍弛缓或停止。体温、呼吸、脉搏无明显异常。

② 瘤胃收缩力减弱，蠕动次数减少或正常。瓣胃蠕动音低，奶牛泌乳量下降，时而嗳气，有酸臭味，便秘，粪便干硬，呈深褐色，并发肠炎，粪便呈棕褐色，水样而有臭味。

③ 瘤胃充满内容物，黏硬或呈粥状。由变质饲料引起的，瘤胃收缩力消失，下痢，瘤胃轻、中度膨胀；由应激反应引起的，瘤胃内容物黏硬，无膨胀。

（2）慢性型　多由继发因素引起或由急性转变而来。食欲不定：时好时坏，空嚼、磨牙、异嗜、舔砖吃土，嗳气减少有臭味，消瘦、便秘或下痢。

4. 诊断

（1）草料、饮水突然减少或废绝，有时出现异嗜（喜食粗料，多汁饲料，拒食精料和酸性饲料）、反刍减少或完全停止，病畜拱背磨牙。

（2）触及瘤胃黏硬或松软，时有间歇性臌气。

（3）瘤胃内容物纤毛虫数量减少，运动不良（正常 100 万/毫升）。

5. 鉴别诊断

（1）酮血症　主要发生于生犊后 1～2 个月内的奶牛，尿中酮体明显增多，呼出气体有酮体味。

（2）创伤性网胃-腹膜炎　泌乳下降，姿势异常，体温中度升高，腹壁触诊疼痛。

（3）皱胃变位　奶牛分娩后突然发病，左腹肋下可听到金属音。

（4）瘤胃积食　多因过食，瘤胃充满内容物，坚硬，腹部膨大，瘤胃扩张，无间歇性臌气。

6. 治疗

原则：消除病因，制止瘤胃异常发酵、腐败过程，促进瘤胃蠕动，恢复其正常功能。

病初禁食1～2天，而后给予易消化富有营养的饲料，如青草、优质干草、切碎的块根饲料等。同时加强户外运动。

（1）促进瘤胃蠕动　可用新斯的明（较好）：牛10～20mg，羊2～4mg，皮下注射。或毛果芸香碱：牛30～50mg，羊5～10mg，皮下注射（慎用）。病初：宜用硫酸钠或硫酸镁300～500g，鱼石脂10～20g，温水600～1000ml，内服（较好）。或液体石蜡1000ml，20～30ml苦味酊，内服（较好）。或内服五酊合剂（番木鳖酊20ml，豆蔻酊20ml，龙胆酊20ml，缬草酊20ml，橙皮酊20ml，常水500ml，混合，一次内服），每天2次，连用3～5天（牛）。也可用10％氯化钠溶液，牛300～500ml，静脉注射，每天1次，连用3～5天，效果良好。如用10％氯化钠溶液300～500ml、5％氯化钙溶液100ml、10％安钠咖溶液10ml，静脉注射，效果更好。

（2）防腐止酵　牛可用稀盐酸15～30ml、酒精100ml、煤酚皂溶液10～20ml、常水500ml，或用鱼石脂15～20g、酒精50ml、常水1000ml，内服，每天1次。病重，伴发瓣胃阻塞时，可先用液体石蜡1000ml内服，同时应用新斯的明或氨甲酰胆碱，连用数天。若不见效，切开瘤胃，取出内容物，冲洗瓣胃（1％食盐水38～40℃，20～40L）。

（3）防止脱水和自体中毒　（晚期）25％葡萄糖溶液500～1000ml静脉注射。或5％葡萄糖生理盐水1000～2000ml、40％乌洛托品溶液20～40ml、20％安钠咖注射液10～20ml静脉注射。同时用胰岛素100～200国际单位，皮下注射。

四、瓣胃阻塞

1. 概念

又称百叶干。主要是因前胃弛缓、瓣胃收缩力减弱，内容物充满而干涸，致使瓣胃扩张、坚硬、疼痛，导致严重消化不良而引起。多见于耕牛和奶牛。

2. 病因

（1）原发性　主要有饲喂麦糠、酒糟、粉渣等含泥沙多的饲料或含粗纤维多的坚硬饲料、草铡得过短以及饲料突变、质量低劣、饮水、运动不足等。

（2）继发性　皱胃阻塞、变位、溃疡、生产瘫痪、甘薯中毒病等。

3. 症状

患病初期，反应迟钝，时而呻吟；奶牛泌乳量下降。食欲不定或减退，便秘，粪便干燥、色暗；瘤胃轻度鼓胀，瓣胃蠕动音微弱或消失。于右侧腹壁（第8～10肋间的中央）触诊，病牛疼痛不安；叩诊，浊音区扩大。

病情进一步发展，病畜精神沉郁、鼻镜干燥、龟裂，空嚼，磨牙，呼吸浅快，心悸，脉率增至80～100次/分。食欲废绝、反刍停止，瘤胃收缩力减弱。瓣胃穿刺检查：用15～18cm长穿刺针，于右侧第9肋间与肩关节水平线相交点进行穿刺，进针时感到有较大的阻力。

直肠检查：直肠内空虚、有黏液，并有少量暗褐色粪便附着于直肠壁。

4. 诊断

根据病史、临床症状并结合瓣胃穿刺检查，亦可让牛站立，用手掌在瓣胃区推动牛体左右晃动，当牛体向右侧晃动时，手掌突然进行冲击式触诊，可能触及坚硬的胃壁，必要时进行剖腹探查，可以确诊。

5. 治疗

病情轻者，可服泻剂，如硫酸钠400～500g或液体石蜡（或植物油）1000～2000ml。用10％氯化钠溶液100～200ml，安钠咖注射液10～20ml，静脉注射，以增强前胃神经兴奋性，促进前胃内容物运转与排除。同时可皮下注射士的宁或毛果芸香碱。临床常用10％硫酸钠溶液2000～3000ml，液体石蜡（或甘油）300～500ml，普鲁卡因2g，盐酸土霉素3～5g，一次瓣胃内注入。

依据临床实践，在确诊后施行瘤胃切开术，用胃管插入网-瓣孔，冲洗瓣胃，效果较好。

五、创伤性网胃-腹膜炎

1. 概念

创伤性网胃-腹膜炎是由于金属异物混杂在饲料内，被误食后进入网胃，导致网胃和腹膜损伤及炎症的一种疾病。以顽固性前胃弛缓，触后网胃疼痛为特征。

2. 病因

牛、羊采食迅速，并不咀嚼，匆匆吞咽，又有嗜食异物的习性，而吞进异物。

3. 症状

姿态、运动异常，顽固性前胃弛缓，逐渐消瘦，网胃触诊与疼痛试验敏感。金属异物探测器检查阳性，X 射线检查，可正确获诊。按其他病长期治疗无效。体温、呼吸、脉搏一般无变化。网胃穿孔后最初几天，体温升至 40℃ 以上，后正常。

4. 诊断

创伤性网胃-腹膜炎，通过临床症状、网胃区的叩诊与强压触诊检查、金属探测器检查可作出诊断。而症状不明显的病例则需要辅以实验室检查和 X 射线检查才能确诊。应与前胃弛缓、酮病、多关节炎、蹄叶炎、背部疼痛等疾病进行鉴别。

5. 治疗

治疗原则是及时摘除异物，抗菌消炎，加速创伤愈合，恢复胃肠功能。

急性病例一般采取保守治疗，治疗后 48～72h 若病畜开始采食、反刍，则预后良好；如果病情没有明显改善，则根据动物的经济价值，可考虑实施瘤胃切开术，从瘤胃将网胃内的金属异物取出。保守疗法包括用金属异物摘除器从网胃中吸取胃中金属异物或投服磁铁笼，以吸附固定金属异物；将牛拴在栏内，牛床前部填高 25cm，10 天不准运动，同时应用抗生素（如青霉素、四环素等）与磺胺类药物；补充钙剂，控制腹膜炎和加速创伤愈合。抗生素治疗必须持续 3～7 天以上，以确保控制炎症和防止脓肿的形成。若发生脱水，可进行输液。

亚急性和慢性病例，应根据病情采用保守疗法或施行瘤胃切开术。

第四节 胃 肠 疾 病

一、胃肠卡他

1. 概念

胃肠卡他又称消化不良或卡他性胃肠炎，是胃肠黏膜表层的炎症。

2. 病因

主要有饲养管理不当，饲料品质不良，错用刺激性药物，其他疾病继发胃肠卡他等。

3. 症状

（1）急性胃卡他症状　患马精神倦怠，呆立嗜睡。饮食欲不振，有时异嗜。口腔黏膜潮红、口臭，舌面被覆灰白色舌苔，唾液黏稠。肠音减弱。粪球干小色深，表面被覆少量黏液。体温有时升高，易出虚汗和疲劳。患猪和患犬精神委靡，喜钻入褥草中，常见呕吐或逆呕动作。呕吐物起初为食物，后来为泡沫样黏液，有时混有胆汁或少量血液。食欲大减或废绝，但多烦渴贪饮，饮水后又复呕吐。

（2）慢性胃卡他症状　患畜食欲不定或始终减少；有时异嗜，易出虚汗，逐渐瘦弱，被毛无光泽。口腔黏膜干燥或蓄积黏稠唾液，有舌苔、口臭。排粪迟滞，粪球表面有黏液。

（3）急性肠卡他症状　临床上以下痢为主要症状。马属动物肠卡他，分为酸性肠卡他和碱性肠卡他两种。前者系肠内容物发酵过程占优势，形成大量的有机酸，使肠内容物 pH 值偏低；病马口腔湿润，食欲稍减，肠蠕动增强，排便频繁，粪球松软或稀软带粪汤，内含黏液，有酸臭味。后者系肠内容物腐败占优势，形成大量的含氮产物，使肠内容物 pH 值偏高。此时食欲减退或废绝，口腔干燥，肠蠕动减弱，排便迟缓，粪干色深，有腐败臭味。

（4）慢性肠卡他症状　精神沉郁，食欲不定，异嗜，消瘦，肠音增强、不整或减弱，便秘和腹泻交替发生是其主症之一。猪以肠功能紊乱为主的胃肠卡他的症状是下痢，肠音增强，腹部紧缩。重病猪，排粪次数增多，多为水样便，肛门尾根处被粪水污染，出现脱水症状。有的呈现里急后重的症状，努责时只是排些黏液或絮状便，严重的出现直肠脱出。

4. 治疗

（1）除去病因，加强护理，清理胃肠，制止腐败发酵和调整胃肠功能等。

（2）清肠制酵　当胃肠内容物腐败发酵产生刺激性物质时，可应用缓泻剂及防腐剂。马、牛可投服液体石蜡 500～1000ml；犊牛、马驹、绵羊、山羊、猪 50～100ml；犬 10～50ml；猫 5～10ml。盐类泻剂（硫酸钠或硫酸镁）马、骡 200～500g，制成 6% 水溶液，加鱼石脂或克辽林 15～20g，一次投服。患猪粪便干硬量少时，可用硫酸钠或硫酸镁 20～50g（1g/kg 体重）和水制成 6% 的水溶液灌服。细菌性或病毒性因素所致的肠卡他，可应用磺胺类药物和抗生素等。

（3）调整胃肠　以胃肠功能紊乱为主的胃肠卡他，酌情给予稀盐酸（马、骡 10～30ml，猪 5～10ml，犬 2～5ml），混在饮水中自行饮服或内服大黄酊、龙胆酊等苦味健胃剂，以及酵母粉、胃蛋白酶等助消化剂，以增强胃肠蠕动，促进胃液分泌。马属动物的酸性胃肠卡他，多在应用硫酸钠（或硫酸镁）等盐类泻剂清理胃肠后，用人工盐或碳酸盐缓冲合剂 80～100g，加各种健胃剂，温水 3～5L 灌服；碱性胃肠卡他，多在应用液状石蜡等油类泻剂清理胃肠后，静脉注射 10% 氯化钠溶液 300～400ml，20% 安钠咖注射液 10～20ml，5% 维生素 B_1 20～40ml，效果良好。

二、胃肠炎

1. 概念

胃肠炎是胃肠道黏膜及黏膜下组织的炎症。临床上以消化功能紊乱、口臭、舌苔增厚、腹泻、发热和毒血症等为特征。临床上以急性继发性胃肠炎较多见，本病是畜禽的常见多发病。

2. 病因

原发性胃肠炎，主要由于饲料品质不良、饲养失宜，采食了霉败或霉烂的饲料等，或采食了蓖麻、巴豆、针叶植物等有毒植物，或食入了酸、碱、砷、汞、铅等化学物质，导致胃肠炎的发生。

继发性胃肠炎，常见于某些传染病，如炭疽、猪瘟、猪丹毒、流感、犬细小病毒病、犬瘟热病、副结核病、雏鸡白痢等；某些寄生虫病，如猪蛔虫病、羊蝇蛆、鸡球虫病等，此外，也常继发于多种腹痛病的病程中。

3. 症状

病初，多呈现急性胃肠卡他症状，以后逐渐或迅速出现胃肠炎症状。病畜食欲减退或废绝，饮欲增加或废绝，眼结膜先潮红后黄染，舌苔厚，口干臭，四肢、鼻端等末梢冷凉。在猪、犬、猫、貂、貉等中小动物，病初出现呕吐，呕吐物带有血液或胆汁。腹部有压痛反应。如仅胃受侵害时，肠音减弱；如胃肠黏膜同时发炎，肠音多活泼。

持续而重剧的腹泻是胃肠炎的主要症状，病畜频频排粪，每日达 10～20 次不等，粪便稀软、粥状以至水样，有时混有血液、黏液、黏膜组织或脓液，产生恶臭或腥臭味，肠音在初期增强，后期肠音减弱或消失；肛门松弛，排便失禁；腹泻时间持续较长的患畜，尽管有痛苦的努责，并无粪便排出，呈里急后重现象。在牛，若仅真胃或小肠前部发炎，粪便常比较干燥，多为黑红色，其炎症病理产物一般存在于粪便内部或均匀地隐匿于粪便之中。

各种家畜的全身症状都较胃肠卡他严重。迅速呈现脱水症状，如眼球下陷，皮肤弹力减退，脉搏快而弱，往往不感于手，尿量减少，血液黏稠。

大多数患畜体温突然高达 40℃ 以上，随着病情恶化，体温降至常温以下；但也有少数患畜直到中后期才出现体温升高，极个别患畜体温始终不高。牛仅病初体温升高，以后保持常温。患畜被毛逆立无光泽，伴发程度不同的腹痛症状。全身肌肉搐搦、痉挛或呈昏迷等神经症状。

以胃和小肠炎症为主的患畜，口腔症状明显，可视黏膜黄染，常有轻度腹痛症状，体温略有升高。脉搏 80 次/分以上。体虚，无力，排便迟缓，量少，粪球干而小。有时可继发积液性胃扩张，导胃可导出有黄色的胃内容物。

4. 诊断

依据消化功能紊乱、剧烈腹泻、脱水、里急后重、体温升高等全身变化，一般不难作出诊断。

胃肠炎的定位诊断：炎症可主要发生于胃或肠道，其表现往往差异很大。若初期就呈现严重的食欲紊乱，同时口臭及舌苔显著，肠音沉衰、粪球干小的主要病变可能在胃；若腹痛和黄疸明显，腹泻出现较晚，且继发积液性胃扩张的，主要病变在小肠；若较早期出现腹泻且呈持续性，里急后重，迅速脱水，病变主要在大肠；若粪便呈混合均匀的棕褐色松馏油样，可能是胃或十二指肠出血；若混有鲜红色血液或血凝块，且不与粪便充分混合，是后部肠管出血。

5. 治疗

治疗胃肠炎，应当抓住"一个根本"——消炎，掌握"两个时机"——缓泻和止泻，贯彻"三早"原则——早发现、早确诊、早治疗，把好"四个关口"——护理、补液、解毒和强心。

（1）抑菌消炎 抑制胃肠内致病菌增殖，消除胃肠炎症，是治疗胃肠炎的根本措施。黄连素，日量 0.005～0.01g/kg 体重，分 2～3 次内服；痢特灵（呋喃唑酮），日量 0.005～0.01g/kg 体重，分 2～3 次内服；磺胺脒日量 0.1～0.3g/kg 体重，分 2～3 次内服；新霉素，日量 4000～8000IU/kg 体重，分 2～4 次内服；重剧胃肠炎，可内服氯霉素，马、牛、猪、羊 50mg/kg 体重。

（2）缓泻与止泻 既能减少肠道内有毒物质的吸收，又可适时控制脱水，是治疗胃肠炎的两种重要措施。

缓泻，适用于病畜排粪迟滞，或虽排恶臭稀便，而胃肠内仍有大量异常内容物积滞时，在患病早期，马可用硫酸钠或人工盐 300～400g，常水 4000～6000ml，加适量防腐消毒药内服。猪、犬在病初还可用催吐剂，如盐酸去水吗啡 0.01～0.02g，或吐根末 0.5～2g，或吐酒石 0.5～3g，以排除胃内容物。晚期，胃肠功能弛缓时，则以无刺激性的油类泻剂，如液状石蜡等为宜。据国外报道，马急性胃肠炎陷于肠弛缓时，可用槟榔碱 8mg 皮下注射，每 20min 一次，直至病状改善和稳定为止。

止泻，适用于肠内蓄粪已基本排除，粪的臭味不大而仍剧泻不止的非传染性胃肠炎病畜。常用吸附剂和收敛剂。如木炭末，一次 100～200g，加水 1000～2000ml，配成悬浮液内服。或鞣酸蛋白 20g，加水适量，一次内服。或矽炭银 30～50g，鞣酸蛋白 10～20g，碳酸氢钠 40g，加水适量灌服（马、牛）。

（3）补液、解毒、强心 马、牛可静脉注射复方氯化钠注射液 2000～3000ml 或 5％葡萄糖氯化钠注射液 2500～3500ml、5％氯化钙注射液 200～300ml、10％氯化钾注射液 20～50ml。临床上，一般以开始大量排尿作为液体基本补足的监护指标。

（4）解除酸中毒 大家畜可静脉注射 5％碳酸氢钠注射液 500～1000ml（但应注意，本品不能与维生素 C 或氯化钙注射液混注）。小家畜用量酌减。

（5）强心利尿 马、牛可静脉注射 10％安钠咖溶液 20～40ml 或 0.5％樟脑磺酸钠 10～20ml。猪、羊、犬等酌减。如胃、肠出血严重，除静脉注射氯化钙以外，可肌内注射 0.5％安络血注射液 5～20ml、0.4％维生素 K_3 注射液 30～70ml。

三、皱胃阻塞

1. 概念

又称皱胃积食，是皱胃内容物积滞，胃壁扩张，体积增大，形成阻塞，继发前胃疾病的严重病理过程。常导致死亡。

主要是黄牛、水牛、乳牛，尤以体质健壮的成年牛多见。

2. 病因

（1）由于饲料或饲养管理及使疫不当而引起。特别是冬春缺乏青绿饲料，用稻草、麦秸、麦米糠等饲喂，加之饲养失宜，饮水不足，劳疫过度和精神紧张，而引起此病。

（2）犊牛因大量乳凝块积滞而发生，成年牛有的因误食胎盘、毛球、麻线而发生。犊牛、羔羊因误食破布、木屑、塑料碎片等发病。

3. 症状

（1）病初呈现前胃弛缓，有的病例喜饮水，腹部无变化，尿少，便秘。而后，腹围上升，常呈现排粪姿势（粪少或排不出），尿少、浓稠、黄色、恶臭。

（2）检查

① 冲击性触诊：呈现波动（瘤胃），因有大量积液。

② 听诊：右侧倒第7~9肋间清朗的铿锵声（似叩击钢管）。

③ 视诊：重剧病例，右侧中腹部右下方局限性膨隆。

④ 触诊：皱胃疼痛反应。

⑤ 直检：少量粪便和成团的黏液，体型小的黄牛，能摸到向后伸展扩张呈捏粉样硬度的部分皱胃体。

⑥ pH值：抽取右腹部皱胃内容物检测，其pH值为1~4。

（3）体温：无变化，个别病例中后期体温升到40℃。

（4）犊牛或羔羊：持续下痢，冲击性触诊腹部，流水音，腹部膨胀而下垂。

4. 诊断

（1）发病缓慢，初期呈现前胃弛缓症状。

（2）瘤胃充满液体，出现冲击性拍水音和波动感。右侧皱胃区局限性隆起，触之坚硬，病畜敏感。

（3）左肷窝结合叩击肋骨弓进行听诊，呈现叩击钢管清朗的铿锵音。皱胃穿刺测定，其内容物pH值为1~4。

5. 鉴别诊断

（1）前胃弛缓　右腹部皱胃区不膨隆，听诊结合叩诊不呈钢管叩击音。

（2）创伤性网胃-腹膜炎　病牛姿势异常，肘部肌群震颤。拳击、扛抬剑状软骨后方疼痛。

6. 治疗

（1）消积化滞，防腐止酵　可用硫酸钠300~400g，植物油500~1000ml，鱼脂油20g，酒精50ml，常水6000~8000ml，混合灌服。但后期发生脱水时，忌用泻剂。

（2）缓解幽门痉挛，促进皱胃内容物排出　用乳酸5~8ml，稀盐酸30~40ml，25%硫酸镁500~1000ml，进行皱胃直接注射。

（3）恢复肠胃功能，促进血液循环，防止脱水和自体中毒　及时应用10%氯化钠溶液200~300ml，20%安钠咖溶液10ml，静脉注射。发生脱水时，通常应用5%葡萄糖生理盐水2000~4000ml，20%安钠咖溶液10ml，40%乌洛托品溶液30~40ml，静脉注射。必要时，另用维生素C1~2ml，肌内注射。此外，可适当的应用抗生素或磺胺类药物，以防止继发感染。

（4）手术治疗　由于皱胃积食，多继发瓣胃秘结，药物治疗效果不好。因此，在确诊后，要及时施行瘤胃切开术，取出瘤胃内容物，然后引用胃管插入网-瓣孔，通过胃管灌服温生理盐水冲洗瓣胃和皱胃。

四、皱胃变位

1. 概念

皱胃变位即皱胃的正常解剖学位置改变，又分为左方变位（称皱胃变位，发病率高）和右方变位（称皱胃扭转，病情严重，但发病率低）。

2. 病因

暂以左方变位为例介绍，主要有两种。

（1）皱胃弛缓　前胃弛缓→皱胃弛缓→皱胃扩张、充气→容量压迫→瘤胃左下方→瘤胃左上方。

(2) 皱胃机械性转移　分娩、爬跨等。

3. 症状及诊断要点

(1) 左方变位

① 高产母牛多见，且多发生于分娩后。

② 左侧最后 3 个肋骨间显著膨大，但两侧肷窝均不饱满。

③ 牛乳、尿及呼出气体有酮体（大蒜味）。

④ 左侧可听到皱胃蠕动声音，瘤胃蠕动音不清楚。在此处穿刺，抽出内容物 pH<4，无纤毛虫。

⑤ 左肷部听诊结合叩击，有金属音。

(2) 右方变位

① 突然腹痛，腰背下沉。

② 粪便黑色，混有血液。

③ 右腹肋弓后方明显膨胀，冲击性触诊或振摇，可听到液体振荡音，听诊结合叩诊有高朗的乒乓音。

④ 皱胃穿刺液多为淡红色或咖啡色，pH 3～6.5。无纤毛虫，瘤胃穿刺液 pH 多为 6.5 以上。

⑤ 直检可摸到膨大而紧张的真胃。

⑥ 病畜脱水，眼球下陷，有时表现为代谢性碱中毒症状。

4. 治疗

左方变位，无效及早淘汰。

(1) 滚转法　禁食数日→适当限制饮水→穿刺排除气体。

先左侧卧→仰卧→俯卧→站立（四步）。

复位后：用毛果芸香碱治疗，促进瘤胃蠕动。

(2) 手术整容法　右方变位只能用此方法。

五、急性胃扩张

1. 概念

急性胃扩张是由于采食过多和胃排空功能障碍，使胃急性膨胀而引起的一种急性腹痛病。临床特征：采食后突然发病，腹痛剧烈、腹围变化不大而呼吸促迫。

2. 病因

(1) 原发性　贪食过多，饱食后饮大量冷水，饲后立即服重役。

(2) 继发性　小肠便秘，小肠变位，小肠炎，胃状膨大部阻塞，肠膨气。

3. 发病机制

胃壁扩张甚至痉挛性收缩，剧痛；压迫膈导致心肺功能障碍。

4. 症状

(1) 原发性

① 常在食后 1～2h 内发病，病初呈中等程度间歇性腹痛，很快转为持续性而剧烈的腹痛，有的朝天仰卧，个别呈犬坐姿势。

② 全身症状：眼结膜潮红或暗红，脉搏增数，腹围变化不大而呼吸促迫，呼吸数增多达 20～50 次/分。鼻开张，全身或局部出汗。消化系统症状：饮食欲废绝，口腔湿润黏滑、有酸臭味，肠音减弱或消失，初排少量粪便，而后停止；多数在左侧第 14～17 肋间髋结节水平线上，可以听到短促的胃蠕动音（"沙沙"音或流水音），3～4 次/分或 10 次/分以上，个别病马出现嗳气、呕吐现象。

③ 胃管探诊，感到食管松弛，容易推进，根据排出物可鉴别种类。

④ 直检：脾后移，在左肾前下方可摸到胃后壁。胃后壁随呼吸前后运动。

（2）继发性胃扩张　先有原发病的表现，以后有胃扩张症状。插入胃管排出大量黄绿色液体，并常常混有少量食糜和黏液。胆色素检查呈阳性反应。随着液体的排出，腹痛暂时消失，若原发病不除，数小时后又出现腹痛。

（3）胃破裂　腹痛突然消失，呆立不动或卧地不起，出冷黏汗，脉细弱，黏膜青紫色或苍白，腹腔穿刺液有草渣。

（4）慢性胃扩张　慢性周期性腹痛，间歇期有慢性胃卡他症状，消瘦，由于受压迫出现呼吸困难。

5. 诊断

根据临床特征，胃管探诊，胃排空功能试验。

6. 治疗

原则：排除胃内容物，镇痛解痉，强心补液，加强护理。

（1）排除胃内容物　导胃，洗胃。

（2）镇痛解痉

① 30％安乃近 20～40 毫升/次，肌内注射。

② 5％水合氯醛酒精 200～300ml，静脉注射。

③ 乳酸 20～30ml 或乙酸 30～60ml 加水 500ml，一次内服。或食醋 500ml，一日一次，口服，连用 3 日。

④ 水合氯醛 15～25g，酒精 30～40ml，福尔马林 15～20ml，温水 500ml，一次灌服，连服 2～3 次（用于气性胃扩张）。

⑤ 普鲁卡因粉 3～4g，稀盐酸 30～40ml，液体石蜡 500～1000ml，水适量，一次灌服，连服 2～3 次（用于食滞性胃扩张）。

（3）强心补液　参照胃肠炎。

（4）加强护理　专人看护，不遛、愈后停喂 1 天。

六、肠痉挛

1. 概念

肠痉挛是肠平滑肌痉挛性收缩，并以明显的间歇性腹痛为特征的一种腹痛病。

临床特征：肠音增强和间歇性腹痛。

2. 病因

（1）主要是因为马、骡受寒冷刺激及管理不善而引起，如出汗之后被雨浇淋、寒夜露宿、风雪侵袭、气温骤然下降、剧烈作业后暴饮大量冷水以及采食霜草或冰冻的饲料等。

（2）消化不良及肠道寄生虫病也可引起肠痉挛。

3. 症状

（1）呈间歇性腹痛，在发作时，病马呈中等或剧烈的腹痛，起卧不安，倒地滚转，持续 5～15min 后，便进入间歇期，病马如无症状，往往照常采食饮水，但经过 10～30min，腹痛又复发作。一般情况下，腹痛越来越轻，间歇期越来越长。

（2）口腔多湿润，耳、鼻发凉，而体温等全身状态变化不大。

（3）肠音增强，小肠音高朗，连绵不断，往往在数步之外即可听到肠音。有时可听到金属性肠音。

（4）排粪次数增多。由于肠蠕动加快，肠液分泌增多，病马不断排少量松散带水粪便或稀软粪便，有的粪便酸臭味较大，并混有黏液。

（5）经数小时后，腹痛不见减轻而变为持续且剧烈，肠音迅速减弱，全身症状突然加重的，可能是继发了肠变位或便秘，预后要慎重。

4. 诊断

间歇性腹痛；肠音高朗，有时连绵不断，有时连绵细弱；耳、鼻发凉，口腔多湿润，口色发淡；排粪次数增多，粪便稀软。

5. 治疗

原则：解痉镇痛，清肠制酵。

（1）解痉镇痛

① 新针疗法，针刺三江、分水、姜牙三穴，或针刺两耳尖穴（进针 3～5cm）。

② 应用镇静药物，如 30% 安乃近 30～40ml，一次肌内注射。或安溴液 100～200ml，静脉注射。或白酒 250～500ml，加温水 500～1000ml，一次内服。或水合氯醛 20～30g，加适量淀粉，一次内服或灌肠。也可应用硫酸阿托品之类的抗胆碱药物，但要注意其副作用（草食动物忌用）。

（2）清肠制酵　可用硫酸钠 200g，鱼石脂 15g，姜酊 50ml，酒精 500ml，加温水 200ml，灌服。病情好转后，应服用治消化不良的方剂。

6. 预防

注意饲养管理，防止受寒，对患有寄生虫病的马、骡，应定期进行驱虫。

七、肠臌气

1. 概念

肠臌气是由于采食大量易发酵饲料，肠内产气过盛而排气不畅，致使肠管过度膨胀的腹痛病。临床特征：经过短急，剧烈而持续的腹痛，腹围急剧膨大。

2. 病因

（1）原发性肠臌气　见于过食易发酵饲料，初到高原上的马、骡。

（2）继发性肠臌气　多见于大肠阻塞，大肠变位经过中。

3. 发病机制

产气增多而排气不畅，肠内气体积聚，肠壁痉挛性收缩导致腹痛，分泌增加引起脱水，心肺功能障碍。

4. 症状

（1）原发性肠臌气

① 多在采食后不久发病，病初呈间歇性腹痛，后迅速转为剧烈而持续的腹痛，局部或全身出汗，结膜暗红，脉搏增数。腹围膨大，多数病畜右肷窝部明显。呼吸困难，呼吸数增加 2～3 倍，严重的可因窒息而死亡。

② 病初口腔湿润，肠音增强并带金属调，排粪频数，每次排少量稀便，并不断排少量气体，随病情加重，口腔变干燥，肠音逐渐减弱甚至消失，排粪、尿完全停止。

③ 由于病情发展迅速，因摔倒等易造成肠膈破裂。

④ 直检，除直肠和小结肠外全部肠管内均充满气体，尤其以盲肠部明显，触摸充满气体的肠管紧张而有弹性。

（2）继发性肠臌气　先有原发病的症状，经过 4～6h 后逐渐出现腹围膨大、呼吸促迫等肠臌气症状。

5. 诊断

（1）原发性肠臌气　多在采食后发生，穿刺放气后症状缓解。

（2）继发性肠臌气　穿刺放气后数小时又发生臌气。

6. 治疗

原则：排气减压，镇痛解痉，消肠制酵。

（1）排气减压　穿肠放气后，注入适量止酵剂。

（2）镇痛解痉　①30% 安乃近 20～30ml，肌内注射。②安溴液 100～200ml，静脉注射。③5% 水合氯醛酒精 100～200ml，静脉注射。

（3）清肠制酵　①人工盐 200～300g，克辽林 15～30ml，水 6000ml，一次内服。②硫酸钠

200～300g，液体石蜡 1000～2000ml，鱼石脂 15～25g，加水适量，一次内服。

（4）对症治疗　①心力衰竭时应用强心剂。②继发或并发胃扩张时应插入胃管，排出胃内积气和肠内容物。

八、肠阻塞

1. 概念

肠阻塞主要是因肠管运动功能紊乱，粪便停滞而使某段或几段肠管发生完全或不完全阻塞的一种急性腹痛病。

本病占胃肠腹痛病的 50%～60%，其中以小结肠阻塞、胃状膨大部、骨盆曲阻塞多见。其次为左下大结肠，小肠和直肠少见。

2. 病因

（1）饲料方面　草铡得过长或饲喂粗硬、难消化的饲草。

（2）饲养方面　喂饲不定时，饲料突然更换，役饲关系失调，饮水不足，食盐不足。

（3）饲养管理方面　运动不足或长期休闲。

（4）气候突变。

（5）机体本身的因素　如老龄、牙齿疾病、慢性胃肠病等。

3. 发病机制

（1）在上述病因的作用下，肠内容物停滞形成阻塞，其中小结肠、骨盆曲、小肠易形成完全阻塞，其他大肠段易形成不完全阻塞。

（2）结粪一旦形成，便加剧了对局部肠道的刺激作用，引起蠕动增强，分泌也相应增多，出现疝痛症状。这种保护性反应一定程度上可使结粪移动或软化，甚至可以自愈（小结肠后段，直肠）。阻塞的越完全肠壁遭受到的刺激越强，肠蠕动反应增强（病初）甚至达到痉挛性收缩，疝痛加剧。疾病进一步发展时，肠蠕动减弱，分泌减少，排粪减少或停止。

（3）阻塞前期分泌增强，含有大量碳酸氢钠的消化液进入肠腔，加上病畜饮欲废绝，以及剧痛时的全身出汗，呼吸加深，使机体呈不同程度的脱水。

（4）肠阻塞发生后，腐败梭菌大量繁殖，分解食糜中的蛋白质产生大量有毒物质，导致内中毒。完全阻塞时，前部肠管发酵占优势，产生大量气体导致肠臌气，阻塞局部出现水肿、炎症坏死，甚至肠破裂。

（5）由于腹痛，使交感神经兴奋，脉搏增数。脱水使血液黏稠，循环阻力增加。肠臌气，自体中毒，均可导致心力衰竭。

（6）不完全阻塞，发生、发展比较缓慢，不伴有剧烈发酵、腐败过程。

4. 症状

（1）共同症状

① 腹痛：完全阻塞多呈剧烈或中等腹痛，不完全阻塞多呈轻度腹痛。

② 口腔：口腔初期多干燥，以后越来越干，并出现舌苔和口臭。

③ 肠音：病初肠音频繁而偏强（尤其不完全阻塞），排粪次数增多，甚至排软的稀便，以后则肠音减弱甚至消失，只能听到不同程度的金属音（臌气）。

④ 全身症状：食欲降低或废绝，结膜潮红或发绀，体温初期无明显改变。当继发肠炎、蹄叶炎、腹膜炎和自体中毒时体温升高。

（2）不同部位肠阻塞的临床特点

① 小肠阻塞：完全阻塞多发生在十二指肠，一般呈现剧烈的腹痛，肠音减弱并很快消失，常继发胃扩张。直检时，可摸到如手腕粗、表面光滑、呈圆柱形（如香肠）或椭圆形（如鸭蛋）的阻塞肠段。

② 回肠阻塞：位于耻骨前缘，由左肾后方斜向右后方，左端游离，右端连接盲肠，位置固定，不能牵动，结粪块呈圆柱状或卵圆状，空肠段多数臌气。

③ 小结肠和骨盆曲阻塞（完全阻塞）：发病较急，呈中等程度或剧烈腹痛，病初全身症状比较轻微，继发肠臌气后，全身症状加重。

直肠检查，小结肠阻塞通常在耻骨前缘的水平线上，或体中线左侧，可摸到阻塞部，呈椭圆形或圆柱形，一个到两个拳头大，比较坚硬，移动性大。骨盆曲阻塞通常在耻骨前缘，体中线的左侧或右侧，可摸到阻塞部，呈弧形或椭圆形，如小臂粗，一般不太坚硬，表面光滑，与膨满的左下大结肠相连，有一定的移动性。

④ 盲肠阻塞：多为不完全阻塞，发病缓慢，腹痛多轻微，一般呈中等程度。排粪较少，有的不断排恶臭的稀便，或干、稀粪交替。肠音不整，显著减弱，重症的也可完全消失。口腔变化轻微，食欲减退。全身症状不显著，病后十天半个月，体温、脉搏、呼吸也无明显变化。个别病例发生呼吸减慢，心跳次数减少。

直肠检查，于右肷窝及肋骨弓部摸到阻塞部，如排球大，呈捏粉样或稍坚硬，表面凹凸不平。在盲肠体后面可摸到由后上方向前下方延伸的盲肠后纵带。

⑤ 胃状膨大部阻塞：多为不完全阻塞，病情发展较慢，腹痛轻微。少数病例，由于逐渐发展为完全阻塞，而腹痛增重，有时继发肠臌气或胃扩张。病程通常为 3～10 天。

直肠检查，于体中线右侧，盲肠底的前下方，可摸到篮球大，呈半球形（因前半部不能摸到），表面光滑，不太坚硬，随呼吸前后移动的阻塞部。

⑥ 直肠阻塞：多为完全阻塞，腹痛轻微，病畜不断举尾，作排粪姿势，但不见粪便排出。肠音不整，全身症状发展较慢，后期可能继发肠臌气。

直肠检查，在直肠膨大部或狭窄部，可直接摸到阻塞粪块。

5. 治疗

治疗原则应灵活运用"通"（疏通）、"静"（镇静）、"减"（减压）、"补"（补液和强心）、"护"（护理）的综合治疗原则。其中以"通"为主。

"通"：目前常用的疏通阻塞肠管的方法，有新针疗法、药物疗法、直肠按压法、深部灌肠法和开腹按压法等。

（1）新针疗法 有电针治结、耳穴水针治结、耳针治结等方法，一般在肠阻塞初期有一定疗效。

（2）药物疗法

① 硫酸钠 300～500g，大黄末 60～80g，鱼石脂 15～20g，水合氯醛 15～25g，温水 6000～10000ml，给马一次灌服。此方适用于大肠阻塞的初期及中期。

② 液体石蜡或植物油 500～1000ml，鱼石脂 15～20g，温水 500～1000ml，给马一次灌服。适用于小肠阻塞，灌药前应导胃。

③ 敌百虫 10～20g，温水 1000～2000ml，给马一次内服，适用于不完全阻塞的大肠阻塞，在各部肠段完全阻塞的初期或中期也可应用。如果预先用大量温水灌肠或内服，使粪便软化，则疗效更佳。

④ 碳酸盐合剂：碳酸钠 150g，碳酸氢钠 250g，氯化钠 100g，氯化钾 20g，常水 8000～1400ml，给马一次灌服（不完全阻塞）。

（3）直肠按压法 直肠按压分为按压、握压、切压、捶结和直取五种。

（4）深部灌肠法 经直肠灌入大量（15000～30000ml）微温水（按 1％的比例加入食盐，效果更好）。此法适用于大肠阻塞。

（5）开腹按压法

① 镇静：针刺三江、分水、姜牙等穴，或用 30％安乃近 20～30ml 肌内注射，或用安溴注射液 100～200ml，一次静脉注射。

② 减压：导胃，穿肠放气。

③ 补液和强心：通常用复方氯化钠液或 5％葡萄糖生理盐水 2000～3000ml，加 20％安钠咖液 10～20ml，静脉注射即可，也可用 10％低分子右旋糖酐液 1000～2000ml，静脉滴注。根据病

马脱水程度和心脏功能，可分多次进行输液，10％氯化钠300ml静脉注射。

④ 护理：腹痛不安时，要做适当的牵遛运动。

九、肠便秘

1. 概念

肠便秘是由于肠运动和分泌功能降低，肠内容物停滞、阻塞于某段肠腔而引起的以腹痛、排粪迟滞为主症的一种疾病。

本病一般见于成年牛和各年龄段的猪，并以老年牛发病率较高。

2. 病因

牛的肠便秘主要是由于长期饲喂粗硬难消化的饲料，如甘薯藤、劣质干草、豆荚、玉米秸、花生苗等。此外，饮水不足、使役过度以及各种导致肠弛缓的疾病，也可促使本病的发生。

猪的肠便秘通常是由于饲喂谷糠、酒糟或大量黏稠粉状饲料而又饮水不足引起，或原来喂青料突然改喂粉料，因而导致胃肠不适，也会引起本病。

3. 症状

（1）牛的肠便秘　病初食欲、反刍减少，以后逐渐废绝，瘤胃蠕动音及肠音微弱，瘤胃轻度臌气。鼻镜干燥，出现腹痛症状，两后肢频频交替踏地，摇尾不安，拱背、努责、呈排粪姿势，后肢踢腹。通常不见排粪，频频努责时，仅排出一些胶冻样黏液。以拳冲击右腹侧往往出现振水音，尤以结肠阻塞时明显。病至后期，眼球下陷，目光无神，卧地不起，头颈贴地，最后发生脱水和心力衰竭而死。

（2）猪的肠便秘　腹痛症状不明显，病初排出干硬的小粪球，随后排粪停止。多发生继发性肠臌气，瘦猪和幼猪从腹壁外按压触摸，可触到圆柱状或串珠状结粪块。十二指肠便秘时可出现呕吐。大肠完全秘结时，由于粪球积聚过多，压迫膀胱颈，可能发生尿闭。

4. 诊断

牛便秘的特征是有腹痛表现，不断努责并排出干胶冻样黏液，以及右腹冲击时的振水音，以此可与瓣胃阻塞、皱胃阻塞、肠扭转等疾病相区别。

猪便秘的特征是排粪停止，继发性肠臌气和腹部检查时往往触到结粪，可以作出诊断。

5. 治疗

原则：以通肠泻下为主，配合直肠灌洗、补液、强心，对病情严重者，可施行手术治疗。

（1）牛的肠便秘

① 硫酸镁（钠）500～800g，配制成8％浓度内服，隔12h后，皮下注射新斯的明4～15mg。

② 若为结肠便秘，可用温肥皂水10000～15000ml做深部灌肠。对顽固性便秘，可试行瓣胃注入液体石蜡500～1000ml。

③ 补液、强心：可用5％葡萄糖生理盐水1000～3000ml加入20％安钠咖10～20ml，静脉注射。

④ 药物治疗无效时，应尽早施行剖腹破结术。

（2）猪的肠便秘　可采用温肥皂水1000～2000ml做深部灌肠，效果很好，必要时可用手指挖出直肠内的粪球。也可给予盐类或油类泻剂，如硫酸钠50～100g，配制成5％浓度，内服，或液体石蜡100ml，内服。

十、肠变位

1. 概念

肠变位是肠管的自然位置发生改变，致使肠系膜受到挤压、绞窄，肠壁局部血液循环受阻，肠腔发生闭塞的重剧性腹痛病。以腹痛剧烈，全身症状迅速增重，病程短急，直肠检查肠管位置有特征性改变为特征。

肠管位置改变的形式，常见有以下几种：肠扭转、肠缠结、肠嵌闭、肠套叠。

2. 症状

（1）腹痛剧烈，呈持续性，或只有短暂的间歇期，即使应用大剂量的镇痛剂，腹痛也不见减轻。

羊则呈疼痛不安，凹腰呆立，或呈钟摆样摇晃。牛则呈摇尾，后肢蹴腹，前肢前踏、后肢后踏，凹腰，呻吟。犬则呈头屈曲于腹下和四肢内收而躺卧，呼唤不应；后期若继发腹膜炎，则又表现出腹膜炎症状。肠腔未完全闭塞的肠变位，腹痛，后肢比较轻。

（2）食欲废绝，口腔干燥，肠音消失，排粪停止，经常继发胃扩张和肠臌气。不完全闭塞的肠变位，肠音有时增强，排粪呈液状，恶臭，混有多量的黏液或少量血液。

（3）全身症状　完全闭塞的肠变位，全身症状多在数小时内迅速加重，全身出汗，肌肉震颤，脉搏细弱而急速，呼吸促迫，结膜暗红，多数家畜体温升高。并呈现脱水和心力衰竭症状。

（4）腹腔穿刺　肠变位后短时间内（2～4h）腹腔液开始增多，初为混浊的淡红黄色，以后变为红色血水样。小肠的腹股沟管嵌闭，腹腔液往往无变化。

直肠检查：直肠内空虚，有较多的黏液或黏液块，检手前进时，感到阻力很大。通常可摸到局限性气胀的肠段，肠系膜紧张如索状。如果用力触压或牵动肠系膜，表现疼痛不安。由于肠管位置改变形式不同，所摸到的结果也不一样。如为小肠缠结，可摸到肠系膜紧张或呈索状并呈螺旋状走向；如为肠套叠，可摸到圆柱形肉样肠管，并可能摸到套叠部。

3. 诊断

根据腹痛剧烈，用镇痛剂无效，迅速加重的全身症状，腹腔穿血样液体，直肠检查结果，进行综合分析，确定诊断。如遇有肠变位可疑而又难以确诊时，应抓紧时间开腹探查。

4. 治疗

在实行以手术整复为主，对症治疗为辅的疗法以缓和病情的同时，及早进行手术整复。

第五节　腹膜疾病

一、腹膜炎

1. 概念

腹膜炎是腹膜壁层和脏层各种炎症的统称。临床上以腹壁疼痛和腹腔积有炎性渗出液为其特征。

按病变的范围，分为弥漫性腹膜炎和局限性腹膜炎。

按渗出物的性质，分为浆液性腹膜炎、浆液纤维蛋白性腹膜炎、出血性腹膜炎、化脓性腹膜炎和腐败性腹膜炎。

2. 病因

（1）原发性腹膜炎的病因包括腹壁创伤、透创、手术感染；腹腔和盆腔脏器穿孔或破裂；马圆形线虫幼虫、禽前殖吸虫、牛和羊的幼年肝片吸虫等腹腔寄生虫的重度侵袭等。

（2）继发性腹膜炎，常发生于邻接蔓延，如子宫炎、膀胱炎、肠炎、肠变位、前胃炎、真胃炎以及顽固性肠便秘时；血行感染，如马鼻疽、结核病、猪丹毒、巴氏杆菌病等病程中，病原体经血行感染腹膜所致。

3. 症状

急性弥漫性腹膜炎，全身症状加剧，包括食欲废绝，精神沉郁，体温升高。脉搏细数，呼吸浅速，且以胸式为主。病畜不断回顾腹部，拱腰屈背，四肢集拢腹下，细步轻移。

腹部下侧方沉坠（腹腔渗出液蓄积）。肠音减弱或消失，触压腹壁紧张，表现疼痛不安。

腹腔穿刺可获得大量浆液性、浆液纤维蛋白性、脓性、腐败性、出血性、放氨臭、混饲料或粪渣的渗出物，因病型及病因而异。血液学检验，呈白细胞增多症，中性粒细胞比例增高，核左移。

局限性腹膜炎，腹痛表现轻微或缺如，只是触诊炎灶部位的腹壁时才表现呻吟、躲闪等疼痛反应。全身症状不显。

4. 治疗

治疗原则是抗菌消炎，制止渗出，纠正水、电解质代谢紊乱与酸碱平衡失调。

（1）抗菌消炎 以广谱抗生素或多种抗生素联合使用的效果较好。如四环素、卡那霉素、庆大霉素、红霉素、青霉素、链霉素等静脉注射、肌内注射或大剂量腹腔内注入。

（2）为制止渗出，可静脉注射 10％氯化钙液。

（3）为纠正水、电解质代谢紊乱与酸碱平衡失调，可用 5％葡萄糖生理盐水或复方氯化钠液静脉注射。对出现心律失常、全身无力及肠弛缓等缺钾症状的病畜，可在糖盐水内加适量氯化钾溶液，静脉滴注。腹腔渗出液蓄积过多时，可穿刺引流。

二、腹水

1. 概念

腹水，又称腹腔积液，即腹腔内蓄积大量浆液性漏出液。它不是独立的疾病，而是伴随于许多其他疾病的一种病症。腹水可发生于各种动物，多见于猪、羊、犬、猫等中小动物。

2. 病因

心源性腹水，见于失代偿性心脏瓣膜病、心包炎、心丝虫病、慢性肺气肿等；稀血性腹水，见于衰竭症、慢性贫血、低白蛋白血症等蛋白质营养缺乏，锥虫病、钩虫病等寄生虫重度侵袭，肾病、间质性肾炎等蛋白质丢失过多和体液存留；淤血性腹水，见于肝硬化，肝肿瘤，血吸虫病，肝片吸虫病，腹膜结核病以及门静脉血栓等。

3. 症状

腹腔积液，起病于上述各类疾病的经过中，病程可迁延数月乃至数年。临床症状主要包括：视诊腹部，下侧方对称性增大，而腰旁窝塌陷，腹轮廓随体位而改变；触诊腹部不敏感，冲击腹壁可闻及震水音，对侧壁显示波动；叩诊腹部，两侧呈等高的水平浊音，上界因姿势而变化；腹腔穿刺液透明或稍混浊，色泽淡黄或绿黄，李氏试验呈阴性反应。全身症状取决于原发病，通常显现充血性心力衰竭、恶病质或慢性肝病体征。

4. 治疗

腹水治疗的关键在于除去病因，治疗原发病。原发病康复，腹水即行消退。穿刺放液，只是病情危急时的治标措施。

【复习思考题】

1. 简述前胃弛缓的病理类型及诊断程序。
2. 牛瘤胃食滞的诊断依据及防治要点。
3. 牛瘤胃酸中毒的病性及发病机制为何？
4. 真胃左方变位与右方变位的异同点及各自的诊断要点有哪些？
5. 急性实质性肝炎的病理类型有哪些？发病机制为何？
6. 腹膜炎的诊断依据有哪些？
7. 胃肠炎的临床诊断与治疗方法。

第七章　呼吸系统疾病

【知识目标】
1. 熟练掌握支气管炎、小叶性肺炎、大叶性肺炎、胸膜炎的鉴别诊断方法。
2. 掌握其他呼吸器官疾病的基本临床特征。

【技能目标】
1. 能对常见动物的感冒及鼻炎进行诊断，并提出治疗措施。
2. 能正确分析支气管炎和肺炎的发病原因，做好预防和治疗工作。

第一节　概　　述

一、呼吸器官疾病的常见病因

呼吸器官与外界相通，环境中的病原微生物（包括细菌、病毒、衣原体、支原体、真菌、螨虫等）、粉尘、烟雾、化学刺激剂、过敏原（变应原）和有害气体均易随空气进入呼吸道和肺部，直接引起呼吸器官发病。在我国西北部地区，家畜饲草中粉尘较多，吸入后刺激呼吸器官容易发生肺尘埃沉着病。集约化饲养的动物，由于突然更换日粮、断奶、寒冷、贼风侵袭、环境潮湿、通风换气不良、高浓度的氨气及不同年龄的动物混群饲养、长途运输等，均容易引起呼吸道疾病。某些传染病和寄生虫病专门侵害呼吸器官，如流行性感冒、鼻疽、肺结核、传染性胸膜肺炎、猪传染性萎缩性鼻炎、猪肺疫、羊鼻蝇、肺包虫和肺线虫等。临床上最常见的呼吸器官疾病是肺炎，一般认为多数肺炎的病因是上呼吸道正常寄生菌群的突然改变，导致一种或多种细菌的大量增殖。这些细菌随气流被大量吸入细支气管和肺泡，破坏正常的防御机制，引起感染而发病。另外，呼吸器官也可出现病毒感染，使肺泡吞噬细胞的吞噬功能出现暂时性障碍，吸入的细菌大量增殖，导致肺泡内充满炎性渗出物而发生肺炎。因此，临床上呼吸器官疾病仅次于消化器官疾病，占第二位，尤其是北方冬季寒冷，气候干燥，发病率相当高。

二、呼吸器官疾病的主要症状

呼吸器官疾病的主要症状有流鼻液、咳嗽、呼吸困难、发绀和肺部听诊的啰音，在不同的疾病过程中有不同的特点。

三、呼吸器官疾病的诊断

详细地询问病史和临床检查是诊断呼吸器官疾病的基础，X射线检查对肺部疾病具有重要价值。必要时进行实验室检查，包括血液常规检查、鼻液及痰液的显微镜检查、胸腔穿刺液的理化及细胞检查等。

第二节　上呼吸道疾病

一、鼻炎

1. 概念

鼻炎是鼻腔黏膜及黏膜下层组织的炎症。临床上以鼻黏膜充血、肿胀、流鼻液、喷鼻为特征。

2. 病因

原发性鼻炎的病因主要为寒冷，吸入有害气体和化学药物以及机械性刺激等；继发性鼻炎，一般见于鼻疽、腺疫、咽喉炎等疾病的病程中。

3. 症状

（1）急性鼻炎症状　初期鼻黏膜潮红、肿胀，并伴有喷鼻现象。小动物患本病时常发生鼻塞音。继而由一侧或两侧鼻孔流出鼻液。有的患病动物体温升高，精神沉郁，下颌淋巴结肿胀。严重者鼻腔溃烂。常发生呼吸困难。

（2）慢性鼻炎症状　常持续地从鼻孔流出黏液性或脓性鼻液，如为腐败性者可放出恶臭味，黏膜肿胀，凹凸不平，呈灰白色或灰红色。当炎症进一步蔓延时，可发生相邻器官的炎症。犬的慢性鼻炎可引起窒息或脑病。猫的慢性化脓性鼻炎，最后导致鼻骨肿大，鼻梁皮肤增厚以及淋巴结肿大。

4. 诊断

鼻炎的诊断，可根据鼻黏膜充血、肿胀、流鼻液等初步作出诊断。

5. 治疗

应尽早除去病因，改善饲养管理。轻者可不治自愈。重症可根据病情，酌情使用温生理盐水、1％碳酸氢钠、0.1％高锰酸钾、1％明矾或2％～3％硼酸液冲洗鼻腔，每日1～2次。同时也可使用2％松节油或2％克辽林进行蒸气吸入。促进炎性渗出物吸收及排除。

二、感冒

1. 概念

感冒是由于寒冷刺激所引起的以上呼吸道黏膜炎症为主症的急性全身性疾病。临床上以体温升高、鼻流清涕、羞明流泪、咳嗽为特征。

2. 病因

寒冷刺激降低了机体的防御功能，破坏了呼吸道屏障作用，病原微生物乘机发育繁殖，结果引起上呼吸道黏膜发炎，使黏膜充血、肿胀、黏液分泌增多和黏膜感觉过敏，此时患畜表现流鼻液、咳嗽、喷鼻、发出鼻塞音等症状。

3. 症状

病畜精神沉郁，耳耷头低，眼睛半闭，食欲减少或废绝。皮温不整，触摸耳尖、鼻端发凉，而耳根、股内侧感到烫手。结膜潮红或有轻度肿胀，羞明流泪。通常发生咳嗽、流浆液性鼻液。呼吸加快，肺泡音增强，有的可听到水泡音。脉搏增数，心音增强。体温升高。热型不定。

4. 诊断

根据咳嗽、流鼻液、体温升高、皮温不整等症状，可以作出诊断。但必须与流行性感冒相区别。流感系病毒所引起，发病急剧，呈流行性发生，高热。除具有感冒症状外，尚有皮下组织、腱和腱鞘、关节水肿，重剧的眼炎以及胃肠道炎症等。

5. 治疗

本病治疗原则是除去病因、解热镇痛、防止和消除继发症。

将病畜置于温暖而阳光充足的厩舍中。病的初期应用解热镇痛剂，多能收到良好的效果。常用解热镇痛剂，如30％安乃近注射液，马、牛10～30ml，猪、羊3～10ml；或安痛定注射液，马、牛20～40ml，猪、羊5～10ml。上述药物均为肌内注射，每日2次。病情较重，应用解热镇痛剂后，若体温仍不下降时，为防止和消除继发感染，可应用磺胺类药和抗生素。患重感冒而体温持续不下的猪，易继发肠便秘，在应用解热镇痛药物的同时应疏通肠道。

三、喉炎

1. 概念

喉炎是指喉黏膜的炎症。临床上以剧烈咳嗽，喉部敏感及吸气性呼吸困难为特征。

2. 病因

（1）原发性喉炎 主要是由于各种理、化因素对喉部的直接刺激所引起，如吸入刺激性的烟尘、氨、氯、霉菌孢子等。

（2）继发性喉炎 主要为相邻器官炎症的蔓延，如鼻炎、咽炎、支气管炎等，或见于一些传染病过程中，如马腺疫、恶性卡他、流感、犬瘟热、羊痘、鸡白喉等。

3. 症状

剧烈的疼痛性咳嗽是本病的特征。初期为短、干、痛咳，以后转变为湿、长、痛咳。时间延长，声音变得嘶哑。吸入冷空气、饮冷水、驱赶过急或吃混有尘土的饲料时咳嗽加剧。患病动物喉部肿胀。头颈伸展，避免向两侧转动，触诊喉部，病畜抗拒并发生连续咳嗽。稍加压迫即表现疼痛不安，摇头伸颈，喉黏膜肿胀，喉腔狭窄，因而患病动物呈吸气性困难。听诊可闻及喉狭窄音。一般都有体温升高现象，严重病例体温高达 40℃ 以上。

4. 诊断

根据剧烈咳嗽和喉头敏感等主要临床特征，可作出诊断；但应与咽炎相区别。咽炎虽也有咳嗽，但主要表现为吞咽障碍。吞咽时，食物和饮水常从两侧鼻孔流出，触压咽部敏感。

5. 治疗

（1）为加速清除炎症，可用 10％盐水温敷喉部，每次 1h 左右，每日 2 次。病重者，可肌内注射青霉素 80 万～160 万国际单位，每日 2 次，必要时可用 2％松节油或 2％克辽林进行蒸气吸入，每日 2～3 次，每次 15min。当频发咳嗽并且分泌物较为黏稠时，内服溶解性祛痰剂，常用氯化铵 25g，杏仁水 35ml，远志酊 35ml，温水 500ml，一次内服。猪、羊药量酌减。小动物可内服复方甘草片、止咳糖浆等。也可内服化痰片，犬 0.05～0.1g，猪 0.05～0.1g，均每日 3 次内服。

（2）当频发干、痛咳嗽时，特别是喉头敏感和呼吸中枢过度兴奋时，应采用普鲁卡因青霉素封闭（0.25％普鲁卡因液 20～30ml，青霉素 40 万～100 万国际单位混合，马、牛一次喉头周围封闭，一日 2 次）。

（3）当体温过高时，应注射磺胺类药物或抗生素。喉部皮肤可涂鱼石脂软膏，必要时可经鼻腔向喉内注入碘甘油。患畜有窒息危象时，必须行气管切开术。

第三节　支气管及肺脏疾病

一、肺充血和肺水肿

1. 概念

肺充血是指肺毛细血管内血液过度充满。一般分为主动性肺充血和被动性肺充血。主动性肺充血是指流入肺内的血流量增多，流出量亦增多，导致肺毛细血管过度充满。被动性肺充血是指肺的血液流出量减少，而流入量正常或增加，引起肺的淤血性充血。

肺水肿是由于肺充血持续时间过长，血管内的液体成分渗漏到肺实质和肺泡所引起。

肺充血和肺水肿在临床上均以呼吸困难、黏膜发绀和泡沫状的鼻液为特征，严重程度与不能进行气体交换的肺泡数量有关。

本病见于所有家畜，但常见于马，特别是炎热的季节可突然发病。

2. 病因

（1）主动性肺充血 主动性肺充血常见于动物过度劳累，如马匹在炎热的天气下过度使役或奔跑，或驮挽马驮载量及挽曳量过重，并于泥泞或崎岖的道路上运输而发生。长时间用火车或轮船运输家畜，因过度拥挤和闷热，容易发病。吸入热空气、烟雾或刺激性气体及发生变态（过敏）反应时，均可使血管迟缓，导致血液流入量增多，从而发生主动性肺充血和炎症性肺充血。另外，在肺炎的初期或热射病的过程中也可发生肺充血。长期躺卧的病畜，血液停滞于卧侧肺脏，容易发生沉积性肺充血。

（2）被动性肺充血　被动性肺充血主要发生于代偿功能减退期的心脏疾病，如心肌炎、心脏扩张及传染病和各种中毒性疾病引起的心脏衰竭。有时也发生于左房室孔狭窄和二尖瓣闭锁不全。此外，心包炎时，心包内大量的渗出液影响了心脏的舒张；胃肠臌气时，胸腔内负压减低和大静脉管受压迫，肺内血液发生流出困难，均能引起淤血性肺充血。

（3）肺水肿　肺水肿最常继发于急性过敏反应、再生草热或充血性心力衰竭。也发生于吸入烟尘和毒血症（如猪桑葚心病和有机磷中毒等）的病程中。此外，安妥中毒也能发生肺水肿。

3. 发病机制

在病因作用下，大量血液进入肺脏并淤滞于此，肺脏微血管过度充满，肺毛细血管充血而失去有效的肺泡腔。肺活量减少，血液氧合作用降低。后期，流经肺脏的血流缓慢，使血液氧合作用进一步降低，机体缺氧而出现呼吸困难，甚至黏膜发绀。

由于缺氧或毒素损伤了肺脏毛细血管，或心力衰竭引起肺静脉压升高，均可导致血液中大量的液体漏出而进入肺泡和肺间质，而发生肺水肿。严重的病例支气管也充满了漏出液，阻止了肺脏的气体交换，肺活量更加降低。临床上出现呼吸功能不全的一系列表现。

4. 症状

肺充血和肺水肿是同一病理过程的前后两个不同阶段。动物突然发病，惊恐不安，呈进行性呼吸困难。初期呼吸加快而迫促，很快出现明显的呼吸困难，头颈伸直，鼻孔高度开张，甚至张口呼吸，胸部和腹部表现明显的起伏动作。严重的病畜，两前肢叉开站立，肘突外展，头下垂。呼吸频率超过正常的4～5倍，听诊肺泡呼吸音粗糙。眼球突出，可视黏膜潮红或发绀，静脉怒张。脉搏加快（100次/分），听诊第二心音增强，体温升高。病畜可因窒息而突然死亡。

肺水肿时，两侧鼻孔流出多量浅黄色或白色甚至粉红色的细小泡沫状鼻液。肺部听诊，肺泡呼吸音减弱，出现广泛性的捻发音、支气管呼吸音及湿啰音。因漏出液进入肺泡，肺部叩诊出现半浊音或浊音。

X射线检查，肺野阴影普遍加重，肺门血管纹理显著。

5. 病理变化

急性肺充血时，肺脏体积增大，呈暗红色。主动性肺充血病畜切开肺脏，有大量血液流出。慢性被动性肺充血者，肺脏因结缔组织增生而变硬，表面布满小出血点。沉积性肺充血则因血浆渗入肺泡而引起肺脏的脾样变。组织学检查，肺毛细血管明显充盈，肺泡中有漏出液和出血。

肺水肿时肺脏肿胀，丧失弹性，按压形成凹陷，颜色比正常苍白，肺切面流出大量浆液。组织学变化为肺泡壁毛细血管高度扩张，充满红细胞，肺泡和实质中有液体聚集。

6. 病程及预后

主动性肺充血和肺水肿，在心脏和肺脏状况良好时，若能及时治疗，短时间内即可痊愈，个别病例可拖延数天。严重病例，可因窒息或心力衰竭而死亡。被动性肺充血发展缓慢，病程取决于原发病。轻度肺水肿发展缓慢，临床症状不明显者，一般预后良好。重剧的肺水肿，发展迅速，终因窒息而死。

7. 诊断

根据过度劳累、吸入烟尘或刺激性气体的病史，结合呼吸困难、鼻孔流泡沫状鼻液及X射线检查，即可作出诊断。

8. 鉴别诊断

临床上应与下列疾病进行鉴别。

（1）热射病　全身衰弱，体温极度升高，呼吸困难，并有中枢神经系统功能紊乱。

（2）弥漫性支气管炎　缺乏泡沫状的鼻液。

（3）肺出血　特征为两侧鼻孔流出含泡沫的鲜红色血液，同时黏膜呈进行性贫血。

9. 治疗

治疗原则为保持病畜安静，减轻心脏负荷，制止液体渗出，缓解呼吸困难。

（1）首先将病畜安置在清洁、干燥、凉爽的环境中，避免运动和外界因素的刺激。

（2）对极度呼吸困难的病畜，颈静脉大量的放血有急救功效。能减轻心脏负担，降低肺中血压，使肺毛细血管充血减轻，同时增加进入肺脏的空气。一般放血量：马、牛 2000～3000ml，猪 250～500ml。被动性肺充血吸入氧气有良好的效果，马、牛每分钟 10～15L，共吸入 100～120L，也可皮下注射 8～10L。

（3）制止渗出，可静脉注射 10％氯化钙溶液，马、牛 100～200ml，猪、羊 20～50ml，每日 2 次；或静脉注射 20％葡萄糖酸钙溶液，马、牛 500ml，每日 1 次。因血管通透性增加引起的肺水肿，可适当应用大剂量的皮质激素，如氢化泼尼松 5～10mg/kg 体重，静脉注射。因弥漫性血管内凝血引起的肺水肿，可应用肝素或低分子右旋糖酐溶液。过敏反应引起的肺水肿，通常将抗组胺药与肾上腺素结合使用可有效地缓解症状。有机磷中毒引起的肺水肿，应立即使用阿托品减少液体漏出。

（4）对症治疗，包括应用强心剂加强心脏功能和对不安的病畜选用镇静剂。

10. 预防

本病的预防，主要是加强饲养管理，保持环境清洁卫生，避免刺激性气体和其他不良因素的影响，在炎热的季节应减少运动或减轻使役强度。长途运输的动物，应避免过度拥挤，并注意通风，供给充足的清洁饮水。对卧地不起的动物，应多垫褥草，并注意每日对其进行多次翻身。患心脏病的动物，应及时治疗，以免心脏功能衰竭而发生肺充血。

二、支气管炎

1. 概念

支气管炎是支气管黏膜表层或深层的炎症。按病程分为急性和慢性两种。临床上以咳嗽、流鼻液与不定型热为特征。

2. 病因

（1）原发性病因 主要原因是受寒和感冒。如寒冷、多风、遇雨的夜间露宿牧场，或贼风侵袭、出汗后遭受雨淋，绵羊、山羊剪毛后护理不周，因受寒感冒，支气管黏膜防卫功能减弱，内外源致病微生物乘虚大量繁殖。支气管黏膜受化学因素和物理因素的刺激，或投药误入气管内，均可引起支气管炎。

（2）继发性病因 支气管炎可见于某些传染病和寄生虫病，如马腺疫、流行性感冒、恶性卡他热、禽慢性呼吸道病等。邻近器官的炎症，如喉炎、肺炎、胸膜炎等的蔓延也可导致支气管炎的发生。

3. 症状

（1）急性支气管炎 主要症状是咳嗽。病初，呈短、干、痛咳。3～4 天后，则变为湿、长咳，痛感亦减轻。两侧鼻孔流浆液性、浆液黏性或黏液脓性鼻液，咳嗽后其量增加。胸部听诊，病初肺泡音增强，2～3 天后，由于支气管黏膜肿胀和分泌黏稠的渗出物，可听到干啰音，当支气管内有多量稀薄的渗出物时，则听到湿啰音，并以大、中水泡音居多。啰音的强弱与呼吸强弱及病变部位的深浅有关。胸部叩诊，一般无变化，全身症状轻微，体温正常或稍升高 0.5～1℃，呼吸增数。继发于传染病时高热，具有重剧的全身症状。

（2）细支气管炎 全身症状较重，体温升高 1～2℃，呼吸疾速，呈呼气性呼吸困难。马常头颈伸直，鼻翼开张呈喇叭状；牛则张口伸舌；猪、羊则张口呼吸。可视黏膜发绀。病由始至终均发生微弱的短、痛咳。通常无鼻液或仅见少量鼻液。胸部听诊，有小水泡音或干啰音。若细支气管完全阻塞，渗出物向肺蔓延，可引起支气管肺炎。胸部叩诊，呈现高朗的清音。肺界多后移，这是由于支气管狭窄，呼吸困难，发生急性肺气肿的结果。如并发支气管肺炎，则有岛屿状浊音。

（3）慢性支气管炎 临床上以长期顽固性咳嗽为特征。早晚气温较低或饮食刺激时，频频发咳。无并发症时，体温、脉搏无变化。病初呼吸无变化，以后由于支气管黏膜结缔组织增生变厚，支气管腔变狭窄，则发生呼吸困难。当并发肺气肿时，可看到严重的呼气性呼吸困难，出现肋间陷凹与息痨沟。病畜日趋消瘦，被毛粗乱无光。胸部听诊，肺泡音粗粝，可长期听到干啰音，并发肺气肿时肺泡呼吸音减弱。胸部叩诊，一般无变化，并发肺气肿时，肺界扩大。

4. 诊断

原发性支气管炎，根据咳嗽、流鼻液、胸部听诊有啰音等症状，较易诊断。

5. 治疗

治疗本病的原则是加强护理，消除炎症，祛痰止咳，制止渗出，恢复呼吸道的防御功能。

（1）消除炎症　可应用青霉素和链霉素及磺胺类药物进行肌内注射或静脉注射。配合应用可的松能提高消炎效果。若病情严重时，可应用抗生素 1～2g，溶于 5％葡萄糖注射液或 5％葡萄糖氯化钠注射液 1000ml 中，一次缓慢地静脉注射，每 8～12h 注射 1 次。为促进炎性渗出物的排除，可用松节油、来苏尔、克辽林、木榴油、薄荷脑、麝香草酚等蒸气吸入；或用无刺激性的药物（如碳酸氢钠等）进行雾化吸入。为抑制细菌生长，也可用青霉素 40 万国际单位，链霉素 50 万国际单位，注射用水 20ml，混合，一次缓慢气管内注射，或气管内注射 5％薄荷脑石蜡油，牛、马每次 10～15ml，猪、羊每次 2～3ml，第一、二日，每日 1 次，以后隔日 1 次。注射 4 次为一个疗程。

（2）祛痰止咳　为了促进分泌物的溶解、稀释及排出，可应用溶解性祛痰药如氯化铵 15g，吐酒石 2g，人工盐 80g，茴香末 25g，马、牛一次内服；或氯化铵 8g，碳酸氢钠 50g，马、牛一次内服。当渗出物稀薄，咳嗽力弱，不能咳出时，可应用兴奋咳嗽中枢和支气管上皮绒毛运动的药物，如吐根末（马、牛 0.8～3g，猪 0.1～2g，羊 0.2～0.5g）、远志末（马、牛 30～50g，猪、羊 10～15g）、桔梗末（马、牛 25～50g，猪、羊 8～20g）等。当咳嗽重剧而痛苦且分泌物不多时，可适当应用镇咳剂，如复方甘草合剂（由甘草流浸膏、复方樟脑酊、亚硝酸乙酯醑、酒石酸锑钾溶液等组成），马、牛 20～40ml，每日 2～3 次内服；或复方樟脑酊，马、牛 30～50ml，猪、羊 5～10ml，每日 2～3 次内服；或内服咳必清，马、牛 0.5～1g，猪、羊 0.05～0.1g，犬、猫酌减，每日 1～2 次；或内服杏仁水，马、牛 20～50ml，猪、羊 3～10ml，每日 2～3 次；或内服水合氯醛麻黄素合剂（水合氯醛 8g，麻黄素 0.1g，颠茄流浸膏 2g，糖浆 100ml），马、牛一次内服，每日 2～3 次；或吐根浸膏 1g，氯化铵 4g，磷酸可待因 0.1g，糖浆 10ml，猪一次内服，每日 2～3 次。在使用祛痰止咳剂同时，加服一溴樟脑，马、牛 3～5g，猪、羊 0.5～1g；或盐酸异丙嗪，马、牛 0.25～0.5g，猪、羊 25～50mg，效果更好。

慢性支气管炎可内服碘化钾、碘化钠，剂量：马、牛 5～10g，猪、羊 1～2g，犬 0.25～1g，每日 1～2 次。或用磺酊，马、牛 10～20ml，猪、羊 2～5ml，犬 15～20ml，混在牛乳中内服，每日 1～2 次。或内服松节油，马、牛 10～25g，猪、羊 1～5g，犬 0.2～5g，每日 1～2 次。或静脉注射安基比林，马、牛 50～60ml，猪、羊 5～20ml，每日 1～2 次。

（3）制止渗出　可静脉注射 10％氯化钙注射液，马、牛 100ml，一日 1 次；或 3％～5％碘化钙注射液，马 20ml，牛 30ml，猪、羊 10ml，一日 1 次；或 10％葡萄糖酸钙注射液 200～300ml（马、牛），一日 1 次。为缓解呼吸困难，可用氨茶碱，马、牛 1～2g，猪、羊 0.25～1g；犬 0.05～0.1g，每日 2 次，肌内注射。或用 5％麻黄素液，马、牛 4～10ml，一次皮下注射。

三、支气管肺炎

1. 概念

又称小叶性肺炎，是单个肺小叶或一群肺小叶发生的炎症。在多数病例中，由于炎症首先始于支气管，继而蔓延到细支气管及其所属的肺小叶，故亦称支气管肺炎。临床上以弛张热，听诊有捻发音，叩诊呈岛屿状浊音（点状浊音）以及一定的全身症状为特征。

2. 病因

支气管肺炎通常是由支气管炎进一步发展而成。因此，凡能引起支气管炎的致病因素均可促使本病的发生。另外，本病还继发于某些传染病、寄生虫病和其他器官系统的疾病经过中。

3. 症状

（1）支气管肺炎多由支气管炎转变而来。因此，病初多呈支气管炎症状。呈短、钝、痛咳，胸部叩诊往往诱发咳嗽。流浆液性或黏液性鼻液，初期及末期鼻液量较多。马常于咳嗽后流出少量黏性鼻液，牛、羊多流黏性鼻液，猪常流脓性鼻液。

随着病情的发展全身症状逐渐加剧，病畜精神沉郁，食欲减退或废绝。呼吸浅表频数，有的呼吸数每分钟可达 40～100 次，中小动物则更多，通常随炎症的蔓延和中毒程度发展而呈增进性混合性呼吸困难。

（2）体温、脉搏变化　体温升高，常为弛张热型。病初 2～3 天体温逐渐上升，可达 40℃ 以上，以后 2～4 天逐渐下降，但随即又再度上升。随着体温的高低，病畜的全身症状亦发生改变，当病畜趋向康复时，体温一般逐渐下降。但有时在过劳及衰弱的病畜，可不伴有体温变化。脉搏随体温变化而变化，病初稍强，以后变弱，脉搏每分钟可增至 60～100 次，小动物更多。

（3）胸部听诊　病初，当病变部位的肺泡内尚未充满渗出物时，肺泡呼吸音减弱，可听到捻发音。以后，随炎性渗出物性状的改变，可听到干啰音或湿啰音。当各小叶肺炎灶互相融合，肺泡内完全充满渗出物时，肺泡呼吸音消失，出现支气管呼吸音，在炎性病灶周围，由于肺组织代偿性呼吸加强，故肺泡呼吸音增强。

（4）胸部叩诊　胸部叩诊情况随肺炎性病灶的部位、大小而不同。当炎性病灶位于肺脏表面时，可叩出一个或数个岛屿状浊音区，且多在胸壁的前下方三角区域内出现；当肺炎灶很小或叩诊操作不细致，就很可能叩不出岛屿状浊音；当一侧患肺炎时，则另一侧叩诊音高朗。

4. 诊断

根据弛张热，发短、钝、痛咳，叩诊呈岛屿状浊音，听诊肺泡呼吸音减弱甚至消失及捻发音，诊断并不困难，但必须与细支气管炎、大叶性肺炎相鉴别。

5. 治疗

原则：除去病因，抑菌消炎，镇咳祛痰，促进吸收，维护心脏功能，防止败血症，促进病畜早期康复。

（1）抑菌消炎　控制和消除炎症，是治疗小叶性肺炎的根本措施，要贯穿于整个治疗过程中。所以可大剂量应用抗生素和磺胺类药物。抗生素可用青霉素、卡那霉素、庆大霉素、红霉素和广谱抗生素（如四环素、土霉素、金霉素等）。在应用抗生素的同时，可应用磺胺类药物内服。或用青霉素，或用薄荷脑石蜡油缓慢气管内注入（剂量见支气管炎）。

（2）镇咳祛痰　病初可给予镇咳祛痰药，如口服氯化铵、人工盐、小苏打、甘草末、碘化钾、复方甘草合剂、远志酊、杏仁水、吐根、复方樟脑酊或磷酸可待因等。

（3）制止渗出　为了控制炎性渗出，促进吸收，可静脉注射 10％葡萄糖酸钙、10％氯化钙、3％～5％碘化钙或 10％水杨酸钠等（详见支气管炎）。

（4）对症治疗　为了增强心脏功能，改善血液循环，应用安钠咖、樟脑水、强尔心、樟脑磺酸钠等。为了加强机体防卫功能，病初，胸部涂搽芥子泥、431 合剂、樟脑酒精等。为了防止自身中毒，可静脉注射撒乌安液，马、牛每次 50～100ml，猪、羊每次 10～30ml，一日 1 次。当病畜体温极度升高时，可适当地应用解热剂，如安乃近、安痛定等。当病畜呈现严重的呼吸困难时，可行氧气吸入或静脉注射过氧化氢混合液（3％过氧化氢液 1 份，复方氯化钠注射液 3 份），1000～1500ml，每日 1～2 次（马、骡）。据报道，应用氧气腹腔注射，100ml/kg 体重对羊支气管肺炎有良好效果。

四、大叶性肺炎

1. 概念

大叶性肺炎是多数肺叶的一种急性炎症，因炎症渗出物中含有大量纤维素，故又称纤维素性肺炎或格鲁布性肺炎。临床上以高热稽留、流铁锈色或橙黄色鼻液及定型经过为特征。

2. 病因

（1）传染性大叶性肺炎　近年证明，动物的大叶性肺炎主要是由双球菌引起的。此外，巴氏杆菌、链球菌、葡萄球菌及肺炎双球菌等在本病的发生上也有着重要意义。

（2）非传染性大叶性肺炎　大叶性肺炎是一种变态反应性疾病，引起本病的诱因，一般是受寒、感冒、过劳、机械损伤、吸入刺激性气体等。

3. 症状

（1）全身症状　突然发病，体温可高达 40～41℃以上，并稽留 6～9 天，以后渐退或骤退至正常体温。在肝变初期，自鼻腔流出铁锈色或橙黄色鼻液，且多在 1～2 天消失。脉搏于病初稍加快，但不与体温相适应，一般来说，体温每升高 1℃，脉搏增加 4～8 次。当体温开始下降时，脉搏反而继续加快，这种异常现象是本病的特征之一。

（2）胸部听诊　在充血渗出期，于发炎局部肺泡音微弱，而听有水泡音或捻发音，这种声音在吸气末期最明显。周围健康部肺泡音强盛。在肝变期，肝变部肺泡呼吸音消失，而呈支气管呼吸音。在溶解吸收期，可再听到水泡音或捻发音。其后肺泡呼吸音逐渐恢复正常。

（3）胸部叩诊　马患大叶性肺炎时，其浊音区多出现于肘后胸壁前下方三角区域内。该浊音区的上界多呈弧形，而且弓背向上。非典型的纤维素性肺炎，有时在肺后上部的三角区域内或肺边缘呈浊音区。一侧肺发炎，对侧肺的叩诊音高朗。

（4）全身症状　精神高度沉郁，食欲减少或废绝，四肢无力，恶寒战栗。黏膜潮红、黄染。呼吸困难呈气喘状，每分钟 40～60 次，无并发胸膜炎时，呼吸式多无异常，时常发浅、短、痛咳，或畏痛而忍其咳。

4. 诊断

（1）诊断　根据临床上高热稽留、流铁锈色或橙黄色鼻液及胸部听、叩诊的典型变化，可建立诊断。

（2）鉴别诊断　应与小叶性肺炎、胸膜炎等病相鉴别。

① 小叶性肺炎：弛张热型，发短、钝的痛咳，胸部听诊有捻发音，肺泡呼吸音减弱或消失，叩诊呈岛屿状浊音。

② 胸膜炎：热型不定，病初可听到胸膜摩擦音，当胸腔有渗出液积聚时，叩诊呈水平浊音，若进行胸腔穿刺，即有大量渗出液流出。叩诊或触诊胸壁时，病畜疼痛躲闪。

5. 治疗

治疗原则与小叶性肺炎基本相同。

（1）消除炎症　将青霉素 200 万～300 万国际单位，醋酸可的松 0.5～0.6g，2％普鲁卡因 40～50ml，0.9％氯化钠注射液 100ml，混合后一侧胸腔注射，每日 1 次，两侧交替注射，连用 2～3 次。

（2）制止渗出，促进渗出物吸收　在充血期，可静脉注射 10％氯化钙，早晚各 1 次。在溶解期，为促进炎性渗出物吸收和排除，可用利尿剂，如利尿素，马、牛 5～10g，猪、羊 0.5～2g，早晚各服 1 次。内服乙酸钾，马、牛 20～30g，猪、羊 2～5g，早晚各服 1 次。当渗出物溶解消散过慢时，为防止机化，可内服碘化钾，马、牛 5～10g，猪、羊 1～3g，早晚各服 1 次。

（3）对症治疗　为维护心脏功能，防止心肺综合征发生，可使用樟脑、咖啡因及毒毛旋花子苷 K 等强心剂。为防止败血症和毒血症发生，可使用撒乌安、樟糖醇等。为提高碱储、防止酸中毒，应用 5％碳酸氢钠注射液静脉注射。高热稽留时，应用解热剂；伴发肺水肿时，可适量放血和应用 10％氯化钙注射液，50％葡萄糖注射液静脉注射。

五、间质性肺气肿

1. 概念

间质性肺气肿是指肺泡、漏斗和细支气管发生破裂，气体窜入肺小叶间质而发生的一种肺病。临床上以突然出现呼吸困难、皮下气肿和迅速窒息为特征。各种动物均可发病，但牛最为常见。

2. 病因

本病的病因尚未完全清楚，一般认为有以下几个方面：变态反应、过劳痉挛性咳嗽、吸入刺激性气体、肺脏被异物刺伤及寄生虫侵袭、某些传染病（如牛流行热）、某些中毒病（如白苏和黑斑病甘薯中毒等）。

3. 症状

发病突然，迅速出现呼吸困难，低头伸颈，张口伸舌，焦躁不安，脉搏细数。听诊肺泡呼吸音弱，可听到独特的碎裂性啰音或捻发音。胸部叩诊音高朗，呈过清音或鼓音，肺叩诊界一般不扩大，但如继发于急性肺泡气肿，则肺叩诊界后移。颈部和肩部最先出现皮下气肿，迅速窜到全身皮下，触诊呈捻发音。

4. 诊断

根据病史材料分析，临床上突发呼吸困难，叩诊呈过清音或鼓音，听诊具有独特的碎裂性啰音及皮下气肿等，不难作出诊断。但应注意与牛黑斑病甘薯中毒相区别。

黑斑病甘薯中毒俗称"牛喘气病"，临床特征性症状是呼吸困难，呼吸次数可增加到 100 次/分以上，呼吸加深，如拉风箱样，在离动物较远处即可听到。从口、鼻流出多量带泡沫的唾液和鼻液，听诊在肺部有异常的呼吸音，部分患病动物在后期出现皮下气肿，触诊时可有捻发音。诊断该病根据有无饲喂黑斑病甘薯的病史、群发性、体温不高、呼吸困难，及剖检时在胃内发现病薯残渣特征临床症状即可作出。

5. 治疗

本病以除去病因、制止过敏和对症处置为治则。

制止过敏：应用抗组胺药物，如氢化可的松，马、牛 0.2～0.5g，猪、羊 20～80mg，犬 5～20mg；溶于 0.9%氯化钠注射液或 5%葡萄糖氯化钠注射液中，静脉滴注，效果较好。如同时配合肌内注射氨茶碱液（马、牛 1～2g，猪、羊 0.25～0.5g，犬 0.05～0.1g）和青霉素，每日 2 次，其效果更佳。

据国外报道，对乳牛和肉牛的反应性肺气肿，应用 1%阿托品 15～30ml，0.1%麻黄素液 10ml，皮下注射，有良好的效果。

六、肺气肿

1. 概念

肺气肿是由于肺泡过度充气和过度扩张所引起的肺气泡弹力减退与肺体积增大。急性肺泡气肿是指肺组织弹力一时性减退，肺泡极度扩张，肺容积增大，一般不伴有肺组织构造上的变化，临床上以发生呼吸困难、肺叩诊界扩大为特征。

2. 病因

主要是因为急剧使役和长期服重役，特别是老龄动物，由于肺泡壁弹性降低更易发生。此外，也可继发于慢性细支气管炎、上呼吸道狭窄及持续性痉挛性咳嗽等。

3. 症状

突然发生呼吸困难，呼吸加快。可视黏膜发绀，静脉怒张。胸部叩诊呈过清音，特别是在肺后下缘叩诊音变化更为明显。叩诊界向后扩大。胸部听诊，病初肺泡呼吸音增强，以后由于弹力减退而减弱，若伴发慢性支气管炎，可听到干啰音或湿啰音。

4. 诊断

根据病史资料及临床上突发呼吸困难，肺部叩诊界扩大，可以作出诊断。

5. 治疗

本病以除去病因和缓解呼吸困难为治疗原则。

（1）缓解呼吸困难　可皮下注射 1%硫酸阿托品液，马、牛 0.01～0.02g，猪、羊 2～4mg，犬 0.3～1mg；也可静脉注射或肌内注射氨茶碱，马、牛 1～2g，猪、羊 0.25～0.5g。

（2）对症治疗　发生心力衰竭时，可应用强心剂；并发支气管炎时，可应用抗生素或磺胺类制剂；呼吸困难有窒息危象时，可应用氧气疗法。

第四节　胸　膜　炎

一、概念

胸膜炎是胸膜发生伴有炎性渗出物与纤维蛋白沉积的炎症。

按其渗出物的性质可分为浆液性、纤维素性、浆液纤维素性、出血性、化脓性和化脓腐败性；按其渗出物的数量则可分为干性和湿性。

临床上以胸部触诊疼痛，听诊有胸膜摩擦音，叩诊有水平浊音，腹式呼吸，发热、痛咳并有一定热候为特征。

二、病因

胸膜炎大多是一种继发病。常继发于某些传染病的过程中，如马腺疫、鼻疽、流感、牛结核、猪肺疫等。某些邻近器官的疾病，如大叶性肺炎、小叶性肺炎、肺坏疽以及牛的外伤性网胃-心包炎等炎症的蔓延，也可引发本病。

三、症状

（1）全身症状　患畜精神沉郁，食欲减少或废绝。呼吸浅表疾速，常呈特异的腹式呼吸。当一侧胸膜发炎时，病畜于站立时常将患侧藏隐蔽处，而呼吸不仅见于健侧。脉搏增数、微弱、节律不齐，体温增高，可达40℃左右，热型不定。咳嗽短而弱、痛，病畜往往做摇头、伸颈、咀嚼及吞咽等动作，以图缓解疼痛，抑制发咳。触诊胸壁患部，病畜表现疼痛不安并竭力躲避检查，甚至发生战栗或呻吟。马在病程中，一般多取站立姿势，其他家畜则常伏卧，一般在病的初期多以健侧向下，避免胸膜受压迫而疼痛，至渗出物积聚时则以病侧卧地，以缓解呼吸困难。

（2）胸部听诊　在病初和渗出物消散期，可听到明显的胸膜摩擦音，并与呼吸运动相一致，听起来好像在耳下，如刮削、锯木、搔抓等。随着渗出物的积聚，胸膜的壁层与脏层被渗出液隔开，胸膜摩擦音逐渐减轻和消失。由于胸腔内既有液体又有气体，动物姿势的突然改变，可以听到胸腔拍水音。在胸部水平浊音区边缘，由于肺泡受渗出液的压迫，有时可听到支气管呼吸音；浊音区中、下部肺泡音减弱或消失；健康部肺泡音增强。病侧的心跳由于渗出液的积聚而显著减弱。

（3）胸部叩诊　叩诊时病畜表现疼痛不安、躲闪，且常有咳嗽。随着渗出物的积聚，胸部叩诊出现大片浊音区，浊音区上界呈水平。随着病畜身体姿势的改变，则水平浊音区位置也发生改变。牛在躺卧时，由于渗出液的转移，此种水平浊音区通常消失或缩小。

（4）胸腔穿刺　胸腔内积聚大量渗出液时，穿刺可放出多量淡黄色渗出物，其比重高于1.06，蛋白质含量在3％以上，冰醋酸试验呈阳性反应。如渗出液内混有多量脓汁或坏死组织碎片，并放出腐败臭味，表示病情恶化，胸膜已发生化脓坏死，应特别注意。

四、诊断

根据胸膜摩擦音、叩诊水平浊音、触诊胸壁疼痛及胸腔穿刺放出大量炎性渗出物等特征，可以确诊。

五、治疗

本病的治疗原则是消除炎症，制止渗出，促进渗出物的吸收和排出以及防止自体中毒。

当胸腔渗出液过多，呼吸高度困难时，可行胸腔穿刺，排出渗出物。然后用0.1％雷夫奴尔液或0.01％呋喃西林液等冲洗胸腔。洗完后向胸腔内注射抗生素。通常可注入青霉素或链霉素100万～200万国际单位，或青霉素100万～200万国际单位，溶于50ml 0.25％普鲁卡因中注入，均有效果。为了促进炎症消散，可在胸壁上涂擦10％樟脑酒精或松节油、芥子泥、431合剂等；为了促进渗出物的吸收，可适当应用强心剂、利尿剂或缓泻剂。

【复习思考题】

1.呼吸道疾病有哪些临床特点？请简述其治疗原则。
2.小叶性肺炎和大叶性肺炎的鉴别诊断有何异同？
3.简述大叶性肺炎的发病机制。
4.简述大叶性肺炎红色肝样变期病变特点及临床病理联系。

第八章　心血管系统与血液疾病

【知识目标】
　　1. 掌握心血管功能不全、心包和心肌疾病、贫血的病因和症状。
　　2. 熟练掌握心血管功能不全、心包和心肌疾病的鉴别诊断。

【技能目标】
　　能正确分析心力衰竭、心包炎、贫血的病因，做好预防和治疗工作。

　　血液是一种流体组织，是动物机体的重要组成成分，它沿血管不停地在全身循环，是维持内环境相对稳定和生命活动正常进行的基本条件。血液是动物体细胞间运输的介体，是体内免疫过程的媒介和参与者，也是激素和酶的输送者。它将从消化道吸收的营养成分送到全身各组织，收回各细胞的代谢产物，并将从肺所得到的氧送至组织，组织所产生的二氧化碳送还到肺，同时还将内分泌腺的分泌物送往全身。

　　血液细胞发生质量和数量的改变都能产生相应的病理变化，这种病理变化不仅影响到造血器官及其功能，而且也影响到其他器官。反之，造血器官发生病理变化直接影响到血细胞，其他器官障碍时也可反映到血液中来。

　　因此，在临床诊断疾病时，常进行血液形态学的检查及血液理化学状态的测定；在治疗时常应用止血、泻血、输血等方法。

第一节　心力衰竭

　　心力衰竭是指心肌收缩力减弱或衰竭，心脏排血量减少，动脉压降低，静脉回流受阻等而呈现全身血液循环障碍的一种综合征或并发症。

　　心力衰竭又分为急性心力衰竭和慢性心力衰竭。

一、急性心力衰竭

　　急性心力衰竭，是心肌收缩性突然发生障碍，心肌收缩力减弱以至丧失，心搏出量和每分钟输出量不能满足组织器官（尤其脑和心）需要的一种急性病理过程。可发生于各种动物，在马、犬和牛尤为多见。

　　1. 病因

　　致发急性心力衰竭的病因，可归纳为下列三个方面。

　　（1）心肌收缩力极度减弱　　见于容量负荷过度，如超重、超速驮载，长途奔跑，超量、超速输液；心肌突然遭受剧烈刺激，如雷击，触电，刺激性药物（如钙制剂、色素制剂、砷制剂等）注射速度过快或用量过大；心肌本身的损害，包括许多疾病致发的心肌炎、心肌变性和心肌梗死。

　　（2）静脉回心血量急剧减少　　创伤性心包炎以及各种原因所致的心动过速时，心室舒张期过于短暂，心腔充盈不足。

　　（3）外周循环阻力加大　　见于血压增高、脱水和微循环障碍。此外，在应激状态、马急性盲结肠炎、牛瘤胃酸中毒、胃肠破裂所致的内毒素血症或败血性休克时，常由急性心力衰竭而转归死亡。

2. 症状

急性心力衰竭初期，病畜精神沉郁，使役或运动中易于疲劳，出汗（马），呼吸促迫，可视黏膜轻度发绀，体表静脉扩张，心搏动强盛，第一心音增强，脉搏细数，脉律失常。随着病程的发展，病情逐渐增重，黏膜高度发绀，体表静脉怒张，全身出汗，心搏动亢进且震动胸壁和全身，第一心音高朗，第二心音极弱，甚至只能听到一个心音，心律失常，脉搏细数，每分钟数百次，脉弱不感于手。

最突出的体征是高度呼吸困难，胸部听诊可听到广泛性水泡音，两侧鼻孔流出多量无色细小泡沫状鼻液。

个别最急性心力衰竭病例，常无先兆而突然起病，在显现短暂的呼吸急促和步态蹒跚之后，猝然倒地，知觉完全消失，可视黏膜苍白，有的伴有轻度的阵挛性惊厥。

3. 诊断

（1）论证依据主要包括：病史调查有诱发急性心力衰竭的某种病因或原发病存在。

（2）现症：显示心血管体征，即心搏动亢进，胎儿样心音，脉细弱不感于手；脑、心缺血体征，即心性晕厥，心搏骤停；肺淤滞体征，即肺充血和肺水肿。

4. 治疗

急性心力衰竭的治疗要点：缓解呼吸困难，增强心肌收缩力。

（1）缓解呼吸困难　应立即实施输氧、氧气吸入等急救措施。

（2）增强心肌收缩力　应选用速效、高效强心苷。如西地兰，以5%葡萄糖液稀释，缓慢静脉注射（马、牛）。静脉注射后约10min后显效。毒毛旋花子苷K，马、牛、犬用于5%葡萄糖液稀释后缓慢静脉注射，30天之后显效。

（3）在心力衰竭缓解期　病马（牛），可加用能量物质，即胰岛素、氯化钾液加入5%葡萄糖液内，静脉滴注。为减慢心率，肌内注射复方奎宁注射液，一次2ml，每日3次，效果颇好。如配合洋地黄制剂静脉注射，则疗效更佳。

二、慢性心力衰竭

慢性心力衰竭，又称充（淤）血性心力衰竭，是以心肌收缩力减弱，心泵代偿功能衰竭，体循环或肺循环淤滞（充血）为病理特征的一种慢性循环衰竭综合征。各种动物均可发生，在老龄马和犬尤为多见。

1. 病因

慢性心力衰竭，按病因分有原发和继发两种。

（1）原发性慢性心力衰竭　多起因于长期过度劳役或持久重役。

（2）继发性慢性心力衰竭　多继发或伴发于许多心脏疾病，如心包积液、心包炎、心肌变性、慢性心肌炎以及心脏瓣膜病等。

2. 症状

慢性心力衰竭，病程长达数月至数年，病情发展缓慢。病畜在长时间内表现精神沉郁，食欲减退，不愿走动，不耐运动和使役，易于疲劳和出汗，叩诊心脏浊音区扩大（心脏扩张），听诊两心音尤其主动脉第二心音减弱，脉搏增数而细弱。在心衰竭时，主要显现肺循环淤滞的各种症状，包括混合性呼吸困难，结膜发绀，听诊有湿性啰音。

右心衰竭时，体循环静脉系统淤滞，颈静脉膨隆，搏动明显。颌下、胸前、腹下和四肢末端出现无热无痛的捏粉样肿胀。重症后期，还常伴有腹腔积液、胸腔积液或心包积液。

3. 治疗

凡各种器质性心脏病、心包病、肾脏病伴发或继发的慢性心力衰竭，均无治疗价值，终归死亡。对原发性慢性心力衰竭病畜，尤其贵重动物轻症初期，可停止劳役，加强护理，低钠饮食，辅以治疗。治疗要点在于减轻心脏负荷和增强心泵功能。

第二节 心 包 炎

一、概念

心包炎是心包囊腔脏（浆膜）层和壁（纤维）层炎性疾病的总称。按病程，有急性和慢性之分。按性质，可分为浆液性、纤维蛋白性、化脓性和腐败性等病理类型。其临床特征包括：心区疼痛、心包摩擦音、心包拍水音、心浊音区扩大以及充血性心力衰竭。本病可发生于各种动物，尤其多见于牛和猪。

二、病因

心包炎常见于胸膜炎、心肌炎等邻接蔓延；创伤感染，如牛的创伤性网胃-心包炎；血源感染，见于各种细菌性、真菌性、病毒性全身感染。

三、症状

（1）初期，炎性刺激症状明显。视诊心搏动加快、强盛，震动胸壁以至躯干；触诊心搏动有力，动物呻吟不安；听诊心音增强，心律失常，可闻及心包摩擦音。随着病程进展，心包内出现大量渗出液，听诊心包摩擦音减弱甚至消失，往往出现心包拍水音；叩诊心脏绝对浊音区明显扩大。脉搏细弱而频数，有的不感于手。

（2）病至后期，显现右心衰竭、体循环静脉系统淤滞的一系列症状，如皮肤静脉怒张，颈静脉极度粗隆硬固，下颌隙、胸前（垂皮）、腹下以至四肢末端部出现无热无痛的捏粉样肿胀，严重的伴有腹腔积液和胸腔积液、呼吸困难、黏膜发绀等。X射线胸透显示心脏体积（含心包）极度增大，心区超声检查显示液平面。慢性心包炎，主要表现心包闭塞或缩窄的症状，除心区体征外，全身症状以颈静脉怒张和皮肤水肿为特征。病程缓长，数月至经年不等。

四、治疗

血源感染的心包炎，应针对原发病，兼顾心包炎，使用磺胺制剂和抗生素联合疗法。创伤性心包炎多无救治希望。

第三节 贫 血

一、概念

贫血是指单位体积内外周血液中的血红蛋白浓度、红细胞数和（或）血细胞比容低于正常值的综合征。在临床上是一种最常见的病理状态，主要表现是皮肤和可视黏膜苍白，心率加快，心搏增强，肌肉无力及各器官由于组织缺氧而产生的各种症状。

二、分类

贫血的分类方法繁多，按其原因分为以下几类。

1. 出血性贫血

急性出血性贫血见于血管受损伤，内脏出血，肝、脾破裂，某些中毒病（草木犀中毒、蕨类植物中毒及三氯乙烯脱脂的大豆饼中毒）等。

2. 溶血性贫血

发生于传染病、寄生虫病、中毒病及抗原抗体反应中，当红细胞遭受溶血性细菌、钩端螺旋体、血液原虫及有毒物质的破坏时，可引起溶血。

3. 营养性贫血

是由造血原料供应不足所引起的贫血，发生于微量元素、维生素及蛋白质缺乏时。

4. 再生障碍性贫血

造血器官（主要是骨髓）受到放射性损伤，羊齿类植物中毒、磺胺酰胺钠及氯霉素过敏而发生的贫血，主要是由射线、重金属、药物等的损伤引起的。

三、病因

出血性贫血是由血管破裂造成的。多发生在火器伤、创伤、手术或去势等时，或发生在大放血后、动脉瘤破裂及鼻腔、喉、肺、胃、肠、肾和膀胱出血之后，胃溃疡、脑出血、脾和肝的破裂、子宫出血、卵巢纤维瘤、产后出血、宫外孕、静脉曲张、出血性素质、结核病、鼻疽及寄生虫病等都能引起本病。

凡各种内源性和外源性物质的溶血作用，都能引起溶血性贫血。多种传染病，机体中形成毒素以及中毒等，在某些条件下，能引起红细胞破坏和溶解；溶血性贫血可能因寄生虫性毒物的作用而引起。有一种溶血性贫血是由显性遗传引起。

四、症状

1. 急性出血性贫血

由于失血情况不同，它的临床症状也不一致。

（1）轻型病例 可见到病畜精神委顿，衰弱，打呵欠，步行跛踉及眩晕。

（2）较重病例 病畜极度衰弱，时时排出黏稠的冷汗，体温急剧下降，皮肤紧张度降低，四肢冷厥。有时可见到不自主的排尿。瞳孔反射迟钝。由于氧气不足而出现喘息和呼吸速迫，脉搏加快，心悸动增强，心音钝化。初期，脉搏快速而紧张，后期，则变为微弱而空虚。病畜食欲废绝，但有强烈的饮欲。急性大失血时，因为血管痉挛及充盈不良，以致皮肤和黏膜出现苍白色。濒死期，患畜呈极度缺水状态，停止排汗，皮肤干燥，皮肤紧张力消失，用手触压时，极容易形成皱褶，且很不容易恢复。眼睛失神，变为无精神状态，肌肉震颤，以后变为痉挛，最后由于四肢无力而倒地，渐入昏迷状态而死亡。

2. 慢性出血性贫血

临床症状不明显，发展比较缓慢。可视黏膜变为苍白色，迅速变为无光泽的白色（瓷器色或乳白色）。有进行性消瘦和逐渐衰弱。在运动或轻度劳动后，病畜即迅速出现疲劳。病畜的个别肌肉有轻微的肌纤维收缩现象。检查心脏血管系统时，表现心跳呈敲叩状，并且动脉压降低，脉搏快速，初期细而刚硬，后期变软、空虚和呈现线状。呼吸紧张而快速。以后，症状逐渐加重，个别肌肉纤维性收缩加剧，病畜颤抖，四肢及耳尖发凉，常出现水肿，衰弱逐渐加深，摇晃、倒地，后痉挛而死亡。

3. 溶血性贫血

除具有一般贫血特征外，由于病因不同，尚具有某些特异症候，但一般可以见到黏膜和皮肤明显黄染。严重病例，尚可发现血红蛋白血病、血红蛋白尿和脾肿大，由于排出血红蛋白的刺激，可以发生肾炎。血清呈金黄色，这是红细胞溶血的表现。粪便呈黑色。一般溶血性贫血，尿中无胆色素，但经常含有较多的尿胆素，尿色微红。出血后贫血在检血时，可发现红细胞数急剧减少。

五、防治

1. 急性出血

首先应进行止血，并解除致病因素。外出血时，可用各种外科方法止血；内出血时，应有效而迅速地合并使用能使血管收缩和促进提高血液凝固的药物，出血初期，静脉注射新鲜的盐酸副肾素，慢慢地注射。输血疗法不但可以补充失去的血液，而且有良好的止血作用，最好用氯化钙作抗凝剂。大失血时应用生理盐水、糖盐水、复方氯化钠溶液或葡萄糖溶液等作皮下或静脉注射，只能收到暂时的效果。为补充失去的血液，同样可以静脉注射高渗葡萄糖溶液（其中加入适量抗坏血酸），并能起到止血作用。

在病程中，按时注射安钠咖、樟脑等，可提高神经系统的紧张度。若发生窒息，可应用氧气疗法（吸入或皮下注射），同时可在皮下注射尼可刹米。必要时，可静脉注射过氧化氢，加5%葡萄糖稀释后，缓慢静脉注射。

出血停止后，要加强饲养管理和护理工作，饲料中应含有足够的维生素和矿物质，饮水要充足。在夏季应放牧或饲喂新鲜牧草。

2. 慢性贫血或出血停止后

可喂给含铁的饲料或铁制剂，以便恢复血红蛋白及刺激红细胞的再生。一般应用剂量要逐渐增加，最好是在血检变化恢复正常和全身状态有明显好转时，再停止铁制剂治疗。胃、肝制剂对慢性贫血也有较好的疗效，特别是和铁制剂混合使用时，效果更好。慢性贫血除用上述方法治疗外，要设法除去原发疾病。适当地加喂有营养的饲料，如燕麦、大麦、豆类、良质干草、青草、胡萝卜、麦芽等，同时还要给予维生素制剂及矿物质等。

3. 溶血性贫血

首先必须探查和消除引起溶血性贫血的原因。如果该病是由于毒物引起，应使用泻剂和利尿剂将毒物由机体中排除，同时还要注射解毒剂。如果是由于传染病或血孢子虫病引起的，要及时治疗原发症。

4. 再生障碍性贫血

可用下列方法治疗。

氯化钴2g、苍术粉500g、胃蛋白酶20g、温水5000ml，混合后，一次投服，每日1次，连用数日。肝精注射液，肌内注射，每日2次，连用数日。丙酸睾丸酮，用法同上。

第四节　出血性素质

一、概念

出血性素质也叫出血性紫癜，是一种急性或亚急性非传染性疾病。临床上以皮下组织广泛性水肿和出血性肿胀并伴发黏膜和内脏出血为特征。本病多发生于马，也可见于牛和猪。在马，以皮下组织广泛性水肿和出血性肿胀为特征，并伴有黏膜和内脏出血。

二、病因及发病机制

病因尚不完全清楚，由于伴随上呼吸道等器官感染而发生，因此认为本病的发生是一种对病原菌蛋白质变态反应的结果。本病是血管性出血性素质的疾病，毛细血管壁损伤而伴随血浆外渗和血液进入组织中是本病发生的基础，而损伤的根源尚无肯定结论。大多数学者认为本病的发生是由于机体吸收化脓性和长期转移性坏死病灶的蛋白质分解产物而产生的一种变态反应；但也有人认为是由于重复感染或中毒，使已经致敏的机体出现全身血管变态反应，即细菌毒素及微生物损害的细胞分解产物。由某种变态反应性素质重复其作用，引起变态反应，表现为血管渗透性增高和皮下浆液渗出。有人给马多次连续注射链球菌提取液，1个月后再注射这种提取液，7天后发生典型的出血性紫癜病而死亡。

三、症状

病初，鼻黏膜、眼结膜和其他部位出血，这种出血起初呈小点状，最后融合成瘀斑，同时黏膜表面分泌淡黄色黏液状浆液。浆液干燥时形成黄色、黄褐色或灰褐色的干痂。病情严重时，出血的黏膜发生坏死并形成溃疡。

发生瘀斑的同时，在皮肤和皮下结缔组织，可以出现小的浆液性出血性肿胀，进一步发展而融成大片。肿胀一般多数发生在面部及鼻镜，且不一定呈对称性。它既可突然发生，也可经几天逐渐发生。肿胀无热无痛，压迫有凹痕，并且压迫到接近正常组织时，凹痕就逐渐不出现，因此在肿胀与健康组织之间没有明显的界线。皮肤可能是紧张、膨胀的，甚至有血清漏出，但皮肤并不裂开。由于肿胀的发展呈弥漫性，扩展范围很大，可使马体轮廓变得模糊，甚至完全变形，形成河马头。因肿胀压迫咽部，导致吞咽及呼吸困难。腕关节及附关节以上发生水肿。由于肠壁出血和水肿引起出血性胃肠炎和严重的致死性疝痛。

血液学检查：重症者由于出血，红细胞和血红蛋白减少，有明显的中性粒细胞增多症，但血小板数量的抑制不明显，不严重的病例有白细胞增多症，核左移；白细胞减少表示预后不良。

四、诊断

根据疾病的病史和临床特征，不难确诊。但需与下列疾病进行鉴别诊断。

（1）充血性心力衰竭　水肿发生于身体下垂部分，且无黏膜出血。

（2）血管神经性水肿　伴发大的皮下肿胀，但没有出血和损伤，而且这种肿胀治疗后会很快消失。

（3）马传染性贫血　呈现黏膜瘀斑性出血和贫血，有地方性分布和慢性特征，且黄疸、水肿局限于下垂部分。

（4）血友病　由于血凝障碍所致，是抗血友病球蛋白因子缺乏的后果。

（5）牛出血性败血症　蕨中毒和草木犀中毒及其他一些败血症，更易发生出血性综合征。

五、治疗

治疗原则为加强护理，脱敏，制止漏出，防止并发病及对症治疗。

（1）给予病畜足量的清洁饮水和柔软易消化的全价饲料及青干草，并安置在宽敞、通风良好的厩舍内。

（2）脱敏用盐酸苯海拉明，马 0.2～1.0g，牛 0.6～1.2g，猪、羊 0.08～0.12g，每日 1～2 次，内服。异丙嗪，马、牛 0.25～1.0g，猪、羊 0.1～0.5g，每日 1～2 次，内服。

（3）止血可用 10％氯化钙注射液或 10％葡萄糖酸钙注射液 100～200ml，5％抗坏血酸注射液 20～40ml，葡萄糖生理盐水 500～1000ml，混合静脉注射，每日 1 次，连续使用。或用维生素 K 0.3g，加入饮水，一日 2 次。

（4）输血对本病有良好效果，马、牛每次 1000～2000ml，每日或隔日 1 次，连续数日。或用抗链球菌血清治疗，一般用多价抗链球菌血清，马 80～100ml，一次皮下注射，每日 1 次，连用 2～3 次。

【复习思考题】

1. 论述心力衰竭的发病机制和治疗方法。
2. 创伤性心包炎的临床症状是什么？如何诊断？
3. 心力衰竭、贫血的概念是什么？
4. 简述出血性素质的诊断和治疗方法。

第九章 泌尿系统疾病

【知识目标】

1. 了解肾炎、膀胱炎和尿石症的病因及分类。
2. 掌握肾炎、膀胱炎和尿石症的临床表现、诊断及防治。

【技能目标】

结合病患动物症状，能对肾炎、膀胱炎和尿石症进行正确诊断。并能提出治疗方案和预防措施。

第一节 肾 炎

肾炎是指肾小球、肾小管以及间质组织发生的炎性病理变化的统称。临床上以水肿、肾区敏感、尿中出现多量肾上皮细胞及各种管型为特征。按病程分为急性肾炎和慢性肾炎，按炎症发生的部位可分为肾小球肾炎和间质性肾炎。临床上以急性、慢性及间质性肾炎为多发。各种动物均可发生，但多见于肉食动物和杂食动物，马、牛有时发生，而间质性肾炎主要发生在牛。

一、病因

（1）多继发于某些传染病，如炭疽、口蹄疫、牛瘟、猪丹毒的病毒和细菌及其毒素作用于肾脏所致，或由于病愈后的变态反应所致。

（2）毒物作用因素：内源性毒物和外源性毒物中毒。内源性毒物，如在重剧胃肠炎、肝炎、肺炎、腹膜炎及麻痹性肌红蛋白尿病等经过中所产生的毒素和组织分解产物；外源性毒物，如采食有毒植物或霉败饲料，或误食有强烈刺激性药物，如砷、汞、松节油等，经肾脏排出时，而引起本病。

（3）邻近器官炎症的蔓延：如肾盂肾炎、膀胱炎、子宫内膜炎、阴道炎等所引起。

（4）诱发因素：过劳、创伤、感冒、营养不良或某些易形成结晶的含非蛋白氮药物的使用可促进本病的发生。

（5）慢性肾炎多由急性肾炎治疗不当或不及时，或未彻底治愈转变而来。

二、症状

1. 急性肾炎

病畜精神沉郁，体温升高，食欲减退，背腰拱起，两后肢叉开，不愿走动，强迫行走则背腰僵硬或后肢举步艰难。压迫肾区或直肠内触压肾脏时，疼痛明显。严重病例，于眼睑、胸腹下、四肢下端及阴囊等处出现水肿，尤以犬、猫等中、小动物明显；轻病例可见面部、后肢以及眼睑部水肿，以早晨明显。但马、骡患急性肾炎时，水肿并不一定出现。脉搏强而硬。主动脉第二心音增强，血压升高。

病初，病畜频频排尿，但每次尿液不多或呈点滴状排出，而后甚至完全无尿排出。

尿液检查，蛋白质呈阳性，镜检尿沉渣可见管型、白细胞、红细胞及多量的肾上皮细胞。当尿中含有大量红细胞时，则尿呈红色乃至深红褐色。病的后期，病畜出现尿毒症，呼吸困难，衰弱无力，昏睡乃至昏迷，甚至呼出气和皮肤均带尿臭味。血中非蛋白氮显著增高。急性局灶性肾炎，全身症状不明显，如不检查尿液难以发现。

2. 慢性肾炎

病畜逐渐消瘦，血压升高，脉搏增数，硬脉，主动脉第二心音增强。后期，于眼睑、颌下、胸腹下、四肢下端及阴囊等处出现水肿，重症者出现体腔积水。尿量不定，尿中有少量蛋白质，尿沉渣中含有数量不等的肾上皮细胞和各种管型。血中非蛋白氮显著增高。病畜倦怠，消瘦，贫血，抽搐并有出血倾向，直到死亡。典型病例主要是水肿，血压升高和尿液异常。

三、诊断

根据病史（多发生于严重感染、中毒、某些急性传染病之后），临床特征（初期尿频，以后少尿或无尿，肾区敏感，血压升高，主动脉第二心音增强，肾性水肿）和尿液变化（蛋白尿，血尿，肾上皮细胞，各种管型，氮血症性尿毒症）进行综合诊断。

应注意与肾病鉴别。肾病是由于细菌或毒物直接刺激肾脏而引起的肾小管上皮的变性过程，临床症状以水肿、蛋白尿为主，而无血尿、肾区疼痛及动脉压升高现象。

四、治疗

治疗原则主要是除去病因，加强护理，消除炎症，抑制免疫反应，利尿及尿路消毒及对症治疗。

1. 加强护理

将病畜置于温暖、干燥、通风良好的厩舍中，病初应减饲或禁饲1～2日，以后给予容易消化、无刺激性、富含碳水化合物的草料，适当限制食盐摄入量和饮水，减少高蛋白饲料。

2. 消除炎症，控制感染

可使用大剂量的青霉素和链霉素，青霉素按6000～12000IU/kg体重，链霉素按6～12mg/kg体重，每日2～3次，肌内注射，连用1周；较顽固的病例可选用氨苄青霉素、诺氟沙星、先锋霉素。

在病程较长或肾功能减退的病畜，某些广谱抗生素和磺胺类药物，要慎重应用，或减少剂量或延长给药的间隔时间。

3. 免疫抑制疗法

主要应用激素或抗癌类药物。肾上腺皮质激素类，主要抑制免疫过程的早期反应，并具有一定的消炎作用，常用糖皮质激素类制剂，如氢化泼尼松（强的松龙，去氢氢化可的松），0.5％注射液，马、牛200～400mg，猪、羊25～40mg，分2～4次肌内注射，连用3～5日。氮芥类烷化剂，如氮芥、氯喹、环磷酰胺等抗癌药物，也能抑制免疫反应，而且还有一定的消炎作用，可以试用。

4. 利尿消肿

为促进排尿，减轻或消除水肿，可适当选用下列利尿剂。

双氢克尿塞（双氢氯噻嗪），马、牛0.5～2g，猪、羊0.05～0.2g，加水适量内服，每日1次，连用3～5日停药（但应注意，长期或大量应用易引起低血钾症）。利尿素，马、牛5～10g，猪、羊0.5～2g，犬0.1～0.2g，加水适量内服，每日1次。

对经用上述利尿药无效的严重水肿，可选用呋塞米，马、牛0.5～1mg/kg体重，猪、羊1～2mg/kg体重。

5. 尿路消毒

40％乌洛托品液，马、牛50ml，猪、羊10～20ml，静脉注射，每日2～3次。或呋喃坦啶12～15mg/kg体重，分2～3次内服。

6. 对症处置

当心力衰竭时，可应用咖啡因、樟脑或洋地黄等强心剂；对严重水肿的病畜，除用利尿剂外，尚可应用10％氯化钙液100ml，或25％山梨醇液1000～1500ml，静脉注射；发生尿毒症时，可适当放血，而后补液，能减轻症状。出现痉挛症状时，静脉注射硫酸镁；当有大量血尿时，可应用止血剂。

7. 中兽医治疗

中兽医称急性肾炎为湿热蕴结证，治法为清热利湿，凉血止血，代表方剂秦艽散加减。慢性肾炎为水湿困脾证，治法为燥湿利水，方用平胃散合五皮饮加减；苍术、厚朴、陈皮各 60g，泽泻 45g，大腹皮、茯苓皮、生姜皮各 30g，水煎服。

第二节 膀 胱 炎

膀胱炎是膀胱黏膜和黏膜下层的炎症。临床上以疼痛性尿频和尿中出现较多的膀胱上皮细胞、炎性细胞、血液和磷酸铵镁结晶为特征。按炎症的性质分为卡他性、纤维蛋白性、化脓性、出血性四种，一般多为卡他性膀胱炎。本病多发生于牛，有时也见于马。

一、病因

（1）病原微生物感染 多因化脓杆菌和大肠埃希菌通过尿道侵入而引起，也可经血循至膀胱而感染。

（2）邻近器官炎症的蔓延 阴道、子宫、尿道、输尿管等邻近器官炎症的蔓延，极易引起本病。寒冷感冒，急性传染病也可继发本病。母畜一般多发。

（3）膀胱黏膜机械性、化学性的刺激或损伤引起 如导尿管过于粗硬、插入粗暴，膀胱镜的使用失当；膀胱结石、尿潴留时尿发酵分解产物以及斑蝥、松节油、甲醛或其他具有强烈刺激性药物的刺激，损伤膀胱黏膜引起本病。

二、症状

急性膀胱炎排尿异常，病畜常取排尿姿势，疼痛不安，尿频而量少，或不断呈点滴状流出。轻病例，全身症状不明显。严重病例，由于膀胱颈部黏膜肿胀或因括约肌痉挛而引起尿闭时，则病畜表现不安，后躯摇晃，前肢刨地，后肢踢腹，公畜阴茎不断勃起，母畜阴门不断开张。病畜体温升高，精神沉郁，食欲减退或废绝。如尿闭时间过久会导致膀胱破裂。直肠内触压膀胱，病畜抗拒，膀胱空虚。尿潴留时则膀胱过度充盈。尿液混浊，尿沉渣检查，可见大量红细胞、白细胞、膀胱上皮细胞、脓细胞和磷酸铵镁结晶，并有多量散在的细菌。

慢性膀胱炎症状与急性基本相同，但病势较轻，病程延长，临床上无明显的排尿困难。尿沉渣检查多不见血液或仅有少量红细胞。

三、诊断

膀胱炎的主要特征是排尿频繁而尿少。尿沉渣检查时，可见大量红细胞、白细胞、膀胱上皮细胞等。直肠检查时，膀胱充满或空虚，触压膀胱有痛感，以此作出诊断。

四、防治

建立严格的卫生管理制度，防止病原微生物的感染。导尿时应严格遵守操作规程和无菌原则。患其他生殖、泌尿系统疾病时，应及时治疗以防蔓延。

治疗原则是加强护理，抗菌消炎，防腐消毒和对症治疗。

（1）给病畜充分饮水，减少高蛋白饲料，饲以富含维生素的无刺激性日粮。

（2）尿路消毒 可用 40% 乌洛托品注射液，马、牛 50～100ml，猪、羊 10～20ml，静脉注射。亦可用呋喃坦啶（日量 12～15mg/kg 体重）。

（3）洗涤膀胱 冲洗液可用 1%～3% 硼酸液、1%～2% 明矾溶液、0.1% 高锰酸钾溶液等，冲洗后将青霉素 100 万～200 万国际单位加入 100ml 生理盐水内，注入膀胱，每日 1～2 次，3～5 天一个疗程。

（4）出现全身症状时，可肌内注射抗生素或磺胺类药物，并配合输液及其他对症治疗。

（5）中药治疗 以清热解毒，利水通淋为治则，方用滑石散：滑石 60g，木通 30g，猪苓 24g，泽泻 30g，茵陈 30g，酒知母 24g，酒黄柏 24g，灯心草 30g，竹叶 30g，甘草 15g，水煎去渣，候温灌服（马、牛）。

第三节 尿 石 症

尿石症又称尿结石，是指尿路中盐类结晶凝结成大小不一、数量不等的凝结物，刺激尿路黏膜而引起的出血性炎症和尿路阻塞性疾病。临床上以腹痛、排尿障碍和血尿为特征。根据尿石形成和移行部位可分为肾结石、输尿管结石、膀胱结石、尿道结石四类。各种动物均可发生，多发于公畜。

一、病因

尿石症是伴有泌尿系统疾病，特别是肾功能障碍的一种矿物质代谢紊乱的全身性疾病，尿石症的发生与饲料、饮水质量及尿液 pH 值有关。促进结石形成的诱因：尿液浓稠、尿潴留、尿液 pH 值（影响不同类型尿石的形成）。

结石形成的条件是有结石核心（脱落的上皮细胞）的存在，尿中保护性胶体（肽类、黏多糖等）环境的破坏，尿中盐类结晶物质逐渐析出并凝集。尿液中的胶体物质黏附于尿液中析出的矿物质盐类晶体，沉积于有机源的核心物质上，即形成结石。

1. 饲料、饮水

饲喂高能量饲料，可使尿液中黏蛋白、黏多糖含量增高，这些物质有黏着剂的作用，可与盐类结晶凝集而产生沉淀；饲喂高磷饲料（玉米、米糠、麸皮、棉壳、棉饼等）过多，使钙、磷比例失调，易使尿液中形成磷酸盐结晶（如磷酸镁、磷酸钙）；过多饲喂含有草酸的植物（大黄、土大黄、水浮莲等），易形成草酸盐结晶；有些地区习惯于以甜菜根、萝卜、马铃薯、青草或三叶草为主要饲料，易形成硅酸盐结石；饲料中维生素 A 或胡萝卜素含量不足时，可引起肾及尿路上皮角化及脱落，导致结石核心物质增多而发病。

与饮水的数量、质量有关。饮水不足是尿石形成的重要因素。多喝水，可预防尿石。硬水中矿物质多，易导致结石。

2. 与尿液 pH 值有关

磷酸盐和碳酸盐在碱性尿液中呈不溶状态，而在酸性尿液中不易析出，但尿酸盐、草酸盐在酸性尿液中易沉淀。慢性膀胱炎、尿液潴留（发酵产氨）可使尿液 pH 值升高。

3. 甲状旁腺功能亢进

甲状旁腺素大量分泌，使骨中的钙、磷溶解，进入血液。

4. 感染因素

肾和尿路感染发炎时，由于细菌、脱落的上皮细胞及炎性产物的积聚，可成为尿中盐类晶体沉淀的核心。特别是肾炎，可破坏尿液中晶体与胶体的正常溶解与平衡状态，导致盐类晶体易于沉淀而形成结石。

5. 其他因素

尿道损伤、大量应用磺胺类药物等均可促进尿石的形成。

二、症状

1. 刺激症状

病畜排尿困难，频频作排尿姿势，叉腿，弓背，缩腹，举尾，阴户抽动，努责，嘶鸣，排出线状或点滴状混有脓汁和血凝块的红色尿液。

2. 阻塞症状

当结石阻塞尿路时，病畜排出的尿流变细或无尿排出而发生尿潴留。

因阻塞部位和阻塞程度不同，其临床症状也有一定差异。

（1）肾结石　有肾炎样症状。表现肾区敏感、疼痛、腰背僵硬、运步强拘、步态紧张、血尿等。

（2）输尿管结石　家畜表现为剧烈疼痛，单侧输尿管结石不表现尿闭。直肠检查可摸到阻塞上方一侧输尿管扩张、波动。

（3）膀胱结石 可出现疼痛性尿频。排尿时病畜呻吟，腹壁抽缩。如阻塞到颈部，则尿闭或尿淋漓。

（4）尿道结石 占70%～80%。公牛多发生于乙状弯曲或会阴部，公马多阻塞于尿道的骨盆中部。当尿道不完全阻塞时，病畜排尿痛苦且排尿时间延长，尿液呈线状、断续状或滴状流出，常常在发病开始时出现。

当尿道完全阻塞时，则发生尿闭或肾性腹痛现象，病畜后肢叉开，弓背举尾，频频作排尿动作但无尿液排出。尿道探诊时，可触及尿石所在部位。直肠检查膀胱膨满，体积膨大，富有弹性，按压无小便排出。

若长期尿闭，可引起尿毒症或发生膀胱破裂。膀胱破裂时，病畜疼痛现象突然消失，表现很安静，似乎好转，腹围膨大，直肠检查腹腔内有波动感，但无膀胱。腹腔穿刺液有尿味，含蛋白，呈Rivalta反应阳性，注射红色素或酚酞液，15min后出现在腹腔内，穿刺有红色液体。

三、诊断

非阻塞性尿结石可能与肾盂肾炎或膀胱炎相混淆，只有通过直肠触诊进行鉴别。犬、猫等小动物可借助X射线影像显示相区别。尿道探诊不仅可以确定是否有结石，还可判明尿石部位。还应注意饲料构成成分的调查，综合判断作出确诊。

四、防治

1.预防

（1）地区性尿结石。应查清动物的饲料、饮水和尿石成分，找出尿石形成的原因。合理调配饲料，避免长期单一饲喂富含某种矿物质的饲料或饮水。注意钙磷比例应为（1.5～2）:1。并注意日粮中应补充足够的维生素A。

（2）对泌尿系统疾病（如肾炎、膀胱炎）应及时治疗，以免尿液潴留。

（3）平时应适当地给予多汁饲料或增加饮水，以稀释尿液，减轻对泌尿器官的刺激，并保持尿中胶体与晶体的平衡。

（4）对舍饲的家畜，应适当地喂给食盐或添加适量的氯化铵，以延缓镁、磷盐类在尿石外周的沉积。

2.治疗

治疗原则是消除结石，控制感染，对症治疗。

（1）肾结石 常服利尿剂，如饮服乙酸钾15g，加苏打30g；对有草酸盐结石的病畜，服硫酸镁，每次200～300g，隔日1次，连用3～5次；对有磷酸盐结石的病畜，服稀盐酸30ml（加水，胃管投服，隔日1次，连用3～5次）。输尿管结石可用25%硫酸镁50～100ml、10%安钠咖10～20ml、10%葡萄糖溶液500ml混合，静脉注射，隔日1次，连用3～5次。

（2）膀胱结石 对粉末状或沙砾状的结石，可通过导尿管注入消毒液体反复冲洗而将其洗出。也可用导尿管往膀胱内注入稀盐酸20ml（用200ml温水稀释），每日1次，连用2～3次。

（3）尿道结石 在麻醉的条件下，从尿道外口插入导尿管，抵达阻塞部位后，向导尿管内推注生理盐水，利用水的压力使尿道扩张，并推动结石向膀胱移行，进入膀胱，再采取相应的疗法。结石位于尿道下段或为细沙团样时，可用捋压法，即一手握住阴茎，另一手由后向前多次捋压，有时可以成功。

（4）手术治疗 对体积较大的膀胱结石或尿道阻塞或尿道感染的病例，可实施膀胱切开术或尿道切开术，将尿石取出。

【复习思考题】

1.应如何鉴别畜禽的肾炎、膀胱炎？治疗措施有哪些？

2.简述畜禽肾结石、膀胱结石和尿道结石的保守疗法。

第十章 神经系统疾病

【知识目标】
　　1.掌握脑膜脑炎的发病特点、预防和治疗。
　　2.掌握日射病和热射病的病因、症状、诊断、治疗和预防。
　　3.了解神经系统疾病的一般致病因素、发病特点及防治原则。
　　4.了解癫痫的病因、诊断、治疗和预防。

【技能目标】
　　1.能熟练进行日射病和热射病的诊断、治疗。
　　2.能熟练进行脑膜脑炎的诊断、治疗。

　　神经系统在动物体的生命活动中起主导作用，一方面它调节机体内各器官各种功能活动，使之成为统一的整体，另一方面它又调节机体适应外界环境的变化，从而保持机体与外界环境的相对统一与平衡。当动物机体受到外界或内在不良因素的侵害，特别是对神经系统有着直接损害的致病因素时，神经系统的正常反射功能就会受到影响或发生障碍，从而导致病理变化过程的进一步发生发展。

　　动物神经系统疾病一般是由传染、中毒、外伤、代谢障碍、寄生虫、血管损伤等因素所引起的器质性和功能性疾病，包括脑、脊髓和外周神经的疾病。动物神经系统疾病是临床常发病，也是广大兽医容易忽视的疾病，易给养殖业带来一定的损失。动物神经系统疾病主要有脑及脑膜疾病：脑炎及脑膜炎、日射病及热射病、慢性脑室积液、脑震荡、电击；脊髓疾病：脊髓炎及脊髓膜炎、脊髓挫伤及震荡；功能性神经病：癫痫、膈肌痉挛。神经系统疾病的治疗一般采用对症治疗，常用治疗原则包括控制感染、降低脑内压、镇静、解痉、恢复神经调节功能等。

第一节 脑 膜 脑 炎

　　脑膜脑炎主要是受到传染性或中毒性等因素的侵害引起，首先软脑膜及整个蛛网膜下腔发生炎性变化，继而通过血液和淋巴途径侵害到脑，引起脑实质的炎性反应，或者脑膜与脑实质同时发生炎性反应，通称脑膜脑炎。呈现一般脑病症状或灶性症状，是一种伴发严重的脑功能障碍的疾病。

　　本病主要发生于马，间或发于猪、牛和羊。其他家畜亦有发生，但较少见。

一、病因

　　脑膜脑炎多由继发性原因引起，主要是感染和中毒性因素所致。

　　感染性因素：在一般的情况下，往往由于受到条件致病菌的侵害，例如链球菌、葡萄球菌、肺炎双球菌、双球菌、巴氏杆菌、化脓杆菌、坏死杆菌、李氏杆菌、猪流感、嗜血杆菌以及沙门杆菌等，当机体防卫功能降低，微生物毒力增强时，即能引起本病的发生。又如中耳炎、化脓性鼻炎、额窦炎、眼球炎、腮腺炎，以及角伤、额窦圆锯术、骨质坏疽等蔓延至颅腔，或因感染创、褥疮等过程中转移至脑而发生本病。亦有由于受到马蝇蛆、马原虫的幼虫、脑包虫、猪与羊囊虫以及血液原虫病等的侵袭，导致脑膜脑炎的发生和发展。

中毒性因素：主要在铅中毒、猪食盐中毒、马霉玉米中毒、驴霉玉米中毒等过程中，都具有脑膜脑炎的病理现象。

饲养管理不当也是促发本病的原因。如受寒、感冒、过劳、中暑、脑震荡、车船输送、卫生条件不良、饲料霉败或精料（豆类）饲喂过多等，均能促进本病的发生。

二、发病机制

不论是病原微生物，还是有毒物质，可以通过各种不同的途径，侵入到脑膜及脑组织，引起炎性病理变化。主要是病原微生物侵入血液，运行到脑，或沿着神经干，或通过淋巴途径，侵入到脑的蛛网膜腔和硬脑膜下腔。即使由其他器官而来的病原微生物，或从消化道而来的有毒物质，都可以通过血液，透过血-脑脊液屏障，侵入到脑膜和脑实质。邻近器官的炎症病原微生物，侵入颅腔后，从蛛网膜下腔直接蔓延到脑组织。不仅如此，它还可以通过脑脊液，或沿着血管的外膜鞘，侵入脑组织和脑室。而导致本病的发生和发展。

本病的发展过程中，由于脑组织血液与脑脊液的循环受到影响，引起脑组织炎性浸润，发生急性脑水肿；脑脊液增多，颅内压升高，脑神经和脑组织受到严重的侵害，因而呈现一般脑病症状。病畜表现神识障碍，精神沉郁，或极度兴奋，狂躁不安；发生痉挛、震颤以及运动异常；视觉障碍，呼吸与脉搏节律变化。并因病原微生物及其毒素的影响，同时伴发毒血症，体温升高。由于炎性病理变化及其病变部位的不同，导致各种不同的灶性症状。这是由脑膜脑炎的病性及其病理演变过程决定的。

三、症状

家畜急性脑膜脑炎，通常突然发病，多呈现一般脑病症状，病情发展急剧。病畜意识障碍，精神沉郁，闭目垂头，站立不动，目光无神，不听使唤，直到呈现昏睡状态。其中有时突然兴奋发病，特别是马，表现为意识不清，狂躁不安，蹬踏饲槽，跳越逃窜，甚至挣断缰绳，不避障碍物向前猛进，癫狂，往往侵害人、畜，有时腾空，后肢立地，以致摔倒，痉挛抽搐；公马有的阴茎勃起或脱垂，有时嘶鸣。继而陷于嗜睡、昏睡状态。姿态异常，神情恍惚。若迫使运动，步态蹒跚，共济失调，举肢运步，动作笨拙，高举其肢，犹如涉水。有时盲目徘徊，或转圈运动。病牛兴奋发作时亦然，咬牙切齿，眼神凶恶，抵角甩尾，时而哞叫，发出鼻声。病猪尖叫，磨牙空嚼，口流泡沫。

但必须注意，由传染病因素引起的，病的初期，体温升高，颅顶骨灼热；颅内压升高，大脑充血，出现头痛现象。继发感染，往往伴发菌血症或毒血症现象。病程中，体温变动范围很大，有时上升，有时下降，直至病的末期。

不论任何病畜，有兴奋期与抑制期交替发作现象。兴奋期，病畜感觉过敏，皮肤感觉异常，甚至轻轻触摸，即引起剧烈疼痛，个别有举尾现象；瞳孔缩小，视觉紊乱，反射功能亢进，容易惊恐。抑制期，呈现嗜睡、昏睡状态，以及各种强迫姿势，瞳孔散大，视觉障碍，反射功能减弱乃至消失。

呼吸与脉搏变化：兴奋期，呼吸疾速，脉搏增数。抑制期，呼吸缓慢而深长；脉搏有时减少。但在末期，濒于死亡前，多呈现潮式呼吸，或毕欧式呼吸（间断呼吸），脉微欲绝。

饮食状态：食欲减退或废绝，采食，饮水异常，咀嚼缓慢，常常中止，猪有呕吐现象。腹壁紧张，肠蠕动音微弱，排粪迟滞，尿量减少，尿中含有蛋白质、葡萄糖。

血液学变化：初期，血沉正常或稍快；中性粒细胞（幼稚型和杆状核）增多，核型左移；嗜酸粒细胞消失，淋巴细胞减少。康复期，嗜酸粒细胞与淋巴细胞恢复正常。血沉缓慢或趋于正常。

脑脊髓穿刺：由于颅内压升高，穿刺时，流出混浊的脑脊液，其中有的含蛋白质和细胞，甚至有微生物。

此外，由于脑组织的病变部位不同，特别是脑干受到侵害时，所表现的灶性症状也不一样。主要是痉挛和麻痹两个方面。

① 眼肌痉挛：眼球震颤，斜视，瞳孔左右不等（散大不均匀），瞳孔反射功能减弱或消失。

② 咬肌痉挛：牙关紧闭（咬牙切齿），磨牙。

③ 唇、鼻、耳肌痉挛：则唇、鼻和耳肌异常收缩。

④ 颈肌痉挛或麻痹：颈部的肌肉强直，头向后上方反张；倒地时，四肢作有节奏的游泳样运动。

⑤ 咽和舌肌麻痹时，吞咽障碍，舌脱垂。

⑥ 面神经和三叉神经麻痹时，唇偏向一侧或弛缓下垂。

⑦ 眼肌和耳肌麻痹时，斜视，上眼睑下垂，耳弛缓下垂。

⑧ 单瘫与偏瘫：一组肌肉或某一器官麻痹，或半侧机体麻痹。

当然，上述病症，不一定同时出现，有时某一器官或某一组肌肉痉挛或麻痹比较明显，有时则痉挛现象较为多见，或有时有麻痹现象。其他，视觉、听觉、味觉与嗅觉有时发生障碍。因此，在实践中应注意观察。

四、病理变化

主要的病理学变化，即脑软膜小血管充血、淤血、轻度水肿，有的具有小出血点。切面，蛛网膜下腔和脑室内的脑脊液增多、混浊，含有蛋白质絮状物；脉络丛充血，灰质与白质充血，并散在小出血点。有的病例，大脑皮质、基底核、丘脑、中脑、脑桥等部位，有针尖大至小米粒大的灰白色坏死灶，脑实质变软。病毒性与中毒性的病例，脑组织与脑膜的血管周围有淋巴细胞浸润。结核性脑膜脑炎，在脑底和脑膜，具有胶样或化脓性浸润。猪食盐中毒所致的病例，脑组织血管周围有大量嗜酸粒细胞浸润。

慢性病例，软脑膜肥厚，呈乳白色，并与大脑皮质密接，镜检，脑实质软化灶周围有星状胶质细胞增生。

五、病程及预后

牛 12～48h，马 2～3 天即达到极限。但有的病例，突然兴奋发作，继而极度昏迷，往往在24h 内死亡。病程缓慢的，如牛的结核性脑膜脑炎，病程数天乃至 1 周后，出现一般脑病症状和一定的灶性症状。病的末期，多陷于昏迷状态，卧地不起，尤其是马常发生褥疮，往往伴发肺坏疽、坏死性肺炎、败血症，或因体质虚弱而死亡。死亡率可达 75％以上，多数预后不良。虽然有些病例经过治疗，病情好转，但不能痊愈，常常遗留慢性脑水肿、白内障、耳聋以及一定部位的肌肉麻痹等后遗症。

六、诊断

1. 诊断要点

临床症状明显，结合病史调查、症状观察及病情发展过程，进行分析和辨证。若疾病的病程发展、临床特征不十分明显时，可进行穿刺，采取脑脊液检查，其中蛋白质与细胞的含量显著增多；脑膜及脑化脓性炎症，脑脊髓液中的沉淀物除中性粒细胞外，还有病原微生物；若因病毒或中毒性因素引起的，有淋巴细胞，所以确诊也不难。

2. 鉴别诊断

但在临床实践中，有些病例，往往由于脑功能紊乱，特别是某些传染病或中毒性疾病所引起的脑功能障碍，则容易与本病混淆造成误诊，故需注意鉴别。

（1）急性热性传染病　通常由于受到病原微生物及其毒素的侵害，往往引起中枢神经系统功能紊乱，有时与本病容易混同。但一般脑病症状不明显，亦无强迫运动和麻痹现象，故与本病容易区别。

（2）马传染性脑脊髓炎　其病因是一种病毒，临床症状与脑膜脑炎很相似，容易误诊。但主要发于马，而牛、羊、猪等则无感受性。多于秋季流行，除中枢神经系统功能紊乱外，尚有高度黄疸，故与本病显然不同。

（3）李氏杆菌病 神经型，其临床症状与本病很相似。但主要侵害羊（绵羊和山羊）、牛和猪，而马属动物少见。多发于春秋两季，有时呈地方性流行，伴发下痢、咳嗽以及败血症现象。故与本病容易鉴别。

（4）霉玉米中毒 通常称镰刀菌毒病，其临床症状也与本病相似，常常误诊。但主要发于驴、骡、马，而其他家畜很少发生。虽有明显的神经症状，却因胃肠黏膜充血、出血和坏死，伴发腹痛、下痢，故与本病鉴别不难。

七、治疗

治疗原则：遵循加强护理，降低颅内压，保护大脑，消炎解毒的原则，采取综合性的治疗措施，扭转病情，促进康复过程。

1. 加强护理

加强护理：应将病畜放置在宽敞、通风、安静的畜舍中，多铺褥草，墙壁应平滑，防止病畜兴奋发作冲撞墙壁。若是传染因素引起的，更需隔离观察，严密消毒，加强防疫卫生，防止传播。病的初期，体温高，颅顶灼热，可以用冷水淋头，诱导消炎。

2. 降低颅内压，保护大脑

由于本病多因伴发急性脑水肿，颅内压升高，脑循环障碍，可先泻血。大家畜泻血 1000～2000ml，再用 10%～25% 葡萄糖溶液 1000～2000ml，静脉注射；如果血液浓稠，同时尚可用 10% 氯化钠溶液 200～300ml，静脉注射。但最好用脱水剂，通常用 20% 甘露醇溶液，或 25% 山梨醇溶液，按 1～2g/kg 体重，静脉注射，应在 30min 内注射完毕，降低颅内压，改善脑循环。若在注射后 2～4h 内大量排尿，中枢神经系统紊乱现象即可好转。良种家畜，必要时，也可以考虑应用 ATP 和辅酶 A 等药物，促进新陈代谢，改善脑循环，进行急救。

3. 镇静安神

镇静安神：当病畜狂躁不安时，可用 2.5% 盐酸氯丙嗪溶液，牛、马 10～20ml，猪、羊 2～4ml，肌内注射。亦可用 10% 溴化钠溶液，或安溴注射液，牛、马 50～100ml，静脉注射；或用水合氯醛溶液灌肠、内服均可，必要时，也可用作静脉注射，调整中枢神经系统功能，增强大脑皮质保护性抑制作用。

4. 消炎解毒

消炎解毒：宜用氯霉素，各种家畜按 10mg/kg 体重，深部肌内注射。用盐酸四环素，牛、马 2～3g，5% 葡萄糖生理盐水 1000～2000ml，静脉注射。但肝脏与肾脏功能障碍时，不宜应用，可改用青霉素，必要时配合链霉素，肌内注射。

5. 对症治疗

根据病情发展，当病畜精神沉郁，心脏功能衰弱时，则应强心利尿，可以用高渗葡萄糖溶液，小剂量，多次静脉注射；同时用安钠咖，氨茶碱，皮下注射；也可以用 40% 乌洛托品溶液，牛、马 40～50ml，加适量维生素 C 和复合维生素 B，配合葡萄糖生理盐水，静脉注射，均有益。

此外，如果大便迟滞，宜用硫酸钠或硫酸镁，加适量防腐剂，内服，清肠消滞，防腐止酵，减少腐解产物吸收，防止自体中毒。一般情况下，给予适量复合维生素 B 片，内服，增强消化功能。

八、预防

预防一般着重加强平时饲养管理，注意防疫卫生，防止传染性与中毒性因素的侵害。当同槽同圈的家畜相继发生本病时，即应隔离观察和治疗，防止传播，保证家畜健康。

第二节 日射病及热射病

家畜在炎热季节，头部受到日光直接照射时，引起脑及脑膜充血和脑实质的急性病变，导致中枢神经系统功能出现严重障碍，通常称为日射病。炎热季节在潮湿闷热的环境中新陈代谢旺盛，产热多，散热少，体内积热，引起严重的中枢神经系统功能紊乱现象，通常称为热射病。家畜在干热环境条件下出汗，水盐损失过多，引起肌肉的痉挛现象，通常称为热痉挛。

日射病、热射病及热痉挛统称为中暑或热卒中，都是由于外界环境中的光、热、湿等物理因素对动物机体造成侵害，导致体温调节功能障碍的一系列病理现象，故可统称为中暑。

中暑多见于猪、马、牛、羊及鸭等，在炎热季节中较为多见，病情发展急剧，甚至迅速死亡，故应特别注意。

一、病因

每当炎热季节，华北平原地区、戈壁草原的 7～8 月，南方各地，特别是山区丘陵地带的 6～9 月，正值盛夏三伏，潮湿闷热，溽暑熏蒸，各种家畜常因发生日射病及热射病而造成畜主的经济损失。其发病原因，主要是饲养管理不当，长期闲置，缺少运动或调教锻炼，体质虚弱；或因暑热天气，劳役过度，出汗过多，饮水不足；或因畜舍狭小，通风不良，潮湿闷热等，从而引起日射病及（或）热射病的发生。

二、发病机制

在本病发生发展的过程中，有以下几个主要病理过程。

1. 体温调节障碍，呈现持续高热

（1）日射病时，太阳辐射热直接作用机体，首先反射地引起生理性体温的升高，并随着持续日晒，机体的散热调节功能出现障碍，体温急剧上升，破坏了体温相对平衡的稳定性，导致病理性的体温升高。

（2）热射病时，由于盛夏炎热，高温多湿，通风不良而又饮水不足，机体散热困难；或是在此情况下重役，体内产热过多，热量在体内积聚，体表散热困难，导致体温升高。

2. 脑及脑膜充血，出现脑神经症状

日射病时，强烈的日光辐射，日光中的红外线、紫外线既可引起头部血管扩张，导致脑及脑膜充血，又可引起组织蛋白分解、脑神经细胞的炎性反应，加剧脑及脑膜充血。血管通透性增强，脑脊液增多，颅内压增高，产生一系列脑神经症状，如痉挛，昏迷，意识丧失，甚至血管运动中枢、呼吸中枢麻痹。

3. 肺充血、肺水肿，呈现高度呼吸困难

由于体热蓄积，呼吸中枢兴奋性增强，呼吸运动加快加强，肺循环内的血量增多，肺毛细血管过度充盈，因而发生肺充血、肺水肿。

4. 水盐代谢障碍，机体脱水

病理过程中，通过排汗蒸发散热维持热平衡，但大量排汗，机体失水、失钠盐，机体脱水，血液浓稠，血容量减少。

三、症状

1. 日射病

病的初期，精神沉郁，有时眩晕，四肢无力，步态不稳，共济失调，突然倒地，四肢呈游泳样划动。眼球突出，神情恐惧，有时全身出汗。病情发展急剧，心血管运动中枢、呼吸中枢、体温调节中枢的功能紊乱，甚至麻痹。心力衰竭，静脉怒张，脉微细数；呼吸急促，节律失调；有的体温升高，皮肤干燥，汗液分泌减少或无汗。瞳孔初散大，后缩小。兴奋发作，狂暴不安。有的突然全身性麻痹，皮肤、角膜、肛门反射减退或消失，反射亢进，常常发生剧烈的痉挛或抽搐，迅速死亡。

2. 热射病

体温急剧上升，甚至达到 42～43℃以上；皮温增高，直肠内温度灼手，全身出汗。特别是在潮湿闷热环境中劳役或运动时的牛、马，突然停步不前，鞭打不走，剧烈喘息，晕厥倒地，状似电击。猪病初不食，喜饮水，口吐泡沫，有的呕吐。继而卧地不起，意识昏迷，或痉挛、战栗。

3. 热痉挛

病畜体温正常，意识清醒。但全身出汗，肌肉发抖，有阵发性剧烈疼痛。烦闷，喜饮水。

由于病畜脑和脑膜水肿，具有明显的一般脑病症状，大多数病畜精神沉郁、站立不稳、卧地不起，甚至昏迷。但也有的表现兴奋不安，乱冲撞，难以控制。随病程恶化，出现心律不齐，血液循环障碍，静脉淤血，黏膜发绀，伴有肺充血和肺水肿，呼吸困难，张口吐舌。

四、病理变化

日射病及热射病的病理学变化有共同的特征，即脑及脑膜的血管高度淤血，并有出血点；脑脊液增多，脑组织水肿；肺充血和肺水肿；胸膜、心包膜以及肠黏膜，都具有瘀斑和浆液性炎症；肝脏、肾脏、心脏和骨骼肌也发生变性的病理变化。

五、病程及预后

病程发展十分快，由于脑和脑膜组织受到严重损伤。中枢神经，特别是生命中枢陷于麻痹，很快死亡。发病后能及时治疗，一般预后良好。

六、诊断

根据发病季节（炎热夏季，多因使役过度、饮水不足、阳光直接照射或因通风不良，闷热）体质、症状可以作出初步诊断。但要注意与其他类症区别。

1. 脑及脑膜炎鉴别要点

（1）多数由传染、中毒性因素引起。

（2）主要表现脑神经症状，体态反常，昏迷，卧地，兴奋、沉郁交替发生。

（3）体温、呼吸及血液循环障碍较中暑轻微。

2. 肺充血、肺水肿鉴别要点

（1）主要由剧烈使役，心功能增强，引起肺脏流入量和流出量同时增多，从而引发主动性充血；或由心功能不全引起的肺毛细血管淤血性被动性充血等导致。

（2）以呼吸困难为主要症状，可视黏膜发绀，口鼻流出泡沫状液体。

（3）一般无明显的神经症状，体温变化不大。

七、治疗

治疗原则：防暑降温，镇静安神，强心利尿，缓解酸中毒。

1. 防暑降温

先将家畜放到通风阴凉处，冷敷和用冷水擦洗，并结合饮用大量冷人工盐水，以促进体温散发。同时可用 2.5% 氯丙嗪：牛、马 10～20ml，猪、羊 4～5ml，肌内注射，可以保护下丘脑体温调节中枢，减少产热，促进外周血管扩张，缓解痉挛，促进散热。

2. 镇静安神，强心利尿

病畜心力衰竭，循环虚脱时，宜用 25% 尼可刹米溶液：牛、马 10～20ml，皮下注射或静脉注射。或用 5% 硫酸苯异丙胺盐溶液，牛 100～300ml，皮下注射，兴奋中枢神经系统，促进血液循环。或用 0.1% 肾上腺素溶液，牛、马 3～5ml，猪、羊 1～2ml；10%～25% 葡萄糖溶液，牛、马 500～1000ml，猪、羊 50～200ml，静脉注射，升高血压，调整心脏功能，改善循环。其后，可用安钠咖或樟脑注射液，皮下注射，每隔 4～6h 一次，以促进康复过程。

伴有肺充血和肺水肿的病例，可立即放血：牛、马 1000～2000ml，猪、羊 100～200ml。放血后，用复方氯化钠溶液（氯化钠 9g，氯化钾 0.39g，氯化钙 0.33g，蒸馏水 1000ml），牛、马 1000～2000ml，猪、羊 100～300ml，静脉注射，隔 3～4h，重复注射一次。若无复方氯化钠溶液，亦可用 5% 葡萄糖生理盐水和维生素 C，促进血液循环，缓解呼吸困难，减轻心肺负担，保护肝脏，增强解毒功能。

3. 缓解酸中毒

出现自体中毒现象，可选用 5% 碳酸氢钠溶液，牛、马 500～800ml，静脉注射。或用洛克氏液（氯化钠 8.5g、氯化钙 0.2g、氯化钾 0.2g、碳酸氢钠 0.2g、葡萄糖 1g、蒸馏水 1000ml），牛、马 1000～2000ml，猪、羊 300～500ml，静脉注射，改善新陈代谢，纠正酸中毒。

八、预防

在炎热季节，必须做好饲养管理和防暑工作，保证家畜健康。

（1）牛、马，应经常锻炼其耐热能力。在炎热季节中，不使家畜中暑受热；注意补喂食盐后，给予充足饮水；畜舍保持通风凉爽，防止潮湿、闷热和拥挤。

（2）随时注意畜群健康状态，发现精神迟钝、无神、无力或姿态异常、停步不前、饮食减退，具有中暑现象时，即应检查和进行必要的防治。

（3）大群家畜徒步或车船运送，应做好各项防暑和急救准备工作，防患于未然，保护家畜健康。

（4）丘陵、平原乃至沙漠地区，干旱、缺水，对畜群的健康状态，更应注意观察。早晚放牧，亦应检查，并需注意饮水，防止畜群中暑，保护畜群健康。

第三节 癫 痫

癫痫是由于大脑某些神经元异常放电引起的暂时性的脑功能障碍，临床上以反复发生，短时间的感觉和意识障碍、强直性与阵发性肌肉痉挛为主要特征。本病主要为继发性的，原发性的动物少见。本病以马、牛、羊、猪多发。

一、病因

原发性癫痫也称真性癫痫或自发性癫痫，多因脑组织代谢障碍，在脑皮质或皮质下中枢兴奋性增高，使兴奋与抑制过程紊乱而引起，有的可能与遗传因素有关。

继发性癫痫又称症候性癫痫，引发本病的原因是多方面的，主要是由颅内疾病引起，多见于各种传染病引起的脑病、寄生虫病（脑包虫、脑囊虫）、脑肿瘤等；全身性疾病也可以引起，主要是因血液循环障碍，血液成分改变引起，多见于低血糖症、尿毒症、妊娠中毒症、中毒病等；还可以由一些脑以外的器官疾患引起，如中耳炎、角折断、化脓创等均可以继发本病。

二、发病机制

癫痫的发病机制十分复杂，主要是由于病原微生物、寄生虫、肿瘤、中毒性疾病引起血液循环障碍、血液成分改变、脑组织代谢障碍，使脑皮质或皮下中枢神经兴奋性增高，使兴奋与抑制过程紊乱。

三、症状

多由于神经紧张、惊吓、疲劳、兴奋等诱发，家畜突然发病，反复发作，意识不清，肌肉阵发性或强直性痉挛，症状有时突然消失。临床上，多数病例无前驱症状而突然发作。本病的发作频度不一，数月、数日发作 1 次，也可 1 日内发作数次。有的小发作 1 日可数十次，甚至达百次左右。有的发作以白天为主，有的则以夜间为主。发作时间有的有大致规律，有的则不规律。发作时病畜全身战栗，体位失去平衡，突然倒地，没有知觉，全身肌肉痉挛，眼球震颤、旋转。面部痉挛，牙关紧闭，口吐白沫，头颈后仰，四肢抽搐，呼吸加快，心跳加快，粪尿失禁，全身出汗。

也有一些动物发作前有一些预兆，如马表现兴奋，步态不稳，出汗。牛则表现哞哞直叫。绵羊表现不断转圈。猪表现不断用嘴哨地，尖叫，继而表现倒地呈强直性痉挛，抽搐。癫痫发作一般持续数秒至几分钟不等，随后痉挛停止，患畜可以自然恢复常态，站立行走。

癫痫分类方法较多，有按病因分类的（原发性、继发性），有按解剖分类的（全身性、部分性、一侧性），还有按发作时间分类的（白天、夜间）等。

发作时，多突然意识丧失，部分病畜有呕吐、腹部蜷缩等先兆症状，但为时很短，一般数分钟，其他尚可有少见的空嚼动作、恐惧、肢体麻木、幻听等。

① 强直期：病畜突然摔倒，全身肌肉持续性收缩，四肢呈屈曲状或伸直状，持续数秒至几分钟。由于呼吸肌强直，可出现可视黏膜发绀、浅表血管怒张、呼吸浅表、瞳孔散大、光反应消失。

② 阵挛期：全身肌肉阵阵痉挛抽动，有的患畜将舌咬破，口吐带血泡沫。可出现小便失禁。此期约持续数分钟。

③ 间歇期：进入睡眠或短时意识模糊。清醒后，全身肌肉酸痛，运步不协调。

四、病程及预后

病程发展没有规律，原发性癫痫由于脑组织和皮下中枢神经代谢障碍，表现预后不良。继发性癫痫当原发病及时治愈后，若脑组织和皮下中枢神经没有受到损伤，可以表现预后良好。

五、诊断

根据发病突然、反复发作和暂时性的特点可以作出初步诊断。

六、治疗

对本病的治疗主要是加强护理，保持安静，减少外界各种刺激及治疗出血性败血症、传染性胃肠炎、低血糖症、低血钙症、妊娠低毒血症等疾病。

药物治疗主要是对大脑皮质施行保护性抑制，使用镇静解痉的药物，10%的苯巴比妥钠溶液以 0.4mg/kg 体重肌内注射，或普里米酮（扑痫酮），10～20mg/kg 体重，每天 3 次，或口服水合氯醛进行预防性治疗，牛、马 15～25g。在癫痫发作时可以用安溴注射液，牛、马 50～100ml，猪、羊 10～20ml，每天 1 次，5～7 天为一个疗程。

七、预防

（1）防止大脑皮质受到过度刺激，引起大脑兴奋与抑制平衡失调而造成癫痫，应尽量减少家畜的应激。

（2）防止家畜患出血性败血症、传染性胃肠炎、低血糖症、低血钙症、妊娠低毒血症等疾病引发癫痫。

（3）加强饲养管理，供给优质的全价料，特别是供给充足的微量元素和维生素。

（4）有原发癫痫病史的家畜，不宜作种用。

【复习思考题】

1. 家畜神经系统疾病发生的常见原因及治疗原则有哪些？
2. 当家畜发生中暑时该怎么样抢救和治疗？
3. 当家畜出现脑病症状时，有哪些病因？该怎么防治？
4. 炎热的夏天养殖场及车、船运输过程中怎么预防家畜中暑？
5. 如何预防家畜癫痫？

第十一章 营养代谢疾病

【知识目标】

1. 熟悉畜禽营养代谢病发生的一般原因和发病特点。

2. 掌握畜禽糖、脂肪、蛋白质代谢障碍以及矿物质代谢障碍、微量元素代谢障碍、维生素代谢障碍的病因、发病特点和预防。

【技能目标】

1. 能够进行畜禽营养代谢疾病的实验室诊断。

2. 能够正确诊断和治疗营养性衰竭症、牛酮病、禽脂肪肝综合征、禽痛风。

3. 能够正确诊断和治疗佝偻病、骨软病、禽啄癖、肉鸡腹腔积液综合征、禽猝死综合征、咬尾咬耳综合征。

4. 能够正确诊断和治疗维生素 A、维生素 E 及硒缺乏症。

畜禽营养代谢病是营养缺乏病和新陈代谢障碍病的统称。前者是指动物所需的营养物质缺乏或过多所致疾病的总称。后者是指因机体的一个或多个代谢过程异常导致机体对营养物质吸收、转化障碍引起的一类疾病总称。营养缺乏病包括碳水化合物、脂肪、蛋白质、维生素、矿物质等营养物质的不足或缺乏；新陈代谢病包括碳水化合物代谢障碍病、脂肪代谢障碍病、蛋白质代谢障碍病、矿物质代谢障碍病及酸碱平衡紊乱。

营养代谢是生物机体体内和外部环境之间营养物质通过一系列同化与异化、合成与分解代谢过程，实现生命活动的物质交换和能量转化的过程。在现代畜牧生产中，要在维持畜禽最佳的营养代谢水平上进行科学的饲养管理和繁殖育种，提高畜禽品种和畜产品的数量和质量，使畜禽的生产性能得到充分的表达，最大限度地满足人类物质生活的需要。虽然现代畜牧生产的规模化、集约化生产方式，是按照畜禽各自的生理特征和生产性能，制订出各种饲养标准，以提高它们的生产效率，但不可避免地要受到畜舍建筑结构、管理设施和制度、内外理化生物学环境因素、日粮配合、饲养方法及对营养需求等一系列生产流程的控制和支配，只要产生任何与健康和生产不相适应的内外环境因素的变化，都可能导致这样或那样的机体代谢障碍或营养失调。如奶牛的酮病、生产瘫痪、低镁血症、铜中毒、产后血红蛋白尿等营养代谢疾病，再如良种母猪及其杂交猪的应激综合征、猪黄脂病、仔猪低血糖症、禽腹腔积液综合征及家禽猝死综合征等营养代谢疾病。这是在现代养殖业中值得关注的问题。

一般来说，在临床实践中畜禽营养代谢疾病具有常发性、地方流行性、群发性、病情发展缓慢早期不易发现及多种营养物质同时缺乏等特点，其所造成的危害和损失不亚于传染病和寄生虫病。因此，研究畜禽营养代谢疾病的病因和防治问题，是现代兽医临床工作中的一项重要内容。引起畜禽营养代谢性疾病发生的因素很复杂，概括起来主要有以下几方面：畜禽营养物质摄入不足或过剩；营养物质吸收不良；营养物质需要量增加，如妊娠（尤其双胎、多胎妊娠）、泌乳、产卵及生长发育旺期，对各种营养物质的需要量增加；内分泌功能异常，如锌缺乏时血浆胰岛素和生长激素含量下降；某些代谢性疾病还与遗传性因素有关。

第一节　糖、脂肪、蛋白质代谢障碍疾病

一、营养性衰竭

营养性衰竭是由于饲料短缺或日粮中营养物质缺乏，或同时机体能量消耗增加，导致动物体质下降或消瘦，全身代谢水平下降，所引起的一种营养不良综合征。临床表现为进行性消瘦和贫血、各器官功能下降、全身衰竭等症状。

本病多发生于牛、马、羊，也可以见于猪。主要发生于饲料不足的冬季和初春季节。

1. 病因

长期供给不足、饲料质量不好、过度使役是本病发生的主要原因。特别是农忙季节过劳，入冬以前机体没有恢复，到了冬季供给劣质的饲料、干草，或春季又继续使重役，造成动物消耗过度而引发本病。寄生虫病、慢性消耗性疾病、慢性消化道疾病以及年老体弱、幼畜发育不良等也是本病发生的重要原因。

2. 发病机制

日粮中的糖和脂肪是动物能量的主要来源，蛋白质不仅是机体各组织的重要组成成分，而且是各种代谢活动不可缺少的重要物质基础。当长期营养供给不足时，机体不得不动员体内贮备的营养物质，如脂肪、蛋白质和糖原开始自体分解。随着营养不良状态的发展，胃肠的消化功能逐渐减退，能摄取到的一些有限的营养物质也不能得到充分消化和吸收，同时肝脏解毒功能亦随之降低，导致肝脏营养不良。特别是肌蛋白质的自体分解，造成肝脏和肌肉中氮、磷化合物严重耗损，葡萄糖磷酸激酶和三磷酸腺苷酶的活性下降，由此而产生营养性衰竭的一系列临床反应，如渐进性消瘦、体温降低、胃肠道弛缓和充血性心力衰竭等。有资料证明，严重的营养不良可以引起消化功能紊乱、食欲下降、消化吸收不良，反过来又加重了动物各种营养的缺乏，加重营养性衰竭。另一方面由于分解不全的产物大量产生并蓄积在机体内，产生自体中毒，这样就会导致动物消瘦、无力、贫血等症状，如病情进一步恶化，最终会因严重衰竭而死。

3. 症状

病畜出现进行性消瘦和贫血，虚弱无力，容易疲劳。脊背、肋骨、肩胛骨和荐骨显露。被毛粗乱，皮肤缺乏弹性。可视黏膜苍白，少数淡红。脉搏细数，呼吸无力、浅表，体温稍低于正常体温。胃肠蠕动减弱，反刍动物反刍次数减少。喜卧厌站，严重时动物卧地不起，但仍可以采食，有的食欲下降，有的颌下、胸腹下部和四肢下部出现水肿。

病畜血液稀薄，红细胞减少为 200 万～400 万/mm³，血红蛋白下降 21%～40%，血糖降低。

4. 诊断

主要依据为极度消瘦，卧地不起，但应注意对原发病进行诊断，如慢性传染病、寄生虫病等。

5. 治疗

本病治疗原则是维护水和电解质平衡，增加血容量，改善血浆内胶体渗透压，补充能量，促进机体同化作用，加强营养，改善管理。但本病的治疗时间较长，短期内效果不十分明显。病情较轻者通过加强饲养管理，提高日粮质量，补糖补钙就可以改善。

病情中等的家畜可以通过维护水和电解质平衡、增加血容量、改善血浆内胶体渗透压、补充能量进行治疗。先用 5%复方氯化钠葡萄糖溶液同维生素 C 静脉注射，后配合氯化钙 5～10g 缓慢静脉注射。当体况好转后配合肌内注射三磷酸腺苷 150～200mg，促进糖的利用。后用右旋糖酐 2000～3000ml，复方氨基酸 1000ml 静脉注射。等体质稳定后，可以用苯丙酸诺龙 80～120mg 或丙酸睾丸酮 150～250mg 肌内注射，间隔 5 天重复 1 次，以促进机体的同化作用。

同时应注意加强饲养管理，注意防寒保温，给予新鲜多汁易消化的青绿饲料，如白菜、胡萝卜、老南瓜。病牛不能站立时，应勤翻身，并垫上厚干草。能站立的应在人工的帮助下进行少量

的步行活动，以促进血液循环。

如是继发性营养衰竭，先应对原发疾病进行治疗，如驱虫、抗菌消炎、解毒等。

6. 预防

加强饲养管理和合理使役是预防本病的基本原则。具体的方法是：供给充足优质的饲料，防止过度使役，做好安全越冬工作。但在饲料方面应注意以下几点。

（1）饲料中的蛋白质和氨基酸　饲料中蛋白质并不是越高越好，而是饲料中的各种氨基酸的比例平衡，越满足动物的需要，动物合成的自体蛋白就越多，特别要注意限制氨基酸的供给。如果配制饲料时只注意蛋白质量的供给，而不考虑氨基酸的平衡，蛋白质将得不到有效的消化与利用。饲料要求多样化，以相互补偿增加其营养价值。特别是使役、生长发育期要相应提高饲料营养浓度或增加日粮的供给。反刍动物本身可以利用一些非蛋白氮（如尿素），自然就可以降低饲料成本，但要注意添加的量和方法，不能直接用尿素喂牛。

（2）饲料中的维生素　很多维生素参与体内各种代谢过程，缺乏时会影响各种营养物质的合成和利用。特别是当 B 族维生素缺乏时，会影响各种营养物质的消化与吸收，可以引起氮的负平衡。因此饲料中必须供给充足的维生素。

（3）饲料中的能量物质　糖和脂肪是动物能量的主要来源，因此在饲料中应添加足够的能量饲料，当能量饲料摄入不足时，机体就会动用体内储存的脂肪和蛋白质来保证能量的供给，这样也可能会发生氮的负平衡。

二、奶牛酮病

奶牛酮病是泌乳奶牛在产仔后几天至几周内发生的以酮血症、酮尿症、酮乳症和低血糖症为特征的一种代谢疾病，临床表现为不食，昏睡或兴奋，体重减轻，产奶量下降，偶尔发生运动失调。

奶牛酮病的发生有下列特点。

（1）与分娩的关系　大部分病例发生在泌乳量开始增加的分娩后 3 周内，而且以经产牛尤其是 3～6 胎次的牛多见。

（2）与季节的关系　由于寒冷、运动不足、饲料的改变，尤其当品质优良的粗饲料不足，以及给予过多的青贮饲料，均可诱发本病的发生。因此，本病多发生于冬春季节。

（3）与饲料的关系　分娩前后，错误地给予过多的浓厚饲料，引起瘤胃消化紊乱，并继发纤维性粗饲料产生的低级脂肪酸减少，影响了正常的血糖水平的维持，而导致本病的发生。

1. 病因

关于本病的病因有许多不同意见，现在一般认为，能量代谢负平衡是引起本病的原因。饲喂过量的高蛋白、高脂肪饲料而碳水化合物不足，是引起本病的主要原因。另外，运动不足，前胃消化功能紊乱，糖和生糖物质减少，大量泌乳，乳糖大量消耗而导致糖的不足，妊娠后期而引起的瘤胃功能下降，浓厚饲料过多或其他因素导致机体的应激状态等都可促使本病的发生。在临床实践中常见的有以下几种原因。

（1）日粮是高蛋白质和脂肪饲料和低碳水化合物饲料　奶牛当摄入高蛋白质和脂肪饲料和低碳水化合物饲料，出现能量和葡萄糖不足时，就会先动用肝糖原，随后动用体脂肪和蛋白质而产生大量的酮体，称为营养性酮病。

（2）奶牛产前高度营养不良　如果奶牛在产前就存在高度营养不良，则会在妊娠后期动用体内大量体脂和蛋白质产生大量酮体，称为妊娠毒血症。

（3）产前过肥，产后营养不良　当产前过肥，而产后营养不良，奶牛就会动用体内储备导致酮病，称为消耗性酮病。

（4）高产奶牛产后营养不良　高产母牛产犊后的早期泌乳阶段，泌乳高峰出现很快，大约在产犊后 40 天就达到最高峰，而采食量却恢复得很慢，直至产犊后 70 天才达最高峰，因此在产犊后 10 周内食欲较差，能量远远不能满足泌乳消耗的需要。假如日粮营养不均衡，或者碳水化合物摄食不足及蛋白质和脂肪摄食过多，又或者三种营养物质均摄食不足，就会产生能量负平衡及生糖物质缺乏，呈现临床酮病和亚临床酮病。

2. 发病机制

牛的能量和葡萄糖，主要来自瘤胃微生物酵解大量纤维素生成的挥发性脂肪酸（主要是丙酸），其中丙酸生糖，而乙酸和丁酸在转变为乙酰辅酶 A 后进入三羧酸循环进而转化为能量，或因生糖物质草酰乙酸缺乏而转变为乙酰乙酸和 β-羟丁酸，而产生酮病。

酮病的代谢紊乱主要表现为低血糖症、高酮血症及肝糖原水平降低等。这些主要表现与摄食碳水化合物不足有关，因为碳水化合物摄入减少或吸收减少，机体就会动用肝糖原，随后动用体脂肪和体蛋白。当动物食入各种类型的碳水化合物饲料时，作为葡萄糖而被吸收的很少，能量来源主要是取自瘤胃中微生物发酵所产生的乙酸、丙酸和丁酸，而丙酸一般是主要的碳水化合物前质，唯一具有抗酮性质，用于合成乳糖就很少剩余，而将乙酸和丁酸转化为能量时，又需消耗大量生糖物质草酰乙酸，因此当草酰乙酸缺乏时，由乙酸和丁酸衍生的活性乙酸（乙酰辅酶 A）不能进入三羧酸循环被利用为能量，而生成酮体。

泌乳早期阶段，母牛食欲不振，摄食量减少，是导致能量负平衡的主要原因，也是碳水化合物先天缺乏的主要原因。这与日粮能量蛋白比不平衡有很大关系。如果日粮组成能改变瘤胃微生物群落的变化，使发酵产生的挥发性脂肪酸相对比例［正常发酵产生（乙酸＋丁酸）：丙酸＝4：1］倾向于生酮的乙酸和丁酸，而倾向于生糖的丙酸不足，则不能利用乙酸和丁酸产能，并转入生酮途径。因为丙酸是草酰乙酸的前质。当母牛代谢系统的大量葡萄糖转化为乳糖时，组织所需的葡萄糖不能从肝糖原分解得到满足，于是迅速动员体脂肪和体蛋白加速糖原异生，同时酮体生成也随之增加。并由于病牛呈现低乳而非无乳，体重显著下降。而组织利用酮体时也必须消耗草酰乙酸，在草酰乙酸缺乏的条件下，酮体利用率降低，最后出现低糖血症和高酮血症。

若病程延长，瘤胃微生物群落的变化难于恢复，可引起严重消瘦和持续性消化不良。当丙酮还原或 β-羟丁酸脱羧后，又可生成异丙醇。丙酮使病牛呼吸、发汗、排尿发出酮味，而异丙醇使病牛兴奋不安，脑组织缺糖使病牛呈现嗜睡。

3. 症状

（1）症状 母牛产犊后几天至几星期出现食欲不振，精神沉郁，体重显著下降，产奶量也随之下降。乳汁易形成泡沫，类似初乳状，并有酮气味。便秘，粪便上有黏液。尿呈浅黄色，易形成泡沫，呼出的气体和排尿时都可闻到酮气味，加热后更加明显。随着病情进一步发展，病牛迅速消瘦，轻度腹痛，呈拱背姿势。大多数病牛嗜睡，少数病牛可发生狂躁不安，表现为转圈，摇摆，空嚼和吼叫，感觉过敏，不愿运动。这些症状间断地多次发生，每次持续 1h 左右。

（2）临床病理检查 特征为低血糖症、酮血症、酮尿症和酮乳症。

① 血清或血浆酮体含量（或尿酮和乳酮同时）升高到 100mg/L 以上（正常血酮为 6～60mg/L，平均 20mg/L，尿酮含量为 3～30mg/L）。

② 血糖水平下降到 20～40mg（由正常的 50mg），β-羟丁酸由于其他疾病继发的酮病，血糖水平约在 40mg 以上，并往往在正常值以上。

③ 尿酮定量试验，由于尿浓度变动范围很广，测定结果可能不满意。

④ 挥发性脂肪酸水平在血液和瘤胃中都比正常母牛高，并且瘤胃中丁酸和乙酸与丙酸比较，显著增高。

⑤ 血钙水平稍降低［降至 2.2455mmol/L（9mg/100ml）］，可能因酸中毒而尿中碱基代偿性损失增多。

⑥ 白细胞计数有嗜酸粒细胞增多（可高至 15%～40%），淋巴细胞增多（可高至 60%～80%）及中性粒细胞减少（可低至 10%）。

4. 诊断

可以根据病因（高蛋白质和低能量饲料、饲养管理不善等）、发病时间、临床症状（乳汁易形成泡沫，类似初乳状，并有酮气味，尿呈浅黄色，易形成泡沫，呼出的气体和排尿时都可闻到酮气味）作出初步诊断。

当血清酮体含量在 $1720 \sim 3440 \mu mol/L$（$10 \sim 20mg/100ml$）时为亚临床酮病的指标，在 $3440 \mu mol/L$（$20mg/100ml$）以上时为临床酮病的指标。继发性酮病（如子宫炎、乳房炎、创伤性网胃炎、皱胃变位等引起食欲下降而发生者）时，血酮水平亦可增高，但很少高于 $8600 \mu mol/L$（$50mg/100ml$）。

类症鉴别：创伤性网胃炎、前胃弛缓、肠炎、子宫疾病、生产瘫痪、皱胃变位等病的经过中，往往出现酮尿，易造成误诊。鉴别方法：首先要注意观察原发病病史和临床特征，另外，可应用药物诊断，即给予葡萄糖或激素，观察能否达到预期效果。

5. 治疗

治疗原则：补糖抗酮，促进糖原异生，及对症治疗。

（1）补糖疗法　静脉注射葡萄糖溶液，$25\% \sim 50\%$ 葡萄糖 $300 \sim 500ml$，一日 2 次，或同时配合肌内注射胰岛素 $100 \sim 200$ 国际单位；也可口服白糖水，$500 \sim 1000g$ 白糖溶于水，自饮或灌服；也可应用生糖物质如内服丙酸钠，$100 \sim 200g$ 丙酸钠混于饲料或灌服连用 $7 \sim 10$ 天，甘油 $240ml$，一次内服，连用数日。另外，乳酸钠、乳酸钙、乳酸铵都有一定疗效。

（2）激素疗法　为了促进糖原异生作用，可用肾上腺素 $300 \sim 600$ 国际单位肌内注射，皮下注射氢化可的松 $1.5g$，或地塞米松 $10 \sim 20mg$，肌内注射一次可奏效。

（3）纠正酸中毒　可用碳酸氢钠 $50 \sim 100g$ 内服，或 5% 碳酸氢钠液 $500ml$ 静脉注射。

（4）对症疗法　包括镇静、促进消化、补充维生素等。镇静：水合氯醛首次 $30g$，加水灌服，以后每次 $7g$，每天 2 次，连用数天。

6. 预防

（1）妊娠牛给予优质牧草，产前 $4 \sim 5$ 周给予富含糖及维生素的饲料，适当运动，不宜喂得过于肥胖。

（2）产后 $2 \sim 3$ 周应减少青贮饲料的喂量，发病牛可以用丙酸盐（每头 $110g/d$，连用 6 周）预防或每天添喂丙二醇 $50mg$，连用 2 天。

（3）在产奶高峰期可适当在饲料中补充乳酸钠，剂量按 $100g/d$，连用 $30 \sim 40d$。

（4）适当运动，保证充足的阳光照射。

三、禽痛风

禽痛风是蛋白质代谢障碍引起的尿酸血症，尿酸盐在血液中大量蓄积，导致关节囊、关节软骨、内脏和其他间质组织尿酸盐沉积。临床上表现为运动迟缓，四肢关节肿胀，厌食、衰弱及腹泻，并引起尿酸和尿酸盐的排泄增高及肛门充血。其病理特征为血液尿酸盐水平增高，尿酸盐在关节囊、关节软骨、内脏、肾小管及输尿管和其他间质组织中沉积。临床上可分为内脏型痛风和关节型痛风。本病多发于鸡，近年来本病的发生有增多趋势，特别是集约化饲养的鸡群，饲料生产、饲养管理预置着许多可诱发禽痛风的因素，特别当肉用仔鸡饲予大量动物性蛋白质饲料时更多见。此外，也可见于火鸡和水禽。

1. 病因

引起家禽痛风的原因较为复杂，能使尿酸生成过多或排泄障碍的因素均可导致本病的发生，目前认为与下因素有关。

（1）引起尿酸生成过多的因素

① 大量饲喂富含核蛋白和嘌呤碱的蛋白质饲料。如鱼粉用量超过 8%，或尿素含量达 13% 以上或饲料中粗蛋白含量超过 28% 时，由于尿酸生成太多，引起尿酸盐血症。

② 当家禽极度饥饿又得不到能量补充或家禽患有重度消耗性疾病时，因体蛋白迅速大量分解，体内尿酸盐生成增多。

（2）引起尿酸排泄障碍的因素

① 传染性因素　凡具有嗜肾性，能引起肾功能损伤的病原微生物。肾型传染性支气管炎如传染性支气管炎病毒、传染性法氏囊 A 毒、雏鸡白痢、艾美尔球虫等可引起肾炎、肾损伤造成

尿酸盐的排泄受阻。

②非传染性因素

a.营养性因素　如日粮中长期缺乏维生素A，可引起肾小管、输尿管上皮代谢障碍，发生痛风性肾炎；饲料中含钙太多，含磷不足，或钙、磷比例失调引起钙异位沉着，形成肾结石或积砂；饲料中含镁过高，也可引起痛风；食盐过多，饮水不足，尿量减少，尿液浓缩等均可引起尿酸的排泄障碍。

b.中毒性因素　包括嗜肾性化学毒物、药物和真菌毒素等，如磺胺类药物饲喂过多、饲料中含黄曲霉毒素。

（3）遗传因素　有些品种的鸡痛风发病率很高，被认为与遗传因素有关。动物中已发现了遗传性痛风。

（4）诱因　年老、纯系品种、运动不足、受凉、孵化时湿度太大，都可促进痛风的发生。

2. 发病机制

由于家禽肝脏缺乏精氨酸酶，所以不能形成尿素而以固体尿酸盐的形式排出。此外，家禽体内核蛋白分解后的核酸在降解过程中也能产生尿酸。因此，正常家禽尿中本来就是尿酸多于尿素，肌酸多于肌酸酐。当家禽采食高蛋白质尤其是富含高精氨酸的日粮时，不形成尿素而形成尿酸，肝脏和血液中尿酸盐水平随之升高。这些尿酸盐主要通过肾脏排出，所以粪中有白色的尿酸盐沉积。另一方面，当血液中尿酸盐水平升高时，关节囊中也会出现尿酸盐沉积，所以出现跛行症。

3. 症状

由于尿酸盐沉积的部位不同，可以分为内脏型禽痛风和关节型禽痛风两种类型。

（1）内脏型禽痛风　鸡表现精神不振，食欲不振，贫血，鸡冠苍白，消瘦，脱毛。周期性体温升高，心跳加快，气喘，出现神经症状，皮肤瘙痒，不自主地排泄白色的尿酸盐粪便，肛门周围的羽毛常被粪便沾污。母鸡产蛋量下降或完全停止，个别鸡突然死亡。病鸭不愿下水，或下水后不愿戏水，又马上回到岸上，雏鸭下水后羽毛不易干。血液中尿酸水平增高至892.2μmol/L（15mg/100ml）以上〔据Bell 1971年材料指出，个别正常鸡的尿酸水平最高可达2379.2μmol/L（40mg/100ml），以后转入到正常变动范围，而其正常变动范围的差异也是很大的，因此诊断时不一定以血液尿酸水平的单项材料为依据〕。通常将尿酸盐性腹泻和血液中尿酸水平增高认定为内脏型痛风的特征，当触诊腹部时，内脏型痛风通常有疼痛及有时具液体波动。多数母鸡腹部拖地。

本病多为慢性经过，往往发生贫血、下痢以及进行性消瘦，颇似家禽单核细胞增多症。

（2）关节型禽痛风　脚趾、腿部、翅膀关节肿胀，运动迟缓，跛行，不愿站立，切开关节有灰白色沉着物积聚（可引起关节面坏死及溃疡），称之为关节型禽痛风。剖检：胸膜、腹膜、肠系膜、肺、心包内、肝、脾、肠、肾的表面散布着许多石灰样的白色尘屑状物质。腿和翅膀的主要关节内亦有相似的沉着物，并往往形成一种所谓的"痛风石"。

4. 诊断要点

本病根据病史调查、临床症状及结合剖解的变化即可确诊。临床诊断要点如下。

（1）消瘦，泻白色石灰水样粪便。

（2）关节肿大，跛行。

（3）内脏、关节有尿酸盐沉积。

（4）饲料中蛋白质含量过高。

5. 防治

（1）目前尚没有特别有效的治疗方法。可试用阿托方（又名苯基喹啉羟酸）0.2～0.5g，每日2次，口服，但伴有肝、肾疾病时禁止使用。此药是为了增强尿酸的排泄及减少体内尿酸的蓄积和关节疼痛。痛风病例多伴有肝、肾功能不全，因此，病重病例或长期应用皆有副作用。也可试用别嘌呤醇（7-碳-8氯次黄嘌呤）10～30mg，每日2次，口服。此药化学结构与次黄嘌呤相似，是黄嘌呤氧化酶的竞争抑制剂，可抑制黄嘌呤的氧化，减少尿酸的形成。用药期间可导致急性痛风发作，给予秋水仙碱 50～100mg，每日 3 次，能使症状缓解。为了增强尿酸的排泄及减少体内尿酸的蓄积和关节疼痛，可以在饲料中添加小苏打，以每吨添加 1000g 小苏打为标准。停止使用磺胺类药物或其他对肾脏有损害的药物。

（2）减少日粮中蛋白质的含量，改变饲料调配比例，供给含有丰富维生素 A 的饲料。有试验证明，当日粮中蛋白质含量提高到 38% 时，引起幼火鸡的痛风；而当蛋白质含量降低至 20% 时，病鸡即逐渐恢复健康。对于肉用仔鸡，凡饲喂动物内脏、肉粉、鱼粉等富含蛋白质的饲料时，应按照日龄、体重调整饲料配方，使能量蛋白比趋于合理。

（3）补充维生素 A、维生素 D：可以在饲料中添加维生素 A 4500IU/kg 体重、维生素 D 5500IU/kg 体重；或在饲料中添加鱼肝油；或肌内注射维生素 A，按 440IU/kg 体重给予。同时在饲料中增加黄玉米的含量。

（4）加强饲养管理，保持适宜的温度、合理的密度、良好的通风和清洁的卫生。笼养鸡，若能适当增加运动量，可降低本病的发病率。

四、禽脂肪肝综合征

禽脂肪肝综合征又称脂肪肝出血综合征，是禽体内脂肪代谢障碍，使肝脏脂肪过度沉积所致的肝细胞变性、血管壁变脆而发生的肝脏出血以及急性死亡为特征的营养代谢性疾病。该病于 1953 年前后在美国发生，1956 年得克萨斯农工大学的 Couch 首次报道为脂肪肝综合征（fatty live syndrome，FLS）。由于该病经常伴有肝出血，在 1972 年由 Wolford 等改名为脂肪肝出血综合征（fatty liver-hemorrha syndrome，FLHS）。随着我国现代集约化养禽业的发展，近年来本病在我国发生有增多趋势，主要发生于笼养蛋鸡和 3～4 周龄的肉用仔鸡。临床上以产蛋鸡个体肥胖超出正常的 25%～30%，产蛋减少，个别病禽因肝功能障碍或肝破裂、出血而死亡为特征，发病蛋鸡产蛋率比正常低 20%～30%，死亡率为 2% 左右，应引起重视。肉用仔鸡以嗜睡、麻痹，肝、肾肿胀且大量脂肪蓄积，突然死亡为特征。

1. 病因

（1）饲料高能量、低蛋白质，家禽由于运动不足，将多余的能量转化为脂肪，沉积于肝脏、皮下、腹膜。

（2）饲料中胆碱、生物素、维生素 B_{12} 不足或油脂含量过高，使脂肪代谢障碍，引起脂肪大量在体内沉积。

（3）应激也可以促进本病的发生。

2. 发病机制

鸡肝脏是合成体内脂肪的最主要场所，合成后的脂肪以极低密度脂蛋白形式被输送到血液。其中载脂蛋白的合成需蛋氨酸、丝氨酸、维生素 E、B 族维生素等的参与。在脂肪转运过程中，胆碱起重要作用。母鸡在产蛋期为了维持生产力（1 个鸡蛋大约含 6g 脂肪，其中的大部分是由饲料中的碳水化合物转化而来），肝脏合成脂肪的能力增加，肝脂也相应提高。若合成蛋白质、脂肪的原料不足，或肝脏合成的脂肪太多，超出了脂蛋白的运输能力，可产生肝内脂肪蓄积，使肝脏呈淡黄色或淡粉红色，质地变脆。在受到应激时，若鸡突然剧烈运动，肝脏小血管破裂，血液流入肝被膜下，形成血凝块，最终病鸡死于肝破裂。

3. 症状

病鸡生前肥胖，超过正常体重的 25%，产蛋率波动较大，可从 75%～85% 突然下降到 35%～55%，在下腹部可以摸到厚实的脂肪组织；往往突然暴发，病鸡喜卧，鸡冠、肉髯褪色乃至苍白；严重的嗜睡、瘫痪，体温 41.5～42.8℃，但鸡冠、肉髯及脚变冷，可在数小时内死亡。一般从发病到死亡约 1～24 天，当拥挤、驱赶、捕捉或抓提方法错误，引起强烈挣扎时可突然死亡。

4. 病理变化

病鸡明显过肥，鸡冠苍白，腹腔、肝脏、肾脏沉积大量的脂肪，肝脏因脂肪变性而呈土黄色，肝肥大、质地柔软、易碎，肝被膜下有大小不等的出血点。有的肝脏破裂，腹腔中有大量的凝血块。其他脏器无明显变化。

5. 诊断

根据鸡群生产性能下降，死亡率升高，但鸡无明显症状以及病理变化（鸡过于肥胖，肝脏易碎、出血、肥大、呈土黄色）可以作出诊断。

病鸡血液化验：血清胆固醇明显增高，达 605～1148mg/100ml 或以上正常 12～316mg/100ml；血钙增高可达 28～74mg/100ml，正常为 15～26mg/100ml；血浆雌激素增高，平均含量为 1019μg/ml（正常为 305μg/ml）。

6. 防治

目前对这种病还没有有效的治疗方法，主要采取以预防为主的方法。

（1）防止产前母鸡积蓄过量的体脂，日粮中应保持能量与蛋白质的平衡，尽可能不用碎粒料或颗粒料喂蛋鸡。保证日粮中有足够水平的蛋氨酸和胆碱等嗜脂因子的营养素。对易发生脂肪肝综合征（脂肝病）的鸡群，可在日粮中加入一定量的小麦麸和酒糟，因为小麦麸和酒糟中含有可以避免笼养蛋鸡脂肪代谢障碍的必需因子。母鸡在清晨时对蛋白质需求较大，可添加适量龟粉、蚯蚓、无菌蝇蛆等。傍晚添加粗粒钙质以代替部分能量饲料，以避免母鸡过肥。产蛋期的鸡每日光照时间应在 16 小时左右，人工光照时间从早晨 6 点半开始到晚上 22 点半结束。饮水最好是自来水，避免饮硬水。

（2）保证饲料营养平衡，特别要注意维生素 E 和 B 族维生素的添加，块大型肉用仔鸡饲料不要过于强调能量，油脂添量以不超过 5％为好。配合饲料中添加多种维生素，每 20kg 饲料中加入 5g 拌匀饲喂（种鸡用量要加倍）。每天下午 4～5 点给产蛋鸡投入颗粒状钙质添加剂，如粗贝壳片、颗粒碳酸钙、蛋壳碎片等。每 100 只鸡加 1kg，直接放在饲料槽内，因粗颗粒钙质可在鸡的肌胃中停留较长时间，在夜间能源源不断提供钙质，并能解决产薄壳蛋、破壳蛋多的问题。

（3）减少应激，避免使用霉变饲料。

（4）当发生脂肝病后，可采用以下方法减缓病情。

① 每吨饲料中添加硫酸铜 63g、胆碱 55g、维生素 B_{12} 3.3mg、维生素 E 5500 国际单位、DL-蛋氨酸 500g。每只鸡喂服氯化胆碱 0.1～0.2g，连续喂 10 天。将日粮中的粗蛋白水平提高 1％～2％。

② 每吨饲料添加氯化胆碱 1000g，维生素 E 20000～30000 国际单位，维生素 B_{12} 10～20g，生物素 0.3～0.5g，对本病有良好的防治效果。

五、猪黄脂病

猪黄脂病通常称黄膘，是屠宰后的猪肉存在一种黄色脂肪性组织。关于黄膘问题，早为肉品检验员所注意，黄膘肉是可以食用的。

1. 病因

（1）通常由于采食过量的不饱和脂肪酸甘油酸（如油渣饼、变质的全脂鱼粉），或是由于生育酚（维生素 E）含量不足。当有这两种情况存在时，都可导致抗酸色素在脂肪组织中沉积，从而造成了黄膘。饲喂鱼脂、鱼的零头碎块、鱼罐头的废弃品能发生黄脂病，喂蚕蛹也可发生。饲喂比目鱼和蛙鱼的副产品更容易出现黄脂病，因为这些鱼体内脂肪酸中约有 80％是不饱和脂肪酸。

（2）饲料中黄玉米比例高或在饲料中添加较多黄色素（柠檬黄、加丽黄等）也可以引起猪黄脂病。

（3）饲料或饮水中添加了一些含色素的化学药物或中药。

2. 症状

猪黄脂病在动物生前很难判断。通常见到的症状包括被毛粗乱、无光泽，倦怠，衰弱和黏膜苍白。大多数病猪食欲不振，生长缓慢，有时发生跛行，眼有分泌物。红细胞计数在正常范围以内，但对于严重病例，可见血红蛋白水平降低，有低色素性贫血的倾向。有些饲喂含有大量全脂鱼粉日粮的猪，可突然死亡。这种死亡的原因可能是全脂鱼粉中存在某些有毒物质。

3. 病理变化

体脂肪呈柠檬黄色，骨骼肌和心肌呈灰白色，质脆。淋巴结肿胀、水肿，可有散在性的小出血点。肝脏呈黄褐色或土黄色，有明显的脂肪变性。肾脏呈灰红色，横断面发现髓质呈浅绿色。胃肠道黏膜充血或出血。

4. 防治

（1）主要在于调整饲料，禁止饲喂比目鱼、酸败的鱼油、油渣（特别是猪油渣）或蚕蛹。

（2）在饲料中添加维生素 E（生育酚）：每天每头在饲料中添加 800～1000mg。

（3）适当减少黄玉米的使用量，不在饲料中使用黄色素（柠檬黄、菊花黄等）。

如果要消除这种黄膘病，使组织中全部的抗酸色素都被消除，是需要经过一段很长的时间才能见效的。

第二节　维生素缺乏症

维生素是人类和动物体正常生命活动必需的一类低分子有机化合物，不是构成机体组织和细胞的组成成分，它也不会产生能量，它的主要作用是参与机体代谢的调节。大多数的维生素机体不能合成或合成量不足，不能满足机体的需要，必须经常通过食物获得。如果缺少了维生素，就会引起一系列营养代谢功能障碍的疾病，通常将这些疾病称为维生素代谢障碍性疾病。

一、维生素 A 缺乏症

维生素 A 缺乏症是由于动物体内维生素 A 或胡萝卜素不足或缺乏导致的皮肤、黏膜上皮角化、变性，生长发育受阻并以干眼病和夜盲症为特征的一种营养代谢病。本病各种动物均可发生，但以犊牛、羔羊、雏禽、仔猪、毛皮动物等幼龄动物多见。多发生在冬春青绿饲料缺乏的季节。

动物体内没有合成维生素 A 的能力，其维生素 A 的常见来源主要是动物的肝、乳、蛋等动物源性饲料，尤其是鱼肝和鱼油，如鳖鱼、鳕鱼和大比目鱼肝油以及北极熊肝油是其最丰富的来源。维生素 A 原——胡萝卜素的常见来源主要是植物性饲料，如胡萝卜、黄玉米、黄色南瓜、青绿饲料、番茄、木瓜和柑橘等是其丰富来源。

1. 病因

（1）饲料中维生素 A 或维生素 A 原（胡萝卜素、玉米黄色素）不足　各种青绿饲料包括发酵的青绿饲料在内，特别是青干草、胡萝卜、南瓜、黄玉米中都含有丰富的维生素 A 原，维生素 A 原能转变成维生素 A。但在棉籽、亚麻籽、萝卜、干豆、干谷、马铃薯、甜菜根中几乎不含维生素 A 原。犊牛腹泻、瘤胃不全角化或角化过度，都可导致维生素 A 缺乏症。

（2）饲料中其他成分的影响　饲料中维生素 E、维生素 C 缺乏，会导致维生素 A 破坏增加；脂肪含量低，会使维生素 A 吸收下降。

（3）继发因素　因为大量胡萝卜素是在肠上皮中转变成维生素 A 的，并且主要是在肝脏中储存维生素 A 的，所以当罹患慢性肠道疾病和肝脏疾病时，最容易继发维生素 A 缺乏症。

2. 发病机制

维生素 A 缺乏症主要影响动物视色素（对牛影响视紫红质，对禽类影响视紫蓝质）的正常代谢、骨骼的生长和上皮组织的维持。严重缺乏的母畜，更可影响胎儿的正常发育。

正常动物视网膜中的维生素 A，在酶的作用下氧化，转变为视黄醛。牛和禽类的视网膜视细胞外段几乎都是视色素。当维生素 A 缺乏或不足时，视紫红质的再生更替作用受到干扰，动物在阴暗的光线中呈现视力减弱及目盲。骨骼生长迟缓及异常，从而压迫神经系统和造成颅内水肿。病的后期，由于面神经麻痹和视神经萎缩，引起典型的目盲现象。

维生素 A 缺乏症能导致所有上皮细胞萎缩。由于分泌细胞在基础上皮上的分裂能力和发生能力的衰竭，所以在缺乏症中，这些分泌细胞逐渐被层叠的角化上皮细胞所代替，成为非分泌性的上皮组织。这种情况主要见于唾液腺、泌尿生殖道（包括胎盘，但不包括卵巢和肾小管）及牙齿（在釉质中齿质母细胞消失）。甲状腺素的分泌显著减少。对胃黏膜的影响不明显。由于这些上皮变化的结果，在临床上导致胎盘变性、干眼病和角膜变化。

此外，由于维生素 A 在胎儿生长期间是器官形成的一种必需物质，因此当母畜维生素 A 缺乏时，能导致胎儿多发性先天性缺损，特别是脑水肿、眼损害等。

3. 症状

各种动物的临床症状基本相似，只是在组织和器官的表现程度上有一些不同。维生素 A 缺乏症的动物，猪皮肤可呈现溢脂性皮炎，牛出现皮肤增厚、粗糙和脱屑，鸡皮肤、嘴角的黄色（来航鸡、三黄鸡、广西黄鸡）消失或减退，呈苍白色。维生素 A 缺乏症可以影响公畜和母畜的生殖能力，虽然公畜还可保留性欲，但精小管生殖上皮变性，精子活力降低，青年公牛睾丸明显小于正常。母畜受胎盘变性影响，可出现流产、死产或生后胎儿衰弱及母畜胎盘滞留。当母猪严重缺乏维生素 A 时，仔猪呈现无眼或小眼畸形及腭裂等先天性缺损。亦可呈现其他缺损，例如兔唇、附耳、后肢畸形、皮下囊肿、生殖器官发育不全等。尤其是新生犊牛，可发生先天性目盲及颅内水脑、脊索病和全身水肿，亦可发生肾脏异位、心脏缺损、膈疝病等其他先天性缺损。

（1）夜盲症 是一种突出的病症，除猪之外，是最早出现的重要病症。特别在犊牛，当其他症状都不明显时，就可发现在早晨或傍晚或月夜光线暗时，犊牛盲目前进，行动迟缓，碰撞障碍物。猪，一直到血浆维生素 A 水平很低时，夜盲症的症状仍不明显。

（2）干眼病 是指角膜增厚及云雾状形成，仅可见于犬和犊牛，而在其他动物，则见到眼分泌一种浆液性分泌物，随后角膜角化，形成云雾状，有时呈现溃疡和羞明。成年鸡严重缺乏时，经 2～5 天，鼻孔和眼有黏液性分泌物，上下眼睑往往黏着在一起，失明，最后角膜软化，眼球下陷，甚至穿孔。由于视神经受压，引起视盘水肿及失明。失明是由于视网膜变性所致。

（3）神经症状 维生素 A 缺乏症的动物，还呈现中枢神经系统受损害的病症。例如颅内压增高引起的脑病，外周神经根损伤引起的骨骼肌麻痹。表现为兴奋不安、盲目运动、尖叫等。运动失调，最初常发生于后肢，然后再见于前肢。猪和犊牛还可引起面部麻痹、头部转位和脊柱弯曲。至于脑脊液压力增高而引起的脑病，通常见于犊牛，也可见于年轻的猪，这些动物则呈现强直性和阵发性惊厥及感觉过敏的特征。

4. 诊断

根据饲养病史和临床特征（夜盲症、干眼病、神经症皮肤变化和生殖能力下降等）可作出初步诊断。确诊需参考病理损害特征和对饲料中维生素 A 或维生素 A 原的含量进行检测。在临床上，维生素 A 缺乏症引起的脑病与低镁血症性搐搦、脑灰质软化、D 型产气荚膜梭菌引起的肠毒血症和铅中毒之间是难以区别的。

5. 防治

（1）补充维生素 A 维生素 A 500IU/kg 体重，肌内注射。也可在饲料中添加维生素 A（各种动物每天正常需要维生素 A 最低量是 30IU/kg 体重，每天正常需要胡萝卜素最低量是 75IU/kg 体重），乳牛在妊娠期和泌乳阶段，剂量可增加至 600IU/kg 体重。小鸡对维生素 A 缺乏颇敏感，饲料中至少加入维生素 A 1500IU/kg 体重，产卵鸡和种鸡可增加一倍。肥育牛的日粮，冬季每天加入维生素 A 1 万国际单位，秋季每天加入 4 万国际单位。

（2）改善饲养管理 供给青绿饲料、黄玉米、胡萝卜，改善饲养条件，减少应激。

（3）对症治疗 幼畜可用麦芽粉、人工盐、陈皮酊等健胃药调整胃肠功能，促进消化吸收。眼睛有病变时可用 3% 的硼酸洗眼，然后滴入红霉素眼药水、氧氟沙星眼药水等对症治疗。

6. 预防

（1）饲料中应加入适量的防霉剂，防止饲料霉变，及时调整胃肠功能和治疗胃肠疾病。

（2）饲料中添加一定量的维生素 A 或维生素 A 原，以满足动物的正常生理需要。

二、维生素 E 缺乏症

维生素 E 缺乏症，是由于饲料中维生素 E 缺乏引起的一种以脑软化、渗出性素质和肌营养不良为特征的代谢病。多发生于幼畜和雏禽，主要见于鸡、鸭、猪、羊。

1. 病因

（1）饲料中维生素 E 缺乏　长期饲喂经过曝晒的干草、品质不良的草料、维生素 E 缺乏的饲草，禽饲料中添加维生素 E 不足等。

（2）饲料其他成分的影响　维生素 E（生育酚）的化学性质不十分稳定，在饲料中可被矿物质（主要是微量元素）和不饱和脂肪酸所氧化；与鱼肝油混合，由于鱼肝油的氧化作用，也可使生育酚的活性丧失。若青草和青绿豆科植物中含有过多的不饱和脂肪酸，当瘤胃氢化作用不完全时，则胃肠道吸收不饱和脂肪酸的量增加，其（不饱和脂肪酸）游离根与维生素 E 结合，于是有效维生素 E 减少，可导致维生素 E 缺乏症及肌营养不良，这种情况被看作是一种相对的维生素 E 缺乏症。

（3）继发性病因　慢性消化道疾病，肝功能不全或功能障碍，都会影响维生素 E 的吸收和利用。

2. 发病机制

维生素 E 具有抑制多价不饱和脂肪酸产生游离根及过氧化物的功能，从而防止含有多价不饱和脂肪酸的细胞膜的脂过氧化（特别是对含不饱和脂质丰富的膜，如细胞的线粒体、内质网和质膜）。然而，硒元素也具有保护细胞膜脂质的功能，因为硒是谷胱甘肽过氧化物酶的活性中心，通过谷胱甘肽及谷胱甘肽过氧化酶系统而加速破坏过氧化物，从而保护了细胞膜的脂质。维生素 E 是一种抗氧化剂，而以硒为其活性中心的谷胱甘肽过氧化物酶则可破坏已生成的过氧化物，因此也是一种抗氧化物质，两者在保护细胞膜的脂质不受损害的作用上是一致的。

3. 症状

幼畜和幼禽白肌病的一系列症状以羔羊和小鸭为严重。脑膜水肿及小脑软化、肿胀，能波及大脑半球纹状体、延脑和中脑，表现为精神不振、采食减少、共济失调、步态不稳、盲目运动、冲撞。公畜睾丸萎缩、变性，生殖能力下降，精子运动异常，甚至不能产生精子；母畜表现卵巢功能下降，性周期异常，不能受精或受精卵死亡、死产、流产或不孕。猪往往突然死亡。小鸡、小鸭和小火鸡除骨骼肌营养不良外，表现为站立不稳，头向后伸或头颈歪斜，站立不稳，运动失调，走路时容易跌倒，受惊吓时表现更为明显。小鸡呈现广泛性皮下组织水肿，并有血液成分渗出，腹部皮肤呈蓝绿色，鸡冠苍白。猪主要发生于断奶后的保育猪，表现为贫血、苍白，站立不稳，盲目运动、转圈，突然倒地、尖叫、四肢呈游泳状、角弓反张等一系列神经症状。

4. 病理变化

主要表现为肌肉变性、苍白、脑软化、渗出性素质、不育或不孕等病变。

（1）猪　肝营养不良，肝坏死，胃贲门溃疡，心内膜和心外膜下层沿肌纤维走向呈多发性出血，致心肌斑点状出血，呈桑葚状心脏病。

（2）小鸡　渗出性素质，皮下水肿，有蓝绿色胶冻样物。脑软化、水肿，有出血点，切面有出血点和黄绿色坏死斑。心包及腹腔积液。胸部肌肉和腿部肌肉有灰白色条纹和出血点。肌胃和心肌苍白、柔软。

5. 诊断

根据神经症状、运动障碍、脑软化、肌肉变性和渗出性素质可以作出初步诊断。

6. 防治

（1）补充维生素 E　维生素 E 10～20IU/kg 体重，肌内注射或内服，1 次/天。

（2）补充硒　亚硒酸钠 300～500mg/kg 体重，皮下注射或内服，1 次/天。

（3）加强饲养管理　饲料中添加维生素 E 200～300mg/kg 体重，亚硒酸钠 200～300mg/kg 体重，同时，饲料中添加抗氧化剂，防止饲料氧化。

三、B 族维生素缺乏症

B 族维生素缺乏症是由于饲料或饲草中 B 族维生素不能满足其生理需要而引起的代谢疾病。

多发生于犊牛、幼畜和雏禽。

1. 病因

（1）饲料中缺乏 B 族维生素　B 族维生素是一组水溶性维生素，它们的分布大体相同，在生物学上作为各种酶的辅酶，其实它们在化学结构上和生理功能上都是互不相同的。B 族维生素的来源很广泛，在青绿饲料、酵母、麸皮、米糠及发芽的种子中含量很高。此外，动物（特别是反刍动物）（胃）肠道中的微生物能合成 B 族维生素，一般不会缺乏，如果长期饲喂缺乏 B 族维生素的饲料，或鸡饲料中添加 B 族维生素不足，就会发病。

（2）继发性病因　饲料发霉或储存过久，B 族维生素受到破坏，高温、应激、磺胺类药物的应用等因素，可使 B 族维生素消耗量过大。胃肠炎、消化障碍、吸收不良，使 B 族维生素吸收减少而发生本病。

2. 症状

（1）硫胺素（维生素 B_1）缺乏症

① 马：共济失调，心搏过快，拱背，牙关紧闭，阵发性惊厥，角弓反张，伏卧不起，但食欲正常或稍微下降，体温正常。

② 鸡：主要呈现多发性神经炎。病鸡腿屈曲，坐地，头向后仰，呈观星姿势，这是由于颈部的前方肌肉麻痹所致。病雏倒地以后，头部仍然向后仰。成年鸡发病缓慢，鸡冠常呈蓝色，在病的进行期，肌肉明显麻痹，开始发生于趾的屈肌，然后向上蔓延，波及腿、翅和颈部的伸肌，呈现坐地和翅下垂。

③ 猪：厌食，生长不良，呕吐，腹泻，皮肤及黏膜发绀，可突然死亡。

④ 犊牛：表现衰弱，共济失调及惊厥，有时发生腹泻、厌食及脱水。

（2）核黄素（维生素 B_2）缺乏症

① 马：表现不食，生长受阻，腹泻，流泪及秃毛，口角区周围充血，还可作为周期性眼炎的一种病因。

② 鸡：雏鸡在喂给缺乏核黄素日粮后，在 1～2 周可发生腹泻，虽食欲尚良好，但生长缓慢，消瘦、衰弱。其特征性的症状是足趾向内蜷曲，不能行走，以跗关节着地，需展开翅膀维持身体的平衡；两腿瘫痪，腿部肌肉萎缩和松弛，皮肤干而粗糙。病雏最后因吃不到食物而饿死。

母鸡缺乏核黄素产蛋量会下降，蛋清稀薄，蛋的孵化率降低，蛋和出壳雏鸡的核黄素含量也就低。核黄素是胚胎正常发育和孵化所必需的物质，孵化蛋内的核黄素用完鸡胚就会死亡。

③ 猪：呈现生长迟缓，呕吐，白内障，步态强拘，皮肤发疹、鳞屑、溃疡及脱毛。

④ 犊牛：自然发生的病例很少，据人工发病观察，在口唇、口角、鼻孔周围区和黏膜呈现明显的充血，伴有厌食、生长不良及腹泻。

（3）维生素 B_{12} 缺乏症　除地方性钴缺乏的地区可能会发生外，其他地区极少发生，包括猪和犊牛。用配合日粮饲养的犊牛，发生这种缺乏症的综合征，包括厌食，生长停止，营养不良，肌肉衰弱。猪出现本病，可能就是个别对维生素 B_{12} 吸收能力差的猪，表现为生殖能力降低。鸡缺乏时呈现生长迟缓，饲料利用率降低，鸡蛋的出壳率也降低。假如雏鸡同时也缺乏胆碱或蛋氨酸，可能发生脱腱症，并且在维生素 B_{12} 缺乏的条件下，雏鸡对泛酸的需要量增高。

（4）烟酸缺乏

① 猪：皮肤粗糙、增厚、皲裂，上面附有暗色痂皮，采食量少，渐行性消瘦而死亡。

② 鸡、鸭：飞节肿大，骨粗短，腿弯曲，嗉囊膨胀，下痢。

③ 毛皮动物：食欲下降，口腔黏膜发炎，生长慢，神经功能障碍，出现麻痹。

（5）叶酸缺乏

① 毛皮动物：采食量减少，腹泻，贫血，被毛松乱，褪色，毛质量差。

② 鸡：生长停滞，羽毛褪色，颈部僵硬、伸直或麻痹，成年鸡产蛋量下降，孵化率下降。

3. 诊断

根据发病史、临床典型症状和饲料检测的结果进行综合诊断。

4. 防治

（1）补充 B 族维生素　根据病因不同，有针对性地补充复合维生素 B，按每千克体重补充维生素 B_1 0.25～0.5mg、维生素 B_2 2～4mg、维生素 B_{12} 0.001～0.002mg、烟酸 20～30mg、叶酸 0.025～0.005mg，肌内注射或内服，每天 1 次，连续 7 天。

若是单纯的硫胺素缺乏症，应用硫胺素治疗都是有效的。对各种动物，其剂量都按每千克体重 0.25～0.5mg 计算，皮下注射或肌内注射。继发性病例，还需做其他治疗。本病多发生在单胃动物，一般按硫胺素 30～60mg/kg 体重进行预防。日粮中加入酵母、麸皮和米糠等。对家禽则加入乳、肝和肉粉（亦可给猪），一般能供给足够的硫胺素。

（2）改善饲养管理　除了添加青绿饲料、酵母、米糠外，还要在每吨饲料中添加维生素 B_1 200～300mg、维生素 B_2 3000～4000mg、维生素 B_{12} 3～5mg、烟酸 10g，叶酸 4～6mg，可以预防本病的发生。

四、维生素 C 缺乏症

维生素 C 缺乏症又称坏血病，是由于维生素 C（抗坏血酸）缺乏而造成毛细血管通透性增大，引起皮下、黏膜、肌肉出血的一种疾病。在兽医临床中，维生素 C（抗坏血酸）缺乏症是不多见的，猪和犊牛自然发生的病例少见，犬可以发生维生素 C 缺乏症，妊娠银狐因维生素 C 缺乏会引起新生仔畜维生素 C 缺乏症，特称为新生仔畜"红爪病"。有人认为，成年猪继发某些热性传染病时，可能由于抗坏血酸的大量被消耗，发生维生素 C 缺乏症。

1. 病因

（1）主要是由于日粮中缺乏青绿饲料。

（2）饲料蒸煮过度或储存过久，使维生素 C 大量被破坏。

（3）胃酸过少的消化道疾病可以使维生素 C 的吸收减少，从而造成维生素 C 缺乏症。

（4）同时，在气温过高、热性疾病情况下，维生素 C 的消耗明显增加，从而导致维生素 C 缺乏症。

2. 症状

（1）病猪初期可见不适，易疲劳，后生长缓慢，渐行性消瘦、贫血，食欲下降，饮欲增加，四肢关节肿胀疼痛，行动强拘。皮肤、黏膜特别是口腔黏膜及牙龈出血，随着病情加重出血加剧，即使轻微的创伤也可引起出血。出血处的被毛易脱落，并在这些部位或毛囊部出现暗色的血滴。口臭，流涎，并有吞咽困难。由于抵抗力下降而易感染，常伴随着溃疡性口炎。如有创伤则愈合缓慢。有的则发生内脏出血，如血尿、便血和鼻血。

（2）犊牛维生素 C 缺乏时，可以发生皮炎，大量被毛及皮屑脱落，并出现蜡样皮屑，病变先从鼻部开始，后向颊、颈、臀部蔓延。

（3）犬维生素 C 缺乏时，呈现贫血和口炎症状，有的可以发生鼻衄、胃肠出血（表现为暗红色软粪）和血尿，关节疼痛，运动障碍，后肢麻痹等。

（4）毛用动物孕畜维生素 C 缺乏时，其仔畜四肢关节、爪垫肿胀，皮肤发红，故称"红爪病"。严重病例，爪垫可以形成溃疡、裂纹，多于生后第二天就发生跗关节炎，仔畜多在生后 2～3 天死亡。

3. 防治

改善饲养管理，供给动物富含维生素 C 的新鲜青绿饲料。犬和毛用动物可以供给肉类、新鲜肝脏、鲜牛奶。

轻症病例，可以给予维生素 C，内服或拌料饲喂，猪、犬日喂量为 0.2～0.5g，连喂 7 天，感染时则应加大用量。

反刍动物不宜内服维生素 C，因为维生素 C 在瘤胃中会被微生物所破坏，重症病例则可以用 10% 维生素 C 注射，牛、马 20～50mg，猪、羊 5～15mg，犬 3～5mg，每天 2 次，连用 3～5 天。用维生素 C 和葡萄糖混合，同时配合其他维生素注射效果更好。

维生素 C 广泛地存在于青饲料、胡萝卜和新鲜乳汁中。有人发现,在牛的舍饲中给予几乎完全缺乏维生素 C 的日粮长达 3～4 年之后,其血液中的抗坏血酸水平仍然是正常的,实际上在临床中的确也极少见到自然发生的病例。因为除了多汁饲料是动物的维生素 C 的广泛来源之外,在动物组织中也可以合成维生素 C(和烟酸),所以不论草食畜还是其他动物,维生素 C 一般都不会缺乏。有人曾注意到即使在新生犊牛血液中维生素 C 的浓度下降,但在 3 个星期以后又开始上升。然而也注意到在植物中的维生素 C,会由于植物干燥或蒸煮时间延长而使维生素 C 遭受破坏。也曾有人提出,当犊牛维生素不足时,可使维生素 C 的效能降低或丧失,必须给予足够量的核黄素和烟酸才能合成维生素 C。犊牛发生的一种皮肤病,认为与血浆中低水平的抗坏血酸有关,当注射 3g 抗坏血酸之后就产生反应,并认为这种情况能表明是由于维生素 C 缺乏的结果。皮肤病的特征是大量皮屑脱落,继之发生蜡样痂皮、脱毛和皮炎,从耳部开始扩散到颊部,再向颈部、鬐甲而下蔓延到肩蹄部。报道中曾出现过死亡病例,但大多数病牛能自然痊愈。亦曾有记载,某血清制造厂的一批用于制造血清的免疫猪,因饲养条件改变而发生维生素 C 缺乏症,表现出生长缓慢,体重下降,心搏过速,黏膜和皮肤有出血斑点,坏死性口炎。对于病猪的诊断,不仅根据病史和临床材料得到初诊印象,通过用长绿针叶树——松针叶压制浸出液口服治疗(在短期内全部痊愈),也证实了缺乏症的诊断。

第三节　矿物质代谢障碍疾病

一、佝偻病

佝偻病是生长快的幼畜和幼禽维生素 D 缺乏及钙、磷代谢障碍所引起的骨营养不良性疾病。病理特征是成骨细胞钙化作用不全、持久性软骨肥大及骨骺增大的暂时钙化作用不全。临床特征是消化紊乱、异嗜癖、跛行及骨骼变形。本病主要发生于 6 个月龄以内犊牛、2～3 月龄仔猪和羔羊、2～3 周龄的雏鸭,其他动物也常发生。

1. 病因

(1) 光照严重不足。犊牛快速生长中,由于原发性磷缺乏及舍饲光照不足而导致本病的发生。羔羊与犊牛相同,只是对原发性磷缺乏的易感性低于犊牛。仔猪由于原发性磷过多而维生素 D 和钙缺乏。幼驹在自然条件下,不常见佝偻病。哺乳幼畜对维生素 D 的缺乏要比成年动物更敏感,舍饲和北纬高的地区,例如关禁饲养的犊牛、羔羊、仔猪和集约化程度高的笼养鸡,有时发病率颇高。在上述饲养管理条件的动物群中,有时并未发现在饲养上钙、磷不平衡现象,但却有大批幼畜、幼禽发生佝偻病。

(2) 饲料中钙、磷比例不平衡。钙磷比例高于或低于 (1～2):1,饲料中的钙、磷含量差异很大,母乳中,钙、磷含量则变化不大,所以幼年动物的佝偻病常发生于刚断乳之后的一个阶段中。根据对猪的研究,表明保证骨骼正常发育、生长所需的钙、磷比例是 1:1 或是 2:1。然而在早期断乳的仔猪日粮中,钙的含量只允许占 0.8%,超过 0.9% 时就会降低生长率,并干扰对锌的吸收。

(3) 维生素 D 缺乏。维生素 D 缺乏容易引起佝偻病的发生,这就表明维生素 D 在完成成骨细胞钙化作用中具有特殊意义。由于母畜长期采食未曾经过太阳晒过的干草,干草中植物固醇(麦角固醇)不能转变为维生素 D_3,若母畜长期被关禁饲养(特别是被覆很厚羊毛的母羊),皮肤中 7-脱氢胆固醇则不能转变为维生素 D_3,于是乳汁中出现维生素 D 严重不足,也是哺乳中的幼畜佝偻病的一个主要发病原因。

(4) 日粮中蛋白质或脂肪性饲料过多,代谢过程中产生大量酸类,与钙形成不溶性钙盐,大量排出体外导致缺钙。

(5) 患胃肠疾病和肝胆疾病,影响机体对维生素 D 的吸收;患慢性肝肾疾病影响维生素 D 的活化。而磷和钙也能干扰机体对维生素 D 的利用率,并影响骨骼正常的钙、磷的沉积。

(6) 甲状腺功能代偿性亢进,甲状腺激素大量分泌,磷经肾排泄增加,引起低磷血症。

2. 发病机制

佝偻病是以骨基质钙化不足为基础而发生的，而促进骨骼钙化作用的主要因子则是维生素D。当饲料中钙、磷比例平衡时，机体对维生素D的需要量是很小的；当钙、磷比例不平衡时，哺乳幼畜和青年动物对维生素D的缺乏极为敏感。

当维生素 D_3 或维生素 D_2 被小肠吸收后进入肝脏，通过 D_3-25-羟化酶催化转变为 25-$(OH)_2$-D_3，再通过甲状旁腺分泌激素，降低肾小管中磷酸氢根离子的浓度，在肾脏通过 1-α-羟化酶系的作用，转变为 1,25-$(OH)_2$-D_3。后者既促进小肠对钙、磷的吸收，也促进破骨细胞区对钙、磷的吸收，这些钙、磷的吸收增强，血钙和血磷浓度升高。因此，维生素D具有调节血液中钙、磷之间最适当比例，促进肠道中钙、磷的吸收，刺激钙在软骨组织中的沉积，提高骨骼的坚韧度等功能。

在哺乳幼畜和青年动物的骨骼发育阶段，当日粮中钙或磷缺乏，或钙、磷比例不平衡时，若伴有任何程度的维生素D不足现象，就会造成成骨细胞钙化过程延迟，同时甲状旁腺促进小肠中的钙的吸收作用也会降低，骨骼的骨基质不能完全钙化，呈现以骨样组织增多为特征的佝偻病。在佝偻病的病例中，骨骼中钙的含量明显降低（从 66.33% 降低到 18.2%），骨样组织明显占优势（从 30% 增高到 70%），骺软骨持久性肥大和不断地增生，骨板增宽，钙化不足的骨干突和骺软骨承受不了正常的压力而使长骨弯曲，骨骺板变宽及关节明显增大。

3. 症状

早期呈现食欲减退，消化不良，精神不振，不活泼，然后出现异嗜癖。病畜经常卧地，不愿起立和运动。发育停滞，消瘦，下颌骨增厚、变软，出牙期延长，齿形不规则，齿质钙化不足（坑洼不平，有沟，有色素），常排列不整齐，齿面易磨损、不平整。严重的犊牛和羔羊口腔不能闭合，舌吐出，流涎，吃食困难。最后在面骨和长骨（躯干、四肢骨骼）有变形，或伴有咳嗽、腹泻、呼吸困难和贫血。

犊牛低头，拱背，站立时前肢腕关节屈曲，向前方外侧凸出，呈内弧形，后肢跗关节内收，呈"×"形叉开站立或呈"O"形站立。运动时步态僵硬，肢关节增大，前肢关节和肋骨软骨联合部最明显。严重时躺卧不起。仔猪常跪地，发抖，后期由于硬腭肿胀，口腔闭合困难。幼雏和青年小鸡胸骨由于长期躺卧而被压凹，大腿和胸肌萎缩，鸡喙变软且弯曲变形。病程经1～3个月，冬季耐过后若及时改善饲养（补充维生素A、维生素D）管理和增加光照（晒阳光或白炽灯），则可以恢复，否则可死于褥疮、败血症、消化道及呼吸道感染。

临床病理学检查，血清碱性磷酸酶活性往往明显升高，但血清钙、磷水平则视致病因素而定，如由于磷或维生素D缺乏，则血清磷水平将在正常低限时的 3mg/100ml 水平以下。血清钙水平将在最后阶段才会降低。X射线检查，能发现骨质密度降低，长骨末端呈现"羊毛状"或"蛾蚀状"外观，外形上骨的末端凹而扁（正常骨则凸起而等平）。如发现骨骺变宽及不规则，更可证实为佝偻病。组织学检查，从尾椎骨或肋骨软骨联合部取样，能发现与软骨的柔软程度相似的大量骨样组织。

4. 诊断

根据动物的年龄、饲养管理条件、慢性经过、生长迟缓、异嗜癖、运动困难以及牙齿和骨骼的变化等特征，可以作出诊断。血清钙、磷水平及碱性磷酸酶（ALP）活性升高；骨的X射线检查及骨的组织学检查，骨骺增大，骨干缩短变粗，骨质密度降低，可以帮助确诊。但必须注意，一岁以内的犊牛铜缺乏，也可引起在临床上、X射线成像上和病理上与佝偻病相似的结果。然而后者其血清铜浓度及肝脏铜成分下降，呈现的是骨骺炎而非骺软骨持久性肥大和增宽，血清碱性磷酸酶活性不明显增高。

5. 治疗

治疗原则：消除病因，加强护理，给予光照，调整日粮组成，补充钙及维生素D，调整钙磷比例。

（1）为了提高带仔母畜乳汁的质量，日粮中应按维生素D的需要量给予合理的补充，并保证冬季舍饲期得到足够的日光照射和经过太阳晒过的青干草。舍饲和笼养的畜禽，可定期利用紫外线灯照射，照射距离为 1～1.5m，20min/d。

补充维生素 D：鱼肝油，幼驹和犊牛为 1～2g，羔羊和仔猪为 0.5～1g，拌在饲料中或皮下注射或肌内注射。幼雏按 0.5%～1% 的剂量拌在饲料中饲喂。

浓缩维生素 D 油剂既可混在饲料中，也可作皮下注射或肌内注射，随年龄和体重不同，每天为 1～5ml（每毫升约含 10000 国际单位）。维生素 D_3 的油剂（骨化醇）作内服，各种幼畜预防用量均为 20～30U/kg 体重，治疗量是前者的 10～20 倍。鱼粉（混于饲料中），在犊牛和幼驹每天为 20～100g，仔猪和羔羊每天为 10～30g。

（2）日粮应由多种饲料组成，要注意钙磷平衡问题［钙磷比例应控制在 (1.2∶1)～(2∶1) 范围内］。骨粉、鱼粉、甘油磷酸钙等是最好的补充物。除幼驹外，都不应单纯补充石粉、蛋壳粉或贝壳粉（都不含磷）。富含维生素 D 的饲料包括开花阶段以后的优质干草，豆科牧草和其他青绿饲料，在这些饲料中，一般也含有充足的钙和磷。青贮料或青干草晒太阳不彻底，所以它们的维生素 D_3 含量都很少。

对于经济价值较高的幼畜，还可补充蛋黄及乳酪。也可将干酵母混合在谷类饲料中，并供给维生素 D。

（3）对未出现明显骨和关节变形的病畜，应尽早实施药物治疗。

① 维生素 D 制剂　鱼肝油，犊牛、马驹 10～15ml，仔猪、羔羊 5～10ml，每日 1 次，内服，腹泻时停药；骨化醇液（维生素 D_3），犊牛、马驹 40 万～80 万国际单位，仔猪、羔羊 20 万国际单位，每周 1 次，肌内注射，重症的犊牛、马驹可用 400 万国际单位。

② 钙制剂　碳酸钙，犊牛、马驹 5～10g，每日 1 次内服；乳酸钙：犊牛、马驹 5～10g，每日 1 次内服。

二、骨软病

骨软病是指成年动物当软骨内骨化作用完成后发生的一种骨营养不良性疾病。由于饲料中钙或磷缺乏及二者的比例不当而发生。在反刍家畜主要由于磷缺乏，猪主要由于钙缺乏。病理特征是骨质的进行性脱钙，呈现骨质疏松。临床特征是消化紊乱，异嗜癖，跛行，骨质疏松及骨变形，主要发生于牛和绵羊，可偶见于猪。但猪和山羊的所谓"骨软病"，通常是以纤维性骨营养不良为特征；马的所谓"骨软病"，实际就是纤维性骨营养不良。牛的骨软病主要发生于土壤严重缺磷的地区；继发性骨软病，是因日粮中补充过多的钙所致；泌乳期和妊娠后期的母牛发病率最高。在黄牛和水牛骨软病流行的地区，往往由于在前一个季节曾发生过严重的干旱，致使植物根部能吸收的土壤磷分很低，同时又未能及时补充某些含磷精饲料。乳牛的骨粉或含磷饲料补充不足时，特别在大量应用石粉（含碳酸钙 99.05%）或贝壳粉以代替骨粉的牧场，高产母牛的骨软病发病率显著增高。绵羊在与牛相同的缺磷区，发病不严重。

1. 病因

日粮中钙磷比例不平衡：牛的骨软病通常由于饲料、饮水中磷含量不足，导致钙磷比例不平衡而发生；猪的骨软病一般由于日粮中钙缺乏（猪的纤维性骨营养不良，则由于磷过剩）而引发。在牛和猪的常用日粮中，钙元素总是充足的，所以牛的骨软病的发病率总是高于猪。长期干旱年代中生长的和在山地、丘陵地区生长的植物，从根部吸收的磷量都是低的。相反，多雨的、平原或低湿地区生长的植物，含磷量都是高的。由于磷缺乏而引起骨组织的反应，特别在妊娠期、泌乳期的母牛和母猪，骨组织对这种反应最敏感。

2. 发病机制

由于矿物质代谢紊乱，骨骼发生明显的脱钙，呈现骨质疏松，同时这种疏松结构又被过度形成的未曾钙化的骨样基质所代替，它与佝偻病的主要区别在于不存在软骨内骨化方面的代谢紊乱。

骨质疏松通常开始于骨的营养不足，以后借破骨细胞产生二氧化碳以破坏哈佛氏管，因此管状骨的许多间隙扩大，骨小梁消失，骨的外面呈齿形且粗糙，结果则使骨组织呈现多孔，且容易折断。无论管状骨或扁骨，由于脱钙作用的同时又出现未钙化的骨基质增加，于是导致骨柔软弯曲、变形、骨折、骨痂形成以及局灶性增大和腱剥离。伴随时间的延长，沉积的钙质其密度也在增加，而胶性基质又部分地呈现萎缩，这个阶段当骨骼受到重压或牵引时（例如突然运动、运输和装卸）就可引起病理性骨折。

3. 症状

主要表现为消化功能紊乱、异嗜癖、跛行及骨骼系统严重变化等特征。这些特征大体上与佝偻病相似。首先是消化功能紊乱，呈现明显的异食癖，病牛舔食泥土、墙壁、用具等，在野外啃嚼石块，在牛房吃食污秽的垫草。病猪，除啃骨头、嚼瓦砾外，有时还吃食胎衣。在牛伴有异嗜癖时，可出现食管阻塞、创伤性网胃炎、铅中毒、肉毒梭菌毒素中毒等现象。经过一段时间之后而呈现跛行。动物运步不灵活，主要表现为四肢僵直，走路后躯摇摆，或呈现肢的轮跛。拱背站立，经常卧地不愿起立。乳牛腿颤抖，伸展后肢，作拉弓姿势。某些母牛发生腐蹄病。母猪躲藏不动，作匍匐姿势，跛行，产后跛行加剧，后肢瘫痪。

随着病情的发展，由于支持性的骨骼都伴有严重脱钙，脊椎、肋弓和四肢关节疼痛，外形异常、变形。在牛，尾椎骨排列移位、变形，呈串珠状，重者尾椎骨变软，椎体萎缩，最后几个椎体常消失，人工可使尾椎蜷曲，病牛不感痛苦。盆骨变形，严重者可发生难产。肋骨与肋软骨接合部肿胀，易折断，四肢屈曲不灵活，易摔倒或滑倒。猪和山羊头骨变形，上颌骨肿胀，硬腭突出，致使口腔闭合困难，影响吃食和咀嚼，而当鼻道狭窄时则呈现伴有拉锯声的呼吸困难（必须与萎缩性鼻炎区别）。然而猪和山羊的这些病例，通过大多数临床工作者从组织学上观察，认为是纤维性骨营养不良，而不是骨软病。

临床血液学检查，有人曾发现血钙浓度增高而血磷浓度下降。正常黄牛血钙水平是 $12 \sim 13 mg/100ml$（$1mg/100ml = 0.2495mmol/L$），血磷水平是 $6 \sim 8mg/100ml$（$1mg/100ml = 0.3229mmol/L$），而在病牛，血钙和血磷浓度分别为 $14 \sim 18.5mg/100ml$ 及 $2.4 \sim 5.6mg/100ml$。血清碱性磷酸酶水平亦有增高。

骨质硬度检查，利用马纤维性骨营养不良诊断穿刺针穿刺病牛额骨，容易刺入，有 95% 在额部站立不倒（为阳性）。长骨 X 射线检查，骨影显示骨质密度降低，皮层变薄，最后 1~2 尾椎骨被吸收而消失。

常见的并发症，牛主要有四肢和腰椎关节扭伤、跟腱剥脱、病理性骨折。久卧不起者有褥疮、胃肠道弛缓、败血症等。若无并发症，极少会引起死亡。

4. 诊断

根据日粮中矿物质含量及饲喂方法，饲料来源及地区自然条件，病畜年龄、性别、妊娠和泌乳情况，发病季节，临床特征及治疗效果，不难诊断。但在诊断时要区别牛的骨折、蹄病、关节炎症或肌肉风湿症、慢性氟中毒等。在猪，要区别生产瘫痪、冠尾线虫病、创伤性截瘫等。然而上述诸病都没有异嗜癖，有的呈急性或亚急性而不是呈慢性，有的是在畜群仅个别发生而不是群发性。此外，上述诸病还应该具有各自的特征，例如骨折虽可并发于骨软病中，但原发性骨折本来就没有骨和关节变形，额骨穿刺检查为阴性；腐蹄病虽可因骨软病而继发，但在原发性病例中，必须联系到牛场地面的污脏、潮湿、多石子和煤渣等坚硬物体。炎热的夏季发病率增高，以及其他方面均正常等特征，风湿症时患部疼痛更显著（尤其背部及四肢上方），但运动后疼痛可减轻而不是加重，其他亦正常，慢性氟中毒时有齿斑和长骨骨柄增大等特征性变化。

5. 治疗

对牛、羊的治疗，当患病初期呈现异嗜癖时，就应从饲料中补充骨粉，可以自愈。病牛每天给予骨粉 250g，5~7 天为一个疗程。对跛行的病例给予骨粉时，在跛行消失后，仍应坚持 1~2 周的治疗。严重病例，除从饲料中补充骨粉外，同时配合无机磷酸盐的治疗，例如牛用 20% 磷酸二氢钠溶液 300~500ml，或 3% 次磷酸钙溶液 1000ml，静脉注射，每天 1 次，连续 3~5 天。妊娠后期和哺乳期的母猪，在患病初期除补充骨粉外，补充鱼粉也有效。

6. 预防

首先应该查明饲料日粮中钙、磷含量，黄牛按 2.5:1、乳牛按 1.5:1、猪按（1.2~1.5):1

的比例纠正饲养。粗饲料以花生秸、高粱叶、豆秸、豆角皮为佳，红茅草、山芋干是磷缺乏的粗饲料。最好是补充苜蓿干草和骨粉，而不应补充石粉。脱氟磷酸氢钙或磷酸二氢钙对乳牛有预防作用，在饲料中的氟含量不应超过 100mg/kg 体重。建议在饲料中用含氟 0.1%～0.15% 的磷酸盐长期喂牛，这是没有危险的。为了对高产母牛骨软病的预防，有人建议一方面适当降低产乳量，另一方面在产犊前保持 6～8 周的干奶。

三、纤维性骨营养不良

纤维性骨营养不良是由于钙磷代谢障碍，骨组织进行性脱钙，骨基质逐渐破坏、吸收而被增生结缔组织所代替的一种慢性疾病。骨组织的总量减少，但骨体积增大，重量减轻。临床诊断上以面骨和长骨端肿胀变形为特征。以马、骡多发，猪、羊也有发生，于冬末春初寒冷、日照少时更为多见。

1. 病因

（1）饲料中钙、磷含量不足或比例不当是本病的主要原因。钙、磷的比例一般为（1.3～2）:1。这样才能保证骨盐的沉积与代谢。饲料中钙多磷少或钙少磷多时，都容易形成不溶性磷酸钙并随粪便排出体外，造成缺钙或缺磷，使骨盐难以沉积。粗饲料中的磷，多是不能被利用的磷盐，而精料当中则可利用的磷多，我国马、骡的纤维性骨营养不良多是磷多钙少所致。

（2）饲料中的植酸盐、蛋白质及脂肪过多，可影响钙的吸收。因植酸盐在马、骡的胃肠中不易被水解，与钙结合成不溶性化合物，不能被消化利用。各种饲料中均有植酸盐存在，但以米糠、麸皮和豆类中含量较高。蛋白质过多时，在代谢过程中产生的硫酸、磷酸等物质，可以促进骨质中的钙脱出来。脂肪过多时，在肠分解产生大量的脂肪酸，与钙结合成不溶性钙皂，随粪便排出。所以草料中的植酸盐、蛋白质和脂肪过多时，都可以导致缺钙而引发本病。

（3）长期舍饲、缺乏运动、光照不足、皮肤的维生素 D 原不能转化为维生素 D，使钙盐的吸收发生障碍，会影响钙、磷的吸收和代谢；机体甲状旁腺功能亢进，甲状腺素分泌增多，会加速骨质脱钙，均能促进本病的发病。

2. 症状

慢性经过：最初只是不耐使役，易疲劳出汗，役后喜卧，干活时常打前蹶。尿液变清亮。喜吃软草和料，采食时流涎，严重的吐草团，往往有异嗜现象。

跛行，重者四肢轮跛，检查又无疼痛之处。并发屈腱炎、腱鞘炎或蹄炎。常出现拱背、脊柱弯曲等姿势。四肢关节肿胀变粗，长骨变形。重症卧地不起，陷于衰竭。头骨肿胀变形，又称"大头病"。常见下颌骨肿胀增厚，牙齿磨灭不整，采食时喜软厌硬，流涎，吐草团。易发生骨折，在额部做骨针穿刺，15kg 的压力即可刺入。

血液检查：血清碱性磷酸酶活性增高。

X 射线检查：骨密度降低，尾椎骨皮质变薄。

3. 诊断

根据饲养情况、临床症状、骨针穿刺及 X 射线检查作出诊断。初期病例，根据饲养情况、吃草情况、跛行、喜卧、不愿站立、尿液清亮等情况进行分析。

马患本病时，要注意与风湿症、慢性氟中毒区别。猪要注意与萎缩性鼻炎区别。

4. 治疗

本病的治疗原则是加强护理、及时补钙和促进钙盐沉积。护理上以调整钙磷比例，注重饲料搭配，减喂精料，多喂优质干草和青草，使钙磷比保持在 1:1 而不超过 1:1.4 为要点。条件许可时进行放牧，适当运动，多晒太阳。

补钙时，以优质的石粉为主，马 100～150g，猪 10～15g。

重症病例可用 10% 氯化钙 100ml 或葡萄糖酸钙 100～150ml，一次性静脉注射，次日用水杨酸钠注射液 150～200ml，静脉注射，两者交替 1 周，同时配合骨化醇注射液 10～15ml，肌内注射，7 天后再用 1 次。

5. 预防

主要是科学饲养，调整日粮中钙磷比例，条件许可时进行放牧，适当运动，多晒太阳。

四、青草搐搦

青草搐搦亦称泌乳搐搦、低镁血症、青草蹒跚、麦类牧草中毒、牧场搐搦等，是反刍动物在春季放牧时采食幼嫩青草或禾苗后发生的一种高度致死性矿物质代谢障碍性疾病。以血镁浓度下降，常伴有血钙浓度下降为特点。临床上以强直性和阵发性肌肉痉挛、惊厥、呼吸困难和急性死亡为特征。本病主要发生于泌乳牛和母山羊，犊牛、小牛也可以发生。在大群放牧牛中，发病率可能只占 0.5%～2%，但死亡率可超过 70%。通常发病出现在早春放牧开始后的前 2 周内，也见于晚秋季节。施用了氮肥和钾肥的牧草危险性最高。

1. 病因及发病机制

反刍动物采食低镁土壤中生长的牧草，造成血镁浓度的降低，青草中含镁的数量又与植物生长季节有关。所谓"搐搦原性"牧草，尤其是在夏季降雨之后生长的青草和谷草，通常含镁离子、钙离子、钠离子和糖分较低，而含钾离子和磷离子较高，幼嫩青草中含蛋白质也较高。食用了含钾丰富的牧草，钾离子和镁离子在动物体内竞争性吸收，于是减少了镁的吸收，促进产生低镁血症。由于牧草中钾高，并使动物呈现高钾血症，使动物体内钙的排泄增加，造成低钙血症性搐搦，这种性质的搐搦在低镁血症性搐搦中同时出现。

2. 症状

（1）乳牛和肉用牛　发病前吃草正常，急性突然甩头，吼叫，无目的地乱跑，呈"疯狂"状态，倒地，四肢划动，惊厥，背、颈和四肢肌肉震颤，牙关紧闭，磨齿，头向后张，后全身阵发性痉挛，耳竖立，尾肌和后肢强直性痉挛，形如"破伤风"。惊厥呈间歇性发作，通常在几小时内死亡，有的突然死亡。不严重的病例呈亚急性经过，显然并不发生不安，只有运动强拘，容易摔倒，对触诊和声音敏感，心音响亮，心率加快。频频排尿，每次尿量少。可转为急性，惊厥期2～3天。有的并发出现瘫痪和酮病。

（2）绵羊　绵羊的症状与牛基本相同。

（3）水牛　多呈亚急性经过。常卧地不起，颈部呈一定程度的"S"形扭转姿势（是本病的特征性症状）。少数病例呈急性经过，表现高度兴奋和不安，发狂，向前冲或奔跑，眼充血和呈凶神状，倒地后搐搦，伸舌和喘气，呼吸加深，流涎，体温正常，心跳加快，心音增强。

3. 诊断

（1）诊断　根据发病季节、放牧地域等病史及运动失调、感觉过敏和搐搦等临床症状不难诊断，并且泌乳动物最易首先发病，临床血清镁、钙、磷水平测定可帮助诊断。

（2）鉴别诊断　要与牛的急性铅中毒、狂犬病、神经型酮病、麦角中毒、破伤风等病进行区别。

① 急性铅中毒常伴有目盲和疯狂，还有接触铅的病史。

② 狂犬病：病牛精神紧张，出现上行性麻痹和感觉消失而无搐搦。

③ 神经型酮病不常伴有惊厥和搐搦，而有明显的酮尿。

④ 麦角中毒时其综合征是一种典型的小脑共济失调。

4. 治疗

治疗原则：强心补液，维持心脏功能；给予适量的钙、镁制剂。

牛出现痉挛时，尽快皮下注射 15%硫酸镁溶液 400ml，同时缓慢静脉注射硼酸葡萄糖酸钙 250g，硼酸葡萄糖酸镁 50g，蒸馏水加至 1000ml，静脉注射；也可用 10%氯化钙 100～200ml，25%硫酸镁 50～100ml，混于 10%～25%葡萄糖 500～1000ml 中，静脉注射。注射时，应同时检查心跳节律、强度和频率，如心跳过快时即停止注射。心跳和呼吸过快的牛，在使用上述药物的同时还应每头注射 10%安钠咖 20～30ml。

对于同群中未出现临床症状的动物，应尽快补给氧化镁或硫酸镁，牛 50～100g/d，羊 10～

20g/d，连续 1～2 周。

5. 预防

（1）春夏季节，特别是早春，要防止牛突然饱食青草。栽培牧草和半人工管理的草场要避免大量施用氮肥和钾肥，即使施用也应在肥料中添加少量镁盐。在此病的高发季节，如果在饮水中按每头牛每天 60g 的量添加乙酸镁，则有好的预防效果。

（2）补镁 在有发病的危险季节的动物饲料中，干物质日粮中镁的含量不应低于 0.2%，饲草中缺镁时，每天至少要灌服或随饲料补充氧化镁 60g，对绵羊补 10g。

第四节 微量元素缺乏性疾病

一、硒缺乏症

硒缺乏症是由硒缺乏引起的一种以骨骼肌变性、坏死，肝营养不良，以及心、肝纤维素变化为特征的代谢性疾病。以幼畜、雏禽多见，2～5 月份为发病高峰期。

硒是动物必不可缺、非常重要的一种营养性微量元素。动物获得的硒是来源于植物体所合成的硒蛋白。硒的吸收量取决于动物对饲料蛋白的消化率、硒的含量及其化合物的形态等。经口摄入的硒在十二指肠吸收后，主要由血液迅速转运并结合到蛋白体中，并以硒氨基酸——硒胱氨酸、硒蛋氨酸的形式分布于体内所有细胞、组织和体液中。在硒营养正常状态下，一般以肾、肝、肌肉硒含量最高，血液较低，脂肪最低。毛羽中硒含量可作为判定硒摄入量和体内硒营养状况的客观有效指标。

1. 病因

（1）饲料中硒缺乏 主要起因于饲料（植物）中硒含量的不足或缺乏或饲料中添加的硒混合不均匀。饲草中硒含量的不足又与土壤中可利用的硒水平相关。碱性土壤所生长的植物含硒量较丰富，酸性土壤生长的植物含硒量贫乏。土壤含硒量低于 0.5mg/kg，饲料含硒量低于 0.05mg/kg，便可引起畜禽发病。因而一般认为硒的适量值为 0.1mg/kg。

（2）维生素缺乏 特别是维生素 E 缺乏：本病主要是硒缺乏引起，但应从复合（多因子）病因出发，对其他致病因素，诸如饲料中脂肪酸的种类，尤其是不饱和脂肪酸和硒氨基酸的数量以及其他合成的或天然的抗氧化物质的多少，特别是对维生素 E 的病因作用进行分析诊断。

（3）继发因素 生长过快或应激，动物对硒的需要增大，如果不添加（或添加不足）或混合不均，就会造成硒缺乏。

2. 发病特点

（1）发病的地区性 不同国家领域内的发病多半是局部性的，即呈与缺硒地带相适应的地区性发病。硒缺乏症在流行病学方面的明显地区性特点，及其在病区内长年流行的时间连续性，构成了作为一种地方病及其受环境条件影响的基础。发病地区一般属于低硒地区，土壤含硒量低于 5×10^{-7} mg/kg。据资料记载，在我国从黑龙江到云南存在有一个斜行的缺硒带，全国约有 2/3 的面积缺硒，约有 70% 的县为缺硒区。已确认黑龙江、吉林、内蒙古、青海、陕西、四川和西藏七省（区）为缺硒地区。但是，随着畜牧业集约化生产的发展、饲料的调运，也造成了不属于低硒环境地区暴发本病的可能性。

（2）发病的季节性 硒缺乏症一般是在常年连续发生的基础上，较集中于每年的冬末和春季，尤以 2～5 月份为多发。本病的明显季节性，主要反映于季节的特定气候因素（寒冷）对发病的影响。

（3）群体选择性 在畜禽群体特点中，主要表现为明显的年龄因素。即各种畜禽均以其幼龄阶段为多发。这主要是由于其抗病力较弱，同时幼畜（禽）正处于生长、发育、代谢的旺盛阶段，因而对营养物质的需求量相对增加，以致对某些特殊营养物质的缺乏尤为敏感。

3. 发病机制

机体在代谢过程中产生一些能使细胞和亚细胞（线粒体、溶酶体等）脂质膜受到破坏的过氧化物，引起细胞的变性、坏死。硒和维生素 E 具有抗氧化作用，可使组织免受体内过氧化物的损害而对细胞正常功能起保护作用。硒在体内还可促进蛋白质的合成。当硒和维生素 E 缺乏时，就会影响蛋白质的合成，从而影响生长。

4. 症状

（1）共同症状　生长发育缓慢，营养不良，贫血，运动障碍，背腰弓起，四肢僵硬，运步强拘，共济失调，心律不齐，呼吸困难，并伴有消化功能紊乱。

（2）各类动物的特征症状

① 猪　临床上多见于仔猪。常见的有白肌病、仔猪肝营养不良。

a. 白肌病　即肌营养不良。以骨骼肌、心肌纤维以及肝组织等变性、坏死为主要特征，1～3 月龄或断奶后的育成猪多发，一般在冬末和春季发生，以 2～5 月份为发病高峰。

急性型：病猪往往没有先驱征兆而突然发病死亡。有的仔猪仅见有精神委顿或厌食现象，兴奋不安，心动急速，在 10～30min 内死亡。本型多见于生长快速、发育良好的仔猪。

亚急性型：精神沉郁，食欲不振或废绝，腹泻，心跳加快，心律不齐，呼吸困难，全身肌肉弛缓乏力，不愿活动，行走时步态强拘、后躯摇晃、运动障碍。重者起立困难，站立不稳。体温无变化，当继发感染时，体温升高，大多病畜有腹泻的表现。

慢性型：生长发育停止，精神不振，食欲减退，皮肤呈灰白或灰黄色，不愿活动，行走时步态摇晃。严重时，起立困难，常呈前肢跪下或呈犬坐姿势，病程继续发展则四肢麻痹，卧地不起，常并发顽固性腹泻。尿中出现各种管型，并有血红蛋白尿。

b. 仔猪肝营养不良　多见于 3 周～4 月龄的仔猪。急性病猪多为发育良好，生长迅速的仔猪，常在没有先兆症状下突然死亡。病程较长者，可出现抑郁、食欲减退、呕吐、腹泻症状，有的呼吸困难，耳及胸腹部皮肤发绀。病猪后肢衰弱，臀及腹部皮下水肿。病程长者，多有腹胀、黄疸和发育不良。常于冬末春初发病。

c. 成年猪硒缺乏症　其临床症状与仔猪相似，但是病情比较缓和，呈慢性经过。治愈率也较高。大多数母猪出现繁殖障碍，表现母猪屡配不上，怀孕母猪早产、流产、死胎、产弱等。

② 鸡　发病初期，鸡群没有明显症状，只有细心的饲养管理人员能发现少数鸡胸部青紫。随着时间延长，鸡群中开始出现行走步履蹒跚、羽毛蓬松、精神不振、卧伏、胸腹部皮下青紫色的病鸡，并呈迅速增长的趋势。许多病情严重的鸡，不仅胸腹部有上述变化，而且波及大腿、下颌与颈部，其中下颌部变得粗隆肿大。此时期的鸡粪便出现脓性黏液，并有消化不良现象。如不及时治疗，病鸡就会卧伏不动，饮食废绝，排绿便，直到死亡。

③ 牛　急性型：多发生于 10～12 月龄犊牛，主要表现为突然发病，心跳亢进，节律不齐，短时间内死于心力衰竭。亚急性型：病牛精神沉郁，背腰发硬，后腿摇晃，臀部肿胀，触之僵硬，呼吸加快，脉搏次数达 120 次/分以上，并出现心律不齐，后期卧地不起，一般在发病 6～12h 内死去。慢性型：病牛发育停滞，出现消化不良性腹泻，消瘦，被毛粗乱，无光泽，脊柱弯曲，全身乏力，喜卧，偶有继发异物性肺炎或肠炎等疾病。

5. 病理变化

（1）心脏　心肌变性坏死，呈灰白色条纹或斑块状，或红黄相间外观呈桑葚样（即桑葚心）。

（2）骨骼肌　活动较大的肌群如臀部、腰背部、四肢等部位的肌肉，色淡、苍白，似鱼肉或煮肉样外观。

（3）肝脏　肝坏死，肝表面粗糙，或呈凹凸不平样外观。动物种类以及年龄的差异：

① 雏鸡　渗出性素质及脑软化。

② 猪　桑葚心、营养性肝病、贫血，下痢，乳房炎，子宫炎，泌乳缺乏综合征。

③ 犊牛、羔羊　白肌病。

④ 成年动物　繁殖功能障碍，胎儿吸收、幼畜发育受阻等。

6. 诊断

目前诊断硒缺乏症尚缺乏确实、有效的特异性诊断方法，尤其是对初期阶段亚临床症状确诊仍有困难。当前均普遍地采取综合性诊断方法，根据病史调查发现有引起缺硒的因素，运动障碍，肌肉变性、坏死及渗出性素质，可以作出诊断。

7. 治疗

治疗原则：加强饲养管理，给予硒和维生素 E。

治疗方法如下。

（1）补硒 0.1%亚硒酸钠，仔猪、羊 1～4ml，驹、犊牛 5～10ml，肌内注射，15 天 1 次，共 2～3 次，鸡可用 10mg/L 的亚硒酸钠饮水，连用 3～6 天。

（2）补充维生素 E 维生素 E，驹、犊牛 300～500mg，仔猪、羊 100～150mg，肌内注射，鸡可在饲料中加适量的维生素 E。

8. 预防

加强饲养管理，喂富含维生素 E 和硒的饲料，在缺硒的地区可以在土壤中施硒肥，提高牧草中硒的含量，妊娠母猪可以注射亚硒酸钠维生素 E，牛、马 10～20ml，猪、羊 4～8ml，刚出生的仔猪可以按成年畜的 1/5 量注射。

二、锌缺乏症

锌缺乏症是动物体缺锌（低于动物对锌需要的临界值）而出现以生长停滞、发育受阻、繁殖能力下降、皮肤角化不全以及创伤愈合缓慢等为特征的营养代谢性疾病。

锌是动物所必需的微量元素，锌具有多方面的生理功能，缺锌能引起机体发生一系列的代谢紊乱，随之出现相应的病理变化。锌广泛分布于动物组织内，且以肝脏、骨骼、肾、肌肉、胰腺、性腺、皮肤和被毛中含量较高。血液中的锌主要存在于血浆，红、白细胞与血小板中。正常动物血浆含锌量因种属差异而不同。

锌在体内是多种酶的组成成分。如碳酸酐酶、羧肽酶、DNA 聚合酶、碱性磷酸酶、乳酸脱氢酶、谷氨酸脱氢酶等百余种酶中都含有锌，同时它也是许多金属酶的活化剂。锌还参与体内正常蛋白质合成及核糖核酸、脱氧核糖核酸的代谢，也是胰岛素的重要成分，因而对糖代谢具有一定作用。此外，锌可能在稳定细胞膜及线粒体膜的结构完整性方面也有重要的影响。

饲料中锌主要在十二指肠吸收并转运至小肠上皮细胞内的临时储存场所，锌大部分随粪便排出，其余部分经肾随尿或通过汗液排泄。

当锌缺乏时，含锌酶的活性降低，部分氨基酸（蛋氨酸、胱氨酸和赖氨酸）代谢紊乱，DNA、RNA 合成障碍，从而导致一系列病理变化。锌缺乏动物主要表现为生长停滞、发育受阻、繁殖能力下降、皮肤角化不全以及创伤愈合缓慢等现象。

1. 病因

（1）地理因素 一般土壤生长的饲草含锌量多在 30～100mg/kg 以上，基本能满足动物的营养需要（动物一般正常需要量为 20～30mg/kg）。但缺锌地区含锌量低下，仅为 10mg/kg 左右，极易引起动物发病。

（2）锌的吸收和利用障碍 除地理化学因素外，动物发病可能与妨碍锌的吸收和利用的一些因素有关。例如饲料中钙盐和植酸盐含量过多时，可与锌结合形成不溶性复合盐而降低锌吸收率，以致锌缺乏。此外，饲料中磷、镁、铁、维生素 D 含量过多以及不饱和脂肪酸的缺乏也能影响锌的代谢和吸收，使利用率降低。

（3）疾病因素 当机体患有慢性消耗性疾病，特别是慢性胃肠疾患时，可妨碍锌的吸收而引起锌缺乏。

（4）遗传因素 遗传因素对锌缺乏也有一定影响，主要是由于染色体隐性遗传基因的作用而导致锌的吸收量减少。

2. 症状

畜禽锌缺乏症主要表现为生长发育迟滞，皮肤角化不全或角化过度，骨骼发育异常，创伤愈合缓慢。

（1）生长发育迟滞　病畜味觉和食欲减退，消化不良，致营养低下，生长发育受阻。如以严重缺锌饲料（含锌量 1.2mg/kg）饲喂犊牛、羔羊后，增重突然停止，并在 2 周内生长发育停止。

（2）皮肤角化不全或角化过度　猪的皮肤角化不全，多发生于眼、口周围以及阴囊与下肢部位，也有呈类似疥癣（缺锌性皮炎）和湿疹样的病变者；反刍动物也呈类似的分布，且皮肤瘙痒、脱毛；犊牛皮肤粗糙，蹄周及趾间皮肤皲裂；绵羊表现为毛与角的明显变化，角正常环状结构消失，最后脱落；家禽皮肤出现鳞屑或发生皮炎。

（3）骨骼发育异常　一般视为动物缺锌症的特征性变化。锌缺乏导致骨骼及血液中碱性磷酸酶活性降低。骨骼上软骨细胞增生引起骨骼变形。长骨随缺锌程度的不同而成比例地缩短、变粗，形成骨短粗症。犊牛后腿弯曲，关节僵硬；仔猪股骨变小，韧性减低，强度下降；小鸡长骨变短变粗，关节增大且僵硬，翅发育受阻。

（4）繁殖功能障碍　公畜表现为性腺功能减退和第二性征抑制，睾丸、附睾、前列腺与垂体发育受阻，睾丸生精上皮萎缩，精子生成障碍。母畜性周期紊乱，不易受胎，胎儿畸形、早产、流产、产死胎、不孕。母鸡产蛋率及孵化率低下，鸡胚死亡率高，其后代雏鸡活力低且易出现畸形。

（5）毛羽质量改变　羔羊毛纤维丧失卷曲，松乱且脆弱，易脱落而发生大面积脱毛；家禽羽毛蓬乱乏光，脆弱易碎，新羽生长缓慢。

（6）创伤愈合缓慢　缺锌动物创伤愈合力受到损害，而补锌后则可加速愈合。实验证明，动物遭受创伤时，皮肤黏蛋白、胶原及脱氧核糖核酸合成能力下降，致使伤口愈合缓慢。有人认为，对缺锌动物的慢性皮肤溃疡或烧伤等疾患，可通过补锌而促进创面愈合。

3. 诊断

动物锌缺乏症，主要根据病史并结合临床症状进行诊断。饲料、饮水、土壤以及动物组织含锌量的测定结果，可作为辅助诊断的依据。

一般认为饲料中锌含量介于 10～30mg/kg 之间。缺锌动物体内锌含量低下，严重缺锌的羔羊、犊牛，血清锌从正常的 $0.8～1.2\mu g/ml$，降至 $0.4～0.2\mu g/ml$ 以下，仔猪降至 $0.22\mu g/ml$（正常值 $0.98\mu g/ml$）。

4. 防治

消除妨碍锌吸收和利用的因素，调整饲料日粮组成，适当补给锌盐（硫酸锌、碳酸锌或氧化锌），以提高机体锌水平。牛通常应用一水硫酸锌，其剂量一般按 10mg/kg 体重。家禽可以用氧化锌的乙酸溶液或将杆菌肽锌添加于基础日粮中（14mg/kg），亦能获得预防效果。

锌的需要量与动物种属、年龄、生理状态以及饲料组成有所差异。一般需要量仔猪为 41～15mg/kg，母猪为 100mg/kg，犊牛为 10～14mg/kg，羔羊为 18～33mg/kg，禽类为 25～40mg/kg。

三、铜缺乏症

铜缺乏症是动物体缺铜引起的以贫血、神经功能紊乱、运动障碍、骨和关节变形、被毛褪色以及繁殖力下降等病理变化为特征的代谢性疾病。

铜是日粮组成所必需的成分，也是动物体内重要营养物质。铜在动物体内含量甚少，健康成年动物体内含铜量约为 80mg。随同饲料摄入的铜，一般均由胃肠道（主要在小肠前段）吸收。铜吸收后大部分进入肝脏，并与肝细胞的线粒体和微粒体相结合而储存于其中，或被释放入血。

铜在血液内主要以结合状态存在，其绝大部分（90%）与 α-球蛋白结合形成血浆铜蓝蛋白，小部分（10%）与白蛋白及 β-球蛋白结合，还有极小部分与白蛋白呈松弛结合以离子状态存在。

铜在动物体内各种组织中均有分布，一般以肝、脑、肾、心和被毛中含量最高；胰腺、皮肤、肌肉、脾和骨骼含量中等；垂体、甲状腺、卵巢等器官含量最低。据报道，成年绵羊体内总铜量的分布为：肝 72%～79%，肌肉 8%～12%，皮肤和被毛 9%，骨骼 2%。

体内铜的排泄途径，主要是由肝脏分泌到胆汁，通过肠道随粪便排出体外。

铜是酪氨酸酶、单胺氧化酶、超氧化物歧化酶、细胞色素氧化酶等多种含铜酶的组成成分，同时还参与细胞色素 C、抗坏血酸氧化酶、半乳糖酶的合成，因而具有较广泛的生物学效应。

1. 病因

首先土壤含铜量的不足或缺乏。已知有两类土壤含铜量低下：一类是缺乏有机质和高度风化的沙土；另一类则是沼泽地带的泥炭土和腐殖质土。在该类土壤上生长的植物性饲料含铜量不足。一般认为，饲料含铜量低于 3mg/kg 便可引起发病（铜的适宜量为 10mg/kg，临界值为 3～5mg/kg）。

其次是钼与铜的拮抗作用，当饲料中钼含量过多时，可妨碍铜的吸收、利用。一般牧草含钼量低于 3mg/kg（干物质）是无害的。但当饲料含铜量不足，而钼含量为 3～10mg/kg 时，即可出现临床症状。通常认为饲料中铜钼比例如低于 5∶1 时，可诱发本病。

其他金属如锌、镉、铁、铅等以及硫酸盐过多时，也能影响铜的吸收从而引起发病。

此外，饲料中的植酸盐可与铜结合形成稳定的复合物，从而降低铜的吸收性。维生素 C 的摄食量过多，不仅能降低铜的吸收率，而且还能减少铜在体内的留存量。

2. 发病机制

铜参与造血过程，主要是影响铁的吸收、转运和利用。铜是红细胞形成必要的辅助因子，血浆铜蓝蛋白可将二价亚铁氧化成三价铁，并形成三价铁传递蛋白以促进铁由储库进入骨髓，加速血红蛋白和卟啉的合成，供造血细胞的需要。长期营养性缺铜使上述造血功能减弱而引起贫血。

缺铜导致含铜的细胞色素氧化酶合成减少，活性降低，从而抑制需氧代谢及磷脂合成。磷脂是神经营养和正常活动所必需的物质。磷脂缺乏时，引起脊髓运动神经纤维和脑干神经细胞变性，结果引起运动障碍。

铜参与骨基质胶原结构的形成，缺铜使含铜的赖氨酸氧化酶和单胺氧化酶合成减少，结果导致造骨胶原的稳定性与强度降低而出现骨骼变形和关节畸形。

缺铜使含铜的单酚氧化酶、多酚氧化酶的合成降低，因而催化酪氨酸转化成黑色素的催化酶减少，黑色素的合成受到阻碍，致黑色毛褪色变为灰白色。此外，由于双巯基（键）缺乏，使毛的弯曲度减少，伸展力和弹性下降。

3. 症状

铜缺乏症是以贫血、神经症状、运动障碍、骨和关节变形、被毛褪色以及繁殖力下降等为特征。缺铜地区饲养的动物，特别是牛、羊，往往由于心肌变性或纤维化而突然发生心力衰竭死亡，国外称为摔倒症。

（1）牛　营养不良，被毛粗糙蓬乱，毛色改变（红色和黑色牛变为棕红色或灰白色），有的还可出现癫痫症状（牛癫痫症），其特征病牛出现头颈高抬，不断哞叫，肌肉震颤并卧地不起，多数病牛很快死亡。少数病牛可持续一天以上，呈间歇性发作，并以前肢为轴作圆圈运动，多于发作中突然死亡。犊牛生长发育缓慢，消瘦，步态僵硬，四肢运动障碍，掌骨和跖骨的远端骨骺增大，关节肿胀且僵硬，触压疼痛敏感，易发生骨折。消化不良且呈持续性腹泻，病犊排黄绿色乃至黑色的水样粪便。

（2）羊　绵羊除运动障碍外，还表现有羊毛弯曲度下降，外观呈线状（称为钢毛），且黑色毛变成灰白色。羔羊营养不良，消瘦，腹泻，贫血，后躯摇摆（羔羊地方性共济失调症）。以 3 月龄以下（1～2 月龄最为多发）营养较差的羔羊为多发。发病时间较集中于 3～6 月份，但以 5 月份为高峰，死亡率多达 60% 以上。病羔羊的早期症状是当驱赶时出现后躯共济失调，呼吸和心跳加快。随病情的发展、站立时后肢叉开且屈曲呈蹲坐状，行走时跗关节僵硬，后肢拖曳。病情加重时，后躯左右摇摆，急转弯时体躯向一侧摔倒。严重时，后躯呈不全瘫痪或全瘫，最后多因饥饿而衰竭死亡。

（3）猪　仔猪发生贫血，四肢发育不良，跗关节过度屈曲，呈犬坐姿势。

（4）马　成年马很少发生铜缺乏症。幼驹缺铜，生长发育受阻，四肢僵硬，关节肿大，运动障碍。

根据血铜和肝铜测定结果表明，肝铜测定是最有意义的指标。因为在肝铜水平开始下降和铜缺乏的早期症状已经出现后的很长一段时间内，血铜仍保持正常。

4. 病理变化

特征性病变是消瘦和贫血，肝、脾、肾呈广泛性铁黄素沉着。此外，犊牛见有腕和跗关节周围滑液囊的纤维组织层增厚，骨骺板增宽，骨骼的钙化缓慢。

5. 诊断

根据病史及临床症状（贫血、神经症状、运动障碍、骨和关节变形、被毛褪色以及繁殖力下降）进行诊断。如有怀疑时，可采取饲料或动物组织、体液进行铜含量的测定，则有助于诊断。

此外，铜缺乏症病畜乳汁和被毛的含铜量也明显低于健畜。

6. 治疗

治疗措施是补铜。为此，可应用硫酸铜 0.5～1.0g，内服，间隔数日 1 次。或应用甘氨酸铜，牛 120mg，羊 45mg，皮下注射。亦可将硫酸铜按 0.5% 的比例混于食盐内，使病畜舔食。如铜与钴合并应用，效果更好。

7. 预防

土壤缺铜带每年可施用含铜的表肥。施肥量每公顷为 5～6kg 硫酸铜（具体用量应根据土壤实际缺乏量确定）。

饲料中添加铜（硫酸铜、甘氨酸铜、碱式氯化铜），一般铜最低需要量，牛为 10mg/kg，绵羊为 5mg/kg，猪为 5mg/kg（干物质）。

缺铜地区的母羊可自妊娠第 2～3 个月开始至分娩后一个月期间，应用 1% 硫酸铜液，30～50ml，每间隔 10～15 天给予 1 次。出生的羔羊可投予 10～20ml 药液。

国外采取定期注射含铜药剂：乙二胺四乙酸钙铜、氨基乙酸铜或甘氨酸铜与无菌蜡剂和油混合，剂量牛为 400mg，绵羊为 150mg。

四、锰缺乏症

锰缺乏症是动物体缺锰（低于动物对锰需要的临界值）而出现的以生长发育受阻、骨骼畸形、繁殖功能障碍、新生动物运动失调以及类脂和糖代谢障碍等为特征的营养代谢性疾病。

锰是畜禽日粮组成所必需的微量元素，猪、禽、羊和牛都会发生锰缺乏症，动物机体对锰的需要量远比其他元素为低。家禽发生锰缺乏症较多。锰在骨、肝、肾及胰腺中含量最高，肌肉中最低，骨骼含锰量约占体内总量的 1/4。经口摄食的锰在消化道（主要在小肠）吸收后，主要经胆汁随粪便排泄，此外，通过尿液、汗液和乳液也排出少量的锰。

锰在体内参与多种物质的代谢活动，它是形成骨基质的黏多糖成分软骨素的主要成分，因而锰是正常骨骼形成所必需的元素。是多种酶的组成成分，能激活多种酶的活性。此外，锰还参与类脂和碳水化合物的代谢，促进维生素 K 与凝血酶原的生成。哺乳动物的衰老可能与锰-超氧化物歧化酶减少而引起的抗氧化作用减低有关。

锰对动物的生长、发育、繁殖以及某些内分泌功能具有良好的影响。给动物补充锰其生长发育加快，饲料利用率增加，抵抗力增强，发病率下降。动物缺锰时，细胞功能及其超微结构，特别是与线粒体有关的超微结构发生异常，从而导致骨骼形态和生殖功能的异常变化。

1. 病因

锰缺乏症是由机体对锰的吸收发生障碍所致。饲料中钙、磷、铁以及植酸盐含量过多，可影响机体对锰的吸收、利用。如对禽类，高磷酸钙的日粮会加重锰的缺乏，锰被固体的矿物质吸附而形成可溶性锰。其实各类土壤和饲料中并不缺锰，相反而有些过剩。一般牧草和干草中含锰量为 $50\sim150mg/kg$，有的地区牧草含锰量可多达 $1300mg/kg$，引起牛的泌乳性搐搦。缺锰主要是消化问题。

此外，患慢性胃肠道疾病时，也可妨碍动物机体对锰的吸收、利用。

2. 症状

主要表现为生长发育受阻、骨骼畸形、繁殖功能障碍、新生幼畜运动失调以及类脂和糖代谢紊乱等症状。

（1）骨骼畸形 病畜表现为跛足、短腿（桡骨、尺骨、胫骨、腓骨短缩）、弯腿以及关节延长等症状。据临床观察，缺锰导致骨骼畸形的各种动物有不同特征。实验动物表现为骨骼生长迟滞，前肢短粗且弯曲，猪可见步态强拘或跛行，腿短粗而弯曲，跗关节肿大；牛、羊有关节疼痛，四肢变形，运动障碍，山羊跗关节肿大，有赘生物；禽类，由于缺锰于 $2\sim10$ 周期间，故 $2\sim6$ 周龄多见，出现骨短粗症或滑腱症。跗关节粗大、变形（多呈球形），胫骨扭转、弯曲，长骨短缩变粗以及腓肠腱从其踝部滑脱为其特征，俗称滑腱症。产卵母鸡蛋壳硬度降低，孵化率下降，鸡胚畸形。

（2）繁殖功能障碍 母牛、山羊发情期延长，不易受胎，早期发生原因不明的隐性流产、产死胎或不孕。

（3）新生幼畜运动失调 缺锰地区犊牛发生麻痹者较多。主要表现为哞叫，肌肉震颤乃至痉挛性收缩，关节麻痹，运动明显发生障碍。据统计死亡率可达 $16\%\sim26\%$。

3. 诊断

根据病史和临床症状进行诊断。同时可对饲料、动物组织器官的锰含量进行测定，有助于确诊。

健康牛血液锰含量为 $1.8\sim1.9mg/kg$。禽类血锰含量较低，小母鸡开始产蛋时，血浆的锰浓度显著增加，19 周龄时为 $3.0\sim4.0mg/kg$，25 周龄时升至 $8.5\sim9.1mg/kg$，正常牛和绵羊肝内锰浓度为 $8\sim10mg/kg$（干物质）。

毛羽中锰水平随日粮含量不同而有所差异。健康母牛毛锰量介于 $0.8\sim1.5mg/kg$（平均为 $1.2mg/kg$），缺锰病牛可降至 $0.8mg/kg$。饲喂低锰日粮的成年山羊，毛锰水平为 $3.5mg/kg$，而喂饲含锰正常饲料的山羊则为 $11.1mg/kg$。低锰日粮的羔羊羊毛内锰水平平均为 $6.1mg/kg$，而正常羔羊则为 $18.7mg/kg$。饲喂低锰日粮小鸡的皮肤和羽毛的含锰量，平均值为 $1.2mg/kg$，而饲喂高锰日粮的小鸡可达 $11.4mg/kg$。采食低锰日粮的小母鸡所产蛋中含锰为 $4\sim5mg/kg$，而采食正常锰日粮的小母鸡所产蛋含锰量则为 $10\sim15mg/kg$。

4. 防治

改善饲养，给予富含锰的饲料。一般认为青绿饲料和块根饲料对锰缺乏症有良好的预防作用。此外，精饲料如大麦、小麦等均含有较丰富的锰。为预防雏鸡骨短粗症，可于每 100kg 饲料中添加 $12\sim24g$ 硫酸锰，或用 1：3000 的高锰酸钾溶液作为饮水。猪的预防用剂量较小，一般只需 $25\sim30mg/kg$。牛日粮中仅需 $20mg/kg$。

第五节 其他营养障碍性疾病

一、肉鸡腹腔积液综合征

肉鸡腹腔积液综合征又称高海拔病、肉鸡肺动脉高压综合征（pulmonary hypertension syndrome，PHS），是多种致病因子共同作用引起生长过快的禽类出现相对性缺氧，导致机体呈现血液黏稠、血容量增加、组织细胞损伤及肺动脉高压，临床上以腹腔积液和心脏衰竭为特征的疾病。主要危害肉鸡、肉鸭、火鸡、蛋鸡、雏鸡、鸵鸟和观赏禽类等。多发于 $15\sim50$ 日龄肉仔鸡，雄性比雌性发病多且严重，寒冷季节发病率和死亡率均高，高海拔地区比低海拔地区多发，不具有流行性而常呈现群发性。

该病最早见于 1946 年美国关于雏火鸡发生腹腔积液征的报道，而肉用仔鸡发生该病的报道早先见于 1958 年的北美。此后，德国、英国、意大利、加拿大、澳大利亚、墨西哥、秘鲁及日本等国家相继报道了该病的发生。我国出现该病的时间较晚，最早见于 1987 年的个别病例报道，该病多见于快速生长的肉用仔鸡。而近些年，该病的发生率呈明显上升趋势，发生的地域也不断扩大，爆发时易造成肉鸡成活率下降，死淘率上升，给广大养殖户造成巨大的经济损失。

1. 病因

该病病因多种多样，如换料、生长速度过快、缺氧、通风不良、高海拔、低温、高温、呼吸道疾病、中毒、细菌和病毒的侵入等。但引起肉鸡腹腔积液综合征发生的最主要的原因有以下几种。

（1）饲料中粗蛋白质含量过高造成消化功能紊乱，使肠道中尿素酶的活性增强，水解肠道中的蛋白质产生氨，造成自体中毒，氧供应不足。

（2）呼吸道黏膜受刺激，引起呼吸道炎症影响心肺功能，使心跳次数增加，肺压增强，心脏扩张，收缩无力，静脉回流障碍，血液淤滞，液体成分溢出，积聚于腹腔，形成腹腔积液。

（3）应激预防注射、惊吓、食盐含量大、饮水量增加等都可诱发本病的发生。

2. 症状

临床症状中病鸡食欲减少，体温下降，突然死亡。最典型的症状是病鸡腹部膨大，腹部皮肤变薄发亮，用手触压有波动。病鸡不愿站立，以腹部落地，行动缓慢，似企鹅状走动，体温正常，羽毛粗乱，两翼下垂，生长缓慢，反应迟钝，呼吸困难。严重的病鸡可见鸡冠和肉髯呈紫红色，皮肤发绀，抓鸡时常见到鸡突然抽搐死亡。用注射器从鸡腹腔能抽出不同数量的液体。

3. 病理变化

腹部皮下胶样水肿，腹腔积有大量的淡红色清亮液体，液体中混有纤维块和絮状物，腹腔积液量 200～500ml 不等。肺脏淤血、水肿，心包积液，心脏增大变性，心肌松弛充满血液，有纤维性心包炎。肾脏充血肿大，有尿酸盐沉积。脾脏肿大，有出血点。腺胃黏膜有一层白色糊状物。

4. 诊断

根据流行病学、病史调查、临床表现及病理剖解可确诊。

5. 防治

肉鸡腹腔积液综合征的发生是多种因素共同作用的结果。故在 2 周龄前必须从卫生、营养状况、饲养管理、减少应激和疾病以及采取有效的生产方式等各方面入手，采取综合性防治措施。

（1）综合性防治措施

① 低能量和低蛋白水平，早期进行合理限饲，适当控制肉鸡的生长速度。施限喂制度，8～14 日龄每天给料时间控制在 16h 以内，15 日龄以后恢复正常。此外，可用粉料代替颗粒料或饲养前期用粉料，同时减少脂肪的添加。

② 加强鸡舍的环境管理，解决好通风和控温的矛盾，保持舍内空气新鲜，氧气充足，减少有害气体，合理控制光照。另外保持舍内湿度适中，及时清除舍内粪污，减少饲养管理过程中的人为应激，给鸡群提供一个舒适的生长环境。

③ 可在饲料内添加维生素 C，每吨饲料添加 400～500g，食盐含量均衡，钙磷平衡，可适当补维生素 E、硒等。料中磷水平不可过低（＞0.05%），食盐的含量不要超过 0.5%，钠离子水平应控制在 2000mg/kg 以下，饮水中钠离子含量宜在 1200mg/L 以下，否则易引起腹水综合征。在日粮中适量添加碳酸氢钠代替氯化钠作为钠源。饲料中维生素 E 和硒的含量要满足营养标准或略高，可在饲料中按 0.5g/kg 的比例添加维生素 C，以提高鸡的抗病、抗应激能力。

④ 执行严格的防疫制度，预防肉鸡呼吸道传染性疾病的发生。另外要合理用药，对心、肺、肝等脏器有毒副作用的药物应慎用，或在专业技术人员的指导下应用。

⑤ 选育抗缺氧，心、肺和肝等脏器发育良好的肉鸡品种。

(2) 治疗措施 一旦病鸡出现临床症状，单纯治疗常常难以奏效，多以死亡而告终。但以下措施有助于减少死亡和损失。

① 用 12 号针头刺入病鸡腹腔先抽出腹腔积液，然后注入青霉素、链霉素各 2 万国际单位，经 2～4 次治疗后可使部分病鸡恢复基础代谢，维持生命。

② 发现病鸡，首先使其服用大黄苏打片（20 日龄雏鸡每日 1 片，其他日龄的病鸡酌情处理），以清除胃肠道内容物，然后喂服维生素 C 和抗生素。以对症治疗和预防继发感染，同时加强舍内外卫生管理和消毒。

③ 给病鸡皮下注射 1 次或 2 次 1g/L 亚硒酸钠 0.1ml，或服用利尿剂。

④ 应用脲酶抑制剂，用量为 125mg/kg 饲料，可降低患腹腔积液征肉鸡的死亡率。

二、家禽猝死综合征

家禽猝死综合征又称急性死亡综合征（acute death syndrome，ADS）、肉鸡猝死综合征（sudden death syndrome，SDS）、翻跳病（flip-overs disease，FOD）、急性心脏病，是指健康鸡群在没有明显可辨的原因下，突然发生急性死亡的一种疾病。最早在美国曾称为肺水肿，以生长快速的肉鸡多发，肉种鸡、产蛋鸡和火鸡也有发生。本病一年四季均可发生，公鸡的发生率比母鸡高（约为母鸡的 3 倍）。ADS 在 1 周龄时即可发生，在不同日龄的鸡中有两个发病高潮，以 3 周龄前后和 8 周龄前后多发。在一些鸡群中，ADS 引起的死亡在 3 周龄时达到高峰，有些鸡群死亡率在整个生长期内不断增长，多数死亡发生于生长期的最后 2～3 周。体重过大的鸡多发，但死鸡与其所属群的同一性别鸡平均体重相比，在 80%～110% 范围内，又并非只发生在体重最大的鸡。

1. 病因

本病的病因尚不清楚，初步排除了细菌和病毒感染、化学物质中毒以及硒和维生素 E 缺乏的可能。目前一般认为肉鸡猝死综合征（ADS）的发病原因与环境、营养、遗传、酸碱平衡及个体发育等因素有关。

(1) 营养因素 日粮中营养水平及饲料类型等均与 ADS 的发生有关。据报道饲料中蛋白质含量高能减少腹脂形成，降低对热的应激反应，从而减少死亡率。此外，维生素及矿物质也可能与 ADS 有关。试验证明，水溶性维生素如吡哆醇、硫胺素、生物素以高于需要量标准添加时，可降低总死亡率和 ADS 死亡率。矿物质与 ADS 的关系，迄今未见系统研究，但有报道指出添加钾可降低 ADS 的发生率，提示低血钾可能与本病有关。

(2) 环境因素 能引起 ADS 的环境因素很多，如噪声、持续强光照、群体间相互影响、饲养密度、饲料输送机马达和锅炉等的突然运转，以及受惊吓时互相挤压等，均能产生应激而诱发 ADS。

(3) 酸碱平衡 鸡经翼静脉注射 20% 的乳酸溶液，几秒钟后所有注射鸡出现典型的 ADS 症状，表明酸碱平衡失调，可能是 ADS 发生一个原因。同时，发现死于 ADS 病鸡血中乳酸水平显著高于健康鸡。

(4) 药物因素 鸡喂离子载体类抗球虫药时，ADS 发生率显著高于喂非离子载体类抗球虫药的鸡，提示某些药物也可能与 ADS 发生有关。此外，肉用鸡的 ADS 还与种母鸡开始产蛋时的心肌病变有关。

(5) 遗传及个体因素 遗传变异及品系差异可能与本病有关。一般认为生长速度快、体况良好的鸡多发 ADS，雄性鸡 ADS 发生率高于雌性鸡。

2. 发病机制

有人认为生物素可降低 ADS 的发生，但未被证实。ADS 的发生与快速生长并饲喂颗粒料有关，脂肪肝综合征引起机体的损害可能促使 ADS 发生。许多研究认为，其发生可能与脂肪代谢改变有关。

有人认为 ADS 与腹腔积液综合征是临床表现不同，但病理学密切相关的两种疾病，它们在代谢紊乱方面是一致的。本病所造成的损失不亚于腹腔积液综合征引起的损失，但不同国家两种疾病的发生情况及危害程度不一致，也就是说有些国家以 ADS 多发，而另一部分国家腹腔积液综合征发生居多，有的国家两种疾病的发生相近。

3. 症状

无明显征兆而突然发病，病鸡有的尖叫，失去平衡，向前或向后跌倒，惊厥，翅膀强烈扑动，肌肉痉挛，很快死亡。死后出现明显的仰卧姿势，两脚朝天，颈、腿直升，少数鸡呈腹卧或侧卧姿势。病鸡血中钾、磷浓度皆显著低于正常鸡。

4. 病理变化

剖检见死鸡体腔、嗉囊和肌胃内充满饲料；心房扩张淤血，内有血凝块，心室紧缩呈长条状，质地硬实，内无血液；肺淤血、水肿，肠系膜血管充血，静脉扩张，肝脏稍肿，色淡。

5. 防治

（1）加强管理，减少应激因素　防止密度过大，避免转群或受惊吓时的互相挤压等刺激。改连续光照为间隙光照。

（2）合理调整日粮及饲养方式　提高日粮中肉粉的比例而降低豆饼比例，以葵花子油代替动物脂肪；添加牛磺酸、维生素 A、维生素 D、维生素 E、维生素 B_1 和吡哆醇等可降低本病的发生。饲料中添加 300mg/kg 的生物素能显著降低死亡率。用粉料饲喂，对 3～20 日龄仔鸡进行限制饲养，避开其最快生长期，降低生长速度等可减少发病。

三、禽啄癖

禽啄癖（cannibalism）是指异食癖、恶食癖、互啄癖，是多种营养物质缺乏及其代谢障碍所致非常复杂的味觉异常综合征。一般表现为啄肛癖、啄蛋癖、啄羽癖、啄趾癖、异食癖等。各日龄、各品种鸡群均发生，但以雏鸡时期为最多，轻者啄伤翅膀、尾基，造成流血伤残，影响生长发育和外观；重者啄穿腹腔，拉出内脏，有的半截身被吃光而致死，对养禽业造成很大的经济损失。

1. 病因

（1）营养因素　日粮中玉米含量偏高，蛋白质缺乏，特别是含硫氨基酸缺乏，是造成禽啄羽症的重要原因。维生素缺乏，如 B 族维生素或维生素 D 缺乏；矿物质及微量元素缺乏，如钙磷不足或比例失调及食盐缺乏等；日粮中粗纤维的含量偏低，无饱食感；饮水不足等因素均可导致本病的发生。

（2）管理因素　禽舍温湿度不适；通风不良；禽舍光线过强，光色不适（青色光和黄色光）；饲养密度过大；不同品种、日龄和强弱的禽类混群饲养；饲喂不定时、不定量，突然更换饲料；应激等因素均可诱发本病。

（3）疾病因素　白痢杆菌病、大肠杆菌病、甘包罗病的初期都表现为啄癖；禽类患有体外寄生虫病、体表创伤、出血或炎症亦可诱发啄癖；母禽输卵管或泄殖腔外翻可诱发啄癖；禽类发生消化不良或球虫病时，肛门周围羽毛被粪便污物粘连等。

（4）生理因素　雏鸡在 4 周龄时绒羽换幼羽，11 周性器官发育加快，18 周全换为青年羽，并开始换为成年羽。换羽过程中，皮肤发痒，鸡只自啄羽毛会诱发群体啄羽行为。19 周龄为第二性征形成旺期，21 周龄即将开产，这些生理变化使鸡精神亢奋，对环境变化极为敏感，尤其在育成期进入产蛋期间，免疫、驱虫、选鸡、转群时频繁抓鸡，造成全群紧张，为开产准备而延长光照时间和增加光照强度，育成日粮换为产蛋日粮，这一系列因素的累加，使鸡惊恐不安，啄斗加剧。

2. 症状

（1）啄肛癖　多发于雏鸡，在同群鸡中常常发现一群鸡追啄一只鸡的肛门，造成雏鸡的肛门受伤出血，严重时直肠脱出，引起死亡。种鸡在交配后也喜欢啄食肛门。

（2）啄蛋癖 在产蛋高峰期内的成年鸡互相争啄鸡蛋。由于饲料中缺钙或蛋白质不足，种鸡或产蛋鸡的鸡舍内的产蛋箱不足，或产蛋箱内光线太强，常常造成母鸡在地面上产蛋，产在地面上的蛋被其他鸡踏破后，成群的母鸡围起来啄食破蛋，日久就形成食蛋癖。产薄壳蛋和无壳蛋，或已产出的蛋没有及时收起来，以致被鸡群踏破和啄食。

（3）啄羽癖 盛产期或换羽期也可发生。先由个别鸡自食或互啄食羽毛，可见背后部羽毛稀疏残缺，新生羽毛更粗硬，品质差而不利于屠宰加工利用。

（4）啄趾癖 幼鸡喜欢互啄食脚趾，引起出血或跛行症状。

（5）食肉癖 鸡群内垂死的或已死亡的鸡没有及时拾出，其他鸡只啄食死鸡，可诱发食肉癖。蜱虱等体外寄生虫的感染时，鸡只喜欢啄咬自己的皮肤和羽毛，或将身体与地板等粗硬的物体摩擦，并由此引起创伤，易诱发食肉癖。

（6）异食癖 吃没有营养价值及不能吃的东西，如石块、粪便、墙壁等。

3. 防治

（1）合理搭配日粮，日粮中的氨基酸与维生素的比例为：蛋氨酸＞0.7%，色氨酸＞0.2%，赖氨酸＞1.0%，亮氨酸＞1.4%，胱氨酸＞0.35%，每千克饲料中维生素 B_2 2.60mg，维生素 B_6 3.05mg，维生素 A 1200 国际单位，维生素 D 3110 国际单位等。如果因营养性因素诱发的啄癖，可暂时调整日粮组合，如育成鸡可适当降低能量饲料，而提高蛋白质含量，增加粗纤维。如在饲料中增加蛋氨酸含量，也可使饲料中食盐含量增加到 0.5%～0.7%，连续饲喂 3～5 天，但要保证给予充足的饮水。

（2）若缺乏微量元素铜、铁、锌、锰、硒等，可用相应的硫酸铜、硫酸亚铁、硫酸锌、硫酸锰、亚硒酸钠等补充；常量元素钙、磷不足或不平衡时，可用骨粉、磷酸氢钙、贝壳或石粉进行补充和平衡。

（3）缺乏盐时，可在饲料中加入适量的氯化钠。如果啄癖发生，则可用 1% 的氯化钠饮水 2～3 天，饲料中氯化钠用量达 3% 左右，而后迅速降为 0.5% 左右以治疗缺盐引起的恶癖。如日粮中鱼粉用量较多，可适当减少食盐用量。

（4）缺乏硫时，可连续 3 天内在饲料中加入 1% Na_2SO_4 予以治疗，见效后改为 0.1% 常规用量。而在蛋鸡日粮中加入 0.4%～0.6% Na_2SO_4 就对治疗和预防啄癖有效。

（5）定时饲喂日粮，最好用颗粒料代替粉状料，以免造成浪费，且能有效防止因饥饿引起的啄癖。

（6）改善饲养管理环境。使鸡舍通风良好；饲养密度适中；温度适宜，天气热时要降温；光线不能太强，最好将门窗玻璃和灯泡上涂上红色、蓝色或蓝绿色等。这些都可有效防止啄癖的发生。

（7）断喙，鸡在适当时间进行断啄，如有必要可采用二次断喙法，同时饲料中添加维生素 C 和维生素 K 防止应激，这样可有效防止啄癖的发生。

（8）定时驱虫，包括内外寄生虫的驱除，以免发生啄癖后难以治疗。

（9）如果发生啄癖时，立即将被啄的鸡隔开饲养，伤口上涂抹一层机油、煤油等具有难闻气味的物质，防止此鸡再被啄，也防止该鸡群发生互啄。

（10）在饲料中加入 1.5%～2.0% 石膏粉，治疗原因不清之啄羽症。

（11）为改变已形成的恶癖，可在笼内临时放入有颜色的乒乓球或在舍内系上芭蕉叶等物质，使鸡啄之无味或让其分散注意力，从而使鸡逐渐改变已形成的恶癖。

四、猪咬尾咬耳症

猪咬尾咬耳症（tail and ear biting of swine）也称为"反不适综合征"，是猪应激综合征的一种临床表现形式，它是现代养猪生产条件下，猪受到许多种不良因素刺激而引起的一种非特异性应激反应。任何引起猪只不适的环境因素都可能引起猪的咬尾咬耳现象。近几年来在规模猪场中，猪互相咬尾咬耳的现象逐渐增加，特别在早期断奶的猪群发生的比较早，严重影响猪的健康和生产性能，咬伤后如不及时治疗还可引起伤口感染，这种感染可造成关节红肿和跛行，降低胴体品质，甚至不及时救治而死亡。根据资料报道，发生这种恶癖症的猪群生长速度和饲料效率要比正常猪群下降 26.4%。

1. 病因

引起猪咬尾咬耳症的原因是多方面的，而且往往是几种因素同时作用。一般来讲，主要有以下几种原因。

（1）营养因素　在舍饲条件下，生长猪所需的各种营养物质，全靠饲粮供给。当饲粮营养不平衡，可使猪出现营养失衡应激而发生咬尾咬耳症。例如，当饲粮营养水平低于饲养标准，满足不了猪生长发育的营养需要，可造成猪咬尾咬耳；饲料配比不科学，如育肥前期饲料中蛋白质、矿物质、维生素和微量元素不足。育肥后期饲粮粗纤维含量过低也可导致咬尾咬耳症的发生。

（2）环境因素　猪舍环境卫生条件差，如舍内有害气体浓度大、舍内温度过高或通风不良或贼风侵袭、天气突然变化等因素使猪产生不适感觉或休息不好引发光照过强，特别是猪处于兴奋状态而烦躁不安，也会引发咬尾咬耳；猪生活环境单调，特别是仔猪活泼好动，于是互相"玩弄"耳朵或尾巴，最终导致严重食肉癖。

（3）管理因素　饲养密度过大，猪只之间相互接触和冲突频繁，为争夺饲料和饮水位置，互相攻击咬斗，发展到咬尾咬耳。同一猪栏内饲养的猪体重相差悬殊，体重较小和体弱的猪往往成为被咬的对象。一旦有一头被咬，其他会群起而攻之，发展到互相咬耳咬尾。同一猪群中公母猪会攻击刚去势的或患有虱子的猪只。

（4）疾病因素　体外寄生虫对皮肤刺激引起猪只烦躁不安，在舍内墙壁和栏杆上摩擦，出现外伤，引起其他猪只啃咬；体内寄生虫：如蛔虫在体内作用，也可出现咬尾现象。猪贫血、尾尖坏死也可诱发猪只咬尾咬耳的恶癖，除此之外还可见咬肋及其他部位，如咬蹄、腿、颈和跗关节。

2. 防治

根据猪咬尾咬耳症发生的原因，可以有针对性地采取以下综合防治措施。

（1）满足营养需要　饲喂全价饲料。当发现有咬尾时，可在饲料中适当增加复方维生素及矿物质，喂料要定时定量，严禁饲喂霉败饲料。

（2）合理组群　要将品种、体重、体质和采食量等相近似的猪放在同圈饲养。

（3）饲养密度要适当　要保证每头猪有足够的占地面积，如 3～4 个月的猪，占栏面积应为 0.5～0.6m^2。

（4）良好饲养环境　猪舍应有良好的通风、保温、防潮及适当的光照设施，以保证舍内卫生干燥、通风。

（5）仔猪断尾　可在出生后 1～2 天对仔猪进行断尾。据资料报道，断尾后发生咬尾的仅占 0.25%，而未断尾的发生率为 6.86%，相差 27 倍。方法：用钢丝钳子在尾下 1/3 处连续钳两钳，距离为 0.5cm 左右，将尾骨和尾肌钳断，将血管和神经压扁，皮肤压成沟，钳后约 10 天，尾下 1/3 即可脱掉。此法不出血不发炎，效果确实。

（6）定期驱虫　根据当地气候环境，制定科学的驱虫程序。定期对所饲养的猪从出生开始进行驱虫。仔猪 20～30 日龄进行第一次驱虫，60～70 日龄进行第二次驱虫，100～110 日龄进行第三次驱虫，母猪应在临产前 1～2 周驱虫 1 次，种公猪每年驱虫 2～3 次。

（7）及时治疗外伤　用 0.1% 高锰酸钾冲洗消毒，并涂上碘酒或氯化亚铁溶液，防止化脓。对咬伤严重的可用抗生素进行治疗。

（8）镇静　可在饲料中增加 0.1% 食盐，或加少量镇静剂。

（9）对患猪应隔离饲养　对个别患猪要及时隔离饲养，或对已患病的猪只肌内注射 25% 的硫酸镁或 100mg 氯丙嗪。

【复习思考题】

1. 如何预防家畜营养性衰竭？
2. 奶牛酮病的发病原因是什么？主要的临床表现？如何进行治疗？
3. 禽痛风发病的主要原因是什么？临床分类及临床特征？如何进行预防？
4. 禽脂肪肝综合征的发病原因有哪些？主要病理变化有哪些？如何进行预防？
5. 维生素 A 缺乏可以引起哪些疾病？
6. 临床上因 B 族维生素缺乏常引起的畜禽疾病有哪些？临床特征分别有哪些？
7. 骨软症和佝偻病的各自病因是什么？各自的临床症状特征？
8. 硒-维生素 E 缺乏症的发病机制是什么？主要表现哪几种形式？
9. 锌、铜主要参与机体的哪些生理功能？锌、铜缺乏有哪些临床表现？
10. 肉鸡腹腔积液综合征、禽猝死综合征的发病原因有哪些？如何进行防控？
11. 营养代谢性疾病的一般原因和发病特点有哪些？如何防控营养代谢性疾病？

第十二章　皮肤及其他疾病

【知识目标】

    1.掌握湿疹的发病原因、临床表现、诊断和治疗。

    2.掌握过敏性休克的病因、临床表现、诊断和防治。

    3.掌握应激综合征的病因、临床表现、诊断、治疗和预防。

    4.了解荨麻疹的病因、症状、诊断、治疗和预防。

    5.了解过敏性休克的发病机制。

【技能目标】

    1.能熟练进行湿疹的诊断技术和治疗。

    2.能熟练进行休克的诊断技术和救治。

    3.能熟练进行急性应激综合征的诊断并正确采取综合防治措施。

第一节　湿　疹

湿疹是表皮和真皮上皮（乳头层）由致敏物质所引起的一种过敏性炎症反应。其特点是患部皮肤发生红斑、丘疹、水疱、脓疱、糜烂、结痂及鳞屑等皮肤损伤，并伴有热、痛、痒症状。各种家畜皆能发生，一般多发生在春、夏季。

一、病因

1. 外界因素

（1）机械性刺激：如持续性的摩擦，特别是挽具的压迫和摩擦、蚊虫的叮咬等。

（2）物理性刺激：皮肤不洁，污垢在被毛间蓄积，而使皮肤受到直接刺激；或在阴雨连绵的季节放牧，由于潮湿使皮肤的角质层软化，生存于皮肤表面的病原菌及各种分解产物进入生发层细胞中。此外，家畜长期处于阴暗潮湿的畜舍和畜床上或经过烈日曝晒，久之使皮肤的抵抗力降低，极易引起湿疹。

（3）化学性刺激：主要是化学药品使用不当，如滥用强烈刺激药涂擦皮肤，或用浓碱性肥皂水洗刷局部，均可引起湿疹。长时间被脓汁或病理分泌物污染的皮肤，亦可发生本病。

2. 内在原因

外界各种刺激，虽然是引起湿疹的重要因素，但是否发生湿疹，还取决于家畜的内部状态。

（1）变态反应：这种反应在湿疹的发病机制上占有重要地位。引起变态反应的因子，主要是内在的。内在因子，如家畜患消化道疾病（胃肠卡他、胃肠炎、肠便秘）并伴有腐败分解产物吸收；由于摄取致敏性饲料，病灶感染、霉菌毒素；或者由于患畜自身的组织蛋白在体内或体表经过一种复杂过程，使患畜皮肤发生自体敏感作用等。在患病过程中，各种刺激物的感受往往日益增长，这样就促使湿疹恶化和发展。

（2）由于营养失调、维生素缺乏、新陈代谢紊乱、慢性肾病、内分泌功能障碍等可使皮肤抵抗力降低，而导致湿疹的发生。

二、发病机制

一般认为神经系统在湿疹的发生上起着重要作用。湿疹的发生是由于皮肤经常受到外界不良因素的刺激，在变态反应的基础上，通过组胺、胆碱、乙酰胆碱和腺苷衍生物的作用，引起毛细血管舒缩、神经麻痹性扩张和渗透性增高。因此，渗出浆液和组织液使生发层细胞之间的空隙日益扩张。由于组织液被含脂质类的粒层所阻拦，生发层的上部比较潮湿，细胞发生膨胀，而导致湿疹的发生。

原发性湿疹的病理变化为表层的水肿、角化不全和棘层肥厚，真皮中的血管扩张、水肿和细胞性浸润。继发性病变包括表皮的结痂，脱屑及真皮的乳头层肥大和胶原纤维变性。因此，湿疹的发生与内、外因素的刺激有关，但变态反应则为本病最重要的原因。

三、症状

一般可按病程和皮损表现分为急性和慢性两种。

1. 急性湿疹

按病性及经过不同分为以下几期。

(1) 红斑期：病初由于患部充血，在无色素皮肤可见大小不一的红斑，并有轻微肿胀，指压时褪色，称为红斑性湿疹。

(2) 丘疹期：若炎症进一步发展，皮肤乳头层被血管渗出的浆液浸润，形成界限分明的米粒到豌豆大小的隆起，触诊发硬，称为丘疹性湿疹。

(3) 水疱期：当丘疹的炎性渗出物增多时，皮肤角质层分离，在表皮下形成含有透明浆液的水疱，称为水疱性湿疹。

(4) 脓疱期：当感染葡萄球菌、铜绿假单胞菌、大肠埃希菌、链球菌等化脓性病原菌时，水疱变成小脓疱，称为脓疱性湿疹。

(5) 糜烂期：小脓疱或小水疱破裂后，露出鲜红色糜烂面，并有脓性渗出物，创面湿润，称为糜烂性湿疹或湿润性湿疹。

(6) 结痂期：糜烂面上的渗出物凝固干燥后，形成黄色或褐色的痂皮，称为结痂性湿疹。

(7) 鳞屑期：急性湿疹末期痂皮脱落，新生上皮增生角化并脱落，呈糠麸状，称为鳞屑性湿疹。

急性湿疹有时某一期占优势，而其他各期不明显，甚至某一期停止发展，病变部结痂或脱屑后痊愈。

2. 慢性湿疹

病程与急性湿疹大致相同，其特点是病程较长，易于复发。病期界限不明显，渗出物少，患部皮肤干燥增厚。

由于病畜的种类、致病原因不同，发生湿疹的部位和形状也不同。

(1) 马的湿疹　常发生于凹部、腕关节的后面与跗关节的前面，发生结节或水结痂，后转为慢性湿疹。发病后不久，见有瘙痒，摩擦，皮肤增厚。此病常在春季开始发生，春末及夏季增多。病变可能是局限性的，很少波及全身，皮肤干燥，长毛处往往积聚皮屑。由于剧痒，不断啃咬、摩擦，故有脱毛或擦伤。同厩内有数匹马患病时，常易误诊为螨病，但马的湿疹常见于春季，此时蝇类并不活跃，检查亦无虫体。

(2) 牛的湿疹　大多数发生于前额、颈部、尾根，甚至背腰部、后肢系凹部。病初皮肤略红，继而形成小圆形水疱，小的如针尖，大的如蚕豆，以后破裂，有的因化脓而形成脓疱。由于病变部奇痒而摩擦，使皮肤脱毛、出血，病变范围逐渐扩大。

牛的乳房由于与后肢内侧经常摩擦并积聚污垢，而易发湿疹。

牛的慢性湿疹，通常是由急性泛发性湿疹转变而来，或为再发性湿疹。由于病变部位发生奇痒，常常摩擦，皮肤变厚，粗糙或形成裂创，并有血痕现象。

(3) 绵羊的湿疹　临床症状与牛相同。多于天热出汗和雨淋之后，因湿热而发生急性湿疹。多发生于背部、荐部和臀部，较少发生于头部、颈部和肩部。皮肤发红，有浆液渗出，形成结痂，被毛脱落，继而皮肤变厚、发硬，甚至发生龟裂。因病羊瘙痒，易误认螨病。

绵羊的日光疹（太阳疹）：绵羊在剪毛后，由于日光长时间照射，可引起皮肤充血、肿胀，并发生热、痛性水肿，以后迅速消失，结痂痊愈。

（4）猪的湿疹　常称沥青疹（煤烟疹、痂疹）。主要发生于饲养管理不当，或患有寄生虫病及内科病（如卡他性肺炎、佝偻病等）的瘦弱贫血的仔猪。最初被毛失去光泽，多发生于全身各处，尤其是股、胸壁、腹下等处，易发生脓疱性湿疹。脓疱破溃后，形成大量黑色痂，奇痒。因此，患猪呈现疲惫状态，并逐渐消瘦。

四、病程及预后

急性的病程常在 3 周以上，如转为慢性，可经数月，不易痊愈。

五、诊断

1. 诊断

根据皮肤特异性变化和比较明显的临床症状，容易诊断。

判定病因和病性时，应考虑是否由于外寄生虫而应用过驱虫药（喷雾和药浴），皮肤上是否用过搽剂，是否患过慢性疾病。根据病史调查、饲料检查、内部器官状态、神经系统功能、状态，进行具体分析，方能作出正确判断。

2. 鉴别诊断

本病与疥螨病、霉菌性皮炎、皮肤瘙痒症等的鉴别要点如下。

（1）疥螨病：是由疥螨侵袭所致，疹痒显著，刮取物镜检可发现疥螨虫体。

（2）霉菌性皮炎：除具有传染性外，易查出霉菌孢子。

（3）皮肤瘙痒症：皮肤虽瘙痒，但皮肤完整无损。

（4）皮炎：主要表现为皮肤的红、肿、热、痛，多不瘙痒。

① 湿疹的皮损形态不一，可同时出现红斑、丘疹、水疱、糜烂、渗液、结痂等多种损害。皮炎的疹型比较单一，可出现红斑、水肿、水疱等损害。

② 湿疹病程缓慢，常迁延反复发作。但皮炎病程较短，而且一般不易复发。

③ 湿疹一般没有明确的病因，致病原因比较难查找，但是皮炎一般都有比较明确的接触史。

④ 湿疹的皮疹呈泛发性，多形性。但是皮炎的皮疹比较集中，而且多出现在接触的部位，界限也清楚。

六、治疗

治疗原则是除去病因，消炎，脱敏；禁止使用强刺激性药物，避免不良因素的继续刺激，并注意原发病的治疗。

1. 除去病因

为了除去病因，应保持皮肤清洁、干燥，厩舍要保持良好的通风；让患畜适当运动，并给以一定时间的日光浴；防止强刺激性药物接触；给以富有营养而易消化的饲料。一旦发病，应及时进行合理治疗。在用药之前，清除皮肤一切污垢、汗液、痂皮、分泌物等。要用温水或有收敛、消毒作用的溶液，如用 1%～2% 鞣酸溶液、3% 硼酸溶液洗涤。

2. 消炎

根据湿疹的不同时期，应用不同的药物。红斑性、丘疹性湿疹：为避免刺激，宜用等量混合好的胡麻油和石灰水，涂于患部。水疱性、脓疱性、糜烂性湿疹：先剪除患部被毛，用上述消毒溶液洗涤患部，然后涂布 3%～5% 龙胆紫、5% 美蓝溶液，或撒布氧化锌滑石粉（1:1）、碘仿鞣酸粉（1:9）等，以防腐、收敛和制止渗出。随着渗出液的减少，可涂布氧化锌软膏或水杨酸氧化锌软膏（氧化锌软膏100g，水杨酸4g）等。

炎症慢性经过时，涂布泼尼松软膏或碘仿醋酸软膏（碘仿 10g，乙酸 5g，凡士林 100g）。此外，对全身也可以应用 10% 氯化钙溶液，静脉注射（马、牛 100～150ml；猪、羊 20～50ml），隔日注射 1 次，连续应用。也可应用输血疗法，内服或静脉注射维生素 C，久治无效者，可用红外线、紫外线照射。

3. 脱敏

多用苯海拉明（马、牛0.1～0.5g，猪、羊0.04～0.06g），或用氯丙嗪（马、牛0.25～0.5g，猪、羊0.05～0.1g），肌内注射，每日1～2次。宜配合普鲁卡因疗法。

4. 止痒

患畜出现剧痒时，可用1%～2%石炭酸酒精液涂擦患部止痒。

5. 中药疗法

（1）急性者应用下列处方。

【方一】

茵陈60g，生地黄50g，金银花50g，黄芩25g，栀子25g，蒲公英50g，苦参40g，苍术50g，泽泻40g，车前子40g。

加减：剧痒者加蝉蜕25g，共为细末，水冲服，马、牛一次灌服。

【方二】

寒水石、石膏、冰片、赤石脂、炉甘石各等份，共为细末，撒布患部或用水调涂。

（2）慢性者宜用下列处方。

【处方】

当归5g，生地黄5g，白芍4g，苦杏仁50g，牡丹皮50g，白鲜皮50g，地肤子40g，何首乌51g，蝉蜕30g，荆芥30g。

共为细末，开水冲，马、牛一次灌服。

第二节 荨麻疹

荨麻疹俗称"风疹块"，中兽医又称"遍身黄"，是畜体受内在或外在刺激引起的一种过敏性反应。本病的特征是皮肤黏膜的小血管扩张、血浆渗出形成的局部水肿，在动物的体表发生大量圆形或扁平、界线明显的丘疹块，发生迅速，一般在较短期内即可消失。多发生于马、骡、驴，牛和猪较少发生。

一、病因

荨麻疹的病因复杂，除和各种过敏原有关外，与动物个体的敏感性体质及遗传等因素也有密切的关系。常见的病因如下。

（1）主要是皮肤感受器受自体或外界的刺激，反射地引起皮肤血管运动神经的障碍。多发生在采食发霉或有毒饲料以后。

（2）由于毒草的刺激、昆虫的咬刺、皮肤尘埃过多、皮肤涂搽某些药物（如松节油、石炭酸）、皮肤过冷、皮肤损伤、某些传染病、中毒（流感、传染性胸膜炎、鼠疫和寄生虫病）、黄疸症、未按规定使用血清等都很容易诱发本病。

（3）牛荨麻疹有时可能和牛皮蝇幼虫的刺激有关。

二、症状

（1）马　多突然在下颌部、额面部、颈部、躯干及臀部形成水肿性肿胀而硬固的丘疹，多为扁平状或半球形，指头乃至核桃大，迅速变大或由于排列繁密，以致边缘彼此相接，甚至融合。有时，首先出现消化功能障碍，衰弱及体温升高，经若干时间即出现丘疹，同时，常有结膜炎、鼻炎及皮肤发痒等。经数小时或数天后，丘疹消失，恢复常态。有时例外，在皮肤上形成水疱，破裂后，形成痂皮而愈合。

（2）牛　多是突然发生，开始时出现不安、呼吸促迫、战栗等症状，以后出现水肿性肿胀。也有些病例缺乏上述症状，而在鼻镜、两耳、阴部、肛门、乳头及乳房等部发生水肿性肿胀，肿胀有时出现于下腰部、咽喉部、肩部、背部及臀部。有时在颈部及肩部皮肤起皱褶。局部被毛逆立。常有剧痒，可引起病牛哞叫、不安。一般丘疹在6～12h消散。

三、防治

平时加强饲养管理：注意畜舍及畜体的清洁卫生，不要饲喂发霉腐败或有毒的饲料。发生本病以后，应努力查找发病原因，并及时采取措施。根据体况的肥瘦，在颈静脉放血 1000～2000ml，效果较好。皮肤发痒时，可内服溴化钾 10～15g。或用冷水洗涤皮肤或涂搽 1％乙酸及2％酒精，最好用下列制剂涂搽皮肤：石炭酸 2.0ml，水合氯醛 5.0ml，酒精 200ml，混合为溶液。当形成水疱，并且破溃时，可撒布滑石粉或氧化锌粉。为防止感染，可在撒布的粉末中加少量磺胺类药物。比较顽固的荨麻疹，可用下列方法治疗。

(1) 10％氯化钙 100～150ml，0.1％安钠咖 10～15ml，混合，一次静脉注射。

(2) 2％盐酸苯海拉明注射液 8～15ml，一次肌内注射。

(3) 0.5％普鲁卡因 100～150ml，一次静脉注射。

(4) 0.1％肾上腺素 0.3～0.5ml，或 6％盐酸麻黄碱 5～8ml，或复方氯丙嗪 15～20ml，一次性肌内注射。

(5) 对时间较长而又顽固的荨麻疹，可用自家血疗法，一次皮下注射。

(6) 中药可用加味五参散治疗：

沙参 40g，玄参 40g，党参 40g，苦参 40g，丹参 40g，防风 30g，荆芥 30g，蝉蜕 30g，甘草30g，艾叶 50g。

共为细末，开水冲调，加蛋清 5 个为引一次投服。

加减方法：体温较高，结膜潮红的病例，可另加栀子、知母、连翘、黄连及黄柏各 30g；有呼吸促迫及战栗等症状时，另加川贝母、郁金、远志及车前子各 30g；出现水肿性肿胀时，另加猪苓、茯苓、泽泻、车前子、滑石及瞿麦各 30g；食欲减退，可另加陈皮、苍术、川厚朴、龙胆各 30g，病畜虚弱、衰竭时，另加生黄芪、黄精、肉苁蓉、何首乌、藕节及莲子各 30g。

第三节　过敏性休克

过敏性休克是致敏机体与特异变应原接触后短时间内发生的一种急性全身性过敏反应。属Ⅰ型超敏反应性免疫病。病情发展急剧，常可造成动物死亡。各种动物均可发生，犬和猫比较多见。

一、病因

动物的过敏性休克，绝大多数起因于注射防治，偶尔发生于昆虫（毒蜂等）叮咬。可引起全身性过敏反应的主要病因包括如下几点。

1. 异种蛋白

异种蛋白如破伤风抗毒素；疫苗，如口蹄疫和狂犬病疫苗、破伤风类毒素；生物抽提物，如用动物腺体制备的促肾上腺皮质激素、甲状旁腺素、胰岛素等激素以及各种酶类；昆虫毒素。

2. 非蛋白药物

非蛋白药物如青霉素、链霉素、四环素、磺胺、普鲁卡因、硫苯妥钠、葡聚糖、B 族维生素。

3. 生物性因素

某些病毒，如猪瘟和猪流感病毒，可通过胎盘进入并附着于胎儿组织内，仔猪出生后吸吮初乳（含相应抗体）即发病；某些寄生虫，如腹内寄生的棘球蚴破裂，含强抗原性蛋白的液体经腹膜吸收，或皮下寄生的牛皮蝇蛆被捏碎，蛆内液体被吸收，引起过敏反应以及过敏性休克。

二、发病机制

动物第一次接触抗原后，约需 10 天才被致敏，这种致敏状态可持续数月或数年之久。急性过敏反应乃是抗原与循环抗体或细胞结合抗体发生的反应。基本病理过程是平滑肌收缩和毛细血管通透性增强。

各种动物急性、全身性过敏反应的主要免疫递质、休克器官和病理变化有所不同。马的免疫递质是组胺、5-羟色胺和缓激肽，休克器官是呼吸道和肠管，病理变化是肺气肿和肠出血。牛和绵羊的免疫递质是：5-羟色胺、慢反应物质、组胺和缓激肽，休克器官是呼吸道，病理变化是肺水肿、气肿和出血。猪的免疫递质是组胺，休克器官是呼吸道和肠管，病理变化是全身性血管扩张和低血压。犬的免疫递质是组胺，休克器官是肝，休克组织是肝静脉，特征性病理变化是肝静脉系统收缩所致的肝充血和肠出血。猫的免疫递质也是组胺，但休克器官是呼吸道和肠管，病理变化是肺水肿和肠水肿。

三、症状

过敏性休克的基本临床表现是在再次接触（大多为注射）过敏原的数分钟至数十分钟内突然发病，表现不安、肌颤、出汗、流涎、呼吸急促、心搏过速、血压下降、昏迷、抽搐，短时间内死亡或经数小时后康复。但不同动物的过敏反应综合征各具特点。

马表现呼吸困难，心动过速，结膜发绀，全身出汗，倒地惊厥，常于 1h 内死亡。病程延长的，则肠音高朗连绵，频频排水样稀便。

牛、羊表现严重的呼吸困难，目光惊恐，全身肌颤，呈现肺充血和肺水肿症状。如短时间内不虚脱死亡，则通常于 2h 内康复。

猪表现虚脱，步态蹒跚，倒地抽搐，多于数分钟内死亡。

犬表现兴奋不安，随即呕吐，频频排血性粪便，继而肌肉松弛，呼吸抑制，陷入昏迷、惊厥状态，大多于数小时内死亡。猫表现呼吸困难、流涎、呕吐、全身瘫软甚至昏迷，于数小时内死亡或康复。

四、治疗

治疗原则：消除过敏原、早确诊，当机立断进行对抗过敏急救。

（1）查找过敏原，并立即停止使用可疑的致敏药物或消除病可疑过敏原。

（2）给予拟肾上腺素药急救　各种拟肾上腺素药是抢救过敏性休克的最有效药物。如配合抗组胺类药物，则疗效尤佳。临床上常用肾上腺素。0.1％肾上腺素注射液，皮下或肌内注射量：马、牛 2～5ml，猪、羊 0.2～1.0ml，犬 0.1～0.5ml，猫 0.1～0.2ml。如病情紧急选用静脉（腹腔）注射量：马、牛 1～3ml，猪、羊 0.2～0.6ml，犬 0.1～0.3ml。

（3）抗过敏　可选用盐酸苯海拉明（可他敏）注射液，肌内注射量：马、牛 0.5～1.1mg/kg，羊、猪 0.04～0.068g/kg。或盐酸异丙嗪（非那根）注射液，肌内注射量：马、牛 0.25～0.5g/kg，羊、猪 0.05～0.1g/kg，犬 0.025～0.1g/kg。

（4）对症治疗　缓解呼吸困难、强心等。对于呼吸困难的动物应及时输氧，同时使用尼可刹米，马、牛 2～5mg，羊、猪 0.25～1mg，犬 0.125～1mg。

五、预防

预防过敏性休克的出现宜做好以下措施。

（1）消除过敏原：最根本的办法是查明引起本病的过敏原，并进行有效的措施进行防避。

（2）对易引起过敏反应的药物，在使用前宜做药物过敏试验。

（3）尽量减少不必要用药，尽量采用口服制剂。

（4）对过敏体质患病动物用药或需要给可能出现过敏的药物时，应在注射用药后观察 15～20 分钟，并在必须接受有诱发本症可能的药品前，宜先使用抗组胺药物或地塞米松。

第四节　应激性综合征

应激性综合征指动物在应激作用下，短时间内出现的一系列应答性反应。本病在家畜（禽）中常见，牛、马、猪、羊以及鸡、鸭都可发生，值得引起重视和注意。

一、病因

可以引起动物应激反应的应激原主要有：饲养管理、营养代谢、遗传育种、配种繁殖、分娩、泌乳、生长发育、肌肉运动、神情紧张、血压升高、中毒感染以及硒和维生素 E 缺乏等。这些都可能成为应激原，引起应激反应。又如惊恐、追捕、运输、驱赶、鞭打、混群、拥挤、斗架、过劳、噪声、电刺激、离群、陌生、关闭饲养、强化培育、预防注射、地震感应、环境污染、环境突变以及手术保定、药物麻醉和治疗等，也都是应激原，可引起本病的发生。

二、发病机制

一般认为是应激原作用于动物感受器后，通过信号神经传递到低级中枢。低级中枢一方面对感受器的适应具有反馈调节作用；另一方面又将信号向上传送到以下丘脑为中心的信号处理系统。下丘脑受到刺激后，分泌促肾上腺皮质激素释放激素（CRH），CRH 经垂体门脉到达前叶，刺激分泌促肾上腺皮质激素（ACTH），ACTH 进入血液循环，促进肾上腺分泌糖皮质激素。由于应激的性质、强度、时间的不同，糖皮质激素分泌所产生的效果也不一样，并具有双相性。一方面若应激原强度小，则分泌增加，以提高适应性，使动物产生适应力；另一方面，又可促进分解代谢，抑制炎性反应和免疫反应，使防卫功能降低，甚至引起疾病和死亡，或降低其生产性能。与此同时，肾上腺兴奋释放肾上腺素，引起全身各器官、组织发生变化。如果刺激强度大而短促，肾上腺素可能迅速分布到全身，引起剧烈反应，甚至急性衰竭、死亡。

近年来，运用现代的实验方法和手段，对下丘脑多种神经内分泌激素的发现和某些神经递质作用的阐明，则为许多疾病的发生发展规律提供更新的解释。由于应激反应过程中的物质代谢及其某些生化指标的变化，西方国家，特别是美国的畜牧兽医界对猪的应激性综合征的能量代谢、血液 pH 值、水电解质平衡、血液与血液中酶的活性、有关的类固醇激素、甲状腺素等生化反应的变化进行了大量的研究，并全面地阐述了本病的发生发展及其病理演变过程。

三、症状

动物应激性综合征的临床症状多种多样，归纳起来，一般分为以下三种类型。

1. 猝死性应激综合征

主要是动物受到应激原强烈刺激时，并无任何临床病症而突然死亡。一般而言，除最急性型传染病常呈现特异性应答性反应突然死亡外，牛急性瘤胃臌胀、瘤胃酸中毒、幼驹急性肠炎、猪亚硝酸盐中毒、猪瘟及马肠变位等也往往突然死亡。公畜有的配种时过度兴奋而猝死，有些畜禽在车船输送中，由于过度拥挤或惊恐，突然死亡。

2. 急性应激综合征

临床症状随家畜类别和应激原不同而异。

（1）恶性过热综合征　通常见于运送途中的肥猪、肉牛及鸡、鸭等畜禽，主要为运输应激、热应激、拥挤应激以及电击应激等，多表现为大叶性肺炎或胸膜炎症状。对某些敏感性猪，应用氯仿、氟烷麻醉药，可能引起此种应激综合征。病畜全身颤动，呼吸困难，皮肤潮红，呈现紫斑，体温升高，黏膜发绀，肌肉僵硬，直至死亡。

（2）全身适应性综合征　乳牛、奶山羊、仔猪及繁殖母畜受到严寒、酷暑、饥饿、过劳、惊恐、中毒以及预防注射等诸多因素的刺激和影响，引起应激系统的复杂反应。其中特别表现为警戒反应，神情忧郁，体温降低，血压下降，肌肉弛缓，血液浓缩，嗜酸粒细胞减少。此乃是垂体前叶-肾上腺皮质激素分泌过盛的结果。

（3）猪应激综合征　通常见于营养佳良猪，多为猝死。肌肉苍白，质地柔软，液体渗出，形成水猪肉。

（4）胃溃疡　常见于猪和牛，胃黏膜发生糜烂和溃疡，病因很复杂。近年来认为神情紧张、缺乏营养、饲养管理不当所引起的应激反应起着主要作用。其中由于胃泌素分泌旺盛，形成自体消化，导致糜烂和溃疡。

（5）急性肠炎　表现为新生幼畜下痢、猪水肿病以及马属动物的盲结肠炎等，多为大肠埃希菌引起，也都认为与应激反应有关。因为在应激过程中，机体防卫功能降低，大肠埃希菌即成条件致病因素，导致非特异性炎性病理过程。

（6）其他为野生动物和飞禽被捕获后绝食，不易驯养和不孕。再如马群突然惊恐而狂奔，耕牛中暑受热，产卵鸡受惊后停止产卵等，一般认为都与应激反应有关，甚至引起急性死亡。

3. 慢性应激综合征

一般而言，应激原强度不大，但持续或间断反复引起的反应轻微易被忽视。由于动物不断地作出适应性的努力，形成不良的累积效应，致使其生产性能降低，防卫功能减弱，容易继发感染，引起各种疾病的发生。这类疾病在营养、感染与免疫应答的相互作用现象中比较常见。

四、病理变化

应激性综合征，急性死亡病例的病理变化，主要是胃肠溃疡，胰脏急性坏死，心、肝、肾实质变性和坏死，肾上腺出血、血管炎乃至肺坏疽。猝死的猪、羊和鸡等，肌肉苍白、柔软，液体渗出，特别是猪呈现水猪肉或白肌病的病理现象。

五、诊断

根据应激原的强度、性质，病畜的临床症状和病理变化可以作出初步诊断。

六、治疗

根据应激原性质及其反应程度，选择抗应激药物。临床实践上主要选择镇静剂、皮质激素以及抗过敏药物。

氯丙嗪对抗应激综合征具有重要的作用和影响，剂量可按每千克体重 $1\sim2mg$ 给予，肌内注射。由于应激原的刺激引起变态反应性炎症或过敏性休克，可以用皮质激素肌内注射或静脉注射进行治疗。

在家畜发生应激反应时，肌糖原迅速分解，血中乳酸升高，pH 值下降，导致酸中毒现象，用 5％碳酸氢钠溶液静脉注射，对纠正酸中毒、缓解应激反应具有一定的效果。

七、预防

应激综合征是一种非特异性的生理反应，必须根据应激及应激综合征的性质考虑具体的预防措施。

（1）选育抗应激的品种　对于应激敏感的动物，特别是猪，应注意选育抗应激的品种。

（2）改善饲养管理工作。

注意饲养管理，定时定量饲喂，不轻易改变饲养方式；车船运输或驱逐，避免过分刺激，防止应激反应；畜舍，特别是猪舍设计要注意通风，防止拥挤；畜群分组合理，避免任意混群，防止破坏原有群体关系；保持安静，避免惊恐不安，防止噪声和骚扰；注意气候变化，防止忽冷忽热。

（3）抗应激药物预防　在出栏运输前，对应激敏感动物，可用氯丙嗪进行预防注射或应用抗应激素以及具有一定效果的预防药物，以防止发生应激现象。

（4）增强机体抵抗力　适量添加电解多维（维生素 A、维生素 E、维生素 C、微量元素硒、铁等）。

（5）对于已发生应激的家畜应做好镇静、抗过敏、抗休克、补碱、强心等对症处理。

【复习思考题】

1. 能引起家畜湿疹的原因有哪些？家畜的湿疹与一般性皮炎的临床特点有何不同？
2. 如何预防和治疗过敏性休克？
3. 何为畜禽应激综合征？如何预防和控制畜禽的应激综合征？

第十三章　中毒性疾病

【知识目标】
  1.掌握常见中毒性疾病的发病原因、致病机制和典型的临床症状。
  2.掌握中毒性疾病的诊断、救治和预防措施。

【技能目标】
  1.能够正确判断不同毒物引起的动物中毒病。
  2.能够正确分析毒物性质，依此提供合理的治疗方案，并做好预防工作。

第一节　概　　述

  中毒性疾病是畜禽的常见病，每年世界各地都有大量的畜禽因中毒死亡，特别是在当前大规模集约化饲养的情况下，一旦发生中毒性疾病便会造成严重的经济损失。畜禽中毒病可以表现出群发、地方性发生或散发。当前工业废水、废料对环境的污染和农药、除草剂、添加剂的大量应用，更增加了畜禽中毒发生的机会。而且许多中毒病为人畜共患病，有些病因还具有致癌作用，因而，其重要性越来越受到人们的重视。掌握畜禽中毒病的常见病因、诊断、治疗及预防，不但具有重要的经济效益，对保护人类健康亦有重要意义。

一、毒物与中毒

  某种物质通过皮肤、消化道或呼吸道黏膜进入机体，与机体发生相互作用，在组织器官内发生化学或物理学的变化，破坏机体的正常生理功能，引起器官的功能性或器质性病理变化，从而表现出相应的临床症状，甚至导致机体死亡，这种物质称为毒物。某种物质是否有毒主要取决于动物接受这种物质的剂量、途径、次数及动物的种类和敏感性等因素，因此，所谓的"毒物"是相对的，而不是绝对的。在临床兽医里常见的毒物，主要有饲料毒物、植物毒素、霉菌毒素、细菌毒素、农药、驱虫药、环境污染毒物以及有毒气体等。由毒物引起的相应病理过程称为中毒，由毒物引起的疾病叫中毒病。

二、中毒的原因

  中毒的常见原因主要有自然因素、人为因素和恶意投毒。

  1. 自然因素

  包括有毒矿物、有毒植物和有毒动物引起的动物中毒病。有毒矿物如含氟的岩石和土壤，含有过量硝酸盐的井水和土壤，富含硒或铜等地区的植物等。有毒植物包括青杠叶、夹竹桃、醉马草和毒芹等。有毒动物如毒蛇、马蜂和蝎子等。这些中毒病常有明显的地区性。

  2. 人为因素

  人为因素主要是由于工业污染、农药使用或保管不当、饲料添加剂的不规范使用以及劣质饲料和饮水引起的中毒。工业污染是指由于工厂排出的含毒废气、废水或废渣等有毒物质污染其附近的水源和牧草引起的中毒。此外，由于放射性物质污染环境，来自煤气厂的酚类、制革厂的铬酸盐、啤酒厂的酒精和电镀作业的氰化物等废物也可使家畜发生中毒，甚至死亡。农药的种类繁多，应用广泛，常因使用或保管不当，污染饮水或饲料而引起动物中毒。药物使用不当、药物的剂量或浓度过大也会引起中毒。饲料添加剂若不按规定使用，用量过大或应用时间过长，或混合不均等，对动物也可能引起某些毒副作用，甚至导致动物大批死亡。饲料中毒大多数是由于不适当的收获或贮藏所引起，如腐败草木犀引起的双香豆素中毒、发芽马铃薯的茄碱中毒、发霉干草和谷物中毒等。

3. 恶意投毒

恶意投毒虽然属于偶然事件，但也必须加强安全措施，防止任何破坏事件的发生。

三、中毒的诊断

动物中毒病的快速、准确诊断是治疗中毒病的前提，只有查明病因，才能够采取有效的治疗措施。中毒病的准确诊断主要依据病史、症状、病理变化、动物试验和毒物检验等进行综合分析。

1. 病史调查

调查中毒的有关环境条件，详细询问病畜接触毒物的可能性。饲料和饮水是否包含有毒植物、霉菌、藻类或其他毒物。发病后有何表现，如有无流涎、肌肉痉挛、肌肉发抖，大小便有何变化等。发病后是否进行过治疗，如果有，用过何种药物，效果如何等。对放牧家畜应注意牧场种类、有无垃圾堆和破旧农业机具，以及牧场附近有无工厂和矿井等。

2. 临床症状

观察临床症状要特别仔细，轻微的临床表现，可能就是中毒的征兆。中毒病的临床症状是复杂多变的，同一毒物引起的症状，在不同的个体有很大差别。除急性中毒的初期有狂躁不安和继发感染时有体温变化之外，一般体温不高。有的中毒病可表现出特有的示病症状，常常作为鉴别诊断时的主要指标。中毒病的临床症状常表现为显著的消化功能紊乱，神经症状和呼吸困难；饲料中毒性疾病表现为青壮期、食欲旺盛的畜禽发病多，症状严重、死亡多；停喂可疑饲料后，症状迅速缓解。

3. 病理变化

病理学检查对于中毒病的诊断具有重要意义，对于判断药物的毒性与强度具有非常重要的作用，常能为中毒病的诊断提供有价值的依据。如皮肤、天然孔和可视黏膜，可能会表现出特殊的颜色变化，例如一氧化碳和氰化物中毒时，病畜黏膜呈现樱桃红色和淡粉红色。胃内容物的性质对中毒病的诊断也有重要意义，仔细检查有助于识别或查出毒物的痕迹，如在胃中发现叶片或嫩枝等，可能是有毒植物中毒的诊断依据。肌肉组织可能具有特殊的颜色（如黄疸）或出血症状（见于蕨中毒或草木犀中毒）。

4. 毒物检验

毒物检验在诊断中毒病方面具有重要价值。采用剩余饲料、呕吐物或胃肠内容物进行毒物检验，化验出相关的毒物，是确诊中毒病的依据。但毒物检验的价值有一定的局限性，在进行确诊时，必须把毒物分析和临床表现、尸体剖检等结合起来综合分析才能作出正确的判断。动物试验在毒物检验中是一个很重要的手段。动物试验不仅可以缩小毒物的范围，而且具有毒理学研究的价值。

5. 治疗性诊断

畜禽中毒性疾病往往发病急，发展迅速，死亡快。在临床实践中不可能允许对上述各项方法全面采用，可根据临床经验和可疑毒物的特性进行诊断性治疗，通过治疗效果进行诊断和验证诊断。

四、中毒的防治

1. 预防

"预防为主"是减少或消灭畜禽中毒性疾病发生的基本方针。应经常开展调查研究，掌握本地区有毒矿物、植物和污染工厂的分布，调查放牧地区污染的情况。确切掌握中毒疾病的发生、发展动态以及规律，以便制订切实有效的防治方案，给予贯彻执行。加强各有关部门的大力协作，定期给农户宣传和普及农药、杀鼠药和化肥的保管和使用，饲料饲草无毒处理等知识。严格遵守有关毒物的保管和使用规定。坚持遵守饲料加工配制的操作规定，严禁使用发霉、变质的产品饲喂动物。加快低毒植物的培育，定期消灭环境中的有毒植物，严格执行环境保护和"三废"的治理。提高警惕，加强安全措施，坚决制止任何破坏事故的发生。

2. 治疗

中毒的治疗一般分为阻止毒物的继续吸收、应用特效解毒剂和进行对症和支持治疗三种途径。

（1）阻止毒物的继续吸收　首先除去可疑毒源，不使畜禽继续接触或食入毒物，如果毒物的性质未定，应考虑更换场所、饮水、饲料和用具，直到确诊为止。其次，采取有效措施排除已摄入的毒物。主要有以下几种方法。①轻泻法，如有机汞、有机砷、有机磷等农药中毒时用盐类泻剂。有明显的出血性胃肠炎的病例，应用油类泻剂。②催吐法，适用于犬、猫、猪，马不吐，牛不可催吐。通常应用阿扑吗啡和吐根糖浆。③洗胃法，从消化道进入的毒物，洗胃是一种有效的排除毒物的手段，通常在毒物进入消化道 4～6h 以内者效果较好。常用的洗胃液有普通清水、0.1% 高锰酸钾、2%～3% 小苏打液、3% 双氧水和硫代硫酸钠溶液。④吸附法，把毒物分子自然地结合到一种不能被动物吸收的载体上，通过消化道向外排除。常用的有万能解毒药（活性炭10g、轻质氧化镁 5g、高岭土 5g、鞣酸 5g）、木炭、鞣酸和活性炭等。当发现疑似中毒病例而尚不知毒物性质时，可首先选用吸附法。⑤其他疗法，如灌肠法、放血疗法、利尿、发汗、瘤胃或嗉囊切开等。

（2）应用特效解毒剂　迅速准确地应用解毒剂是治疗毒物中毒的理想方法。针对具体病例，应根据毒物的结构、理化性质、中毒机制和病理变化，尽早施用特效解毒剂，从根本上解除毒物的毒性作用。特效解毒剂可以同毒物反应使之变为低毒或无毒，或拮抗毒物的作用途径。例如，亚硝酸盐的氧化作用所生成的高铁血红蛋白，可以用亚甲蓝还原为正常血红蛋白，使动物恢复健康。

（3）进行对症和支持治疗　目的在于维持机体生命活动和组织器官的功能，直到使用适当的解毒剂或机体发挥本身的解毒功能，同时针对治疗过程中出现的危症采取紧急措施。包括应用地西泮、氯丙嗪预防惊厥；应用尼克刹米、回苏灵、山梗菜碱，维持呼吸功能；应用肾上腺素、地塞米松和维生素 C 抗休克；应用西地兰、樟脑磺酸钠和安钠咖增强心脏功能；应用葡萄糖、氯化钠、氯化钾输液等维持体温，调整电解质和体液。

第二节　饲料中毒

一、氢氰酸中毒

氢氰酸中毒是动物采食富含氰苷的青绿饲料，经胃内酶和胃酸的作用，水解释放出游离的氢氰酸，导致动物发生以组织性缺氧为特征（呼吸困难、震颤、惊厥等）的中毒病。

1. 病因

主要由于动物采食或误食富含氰苷或可产生氰苷的草料所致。富含氰苷的饲料主要包括木薯、高粱及玉米的新鲜幼苗、亚麻籽、亚麻籽饼、豆类（海南刀豆、狗爪豆等）和蔷薇科植物（桃、李、梅、杏、枇杷、樱桃的叶和种子）等。

2. 发病机制

氰苷本身是无毒的。当含有氰苷的植物被动物采食后，在有水分和适宜温度的条件下，经植物的脂解酶作用，产生氢氰酸。进入机体的氰离子能抑制细胞内许多酶的活性，如细胞色素氧化酶、过氧化物酶、接触酶和乳酸脱氢酶等，其中最显著的是细胞色素氧化酶。氰离子能迅速与氧化型细胞色素氧化酶的三价铁结合，阻止组织对氧的吸收作用，导致机体缺氧。由于组织细胞不能从血液中摄取氧，致使动脉血液和静脉血液的颜色都呈鲜红色。

3. 症状

家畜采食含有氰苷的饲料后 15～20min 发病，表现不安，腹痛，呼吸加快，可视黏膜呈鲜红色，口吐白沫，流泪，瞳孔散大，体温下降，呼出气体有苦杏仁味。通常先兴奋，后抑制，卧地不起，反射减少或消失，心动迟缓，呼吸浅表，后肢麻痹，头向一侧弯曲，肌肉痉挛；最后因全身极度衰弱无力，昏迷死亡。

4. 诊断

根据病史及病因，可初步判断为本病。如有采食含氰苷植物的病史；饲料中毒时，动物吃得多者死亡较快；血液呈鲜红色，胃肠内容物有苦杏仁味。结合毒物分析可作出最后确诊。

5. 治疗

确诊后应及时采用特效疗法和对症治疗。

（1）特效疗法　发病后立即用亚硝酸钠，牛、马2g，猪、羊0.1～0.2g，配制成5%的溶液，静脉注射。随后再注射5%～10%硫代硫酸钠溶液，马、牛100～200ml，猪、羊20～60ml，或亚硝酸钠3g，硫代硫酸钠15g，蒸馏水200ml，混合，牛一次静脉注射，猪、羊则分别为1g、2.5g，溶于50ml蒸馏水中，静脉注射。

（2）根据病情可进行对症治疗　10%安钠咖，马、牛10～20ml，猪、羊3～5ml，肌内注射或静脉注射；回苏灵，牛、马40～80mg，猪、羊8～16mg，配入适量的糖盐水中，静脉注射。

6. 预防

不要到含有氰苷植物的地区放牧；用含有氰苷的饲料饲喂动物时，最好放于流水中浸渍24h或漂洗后加工利用。

二、硝酸盐和亚硝酸盐中毒

硝酸盐和亚硝酸盐中毒是动物摄入过量含有硝酸盐或亚硝酸盐的植物或水，引起高铁血红蛋白血症的一类中毒病。临床上表现为皮肤、黏膜发绀及其他缺氧症状。本病可发生于各种家畜，以猪多见，其次依次为牛、羊、马，鸡也可发病。

1. 病因

动物采食富含硝酸盐的饲料，如白菜、甜菜叶、牛皮菜、萝卜叶、灰菜等，可引起中毒。对动物来说，硝酸盐是无毒或低毒的，而亚硝酸盐是高毒的。在自然条件下，亚硝酸盐是硝酸盐在硝化细菌的作用下还原为氨的过程中间产物。硝化细菌广泛分布于自然界，其活性受环境的湿度、温度等条件的直接影响。最适宜的生长温度为20～40℃。如将幼嫩青绿饲料堆放过久，特别是经过雨淋或烈日曝晒者，极易产生亚硝酸盐。猪饲料采用文火焖煮或用锅灶余热、余烬使饲料保温，或让煮熟饲料长久焖置锅中，给硝化细菌提供了适宜条件，致使硝酸盐转化为亚硝酸盐。另外，误饮施过化肥的水或浸泡过大量植物的池塘水，以及工业污染所致的含有硝酸盐或亚硝酸盐的水，都能致动物中毒。

2. 发病机制

亚硝酸盐毒性很大，主要是血液毒。当亚硝酸盐经过胃肠黏膜吸收进入血液后，使血中正常的氧合血红蛋白（二价铁血红蛋白）迅速地被氧化成高铁血红蛋白（变性血红蛋白），从而丧失了血红蛋白的正常携氧功能。造成病畜体内缺氧，导致呼吸中枢麻痹。亚硝酸盐还具有血管扩张剂的作用，可使病畜末梢血管扩张，导致外部循环衰竭。亚硝酸盐形成亚硝胺，具有致癌性，长期接触可能发生肝癌。亚硝酸盐在体内可透过胎盘屏障，引起妊娠母猪发生早产、产弱胎和死胎。

3. 症状

一般中毒主要表现为呕吐、吐白沫，呼吸困难，张口伸舌。鼻端、耳尖及可视黏膜呈紫蓝色，皮肤及四肢末梢均发凉，体温大多下降。穿刺耳静脉或剪断尾尖流出酱油色血液，凝固不良。严重的四肢痉挛或全身抽搐，最后昏迷、窒息死亡。

中毒病猪常在采食后15min至数小时发病。最急性者可能仅稍显不安，站立不稳，即倒地而死，故有人称为"饱潲病"。多发生于精神良好，食欲旺盛者，发病急，病程短，救治困难。急性型病例除显示不安外，呈现严重的呼吸困难，脉搏疾速细弱，全身发绀，体温正常或偏低，躯体末梢部位厥冷。耳尖、尾端的血管中血液量少而凝滞，呈黑红褐色，肌肉战栗或衰竭倒地，末期出现强直性痉挛。病畜 2h 内不死者，可逐渐恢复。

4. 病理变化

中毒病畜的尸体腹部膨满，口鼻呈乌紫色，流出淡红色泡沫状液体。眼结膜呈棕褐色。因死亡快，内脏多无显著变化，血液暗褐色如酱油色，凝固不良，暴露在空气中经久仍不变红；各脏器的血管淤血。胃底、幽门部和十二指肠黏膜充血、出血。病程稍长者，胃黏膜脱落或形成溃疡。气管及支气管有血样泡沫。肺有出血或气肿。心外膜常有点状出血。肝、肾呈蓝紫色。淋巴结轻度充血。

5. 诊断

根据病史，结合饲料状况（青绿饲料的存放及加工调制方法）以及从血液缺氧为特征的临床症状可以作出初步诊断。亦可在现场做变性血红蛋白检查和亚硝酸盐简易检验（取胃肠内容物或残余饲料的液汁 1 滴，滴在滤纸上，加 10％4,4′-二氨基联苯液 1～2 滴，再加 10％冰醋酸液 1～2 滴，如有亚硝酸盐存在，滤纸即变为红棕色，否则颜色不变），以确定诊断。

6. 治疗

发现亚硝酸盐中毒，应迅速抢救，可用特效解毒药美蓝和甲苯胺蓝。同时配合应用维生素 C 和高渗葡萄糖溶液，效果较好。美蓝是氧化还原剂，能把高铁血红蛋白还原为低铁血红蛋白。用于猪的标准剂量是 1～2mg/kg 体重，反刍动物为 8mg/kg 体重，制成 1％的溶液（取美蓝 1g，溶于 10ml 纯酒精中，再加入灭菌生理盐水至 100ml）静脉注射。美蓝在高浓度大剂量时，可使氧合血红蛋白变为变性血红蛋白，使病情恶化，因此，要严格按量使用。甲苯胺蓝治疗高铁血红蛋白症较美蓝更好，还原变性血红蛋白的速度比美蓝快 37％。按 5mg/kg 体重制成 5％的溶液，静脉注射，也可作肌内注射或腹腔注射。大剂量维生素 C，猪 0.5～1g，牛 3～5g，静脉注射，疗效确实，但奏效速度不及美蓝。

根据具体病情可选用葡萄糖注射液、强心剂等药进行对症治疗。

7. 预防

改善青绿饲料的堆放和蒸煮过程。对可疑饲料、饮水，实行临用前的简易化验。已腐败、变质的饲料不能饲喂动物，牛、羊饲喂青绿饲料时，要添加适量的碳水化合物。

三、棉籽饼中毒

棉籽饼中毒是家畜长期或大量摄入生棉籽饼，引起以出血性胃肠炎、全身水肿、血红蛋白尿和实质脏器变性为特征的中毒性疾病。本病主要见于犊牛、单胃家畜和家禽，少见于成年牛和马属动物。

1. 病因

动物大量采食含有棉酚的棉籽饼引起中毒。棉籽饼中的主要有毒成分是棉酚，在棉籽和棉籽饼中含有 15 种以上的棉酚类色素，其中含量最高的是棉酚。在棉酚类色素中，游离棉酚、棉酚紫、棉绿素等对动物均有毒性。棉酚的毒性虽然不是最强，但因其含量远比其他几种色素高，所以，棉籽及棉籽饼的毒性主要取决于棉酚的含量。

2. 发病机制

对棉酚最敏感的动物是猪、兔、豚鼠和小白鼠，其次是犬和猫。对棉酚耐受性最强的是羊和大白鼠。大量棉酚进入消化道后，可刺激胃肠黏膜，引起胃肠炎。吸收入血后，能损害心、肝、肾等实质脏器。棉酚能增强血管壁的通透性，促进血浆或血细胞渗入周围组织。棉酚可与许多功能蛋白和一些重要的酶结合。如棉酚与铁离子结合，从而干扰血红蛋白的合成，引起缺铁性贫血。棉酚能破坏动物的睾丸生精上皮，导致精子死亡，甚至无精子。棉酚能导致维生素 A 缺乏，引起犊牛夜盲症，并可使血钾降低，造成动物低钾血症。

3. 症状

家畜棉籽饼急性中毒极为少见。生产中多因长期不间断地饲喂棉籽饼，致使棉酚在体内蓄积而发生慢性中毒。哺乳犊牛最敏感，常因吸食饲喂棉籽饼的母牛乳汁而发生中毒。

非反刍动物慢性中毒的临床症状主要表现为生长缓慢、腹痛、厌食、呼吸困难、昏迷、嗜睡、麻痹等。反刍动物慢性中毒表现消瘦，有慢性胃肠炎和肾炎等。食欲不振，体温一般正常，伴发炎性腹泻时体温稍高。重度中毒者，饮食废绝，反刍和泌乳停止，结膜充血，发绀，兴奋不安，弓背，肌肉震颤，尿频，有时粪尿带血，胃肠蠕动变慢，呼吸急促带鼾声，肺泡音减弱。后期四肢末端水肿，心力衰竭，卧地不起。

4. 病理变化

主要表现为实质脏器的广泛性充血和水肿，全身皮下组织呈浆液性浸润，尤以水肿部位更明显。胆囊肿大，并有出血点，肺充血、水肿，心内外膜有出血，结缔组织浸润。胃肠道黏膜充血、出血和水肿，甚至肠壁溃烂。

5. 诊断

根据采食棉籽饼的病史、临床症状、棉酚含量测定以及动物的敏感性，可作出诊断。

6. 治疗

目前尚无特效疗法，应停止饲喂含毒棉籽饼，加速毒物的排出。可用 1∶（3000～4000）的高锰酸钾溶液或 5%小苏打洗胃；磺胺脒 5～10g，鞣酸蛋白 2～5g 内服；25%葡萄糖溶液 500～1000ml，10%安钠咖 5ml，10%氯化钙溶液 20ml，维生素 C 10ml，一次静脉注射。

7. 预防

（1）控制棉籽饼的饲用量，在饲料中棉籽饼的安全用量为：肉猪、肉鸡，可占饲料的 10%～20%；母猪及产蛋鸡，可占饲料的 5%～10%。反刍动物的耐受性较强，用量可适当增大。

（2）棉籽饼的去毒处理。

（3）去毒处理后的棉籽饼粕，也应根据其棉酚含量，小心使用；通过选育棉花新品种，使棉籽中不含或含微量棉酚，提高棉籽饼的质量并防止家畜中毒；改进棉籽加工工艺与技术，用无色素腺体棉籽加工的饼粕，棉酚含量极少，其营养价值不亚于豆饼，可以直接大量地饲喂家畜；提高饲料的营养水平，增加饲料的蛋白质、维生素、矿物质和青绿饲料，可增强机体对棉酚的耐受性和解毒能力。

四、菜籽饼中毒

菜籽饼中毒是动物长期或大量摄入油菜籽榨油后的副产品后，由于含有硫葡萄糖苷的分解产物，引起肺、肝、肾及甲状腺等器官损伤，临床上以急性胃肠炎、肺气肿、肺水肿和肾炎为特征的中毒病。常见于猪和禽类，其次为牛和羊。

1. 病因

油菜植株的各部分都含有硫葡萄糖苷，以种子中的含量最高。硫葡萄糖苷降解后可生成异硫氰酸酯、噁唑烷硫酮和腈等有毒成分。另外，油菜中还含有芥子碱。芥子碱易被碱水解生成芥子酸和胆碱，芥子碱有苦味，影响适口性。菜籽外壳中的缩合单宁含量为 1.0%～3.0%，也影响菜籽饼的适口性。

2. 发病机制

硫葡萄糖苷本身无毒，家畜长期食入菜籽饼之后，在胃内经酶水解，产生多种有毒物质，引起中毒症状。异硫氰酸酯的辛辣味严重影响菜籽饼的适口性，高浓度时对黏膜有强烈的刺激作用，长期或大量饲喂菜籽饼可引起胃肠炎、肾炎及支气管炎，甚至肺水肿。噁唑烷硫酮的主要毒害作用是抑制甲状腺内过氧化物酶的活性，进而阻碍甲状腺素的合成，引起垂体促甲状腺素的分泌增加，导致甲状腺肿大，故被称为甲状腺肿因子或致甲状腺肿素。腈的毒性作用与氢氰酸（HCN）相似，可引起细胞内窒息，但症状发展缓慢。腈可抑制动物生长，被称为菜籽饼中的生长抑制剂。菜籽饼中还含有 2%～5%的植酸，以植酸盐的形式存在，在消化道中能与二价和三价的金属离子结合，主要影响钙、磷的吸收和利用。

3. 症状

患畜精神沉郁，呼吸急促，鼻镜干燥，四肢发凉，腹痛，尿频，站立不稳，粪便干燥，食欲减退，口吐白沫，瞳孔散大，呈明显的神经症状，严重者呼吸困难，两眼突出，痉挛抽搐，窒息而死。

4. 病理变化

剖检可见胃肠道黏膜充血、肿胀、出血。肝肿胀、色黄、质脆。胸、腹腔有浆液性、出血性渗出物，有的病畜在头、颈、胸部皮下组织发生水肿。肾有出血性炎症，有时膀胱积有血尿，肺水肿和气肿。甲状腺肿大。

5. 治疗

目前没有可靠的治疗方法，只能对症治疗。立即停喂菜籽饼，取芒硝 30～50g，鱼石脂 1g，加水灌服，以便将胃肠内的有毒成分排出；也可以用鸡蛋 10 个，木炭末 250g，以米汤调，灌服。静脉注射 15％葡萄糖溶液 800ml，10％安钠咖 15ml，10％氯化钠 80ml；或者取大豆 250g，磨成豆浆，鸡蛋 10 个取蛋清，再将豆浆与蛋清混合均匀，一次灌服，每天 1 次，连用 2～3 天；甘草、绿豆各 100g，加醋 150ml，一次内服。

6. 预防

为预防菜籽饼中毒，应采取如下措施。

（1）限制饲喂量　我国的"双高"油菜饼粕中硫葡萄糖苷含量高达 12％～18％。在饲料中的安全限量为：蛋鸡、种鸡 5％，生长鸡、肉鸡 10％～15％，母猪、仔猪 5％，生长肥育猪 10％～15％。

（2）与其他饲料搭配使用　菜籽饼和棉籽饼、豆饼、葵花籽饼等适当配合使用，能有效地控制饲料中的毒物含量并有利于营养互补。

（3）去毒后饲喂　如坑埋法：将菜籽饼用水拌湿后埋入土坑中 30～60 天，可除去大部分毒物。水浸法：硫葡萄糖苷具有水溶性，用水浸泡数小时，换水 1～2 次，也可用温水浸泡数小时后滤过。本法对水溶性营养物质的损失较多。

（4）培育"双低"油菜品种　这是菜籽饼粕去毒和提高其营养价值的根本途径。

五、黑斑病甘薯中毒

黑斑病甘薯中毒又称霉烂甘薯中毒，俗称牛"喷气病"，是家畜，特别是牛采食一定量黑斑病甘薯后，发生以急性肺水肿与间质性肺气肿、严重呼吸困难以及皮下气肿为特征的中毒性疾病。主要发生于种植甘薯的地区，其中以牛、水牛、奶牛较为多见，绵羊、山羊次之，猪也有发病。本病的发生有明显的季节性，每年从 10 月份到翌年 4～5 月间，春耕前后为本病发生的高峰期。

1. 病因

黑斑病甘薯的病原是甘薯长喙壳菌和茄病镰刀菌。这些霉菌寄生在甘薯的虫害部位和表皮裂口处。甘薯受侵害后，表皮干枯，凹陷，坚实，有圆形或不规则的黑绿色斑块。储藏一定时间后，病变部位表面密生菌丝，味苦。家畜采食或误食病甘薯后可引起中毒。霉烂的甘薯能产生毒素，其毒素有 8 种，研究得较清楚的是甘薯酮、甘薯醇、甘薯宁、4-甘薯醇和 1-甘薯醇。黑斑病甘薯毒素可耐高温，经过煮、蒸、烤等处理均不能破坏其毒性，故用黑斑病甘薯做原料酿酒、制粉时，所得的酒糟、粉渣饲喂家畜仍可发生中毒。

2. 发病机制

甘薯酮为肝脏毒，可引起肝脏坏死。甘薯醇是甘薯酮的羟基衍生物，也为肝脏毒。4-甘薯醇、1-甘薯醇、甘薯宁具有肺毒性，经动物试验可致肺水肿及胸腔积液，故有人称此毒素为"致肺水肿因子"。在自然发生的甘薯黑斑病中毒病例中，特别是牛，主要病变并非甘薯酮等毒素所致的肝脏损害，而是出现致肺水肿因子所致的肺水肿、肺间质气肿等损害。

3. 症状

本病的特征是呼吸困难，呼吸次数可达 80～90 次/分以上。随着病情的发展，呼吸动作加深而次数减少，呼吸用力，呼吸音增强，似"拉风箱"音。初期多由于支气管和肺泡出血及渗出液的蓄积，不时出现咳嗽。肺泡内残余气体相对增多，加之强大的腹肌收缩，终于使肺泡壁破裂，气体窜入肺间质，造成间质性肺泡气肿。后期可于肩胛、腰背部皮下（即于脊椎两侧）发生气肿，触诊呈捻发音。病牛鼻翼扇动，张口伸舌，头颈伸展，并取长期站立姿势以增加呼吸量，但仍处于严重缺氧状态，表现为可视黏膜发绀、眼球突出、瞳孔散大和全身性痉挛等，多因窒息死亡。在发生极度呼吸困难的同时，病牛鼻孔流出大量鼻液并混有血丝，口流泡沫性唾液。伴发前胃弛缓、瘤胃臌气和出血性胃肠炎，粪便干硬，有腥臭味，表面被覆血液和黏液；心脏衰弱，脉搏增数。颈静脉怒张，四肢末梢冰凉。尿液中含有大量蛋白。乳牛中毒后，其泌乳量大为减少，妊娠母牛往往发生早产和流产。

4. 病理变化

特征性病理变化是肺脏显著肿胀，比正常大 3 倍以上。轻型病例可发生肺水肿和肺泡性气肿，重型的发生间质性肺泡气肿。肺间质增宽，肺膜变薄，灰白色，透明。有时肺间质内形成鸡蛋大的空泡，肺表面胸膜层透明发亮，似白色塑料薄膜浸水后的外观。肺边缘肥厚，质地脆弱，大、小肺叶有斑块状出血。肺切面有大量血水和泡沫状液体流出。支气管内有大量渗出物。胃肠黏膜充血、出血或坏死，内有未消化的甘薯块、渣。肝肿大，肝实质有散在点状出血，切面似槟榔样。胆囊肿大 1~3 倍，其中充满稀薄的深绿色胆汁。心、肾、脾均有不同程度的出血、变性。

5. 诊断

主要根据病史，发病季节，并结合呼吸困难和皮下气肿、水肿等临床症状，剖检特征等进行综合分析，作出诊断。

6. 治疗

治疗原则为迅速排出毒物和解毒，缓解呼吸困难以及对症疗法。

（1）排出毒物和解毒 如果早期发现，毒物尚未完全被吸收，可用洗胃和内服氧化剂两种方法。洗胃：用生理盐水大量灌入瘤胃内，再用胶管吸出，反复进行，直至瘤胃内容物的酸味消失。用碳酸氢钠 300g、硫酸镁 500g、克辽林 20g，溶于水中灌服。内服氧化剂 1‰高锰酸钾溶液，牛 1500~2000ml，或 1‰过氧化氢溶液，500~1000ml，一次灌服。

（2）缓解呼吸困难 5%~20%硫代硫酸钠注射液，牛、马 100~200ml，猪、羊 20~50ml，静脉注射。亦可同时加入维生素 C，马、牛 1~3g，猪、羊 0.2~0.5g。此外尚可用输液疗法，当肺水肿时可用 50%葡萄糖溶液 500ml，10%氯化钙溶液 100ml，20%安钠咖溶液 10ml，混合，一次静脉注射。呈现酸中毒时应用 5%碳酸氢钠溶液 250~500ml，一次静脉注射。

7. 预防

首先防止甘薯黑斑病的传染。可用温水（50℃温水浸渍 10min）浸种及温床育苗。在收获甘薯时尽量不伤表皮。储藏时地窖应干燥密封，温度控制在 11~15℃。对有病甘薯苗不能作种用，严防被牛误食。禁止用霉烂甘薯及其副产品饲喂家畜。

六、黄曲霉毒素中毒

黄曲霉毒素中毒是人畜共患且有严重危害性的一种霉败饲料中毒病。该毒素主要引起肝细胞变性、坏死、出血、胆管和肝细胞增生。临床上以全身出血、消化功能紊乱、腹腔积液、神经症状等为特征。各种畜禽均可发生本病，但由于性别、年龄及营养状况的不同，其敏感性也有差别。各种畜禽的敏感顺序是：雏鸭＞雏鸡＞仔猪＞犊牛＞肥育猪＞成年牛＞绵羊。

1. 病因

黄曲霉毒素主要是黄曲霉和寄生曲霉等产生的有毒代谢产物。黄曲霉毒素在紫外线照射下都发荧光。目前已发现黄曲霉毒素及其衍生物有 20 余种，其中又以黄曲霉毒素 B_1 的毒性及致癌性最强。黄曲霉和寄生曲霉等广泛存在于自然界中，主要污染玉米、花生、豆类、棉籽、麦类、大米、秸秆及其副产品——酒糟、油粕、酱油渣等。畜禽黄曲霉毒素中毒的原因多是采食上述产毒霉菌污染的花生、玉米、豆类、麦类及其副产品所致。

2. 发病机制

黄曲霉毒素影响 DNA、RNA 的合成和降解，蛋白质、脂肪的合成和代谢，线粒体代谢以及溶酶体的结构和功能。该毒素的靶器官是肝脏，因而属肝脏毒，可引起碱性磷酸酶、转氨酶、异柠檬酸脱氢酶活性升高，肝脂肪增多，肝糖原下降以及肝细胞变性、坏死。此外，黄曲霉毒素还具有致癌、致突变和致畸性，可使畜禽、人、实验动物诱发肝癌、胃癌、肾癌、直肠癌、乳腺瘤、卵巢瘤和皮下肉瘤等。黄曲霉毒素是已发现毒素中最强的致癌物，如黄曲霉毒素 B_1 诱发肝癌的能力是亚硝胺的 75 倍。

3. 症状

黄曲霉毒素中毒的临床特征性表现为黄疸、出血、水肿和神经症状。

（1）家禽 雏鸭、雏鸡对黄曲霉毒素的敏感性较高，中毒多呈急性经过，且死亡率很高。幼鸡多发生于 2～6 周龄，临床症状为食欲不振，嗜睡，生长发育缓慢，虚弱，翅膀下垂，有时凄叫，贫血，腹泻，粪便中带有血液。雏鸭表现食欲废绝，脱羽，鸣叫，步态不稳，跛行，角弓反张。死亡率可达 80％～90％。成年鸡、鸭的耐受性较强。慢性中毒，初期多不明显，通常表现食欲减退，消瘦，不愿活动，贫血，长期可诱发肝癌。

（2）猪 采食腐败饲料后，中毒可分急性、亚急性和慢性 3 种类型。急性型见于 2～4 月龄的仔猪，尤其是食欲旺盛、体质健壮的猪发病率较高。多数在临床症状出现前突然死亡。亚急性型体温升高 1～1.5℃或接近正常，精神沉郁，食欲减退或丧失，口渴，粪便干硬呈球状，表面被覆黏液和血液。可视黏膜苍白，后期黄染。后肢无力，步态不稳，间歇性抽搐。严重者卧地不起，常于 2～3 日内死亡。慢性型多发生于育成猪和成年猪，病猪精神沉郁，食欲减少，生长缓慢或停滞，消瘦。可视黏膜黄染，皮肤表面出现紫斑。随着病情的发展，病猪呈现神经症状，如兴奋、不安、痉挛、角弓反张等。

4. 病理变化

家禽：特征性的病变在肝脏。急性型，肝肿大，广泛性出血和坏死。慢性型，肝细胞增生，纤维化，硬变，体积缩小。病程 1 年以上者，多发现肝细胞癌或胆管癌，甚至两者都有发生。猪急性病例，除表现全身性皮下脂肪不同程度的黄染外，主要病变为贫血和出血。全身黏膜、浆膜、皮下和肌肉出血；肾、胃弥漫性出血，肠黏膜出血、水肿，胃肠道中出现凝血块；肝脏黄染，肿大，质地变脆；脾脏出血性梗死。心内、外膜明显出血。慢性型主要是肝硬化、脂肪变性和胸腔、腹腔积液，肝脏呈土黄色，质地变硬；肾脏苍白、变性，体积缩小。

5. 诊断

对黄曲霉毒素中毒的诊断，应从病史调查入手，并对饲料样品进行检查，结合临床表现（黄疸，出血，水肿，消化功能障碍及神经症状）和病理学变化（肝细胞变性、坏死，肝细胞增生，肝癌）等情况，可进行初步诊断。确诊必须对可疑饲料进行产毒霉菌的分离培养，饲料中黄曲霉毒素含量测定。必要时还可进行雏鸭毒性试验。

6. 治疗

对本病尚无特效疗法。发现畜禽中毒时，应立即停喂发霉饲料，改喂富含碳水化合物的青绿饲料和高蛋白饲料，减少或不喂含脂肪过多的饲料。一般轻型病例，不给任何药物治疗，可逐渐康复。重度病例，应及时投喂泻剂，如硫酸钠、人工盐等，加速胃肠道毒物的排出。同时，采用保肝和止血疗法，可用 20％～50％葡萄糖溶液、维生素 C、葡萄糖酸钙或 10％氯化钙溶液。心脏衰弱时，皮下注射或肌内注射强心剂。为了防止继发感染，可应用抗生素制剂，但严禁使用磺胺类药物。

7. 预防

（1）不用发霉饲料饲喂畜禽，对饲料定期抽样做黄曲霉毒素测定，废弃或去除超标饲料中的毒素。

（2）防止饲草、饲料发霉 防霉是预防饲草、饲料被黄曲霉菌及其毒素污染的根本措施。防霉的根本措施就是破坏饲料霉败的条件（黄曲霉菌产毒最适宜温度为 24～30℃，谷物含水分15％以上），因此，饲料水分含量应达到谷粒为 13％，玉米为 12.5％，花生仁为 8％以下。为了防止发霉，还可使用化学熏蒸法或防霉剂，常用丙酸钠、丙酸钙，每吨饲料中添加 1～2kg，可安全存放 8 周以上。

（3）霉变饲料的去毒处理　霉变饲料不宜饲喂畜禽，若直接抛弃，则将造成经济上的很大浪费，因此，除去饲料中的毒素后仍可饲喂畜禽。最常用的是碱处理法。在碱性条件下，可使黄曲霉毒素结构中的内酯环破坏，形成香豆素钠盐（溶于水），再用水冲洗可将毒素除去。

第三节　农药和重金属盐中毒

一、有机磷农药中毒

有机磷农药中毒是家畜接触、吸入或采食某种有机磷制剂所引致的病理过程，以体内的胆碱酯酶活性受到抑制，从而导致神经功能紊乱为特征。有机磷农药是磷和有机化合物合成的一类杀虫药，常用的制剂有乐果、甲基内吸磷、杀螟松、敌百虫和马拉硫磷等。

1. 病因

引起有机磷农药中毒的常见原因主要有违反保管和使用农药的安全操作规程，如保管、购销或运输中对包装破损未加安全处理，或对农药和饲料未加严格分隔储存，致使毒物散落，或通过运输工具和农具间接沾染饲料；如误用盛装过农药的容器盛装饲料或饮水，以致家畜中毒；或误饲喷洒有机磷农药后，尚未超过危险期的田间杂草、牧草、农作物以及蔬菜等而发生中毒；或误用拌过有机磷农药的谷物种子造成中毒；不按规定使用农药做驱除内外寄生虫等医用目的而发生中毒；人为的投毒活动。

2. 发病机制

有机磷农药进入动物体内后，主要是抑制胆碱酯酶的活性。正常情况下，胆碱能神经末梢所释放的乙酰胆碱，在胆碱酯酶的作用下被分解。有机磷化合物与胆碱酯酶结合，产生对位硝基酚和磷酰化胆碱酯酶。前者为除草剂，对机体具有毒性，但可转化成对氨基酚，并与葡萄糖醛酸相结合而经由泌尿道排除；而磷酰化胆碱酯酶则为较稳定的化合物，使胆碱酯酶失去分解乙酰胆碱的能力，导致体内大量乙酰胆碱积聚，引起神经传导功能紊乱，出现胆碱能神经的过度兴奋现象。

3. 症状

有机磷农药中毒时，主要表现为胆碱能神经受乙酰胆碱的过度刺激而引起过度兴奋的现象。采食有机磷农药后，最短约 30min，最长 8～10h 出现症状，个别病例呈慢性经过。病畜大量流涎，口吐白沫，骚闹不安。有的流鼻液及泪液，眼结膜高度充血，瞳孔缩小，磨牙，肠蠕动音亢进，呕吐，肌肉震颤，全身出汗，不断腹泻。病情加重时，呼吸快速，斜视，四肢软弱，卧地不起。若不及时抢救，常会发生肺水肿而窒息死亡。

4. 病理变化

肺水肿，气管及支气管内有大量泡沫样液体。肝肿大，胆汁滞留。肾肿大，质脆，呈土黄色。胃肠黏膜弥漫性出血，胃黏膜易脱落。胃内容物似大蒜味（经口中毒者），心外膜有出血点。

5. 诊断

根据流涎、瞳孔缩小、肌纤维震颤、呼吸困难、血压升高等症状进行初步诊断。在检查病畜是否存在有机磷农药接触史的同时，应采集病料进行胆碱酯酶活性测定和毒物鉴定，以便确诊。

6. 治疗

（1）特效解毒　首先立即实施特效解毒，然后尽快除去尚未吸收的毒物，阻止病畜继续接触毒物。若是因皮肤搽药引起中毒，则应用清水或 5% 石灰水或肥皂水洗刷皮肤。如经口进入体内，可用 1%～2% 硫酸铜或食盐水等洗胃，至冲洗液无磷臭味为止。急救特效解毒药有硫酸阿托品、碘解磷定、氯解磷定及双复磷等。轻症病例，可以任选一种应用；重症病例以硫酸阿托品与解磷定或双复磷联合应用为好，可互补不足，增强疗效。

（2）药物治疗　硫酸阿托品为乙酰胆碱对抗剂，必须超量应用，方可取得确实疗效。阿托品治疗剂量为：牛、马 10～50mg，羊 5～10mg，猪为每千克体重 0.5～1.0mg，上述用药后，若经 1h 以上仍未见病情好转，可适量重复用药。同时密切注意病畜反应，当出现瞳孔散大，停止流涎或出汗、脉数加速等现象时，即不再加药，而按正常的每隔 4～5h 给以维持量，持续 1～2 天。

碘解磷定、氯解磷定及双复磷，均为胆碱酯酶复合剂。复合剂使用得越早，效果越好。否则失活的胆碱酯酶老化，难于复活。

碘解磷定 20～50mg/kg 体重，溶于葡萄糖溶液或生理盐水 100ml 中，静脉注射或皮下注射或注入腹腔。对于严重的中毒病例，应适当加大剂量，给药次数同阿托品。碘解磷定在碱性溶液中易水解成剧毒的氰化物，故忌与碱性药剂配伍使用。碘解磷定的作用快速，持续时间短，1.5～2h。对内吸磷、对硫磷、甲基内吸磷等有机磷农药中毒的解毒效果确实，但对敌百虫、乐果、敌敌畏、马拉硫磷等小部分制剂的作用则较差。

氯解磷定可作肌内注射或静脉注射，剂量同碘解磷定。氯解磷定的毒性小于碘解磷定，对乐果中毒的疗效较差，且对敌百虫、敌敌畏、对硫磷、内吸磷等中毒经 48～72h 的病例无效。

双复磷的作用强而持久，能通过血-脑脊液屏障对中枢症状产生明显的缓解作用（具有阿托品样作用）。对急性内吸磷、对硫磷、甲拌磷、敌敌畏中毒的疗效良好；但对慢性中毒效果不佳，剂量为 40～60mg/kg 体重。因双复磷水溶性较高，可供皮下注射、肌内注射或静脉注射用。

（3）对症治疗　对症治疗，如消除肺水肿、兴奋呼吸中枢、输入高渗葡萄糖溶液等，以提高疗效。

7. 预防

主要采取以下预防措施。

（1）健全对农药的购销、保管和使用制度，落实专人负责，严防坏人破坏。

（2）开展经常性的宣传工作，普及和深化有关使用农药和预防家畜中毒知识的预防工作。

（3）由专人统一安排施用农药和收获饲料，避免互相影响。对于使用农药驱除家畜内外寄生虫，也可由兽医人员负责，定期组织进行，以防意外的中毒事故。

二、有机氟中毒

有机氟中毒是指误食氟乙酰胺、氟乙酸钠等有机氟杀鼠药引起的中毒，临床上以发生呼吸困难、口吐白沫、兴奋不安为特征。

1. 病因

有机氟中毒中以误食氟乙酰胺中毒的老鼠而发生中毒者为多，氟乙酰胺（商品名为灭鼠灵或三步倒）为消灭农作物害虫及鼠类的一种高效杀虫剂，现为我国禁止使用的剧毒有机氟农药，但目前农村仍有使用，犬、猫误食这类制剂的毒饵或毒死的鼠类后引起急性中毒，占鼠药中毒的 91.3%。

2. 发病机制

有机氟化合物在机体组织内活化为氟乙酸，经过一系列渗入作用使三羧酸循环中断，造成柠檬酸在组织与血液中蓄积。柠檬酸不能进一步氧化、放能和形成高能键物质 ATP，破坏细胞的呼吸功能。这种作用发生于所有的细胞中，但以心、脑组织受害最为严重。而且柠檬酸对中枢神经可能还有一定的直接刺激性毒害。有机氟化合物在机体代谢、分解和排泄较慢，可引起蓄积中毒，并可在相当长的时间内引起其他肉食动物发生二次中毒。有机氟化合物对不同动物的毒性差异较大，其易感顺序是：犬、猫、羊、牛、猪、兔、马和蛙，鸟类和灵长类易感性最低。

3. 症状

有机氟化合物进入机体后，需经活化、渗透、假合成等过程，因此动物摄入毒物后经过一定的潜伏期才出现临床症状。一般马 0.5～2h，牛、羊更长。动物一旦出现症状，病情发展很快。临床上主要表现为中枢神经系统和心血管系统损害的症状，因动物品种不同，症状有一定的差异。深度中毒的病畜，突然出现神经症状，兴奋不安，无目的奔跑，吠叫，乱窜，乱撞，乱跳，有的走路摇晃，似"醉酒"样，呕吐白沫，呼吸困难，心跳加快，节律不齐，瞳孔散大，体温稍低，频频排尿和排便，全身肌肉震颤，痉挛抽搐，发作癫痫，十几分钟后死亡，特别是冲撞时遇到障碍物即倒地死亡。轻度中毒病畜，初期精神沉郁，随后兴奋不安，心跳、呼吸加快，流涎增多，结膜发绀，感觉灵敏，吠叫，体温偏低。从发病到死亡总共经历不到3h。倒地后四肢不停地划游，角弓反张。舌伸出口腔外，多数被自己咬破而从口鼻腔流出带血色的泡沫，最后终因衰竭而死。

4. 诊断

根据病畜体温偏低、发病急、临诊症状和剖检变化等特点，以及市场有鼠药出售和使用鼠药灭鼠的事实，可初步作出诊断。确诊需测定血液中柠檬酸含量和进行可疑样品的毒物分析。有机氟化合物中毒时血糖、氟和柠檬酸含量明显升高。

5. 治疗

对病畜应及时采取清除毒物和应用特效解毒药相结合的治疗方法。

（1）清除毒物　及时通过催吐、洗胃、缓泻以减少毒物的吸收。犬、猫和猪使用硫酸铜催吐。牛可用 0.05％～0.1％高锰酸钾洗胃，再灌服蛋清，最后用硫酸镁导泻。其他动物则用硫酸钠、石蜡油泻下治疗。经皮肤染毒者，尽快用温水彻底清洗。

（2）特效解毒　解氟灵（50％乙酰胺），按 0.1～0.3g/kg 体重的剂量，肌内注射。首次用量加倍，每隔 4h 注射 1 次。直到抽搐现象消失为止，可重复用药。

（3）对症治疗　解除肌肉痉挛，有机氟中毒常出现血钙降低，故用葡萄糖酸钙或柠檬酸钙静脉注射。镇静用巴比妥、水合氯醛口服或氯丙嗪肌内注射。兴奋呼吸可用山梗菜碱（洛贝林）、尼可刹米、可拉明解除呼吸抑制。

所有中毒动物均给予静脉补液，以 10％葡萄糖为主，另加维生素 B_1 0.025g，辅酶 A 200 国际单位，ATP 40mg，维生素 C 3～5g，1 次静脉滴注。昏迷抽搐的患犬，常应用 20％甘露醇以控制脑水肿。

较为严重的动物可适量肌内注射硫酸镁 0.5～1g，同时静脉注射 50％葡萄糖适量，以强心利尿，促进毒物排除。

6. 预防

（1）严格禁止剧毒有机氟农药的生产、经销和使用。

（2）有机氟化合物中毒死亡的动物尸体应该深埋，以防其他动物食入。

（3）对疑似中毒的家畜，暂停使役，加强饲养管理，同时普遍内服绿豆浆解毒。

三、有机汞中毒

汞中毒是汞化合物进入机体后释放汞离子，刺激局部组织并与多种含巯基的酶蛋白结合，阻碍细胞正常代谢，引起以消化、泌尿和神经系统症状为主的中毒性疾病。各种家畜对汞制剂的敏感性差异较大，以牛、羊最易中毒，家禽和马属动物次之，猪的耐受性最强。

1. 病因

因有机汞杀虫剂对人畜毒性较大，且残效期长，我国已停止生产并明令禁止使用汞制剂农药。医疗用的汞制剂（如氯化汞、二碘化汞等）以及工业含汞废水、废渣则是造成汞中毒的主要来源。有机汞农药现在已被禁止使用，但医用汞制剂如保管和使用不当，就易造成散毒和直接污染动物的饲料、饮水和器具等，被畜禽误食、舔吮或接触皮肤、黏膜而引起中毒。无机汞在水生微生物的作用下易形成甲基汞，水生生物摄入甲基汞后可在体内蓄积，特别是某些鱼类在被汞污染的水中生活时，体内甲基汞含量是水中浓度的万倍以上，给猫饲喂这些鱼容易发生中毒。

2. 症状

（1）急性中毒　主要见于动物误食大量的汞化合物或吸入高浓度汞蒸气所造成的损伤。前者表现为呕吐（猪），流涎，反刍停止（牛、羊），腹痛，腹泻，粪便内混有血液、黏液和伪膜，呕吐物中亦带有血色。后者则主要表现为呼吸困难，咳嗽，流鼻液，肺部有广泛性的捻发音和啰音。随着疾病的发生和发展，导致肾病和神经功能紊乱。病畜体温升高，尿量减少，尿液中有大量蛋白质、肾上皮细胞和管型，严重者出现血尿。同时，肌肉震颤，共济失调，视力减退或失明

（猪）。心跳加快，节律不齐，严重脱水，黏膜出血，循环障碍，最终因休克而死亡。牛中毒时可能仅表现腹痛和体温低于正常而迅速死亡。

（2）慢性中毒　是动物长期少量摄入汞化合物或是少量多次吸入汞蒸气而引起的中毒，主要影响中枢神经系统。病畜表现为流涎，齿龈红肿甚至出血，口腔黏膜溃疡，牙齿松动易脱落，食欲减退，逐渐消瘦，站立不稳。神经症状主要包括兴奋，痉挛，肌肉震颤，有的咽麻痹引起吞咽困难。随后发生抑制，对周围事物反应迟钝，共济失调，后肢轻瘫，甚至最终呈麻痹状态，卧地不起，全身抽搐，在昏迷中死亡。汞蒸气吸入所致的中毒，可发生支气管炎或支气管肺炎，表现为咳嗽，流鼻液，呼吸困难，流泪，体温升高。

3. 诊断

根据动物与汞制剂或汞蒸气的接触史，结合典型的临床症状和病理变化，即可作出初步诊断。

4. 治疗

立即停喂可疑饲料和饮水，禁喂食盐，因食盐可促进有机汞溶解，使其与蛋白质结合而增加毒性。经口服中毒者，可用木炭末混悬液或2%碳酸氢钠溶液洗胃。若摄入时间较长，因胃黏膜已受腐蚀，洗胃易发生胃破裂，应灌服浓茶、豆浆、牛乳等，使胃肠内的汞生成沉淀，或结合成可溶性化合物，并减少对黏膜的腐蚀作用。

用5%硫代硫酸钠溶液洗胃，将高价汞变为低价汞；口服或注射硫代硫酸钠，使形成无毒的硫化汞。肌内注射5%～10%二巯基丙醇溶液，每千克体重用量1mg，按5%～10%比例溶解于白油内，深部肌内注射。

另外，可选用B族维生素、维生素C、细胞色素和辅酶A等药物，配合强心、镇静、补液等对症治疗和辅助性治疗，有助于提高疗效。

5. 预防

（1）对汞制剂要加强管理、标明标签，以免误食。
（2）不用被汞污染的水来调制饲料或供作饮水。
（3）用汞制剂治疗时，应严格控制剂量。

四、砷及砷化物中毒

砷制剂中毒是指有机和无机砷化合物进入机体后释放砷离子，通过对局部组织的刺激及抑制酶系统，可与多种酶蛋白的巯基结合使酶失去活性，影响细胞的氧化和呼吸反应，从而引起以消化功能紊乱及实质脏器和神经系统损害为特征的中毒性疾病。

常用的无机砷化合物有：三氧化二砷（又称砒霜或信石）、砷酸钙、砷酸铅等。常用的有机胂化合物有：甲基硫胂（硫化甲基胂、阿苏仁）、甲基胂酸锌（稻谷青）、甲基胂酸钙（稻宁）、甲基胂酸铁铵（田安）、退菌特和对氨基苯胂酸等。

1. 病因

本病主要是动物采食被无机砷或有机胂污染的饲料，误食毒鼠的含砷毒饵，或饮用被砷化物污染的水引起急性中毒。有些金属矿中含有多量的砷，另外生产含砷医药与化学制剂的工厂等排放的"三废"污染当地水源、农作物和牧草，常常引起附近放牧的动物中毒。

2. 症状

各种动物的砷中毒症状基本相似。最急性中毒，一般看不到任何症状而突然死亡，或者病畜出现腹痛，站立不稳，虚脱，瘫痪以至死亡。

（1）急性中毒多在采食后数小时至50h（反刍动物）发病，表现剧烈的腹痛不安，呕吐，腹泻，粪便中混有黏液和血液。病畜呻吟，流涎，口渴喜饮，站立不稳，呼吸迫促，肌肉震颤，甚至后肢瘫痪，卧地不起，脉搏快而弱，体温正常或低于正常，可在1～2天内因全身抽搐和心力衰竭而死。

（2）亚急性中毒可存活2～7天，病畜仍以胃肠炎为主，表现腹痛，厌食，口渴喜饮，腹泻，粪便带血或有黏膜碎片。初期尿多，后期无尿，脱水，反刍动物出现血尿或血红蛋白尿。心率加快，脉搏细弱，体温偏低，四肢末梢冰凉，后肢偏瘫。后期出现肌肉震颤、抽搐等神经症状，最后因昏迷而死。

（3）慢性中毒表现为生长发育停止，渐进性消瘦，被毛粗乱、干燥、无光泽、容易脱落。可视黏膜潮红，结膜与眼睑水肿，鼻唇及口腔黏膜红肿并有溃疡，且长期不愈；病畜腹泻和便秘交替发生，甚至排血样粪便。大多数伴有神经麻痹症状，且以感觉神经麻痹为主。

3. 诊断

根据砷接触史，结合消化功能紊乱、胃肠炎、神经功能障碍等症状，可作出初步诊断。采集可疑饲料、饮水、乳汁、尿液、被毛及肝、肾、胃肠及其内容物，进行毒物分析，可提供诊断依据。

4. 治疗

（1）急救处理　通过洗胃和导胃，以排出毒物、减少吸收，然后内服解毒液，或其他吸附剂与收敛剂。内服解毒液组成：A液（硫酸亚铁100g加水250ml）和B液（氧化镁15g加水250ml），临用时混合震荡成粥状后口服，剂量为猪30～60ml，马、牛100～250ml，间隔4h重复给药1次。硫酸亚铁和氧化镁加水所生成的氢氧化铁能与胃肠道内的可溶性砷化物结合，最后生成不溶性亚砷酸铁沉淀并随粪便排出体外，而不被肠道吸收。其他吸附剂与收敛剂可选用牛奶、鸡蛋清、豆浆或木炭末。同时用硫酸镁、硫酸钠等盐类泻剂，以促进消化道毒物的排出，清理胃肠。

（2）特效解毒　常用巯基络合剂和硫代硫酸钠。

（3）对症治疗　主要为强心补液，缓解呼吸困难、镇静、利尿、调整胃肠功能。

① 纠正脱水和电解质紊乱：静脉注射生理盐水及10%～25%葡萄糖溶液，配合维生素C。禁用含钾制剂，因其可形成亚砷酸钾而被迅速吸收，反而加重病情。

② 镇静，止痛，止痉：当病畜腹痛不安时，注射30%安乃近注射液或口服水合氯醛，对肌内强直性痉挛、震颤的病畜可使用10%葡萄糖酸钙溶液静脉注射，出现麻痹时，注射维生素B_1，马100mg，猪5～15mg，犊牛10mg。

第四节　有毒植物中毒

一、青杠叶中毒

青杠叶中毒是动物大量采食青杠叶后，发生以前胃弛缓、便秘或下痢、胃肠炎、皮下水肿、体腔积液以及血尿、蛋白尿、管型尿等肾病综合征为特征的中毒病。青杠树为壳斗科栎属的多年生乔木或灌木，又称橡树、柞树、栎树、槲树。它广泛分布于世界各地，约有350种，我国约有140种，分布于华南、华中、西南、东北及陕甘宁的部分地区，是用途广泛的经济树种。其茎、叶、子实均可引起家畜中毒，对牛、羊危害最为严重，其子实引起的中毒，称为橡子中毒。

1. 病因

本病发生于生长青杠树的林带，尤其是乔木被砍伐后，新生长的灌木林带。据报道，牛采食青杠树叶数量占日粮的50%以上即可引起中毒，超过75%会中毒死亡。也有因采集青杠树叶喂牛或垫圈而引起中毒者。尤其是前一年因旱涝灾害造成饲草、饲料缺乏或储草不足，翌年春季干旱，其他牧草发芽生长较迟，而青杠树返青早，这时常可造成大批牲畜发病死亡。该病发病时间集中在4～5月份，6月份以后几乎没有。病前体质好、吃得多的牛、羊病情重、发病快、死亡率高，相反，吃得少的病轻。同一地区牛的病情比羊重。

2. 发病机制

青杠树叶内所含的多羟基酚在体内经数天即可降解为各种有毒的酚类化合物。这些毒素具有原生质毒、肾和肝毒效应，还能抑制中枢神经系统的体温中枢、呼吸中枢的调节，造成全身多方面的病变，终因胃肠炎和肾衰竭等不良后果而致命。

3. 症状

自然中毒病例多在采食青杠树叶5～15天出现初期症状。病初表现精神沉郁，食欲、反刍减少，常喜食干草，瘤胃蠕动减弱，肠音低沉。很快发展为腹痛综合征：磨牙、不安、后退、后坐、回头顾腹以及后肢踢腹等。排粪迟滞，粪球干燥，色深，外表有大量黏液或纤维性黏稠物，有时混有血液。粪球干小常串联成念珠状（黄牛较多见，有的长达数米）；严重者排出腥臭的焦黄色或黑红色糊状粪便。随着肠道病变的发展，除出现灰白腻滑的舌苔外，可见其深部黏膜发生豆大的浅溃疡灶。鼻镜多干燥，后期龟裂。

病初排尿频繁，量多，尿液稀薄而清亮，有的排血尿。随着病势加剧，饮欲逐渐减退以至消失，尿量减少，甚至无尿。可在会阴、股内、腹下、胸前、肉垂等躯体下垂部位出现水肿、腹腔积液，腹围膨大而均匀下垂。体温一般无变化，但后期由于盆腔器官水肿而导致肛门温度过低。也可见流产或胎儿死亡。病情进一步发展，病畜虚弱，卧地不起，出现黄疸、血尿、脱水等症状，最后因肾衰竭而死亡。

4. 病理变化

剖检变化，身体下垂部如下须、肉垂、胸腹下部多积聚有数量不等的淡黄色胶冻样液体，各浆膜腔中都有大量积液，脏器病变主要见于消化道和肾脏。口腔深部黏膜常见有黄豆大的浅溃疡灶，胃肠道有散在出血斑点。真胃和小肠黏膜有水肿、充血、出血和溃疡等变化，内容物混有黏膜和血液，呈暗红色乃至咖啡色。大肠黏膜充血、出血，内容物恶臭呈暗红色糊状。直肠近肛门处水肿，管腔变窄，管壁厚度可达2～3cm。肝脏偶见苍白色斑纹，轻度肿大，质脆。肾脂肪囊显著水肿，多有斑点样出血，肾苍白，肿大，有散在性出血；切面有黄色混浊杂纹，皮质和髓质界限模糊不清，肾乳头显著水肿、充血、出血，个别病例的肾脏缩小，体积仅有正常的1/3，质地坚硬，脾脏多空虚。心包积水可达500ml，心外膜、内膜均密布有出血斑点；心肌色淡、质脆，呈煮肉样。胸腔内因大量积液而使肺叶萎陷。

5. 诊断

根据发病季节、采食栎树叶的历史和食欲，粪、尿异常及水肿等特点可作出初步判断。采集中毒牛的瘤胃液、血浆和尿液，滴加新配制的1‰三氯化铁乙醇溶液，呈蓝紫色或蓝黑色变化（表明有酚类化合物），也可做出间接的实验室诊断。

6. 治疗

维护全身状况，促进毒物的排出，预防脱水、自体中毒和并发其他疾病。首先避免再吃青杠树叶，其次用油类、盐类泻剂清理胃肠。给牛、羊灌服氯化镁，既可促进结合鞣酸酚羟基，又可促进排便。可用1‰～3‰盐水1000～2000ml，瓣胃注射，或用鸡蛋清10～20个，蜂蜜250～500g，混合一次灌服。解毒可用硫代硫酸钠5～15g，制成5%～10%溶液一次静脉注射，每天1次，连续2～3天，对初中期病例有效。碱化尿液，用5%碳酸氢钠300～500ml，一次静脉注射。

对症疗法：对机体衰弱，体温偏低，呼吸次数减少，心力衰竭及出现肾性水肿者，使用糖盐水1000ml、任氏液1000ml、安钠咖注射液20ml，一次静脉注射。对出现水肿和腹腔积液的病牛，用利尿剂；出现尿毒症的还可采用透析疗法。对肠道有炎症的，可内服磺胺脒30～50g。根据病情选用解毒、利胆、生津、通便的中药。

7. 预防

（1）"三不"措施法　储足冬春饲草，在发病季节里，不在青杠树林放牧，不采集青杠树叶喂牛，不采用青杠树叶垫圈。

（2）日粮控制法　在发病季节，耕牛采取半日舍饲半日放牧的办法，控制牛采食青杠树叶的量在日粮中占40%以下。在发病季节，牛每日缩短放牧时间，放牧前进行补饲或加喂夜草，补饲或加喂夜草的量应占日粮的一半以上。

（3）高锰酸钾法　发病季节，每日下午放牧后灌服一次高锰酸钾水。方法是称取高锰酸钾粉2～3g于容器中，加清洁水4000ml，溶解后一次胃管灌服或饮用，坚持至发病季节终止，效果良好。

二、蕨中毒

蕨中毒是动物采食大量野生蕨后，发生高热、贫血、白细胞严重降低、血小板减少、血凝不良、全身泛发性出血等特征性症状的中毒病。临床上牛多发生急性中毒，牛的慢性中毒主要表现为地方性血尿病，发病率及死亡率均很高。蕨分布于我国大部分省区，主要生长于山区的阴湿地带。牛、羊及单胃动物均可发病。

1. 病因

放牧饲养或靠收割山野杂草饲养的牛、马，经过冬季的枯草期后，每年早春，其他牧草尚未返青之时，蕨类植物已大量萌发并茂盛生长，短时期内成为放牧草场上仅有的鲜嫩食物，家畜在放牧中喜欢采食蕨的嫩叶导致蕨中毒。

2. 发病机制

蕨含有多种化合物，其中包括有机酸、黄酮类化合物、儿茶酚胺等。有毒成分是：生氰糖苷、硫胺素酶、原蕨苷、血尿因子和蕨黄素。硫胺素酶能引起马属动物中毒，其他有毒成分可使牛、羊产生不同的综合征。马以发生共济失调为特征，故称为"蕨蹒跚"。

反刍动物蕨中毒是由于骨髓活性受到抑制所致，毛细血管脆性增加，出血时间延长和血块凝结有缺陷，但血液凝固和凝血酶原正常。牛以发生再生障碍性贫血为特征，主要损害骨髓，并导致血小板和粒性白细胞严重减少，骨髓中的红细胞系只是在最后阶段才受害，骨髓受损可引起血小板减少症，消化道黏膜或黏膜下层出血，局部发生溃疡。牛长期采食蕨后能引起良性和恶性肿瘤，最常见的是膀胱癌和肠癌。

3. 症状

中毒牛出现临床症状前，多有较长的潜伏期（一般2～8周）。最初症状为精神沉郁，食欲下降，粪便稀软，呈渐进性消瘦，步态蹒跚，可视黏膜苍白或黄染，喜卧，放牧中常掉队或离群站立；体温升高者病情急剧恶化，体温可突然升高达40.5～43℃，前胃蠕动微弱或消失，粪便干燥，呈暗红褐色或黑色，腹痛。病牛呈不自然伏卧，回头顾腹或用后肢踢腹，阵发性努责，排出稀软红色粪便。严重者仅排出少量红黄色血液或凝血块，努责加剧，甚者直肠外翻，无法遏制，妊娠母牛常因腹痛和努责导致胎动或流产。泌乳牛可能排出带血的乳汁。内脏及体表各部位极易发生出血且不易停止。也可因昆虫叮咬或注射、尖物刺伤、撞击或梳刮引起皮肤血肿，甚至流血不止。慢性病例的典型症状是血尿。

4. 病理变化

以各种组织出血为特征，心、肝、脾、肺、肾、子宫和消化道等脏器均可见到出血现象，从淤血点到大量血液外渗。肝、肾、肺可见到有淤血梗死引起的坏死区。消化道黏膜的出血处可见坏死和脱落。自然中毒牛的脾脏可能有肿瘤和出血性膀胱炎。肿瘤为豌豆大小灰白色结节或呈紫红色菜花样。

5. 诊断

应全面考察当地植被情况、饲养管理方式、发病季节、流行病学资料、重剧症状（高热）、全身出血变化、血尿以及血液学检查结果等，可作出诊断。

6. 治疗

牛蕨中毒尚无特效疗法，首先停止采食蕨类植物。给刺激骨髓的药物——鲨肝醇，对初期病例有一定效果，用1g鲨肝醇溶于1ml橄榄油内，皮下注射，连续5天。实践证明，最满意的治疗方法是输血疗法（第一次输入4.5L加有抗凝剂的血液，第二次减半）连同静脉注射10ml、1%硫酸鱼精蛋白（肝素拮抗剂），这种制剂能中和释放出肝素的抗凝血作用。辅助疗法是注射复方B族维生素或内服反刍促进药以刺激食欲。

马蕨中毒时则须从初期就系统地应用硫胺素，每天用50～100mg皮下注射，同时，配合必要的对症治疗措施，有望获得满意的疗效。

7. 预防

（1）蕨类的地下根茎粗大，富含淀粉，每 50kg 即可提取淀粉 5～6kg，故可结合野生植物资源的利用，在冬季挖掘其地下根茎，从根本上清除对家畜的危害。

（2）做好春季的放牧地植被调查，规划轮牧，对蕨类新叶滋生地，应留待其他草类萌发后利用，以免发生家畜中毒。

（3）在春季蕨类萌发期内组织监视，对疑为中毒的家畜，及时进行血液检验。除尽早发现病畜，予以救治外，还应及时对全群采取紧急防护措施。

三、毒芹中毒

毒芹多生长于低洼潮湿的草地，特别是沟渠、河流、湖泊的岸边。我国东北、西北、华北等地均有生长，但以东北地区为最多。毒芹中毒多发生于牛、羊，有时也见于猪和马。

1. 病因

毒芹为伞形科毒芹属多年生草本植物。根茎味甜，家畜（牛、羊）喜采食。早春开始放牧时，家畜不仅能采食毒芹幼苗，还能采食到在土壤中生长不甚牢固的毒芹根茎，引起中毒。

2. 发病机制

毒芹的有毒成分是生物碱——毒芹素，存在于植物的各个部分，但以根茎内含量最多。毒芹素是一种类脂质样物质，在家畜体内吸收迅速并能扩散到整个机体。这种毒性甚强的毒素吸收后，首先作用于延脑和脊髓引起反射兴奋性增强；作用于脊髓时，引起强直性痉挛；作用于迷走中枢及血管运动中枢，可引起心脏活动和呼吸障碍。

3. 症状

牛、羊吃食毒芹后，一般在 2～3h 出现临床症状。中毒病牛、病羊呈现兴奋不安、流涎、食欲废绝、反刍停止、瘤胃膨气、腹泻、腹痛等症状。同时，由头颈部到全身肌肉出现阵发性或强直性痉挛。发作时，患畜突然倒地，头颈后仰，四肢伸直，牙关紧闭，心动强盛，脉搏加快，呼吸迫促，体温升高，瞳孔散大。病至后期，躺卧不动，反射消失，感觉减退，四肢末端冷厥。体温下降（下降 1～2℃），脉搏细弱，多由于呼吸中枢麻痹而死亡。

猪发生中毒时，呕吐，兴奋不安，全身抽搐，呼吸迫促，卧地不起呈麻痹状态。重症病猪多于数小时或 1～2 天内死亡。

马中毒与牛相似，骚动不安，腹痛，很快陷入昏睡或昏迷状态。脉细弱，最后惊厥死亡。

4. 病理变化

胃肠黏膜重度充血、出血、肿胀，脑及脑膜充血。心内膜、心肌、肾实质、膀胱黏膜及皮下结缔组织均见出血现象。血色发暗，血液稀薄。

5. 诊断

毒芹中毒可根据放牧地植被调查的结果（在放牧地发现有毒芹生长、分布），并结合临床症状以及尸体剖检（胃内容物中混有未撕碎的毒芹根茎或是毒芹茎叶），进行综合诊断。

6. 治疗

目前对毒芹中毒尚无特效疗法，一般均采取对症疗法。

首先应迅速排出含有毒芹的胃内容物。为此可应用 0.5%～1% 鞣酸溶液，或 5%～10% 药用炭水剂洗胃，每隔 3min 1 次，连洗数次。洗胃后，为沉淀生物碱，可灌服碘剂（碘 1g，碘化钾 2g，水 1500ml），剂量：马、牛 200～500ml，羊、猪 100～200ml，间隔 2～3h，再灌服 1 次。亦可应用豆浆或牛乳溜服。对中毒严重的牛、羊，可施行瘤胃切开术，取出含有毒芹的胃内容物。当清除胃内容物后，为防止残余毒素的继续吸收，可应用吸附剂、黏浆剂或缓泻剂。

为缓解兴奋与痉挛发作，可应用解痉、镇静剂：溴制剂、水合氯醛、硫酸镁、氯丙嗪等。为改善心脏功能，可选用强心剂。

7. 预防

对放牧草地应详细地进行调查，以掌握毒芹的分布和生长情况。应尽量避免在有毒芹生长的草地放牧。早春、晚秋季节放牧时，应于出牧前饲喂少量饲料，以免家畜由于饥不择食，而误食毒芹。改造有毒芹生长的放牧地，可深翻土壤，实行覆盖。

四、有毒紫云英中毒

紫云英是豆科黄芪属植物，有数百种，有些带有毒性物质，能引起动物中毒，称有毒紫云英。这种毒草主要分布于我国西北草原，当地群众称其为"死羊草"。本病多见于羊、马和牛，以神经症状为特征。

1. 病因

动物采食了有毒紫云英，可引起中毒。一般本地牲畜对其有辨别能力，但在过于饥饿时，可能采食。如大量采食可引起急性中毒；长期少量采食，能形成慢性中毒。有毒紫云英全草均有毒，经晒干后，毒性并不丧失。

2. 症状

急性中毒多突然发生，数天内死亡。慢性中毒发生缓慢，症状轻微，可能拖延数月或 1 年以上。中毒后，精神沉郁，食欲减退，步行不稳，后肢无力，有时伏卧地上，由于后肢麻痹而不能站立，终至死亡。有些病例在中毒后，由于肌肉失去控制，盲目奔跑，最后常由于麻痹而倒地不起。牛中毒多出现狂躁不安症状；妊娠母牛往往发生流产。羊慢性中毒症状不明显，特征是牙齿渐渐变黑并且松动。

3. 诊断

有采食有毒紫云英的病史，有运动行为障碍等神经症状。

4. 治疗

停喂有毒紫云英，服用盐类泻剂，排出毒物。静脉注射 25％葡萄糖溶液，马、牛 500～1000ml，羊 100～200ml。

5. 预防

清除放牧地上的有毒紫云英，铲除时间最好是在种子尚未成熟的 5～6 月间。必须每年进行2～3 次，连年进行。

第五节　化学肥料中毒

一、尿素中毒

尿素是农业上广泛应用的一种速效肥料，它又可以作为反刍动物的蛋白质饲料，也可用于麦秸的氨化。但若用量不当，则可导致反刍动物尿素中毒。

1. 病因

将尿素堆放在饲料的近旁，导致误用（如误认为食盐）或被动物偷吃。尿素饲料使用不当，如将尿素溶解成水溶液喂给时，易发生中毒。饲喂尿素的动物，若不经过逐渐增加用量，初次就按定量喂给，也易发生中毒。此外，不严格控制定量饲喂，或对添加的尿素未均匀搅拌等，都能造成中毒。尿素的饲用量，应控制在全部饲料总干物质量的 1％以下，或精饲料的 3％以下，成年牛每天以 200～300g、羊以 20～30g 为宜。

2. 发病机制

尿素是反刍动物日粮中应用最多的非蛋白氮。作为蛋白质代用料，尿素本身并不具有毒性，尿素在瘤胃内被脲酶分解产生氨，当饲料中尿素水平过高时，会在瘤胃内形成大量的游离氨，导致瘤胃液的 pH 值升高，反刍动物吸收的氨的量就会超过肝脏降解氨的量，氨就会参与动物体的循环，大脑组织对氨很敏感，当血氨水平高于正常量时，会导致神经症状的发生。

3. 症状

牛采食尿素后 20～30min 即可发病。病初表现不安、呻吟、流涎、肌肉震颤、体躯摇晃和步态不稳。继而反复痉挛，呼吸困难，脉搏增数，从鼻腔和口腔流出泡沫样液体。末期全身痉挛，出汗，眼球震颤，肛门松弛，几小时内死亡。

4. 诊断

采食尿素史、血氨值升高对本病有确诊意义。由于本病的病情急剧，对误饲或偷吃尿素等偶然因素所致的中毒病例，救治工作常措手不及，多遭死亡。而在饲用尿素饲料的畜群，如能早期发现中毒病例，及时救治，一般均可获得满意的疗效。

5. 治疗

抑制瘤胃中脲酶活力，降低瘤胃 pH 值，中和尿素分解的氨是本病的治疗原则。用 $1\%\sim 2\%$ 的乙酸溶液 $1000\sim 2000ml$ 灌服；或用食醋 500ml、白糖 500g、温开水 2000ml 混合一次灌服。制止瘤胃膨胀，制酵放气，静脉注射 5％碳酸氢钠溶液 500ml；灌服 $3\%\sim 5\%$ 鱼石脂溶液。严重瘤胃膨气的，进行瘤胃穿刺放气，利尿（用 10％葡萄糖溶液 $500\sim 1000ml$，呋塞米 10ml，肌苷注射液 10ml 静脉注射）。保肝解毒，可静脉注射 $10\%\sim 40\%$ 葡萄糖液 $200\sim 500ml$，维生素 C 50ml；或静脉注射 10％硫代硫酸钠溶液 $200\sim 300ml$。解痉镇静，可灌服水合氯醛 25g。抗炎、抗休克，用 10％葡萄糖溶液 500ml、氢化可的松 200ml，静脉注射。解除脱水症状，及时补充体液及能量，静脉注射 $5\%\sim 10\%$ 葡萄糖生理盐水 $500\sim 1000ml$。强心，用 $5\%\sim 10\%$ 葡萄糖酸钙静脉注射。

6. 预防

健全饲料保管制度，不能将尿素肥料同饲料混杂堆放，以免误用。在畜舍内尤其应避免放置尿素肥料，以免家畜偷吃。饲用尿素饲料的畜群，要控制尿素的用量及同其他饲料的配合比例。不能在饲喂尿素后很快供给饮水（喂后 30min 内不饮水）。在饲用混合日粮前，必须先仔细地搅拌，使之均匀，以避免因采食不均，引起中毒事故。豆粕、大豆、南瓜等饲料含有大量脲酶，切不可与尿素一起饲喂，以免引起中毒。为提高补饲尿素的效果，尤其要禁止溶在水中喂给。尿素不宜单一饲喂，应与其他精料合理搭配。

二、氨中毒

氨肥是氮质肥料，有硝酸铵、硫酸铵、碳酸铵和氨水（即氢氧化铵溶液，含量约为 20％）等。在农业生产中得到广泛应用。动物采食较大剂量后，可引起中毒，临床上以呼吸困难和神经症状为特征，多常见于牛和羊。

1. 病因

由于氨水桶放置田头，耕牛偷饮氨水或因误饮刚经施用氨肥的田水，造成中毒事故。硝酸铵为白色或淡黄色晶体，硫酸铵（肥田粉）为白色晶体，在外观上易同硫酸钠、食盐等混淆，在化肥缺乏严密保管的情况下，易因误用引起畜禽中毒事故。氨水散发的氨气具有强烈的刺激性，空气中的最大允许浓度为 $30mg/m^3$，如达到 $70mg/m^3$ 以上时，就可接触致病。或较低浓度经过较长时间，也可发生毒害作用。故在氨肥厂或氨水池密闭不严时，其所散逸的氨气可使邻近畜禽受害。鸡舍用氨气作熏蒸杀菌剂，在熏蒸后，如舍内未经充分换气，过早地放入家禽，易发生氨中毒。

2. 发病机制

氨具有强烈的刺激性，吸入高浓度氨气，可以兴奋中枢神经系统，引起惊厥、抽搐、嗜睡和昏迷。氨气吸入呼吸道内遇水生成氨水。氨水会透过黏膜、肺泡上皮侵入黏膜下、肺间质和毛细血管，引起喉头水肿，组织坏死。氨系碱性物质，氨水具有极强的腐蚀作用。皮肤的氨水烧伤创面深、易感染、难愈合。氨在机体组织内遇水生成氨水，可以溶解组织蛋白，与脂肪起皂化作用。氨水能破坏体内多种酶的活性，影响组织代谢。氨对中枢神经系统具有强烈刺激作用。

3. 症状

饮入氨水或含氮肥的田水导致中毒时，首先出现严重的口炎，整个口唇周围都沾满唾液泡沫。病牛精神委顿，步态蹒跚，肌肉震颤，呻吟，食欲废绝，黏膜潮红、肿胀以至糜烂。胃肠蠕动几乎停止，瘤胃臌气，腹痛不安，回视腹部，后蹄踢腹。因咽喉水肿和糜烂而有剧烈的咳嗽，并出现呼吸困难和肺水肿，肺部听诊有湿啰音。若继发支气管肺炎，体温也随之升高，脉数疾速，节律不齐，有时出现颈静脉搏动。濒死时则发生狂乱的挣扎和惨声吼叫。

氨气灼伤者多呈角膜炎、结膜炎或角膜混浊，有呼吸道的刺激症状或上呼吸道感染。

4. 诊断

有接触氨气后发病史，呼吸及皮肤有氨的气味，皮肤、黏膜、呼吸道有受损伤的临床表现。

5. 治疗

初期可灌服稀盐酸、稀乙酸等弱酸性药液，如1％的乙酸溶液，牛1000ml，羊200～300ml；白糖，牛500～1000g，羊100～200g，加温水适量，内服，可抑制脲酶活性，减少氨的形成。用解毒剂，10％硫代硫酸钠，牛100～200ml，羊20～40ml；25％葡萄糖，牛1000～2000ml，羊300～500ml，静脉注射。用高渗剂、利尿剂制止渗出，减轻肺水肿，用水合氯醛或氯丙嗪镇静，瘤胃臌气时要放气，有继发感染时用抗生素治疗。对于眼部灼伤，可涂敷红霉素软膏。

6. 预防

注意化肥的保管和使用，防止误食、误用；氨水池的构筑必须符合密闭要求，确保人、畜安全，不致耗损肥效。必须用密闭的容器装运氨水，避免在有耕牛作业或牲畜放牧的田头、路边放置敞露的氨水桶。禁止饮用刚施氨肥的田水或下游沟水。

【复习思考题】

1. 中毒性疾病常见的救治方法有哪些？
2. 简述猪亚硝酸盐中毒的症状和治疗措施。
3. 牛瘤胃酸中毒的病因有哪些？
4. 动物常见的有毒植物中毒有哪些？
5. 畜禽棉籽饼中毒的预防措施有哪些？
6. 如何预防畜禽化学肥料中毒？

第三篇

外科和产科疾病

第十四章 外科感染

【知识目标】
1. 了解外科感染的概念，了解脓肿、蜂窝织炎和败血症的病因及分类。
2. 掌握脓肿、蜂窝织炎和败血症的临床表现、诊断及治疗。

【技能目标】
1. 能对脓肿、蜂窝织炎进行诊断，并能实施治疗。
2. 能正确分析败血症的病因，并实施治疗。

外科感染是指在一定的条件下，病原微生物侵入机体后，在其间生长繁殖过程中分泌毒素，致使局部组织发生相应的防御性炎性反应，或使局部感染发展而引起全身性的病理变化过程。

外科感染包括两大类，即一般外科感染和特殊外科感染。

一般外科感染：又称化脓性感染，如疖、脓肿、蜂窝织炎等，主要是由葡萄球菌、链球菌、大肠埃希菌、铜绿假单胞菌、化脓棒状杆菌和坏死杆菌等所引起。特殊外科感染：是指厌气性感染，如气性坏疽、破伤风、恶性水肿等，它们的致病细菌、病程演变以及防治方法等，都与一般外科感染有着明显的不同，此类感染危害严重。

外科感染过程中主要是感染与抗感染的相互作用，病原侵入机体后，只是引起发病的一个条件，能否发病，主要取决于机体的抗感染因素。当抗感染在整体上处于优势而在局部上处于相对劣势时，则出现局部感染的临床症状。当抗感染在全身和局部上都处于劣势时，则全身症状和局部症状都很严重。而这种全身和局部的优势和劣势，依一定的条件而互相转化。脓肿、蜂窝织炎可成为败血症、脓毒症的原发病灶，而在一定条件下败血症和脓毒血症也是可以治愈的。

第一节 脓　　肿

任何组织或器官，因局限性化脓性炎症引起脓汁潴留，形成新的蓄脓腔洞时称为脓肿。它是致病菌感染后所引起的局限性炎性过程，如果在解剖腔内（胸膜腔、喉囊、关节腔、鼻窦）有脓汁潴留时则称之为蓄脓。如关节蓄脓、上颌窦蓄脓、胸膜腔蓄脓等。

一、病因及分类

1. 病因

（1）主要由化脓性细菌通过皮肤、黏膜的小创伤引起局部感染所致。最常见的为葡萄球菌，其次为化脓性链球菌、大肠埃希菌、铜绿假单胞菌和腐败菌。犬及猪的脓肿绝大部分是感染了金黄色葡萄球菌的结果。在牛有时可见因结核杆菌、放线杆菌感染形成的冷性脓肿。此外，由于家畜种类不同，对同一致病菌的感受性亦有差异。

（2）某些化学药品也能引起本病，如氯化钙、松节油和水合氯醛、高渗盐水及砷制剂等静脉注射时，若将它们误注或漏注到静脉外也能发生脓肿。

（3）注射时不遵守无菌操作规程而引起的注射部位脓肿。也有因血液或淋巴将致病菌由原发病灶转移至某一新的组织或器官内所形成的转移性脓肿，如牛结核杆菌、放线杆菌的感染。

2. 分类

（1）根据脓肿发生的部位可分为浅在性脓肿和深在性脓肿　浅在性脓肿常发生于皮下结缔组织、筋膜下及表层肌肉组织内；深在性脓肿常发生于深层肌肉、肌间、骨膜下及内脏器官。

（2）根据脓肿经过可分为急性脓肿和慢性脓肿　急性脓肿经过迅速，一般3～5天即可形成，局部呈现急性炎性反应；慢性脓肿发生发展缓慢，缺乏或仅有轻微的炎性反应。

二、症状

1. 浅在急性脓肿

初期局部肿胀，无明显的界限。触诊局温增高，坚实，有疼痛反应。以后肿胀的界限逐渐清晰成局限性，最后形成分界线清晰的坚实肿胀。在肿胀的中央部开始软化并出现波动时，可自溃排脓。但常因皮肤溃口过小，脓汁不易排尽。

2. 浅在慢性脓肿

一般发生缓慢，虽有明显的肿胀和波动感，但缺乏温热和疼痛反应或非常轻微。

3. 深在急性脓肿

由于部位深在，加之被覆较厚的组织，局部增温不易触及。常出现皮肤及皮下结缔组织的炎性水肿，触诊时有疼痛反应并常有指压痕。在压痛和水肿明显处穿刺，抽出脓汁即可确诊。

当较大的深在性脓肿未能及时治疗，脓肿膜可发生坏死，最后在脓汁的压力下可穿破皮肤自行破溃，亦可向深部发展，压迫或侵入邻近的组织和器官，引起感染扩散，而呈现较明显的全身症状，严重时还可能引起败血症。最常见的是由于子宫冲洗而造成的子宫穿孔或助产时子宫破裂而引起的腹腔局限性蓄脓和弥漫性化脓性腹膜炎。

内脏器官的脓肿常常是转移性脓肿或败血症的结果，且严重地妨碍发病器官的功能，如牛创伤性心包炎，及心包、膈肌以及网胃和膈连接处常见的多发性脓肿。病牛慢性消瘦，体温升高，食欲和精神不振，血常规检查时白细胞数明显增多，最终导致心脏衰竭死亡。

三、诊断

浅在性脓肿根据肿胀部增温、疼痛，边缘呈坚实样硬度，中央部逐渐软化，皮肤变薄，被毛脱落，自行破溃流出脓汁等即可作出诊断。深在性脓肿可经诊断穿刺和超声波检查后确诊。诊断穿刺时可见脓汁流出或于针尖部带出干酪样的脓汁。后者不但可确诊脓肿是否存在，还可确定脓肿的部位和大小。根据脓汁的性状并结合细菌学检查，可进一步确定脓肿的病原菌。

脓肿诊断需要与外伤性血肿、淋巴外渗、挫伤和某些疝相区别。

四、治疗

治疗原则是初期促进炎症消散，防止脓肿形成；后期促进脓肿成熟，切开排脓。

1. 消炎、止痛及促进炎症产物消散吸收

当局部肿胀正处于急性炎性细胞浸润阶段，可局部涂搽樟脑软膏，或用冷疗法（如复方乙酸铅溶液冷敷，鱼石脂酒精、栀子浸液冷敷），以抑制炎性渗出且具有止痛作用。当炎性渗出停止后，可用温热疗法、短波透热疗法、超短波疗法以促进炎症产物的消散吸收。局部治疗的同时，可根据病畜的情况配合应用抗生素、磺胺类药物并采取对症治疗。

2. 促进脓肿成熟

用热敷法或局部涂布5％鱼石脂软膏。待局部出现明显的波动时，应立即进行手术治疗。

3. 手术疗法

脓肿形成后其脓汁常不能自行消散吸收，因此，只有当脓肿自溃排脓或手术排脓后经过适当地处理才能治愈。

排除脓汁常用的手术疗法如下。

（1）脓汁抽出法　适用于关节部脓肿膜形成良好的小脓肿。其方法是利用注射器将脓肿腔内的脓汁抽出，然后用生理盐水反复冲洗脓腔，抽净腔中的液体，最后灌注混有青霉素的溶液。

（2）脓肿切开法 脓肿成熟出现波动后立即切开。切口应选择波动最明显且容易排脓的部位。按手术常规对局部进行剪毛消毒后再根据情况做局部或全身麻醉。切开前为了防止脓肿内压力过大，脓汁向外喷射，可先用粗针头将脓汁排出一部分。切开时一定要防止外科刀损伤对侧的脓肿膜。切口要有一定的长度并做纵向切口以保证在治疗过程中脓汁能顺利地排出。深在性脓肿切开时除进行确实麻醉外，最好进行分层切开，并对出血的血管进行结扎或钳压止血，以防引起脓肿的致病菌进入血液循环，而被带至其他组织或器官发生转移性脓肿。脓肿切开后，脓汁要尽力排尽，但切忌用力挤压脓肿壁（特别是脓汁多而切口过小时），或用棉纱等用力擦拭脓肿膜里面的肉芽组织，这样就有可能损伤脓肿腔内的肉芽性防卫面而使感染扩散。如果一个切口不能彻底排空脓汁时，亦可根据情况做必要的辅助切口。对浅在性脓肿可用1‰高锰酸钾液或1‰新洁尔灭液、5％碳酸氢钠液、5％硫酸镁液或生理盐水反复清洗脓腔。最后用脱脂纱布轻轻吸出残留在腔内的液体。如有少量坏死组织尚未净化干净，应让其自然净化。当脓性分泌物减少，肉芽组织大量生长时，不必再用引流纱布，只作创内用药即可。

切开后的脓肿创口可按化脓创进行外科处理。伴有体温升高者，用抗生素疗法1个疗程。

（3）脓肿摘除法 常用以治疗脓肿膜完整的浅在性小脓肿。此时需注意勿刺破脓肿膜，以防新鲜手术创被脓汁污染。

第二节 蜂窝织炎

蜂窝织炎为皮下、筋膜下和肌间等处疏松结缔组织的急性弥漫性化脓性炎症。蜂窝织炎的特点是病变不易局限，扩散迅速，与正常组织无明显界限，并伴有明显的全身症状。如不及时治疗，易继发败血症。

一、病因及分类

1. 病因

第一，皮肤与黏膜小创口感染化脓性细菌，最主要的是化脓性链球菌，其次为葡萄球菌和大肠埃希菌，有的也混有某些厌氧菌。

第二，继发于局部化脓性炎症，如脓肿、关节炎等。

第三，注射强烈刺激性药物，如松节油、水合氯醛、高渗盐水和氯化钙等。

第四，偶见由血液或淋巴途径感染，如马腺疫、副伤寒性感染、马鼻疽。

2. 分类

（1）按蜂窝织炎发生部位的深浅分类 可分为浅在性蜂窝织炎（皮下、黏膜下蜂窝织炎）和深在性蜂窝织炎（筋膜下、肌间、软骨周围、腹膜下蜂窝织炎）。

（2）按蜂窝织炎的病理变化分类 可分浆液性、化脓性、厌氧性和腐败性蜂窝织炎，如化脓性蜂窝织炎伴发皮肤、筋膜和腱的坏死时则称为化脓坏死性蜂窝织炎。在临床上也常见到化脓菌和腐败菌混合感染而引起的化脓腐败性蜂窝织炎。

（3）按蜂窝织炎发生的部位分类 可分关节周围蜂窝织炎、食管周围蜂窝织炎、淋巴结周围蜂窝织炎、股部蜂窝织炎、直肠周围蜂窝织炎等。

二、症状

蜂窝织炎病程发展迅速。局部症状主要表现为大面积肿胀，局部增温，疼痛剧烈和功能障碍。全身症状主要表现为病畜精神沉郁，体温升高，食欲不振并出现各系统的功能紊乱。

（1）皮下蜂窝织炎 常发于四肢（特别是后肢），病初期局部出现弥漫性渐进性肿胀。触诊时热痛反应非常明显。初期肿胀呈捻粉状有指压痕，后期则变为坚实感。局部皮肤紧张，无可动性。体温升高，局部淋巴结肿大。

（2）筋膜下蜂窝织炎 常发生于前肢的前臂筋膜下、鬐甲部的深筋膜和棘横筋膜下，以及后肢的小腿筋膜下和阔筋膜下的疏松结缔组织中。其临床特征是患部肿胀不如皮下蜂窝织炎明显，呈坚实感；热痛反应剧烈；功能障碍明显，全身症状严重。

（3）肌间蜂窝织炎　常继发于开放性骨折、化脓性骨髓炎、关节炎及腱鞘炎。有些是由于皮下或筋膜下蜂窝织炎蔓延的结果。

感染可沿肌间和肌群间大动脉及大神经干的径路蔓延。首先是肌外膜、然后是肌间组织，最后是肌纤维。先发生炎性水肿，继而形成脓性浸润并逐渐发展成为化脓性溶解。患部肌肉肿胀、肥厚、坚实、界限不清，功能障碍明显，触诊和强迫运动时疼痛剧烈。表层筋膜因组织内压增高而高度紧张，皮肤可动性受到很大的限制。肌间蜂窝织炎时全身症状明显，体温升高，精神沉郁，食欲不振。局部形成脓肿时，切开后可流出灰色、血样的脓汁。有时由化脓性溶解可引起关节周围炎、血栓性血管炎和神经炎。

颈静脉注射刺激性强的药物时，若漏入到颈部皮下或颈深筋膜下，能引起筋膜下蜂窝织炎。注射后经1～2天局部出现明显的渐进性肿胀，有热痛反应，但无明显的全身症状。当并发化脓性或腐败性感染时，则经过3～4天后局部即出现化脓性浸润，继而出现化脓灶。若未及时切开则可自行破溃而流出微黄白色较稀薄的脓汁。它能继发化脓性血栓性颈静脉炎。动物采食时由于饲槽对患部的摩擦或其他原因，常造成颈静脉血栓的脱落而引起大出血。

三、诊断

根据不同部位蜂窝织炎的临床表现，可作出诊断。

四、治疗

蜂窝织炎的治疗原则是减少炎性渗出，抑制感染蔓延，减轻组织内压，改善全身状况，增加机体抗病能力。

初期较浅表的蜂窝织炎以局部治疗为主，部位深、发展迅速、全身症状明显者应尽早全身应用抗生素和磺胺类药物。

1. 局部疗法

（1）控制炎症发展，促进炎症产物消散吸收　最初24～48h，当炎症继续扩散，组织尚未出现化脓性溶解时，为了减少炎性渗出可以用19%鱼石脂酒精、90%酒精醋酸明矾液、栀子浸液等冷敷，冷敷后涂以醋调制的醋酸铅散。用0.5%普鲁卡因青霉素溶液作病灶周围封闭。当炎性渗出已基本平息（病后3～4天），为了促进炎症产物的消散吸收可用上述溶液（19%鱼石脂酒精、90%酒精醋酸明矾液、栀子浸液）温敷。局部治疗常用50%硫酸镁湿敷，也可用20%鱼石脂软膏或雄黄散（雄黄10g，黄柏100g，冰片5g，研细末，醋调）外敷。有条件的地方可做超短波治疗。

（2）手术切开　若冷敷后炎性渗出不见减轻，组织出现增进性肿胀，病畜体温升高和其他症状都有明显恶化的趋向时，为了减轻组织的压力，排出炎性渗出物，应立即进行手术切开。局限性蜂窝织炎性脓肿时可等待其出现波动后再行切开。手术切开时应根据情况做局部或全身麻醉。

浅在性蜂窝织炎应充分切开皮肤、筋膜、腱膜及肌肉组织等。为了保证渗出液的顺利排出，切口必须有足够的长度和深度，做好纱布引流。必要时应造反对口。四肢应作多处切口，最好是纵切或斜切。伤口止血后可用中性盐类高渗溶液作引流液以利于组织内渗出液外流。亦可用2%过氧化氢液冲洗和湿敷创面。

如经上述治疗后体温暂时下降复而又升高，肿胀加剧，全身症状恶化，则说明可能有新的病灶形成，或存有脓窦及异物，或引流纱布干固堵塞切口而影响排脓，或引流不当所致。此时应迅速扩大创口，消除脓窦，摘除异物，更换引流纱布，保证渗出液或脓汁能顺利排出。待局部肿胀明显消退，体温恢复正常，局部创口可按化脓创处理。

2. 全身疗法

初期应用抗生素疗法、磺胺疗法及盐酸普鲁卡因封闭疗法。对病畜要加强饲养管理，特别是多给些富含维生素的饲料。

第三节 败 血 症

败血症也称全身化脓性感染，是机体从感染病灶吸收致病菌及其产生的毒素和组织分解产物所引起的全身性病理过程。由于致病菌和毒素的作用，使有机体的器官和组织发生一系列的功能和形态方面的变化。它是损伤感染的严重并发症。

一、病因

具有化脓性感染源，如腐败性腹膜炎、腹壁透创、产后感染、化脓性关节炎、筋膜下蜂窝织炎和褥疮等。

病原菌主要为金黄色葡萄球菌、溶血性链球菌、大肠埃希菌、铜绿假单胞菌等。可能是单一或混合感染。

过劳、营养不良以及某些慢性传染病，都是容易诱发败血症的因素。

二、症状

1. 脓血症

其特征是致病菌通过栓子或被感染的血栓进入血液循环。常发生于牛、犬、家禽、猪及绵羊，少发于马（主要见于腺疫）。

创伤性全身化脓性感染时，创伤的周围严重水肿、剧痛，肉芽组织肿胀、发绀，坏死。脓汁初呈微黄色黏稠状，以后变稀薄并有恶臭。病灶内常存有脓窦、血栓性脉管炎及组织溶解。患畜精神沉郁，恶寒战栗，食欲废绝，但喜饮水，呼吸加速，脉弱而频，出汗。体温升高至40℃以上。呈稽留热型、弛张热型、间歇热型。当长时间高热不退，且全身症状加重时，常预后不良。

血沉加快，白细胞数增加，达22000～35000/mm^3，核左移，中性粒细胞中的幼稚型白细胞占优势。在血检时如见到淋巴细胞及单核细胞增加时，常为康复的标志。

创面按压标本检查：如脓汁相内出现静止游走细胞和巨噬细胞，则表明有机体尚有较强的抵抗力和反应能力，如脓汁相内见不到巨噬细胞及溶菌现象，却有大量的细菌出现，此乃病情严重的表现。

2. 败血症

在原有感染病灶，病灶吸收毒素及组织坏死和腐败分解产物，进入血液循环引起败血症。

患畜精神沉郁或意识消失，食欲废绝，卧地不起，体温升高至40℃以上，呈稽留热型，呼吸困难，脉搏细数，结膜黄染，有时有出血点，肌肉剧烈颤抖。马有时呈中毒性腹泻。尿少并有蛋白尿。死前体温突然下降。最终器官衰竭而死。

三、诊断

第一，有局部化脓性病灶，内含有大量坏死组织及脓汁。

第二，全身症状加剧，体温40℃以上，呼吸困难，脉弱而频数，精神沉郁，食欲废绝，肌肉颤抖，黏膜黄染，有时有出血点。

第三，血沉加快，白细胞增数，核左移。

四、治疗

治疗原则是彻底处理局部感染灶，抑制全身性感染，提高机体抵抗力，恢复机体的功能。

1. 局部感染病灶的处理

初期彻底处理原发性感染病灶，是预防本病的关键。彻底清除病灶内的异物及坏死组织，切开脓肿和蜂窝织炎，通畅引流，用刺激性较小的防腐消毒剂彻底冲洗败血病灶，然后按化脓创进行处理。创围用盐酸普鲁卡因青霉素溶液封闭。

2. 全身疗法

尽早应用抗生素疗法。大剂量地使用青霉素、链霉素或四环素以及磺胺增效剂，如增效磺胺嘧啶注射液（TMP＋SD），增效磺胺甲氧嗪注射液（TMP＋SMP）。亦可选用头孢菌素类、喹诺酮类抗生素。

及时进行输血和补液，纠正酸中毒，提高机体抵抗力。

3. 对症疗法

当心脏衰弱时可应用苯甲酸钠咖啡因或强尔心，肾功能紊乱时可应用乌洛托品，败血性腹泻时静脉内注射氯化钙。

【复习思考题】

1. 动物脓肿、蜂窝织炎如何治疗？
2. 简述败血症和脓血症的区别？

第十五章 损 伤

【知识目标】
1. 了解损伤的概念、原因、分类以及创伤、挫伤、血肿的常见原因。
2. 掌握损伤的治疗方法。

【技能目标】
1. 能对损伤进行治疗。
2. 能识别软组织开放性损伤，避免损伤并发症。

在外界致病因素的作用下，机体组织或器官的形态及功能被破坏，同时伴有局部及全身反应时称为损伤。损伤分为软组织损伤和硬组织损伤两种。软组织损伤又根据皮肤或黏膜的完整性是否被破坏分为开放性损伤和非开放性损伤。其完整性受到破坏的损伤称为开放性损伤，而未受到破坏的则称为非开放性损伤。硬组织损伤多指骨组织的损伤。本章仅讨论软组织的损伤。

第一节 开放性损伤——创伤

在锐性外力或强大的钝性外力作用下，机体软组织所发生的开放性损伤称为创伤。如仅是表皮的完整性被破坏时，则称为擦伤。

创伤一般由创围、创缘、创口、创面、创腔、创底构成。

一、病因

创伤多是由锐性器具和钝性物品所致，如切割、砍伤、刺创、挫裂、撕咬等均可造成创伤的发生。临床上又以发生创伤的原因不同而表现出各种不同的临床特征。

二、创伤的分类

1. 按伤后经过的时间分

（1）新鲜创 伤后的时间较短，创内尚有血液流出或存有血凝块，且创内各部组织的轮廓仍能识别，有的虽被严重污染，但未出现创伤感染症状。

（2）陈旧创 伤后经过时间较长，创内各组织的轮廓不易识别，出现明显的创伤感染症状，有的排出脓汁，有的出现肉芽组织。

2. 按创伤有无感染分

（1）无菌创 通常将在无菌条件下所做的手术创称为无菌创。

（2）污染创 创伤被细菌和异物所污染，但进入创内的细菌仅与损伤组织发生机械性接触，并未侵入组织深部发育繁殖，也未呈现致病作用。污染较轻的创伤，经适当的外科处理后，可能取第一期愈合。污染严重的创伤，又未及时而彻底地进行外科处理时，常转为感染创。

（3）感染创 进入创内的致病菌大量发育繁殖，对机体呈现致病作用，使伤部组织出现明显的创伤感染。甚至引起机体的全身性反应。

三、症状

1. 新鲜创的共同症状

新鲜创包括手术创和24h以内的新鲜污染创，其共同特征性症状有出血、创口裂开、疼痛和功能障碍。

（1）出血　出血是新鲜创的特征性表现，在创伤急救时应特别注意止血。同时应根据出血部位和组织损伤程度的不同，正确评价出血对机体所造成的影响有多大。急性失血超过全身血量的40％时，动物就会出现黏膜苍白、脉搏微弱、血压下降、四肢发凉、呼吸促迫等急性贫血症状，甚至出现休克而死亡。

（2）创口裂开　是因受伤的组织断离和收缩所致。活动性大的部位和深而长的创口裂开较显著，如肩胛部、关节部、肌腱部以及肌肉横断的创口，伤口可显著裂开。裂开的创口容易感染影响愈合。

（3）疼痛和功能障碍　疼痛是由于感觉神经受到损伤或炎性渗出物的刺激而引起。疼痛的程度取决于受伤的部位、组织损伤的性状、神经的分布和个体的敏感度等。富于感觉神经分布的部位如蹄冠、外生殖器、肛门、骨膜等处发生的创伤，则疼痛剧烈。由于疼痛和受伤部位的组织结构被破坏，临床上常出现肢体的功能障碍。

2. 新鲜创的特征症状

① 切创：创缘整齐，出血量多，疼痛较轻，易于愈合。
② 砍创：创缘挫裂，出血量少，疼痛剧烈，创口哆开。
③ 刺创：创口狭小，创腔狭深，内腔积血，极易感染。
④ 挫创：创形不整，组织挫灭，出血量少，疼痛显著。
⑤ 咬创：创缘不整，组织缺损，出血量少，极易感染。

3. 感染创的临床症状

感染创是指创内有大量微生物侵入，呈现有化脓性炎症的创伤。临床上将其分为两个不同阶段。

（1）化脓期　由于感染的进行性发展使创伤组织发生充血、渗出、肿胀、疼痛和局部温度增高等急性炎症症状。随之，受损伤的组织细胞发生坏死、液化分解，形成脓汁。在创缘、创面、创腔内甚至创围被毛都积有和沾有大量脓汁，这是化脓期的重要临床特征。

（2）肉芽期　随着急性炎症的消退，至化脓后期，化脓症状逐渐减轻，毛细血管内皮细胞及成纤维细胞大量增殖，形成了肉芽组织。

四、创伤愈合

1. 创伤愈合的种类及特征

根据创伤的性质和有无感染，创伤愈合可分为三种：即一期愈合、二期愈合和痂皮下愈合。

（1）一期愈合　这是最理想的一种愈合。这种愈合只有在创缘创壁紧密接着，组织具有生活力，创内无异物、坏死组织、凝血块以及无细菌感染时才有可能。愈合时间为7～10天，在创上形成平滑、狭窄的线状瘢痕即表示痊愈。其特征是在创缘与创壁之间形成肉眼可见的中间组织，无明显的炎性反应，愈合后不出现功能障碍，在外表上看不到损伤的痕迹。

（2）二期愈合　当创内存有坏死组织、异物、血凝块且组织缺损严重并发生微生物感染时，则取二期愈合。其特征是创伤发生明显的化脓过程和坏死组织的脱落，创腔逐渐被新生的肉芽组织所填充，并由周围新生上皮所覆盖，最后形成瘢痕而治愈。

（3）痂皮下愈合　这种愈合方式仅见于皮肤浅在性损伤时（如擦伤）。它不是独立的创伤愈合形式，或以一期愈合，或以二期愈合。一般在创面有大量的纤维蛋白渗出，凝固后形成纤维蛋白块或痂皮覆盖创面。痂皮下无感染时取一期愈合形式，待新生上皮覆盖创面而愈合；痂皮下有感染时，则痂皮分离脱落，创面取二期愈合。

2. 创伤的愈合过程

（1）一期愈合　一期愈合是一种理想的愈合形式，是在没有感染以及炎性反应轻微的条件下呈现的愈合形式。愈合以后不留瘢痕，没有器官的功能障碍。

创伤在出血停止以后就开始了愈合过程。首先创腔内充满了淋巴液、血凝块及少量的挫灭组织，共同形成纤维蛋白网，实现了创壁之间的初次黏合。牛、羊、猪的创伤纤维素渗出较多，其初次黏合比马属动物的牢固。随后，创伤部位出现轻度炎症，病灶内出现巨噬细胞及白细胞浸润。创伤内的死灭细胞、纤维素、血凝块及微生物均可被白细胞吞噬，这样就净化了创伤，为组织再生创造了良好环境。48h后，创壁的毛细血管内皮细胞及结缔组织细胞增殖，形成肉芽组织，使创壁之间形成牢固地结合。同时，创缘的上皮由病灶的四周向中央生长，覆盖创面而告愈合。此时的愈合呈线状、淡红色、较脆弱。再经3～4天，由成纤维细胞合成的胶原纤维增多，肉芽组织逐渐减少。经过6～7天后创伤便形成了一条平滑、暗红色、线状的瘢痕，完成了一期愈合的全过程。

（2）二期愈合　在临床上常根据愈合过程中生物形态、物理学及胶体化学变化的特点，把本期愈合分为两个时期，即化脓期（炎性净化期）和肉芽生长期（组织修复期）。这两个时期不能截然分开，它是由一个时期逐渐过渡到另一个时期，而在表现形式上各有特点。

① 化脓期：该期是通过炎性反应达到创伤的自体净化。临床上主要表现为创伤部肿胀、增温、疼痛，随后是创内的组织坏死、液化、分解，形成大量的脓汁，并从创口流出。

各种动物的净化过程不尽相同。马和犬以浆液性渗出为主，液化过程完全，清除坏死组织迅速，但易引起吸收中毒；牛、羊则以浆液-纤维素性渗出为主，净化过程慢，但不易引起吸收中毒。

② 肉芽生长期：肉芽组织是由新的纤维母细胞和毛细血管构成的。其中纤维母细胞是由伤口周围的原始结缔组织细胞分裂增生而来的，这种细胞在伤后的初期增生快，由伤口边缘及底部逐渐向中心生长。与此同时，有大量毛细血管混杂在纤维母细胞之间，自伤口周围向中心靠拢而产生伤口收缩，使伤面缩小，有利于伤口愈合。

肉芽组织中还有中性粒细胞、巨噬细胞和其他炎性细胞，但没有神经纤维生长，因此肉芽组织无感觉，触之不痛。肉芽组织的成熟过程是在伤后5～6天，增生的纤维母细胞开始产生胶原纤维，在2周左右，胶原纤维形成最旺盛，以后逐渐减慢；至3周左右，胶原纤维的增生就很少了。此时的纤维母细胞转化为纤维细胞。与此同时，肉芽组织中的大量毛细血管闭合、退化、消失，只留下部分毛细血管和细小的动脉及静脉来营养该处。至此，肉芽逐渐成熟为瘢痕组织，呈灰白色，硬韧。

肉芽组织开始生长的同时，创缘的上皮组织增殖，新生的上皮由周围向中心生长，当肉芽组织生长到皮肤表面时，新的上皮也刚好覆盖创面。如果创面较大，上皮不足以覆盖创面时，则会形成上述的瘢痕。瘢痕组织无毛囊、无汗腺、无皮脂腺，会出现功能障碍。

新生的健康肉芽组织淡红色，呈颗粒状，较坚实，有少量黏稠分泌物；不健康的肉芽组织灰白色，呈水肿样，易出血，有多量脓汁。临床上应仔细观察肉芽的生长情况，调节肉芽和上皮组织的生长速度，以取得良好的治疗效果。

五、治疗

创伤治疗应排除和控制诸如创伤感染、血液循环不良、创内有异物、创内有坏死组织、维生素缺乏、血液中蛋白浓度降低、引流方法不当等影响创伤愈合的各种因素，坚持创伤治疗的一般原则，对各种创伤实施正确的治疗。

1. 创伤治疗的一般原则

（1）正确处理局部与全身的关系　从病畜全身出发，从处理局部着手，既要看到局部症状，又要注意全身症状，在局部治疗的同时，应仔细检查全身情况，必要时要做全身治疗。

（2）预防和制止创伤的感染与中毒　对新鲜污染创，应实施彻底的清创术，着力防止创伤感染，力争一期愈合；对化脓创应着重于消除感染和防止中毒，加速炎性净化，促进肉芽增生，缩短创伤愈合时间。

（3）消除影响创伤愈合的因素　保持创伤部的安静，除去血凝块和坏死组织，使创缘接触，保证创液的畅通流出，保证患部不受继发性损伤。

（4）抗休克　一般是先抗休克，待休克好转后再进行清创术，但对大出血、胸壁穿透创及肠脱出，则应在积极抗休克的同时进行手术治疗。

（5）纠正水与电解质失衡　通过输液调节机体水与电解质平衡。

（6）保证营养供应　加强饲养管理，增强机体抵抗力，能促进伤口愈合，对严重创伤的患病动物，应给予高蛋白及富有维生素的饲料。

2. 各种创伤的治疗方法

（1）新鲜污染创的治疗　对新鲜污染创的治疗原则是及时止血、严格清创和防止感染。要为创伤愈合创造良好的条件，力争一期愈合。

① 及时止血：对创伤的出血，可根据出血的部位、性质和程度，采取压迫、填塞、钳夹、结扎等方法，也可于创面上撒布止血粉，必要时可应用全身性止血剂。

② 创围及创面的清洗：先以灭菌纱布盖住创口，剪去创围背毛。用70％酒精棉球轻轻擦拭靠近创缘的皮肤，直到清洗干净为止。对远离创缘外围的皮肤，则用温肥皂水清洗干净。但应注意不要让清洗液流入创内；擦干后，再用5％碘酊每隔5min消毒1次，连消2次。

创围消毒完毕后，除去创口纱布，用镊子摘除创面上浅表的异物，以生理盐水或防腐消毒液反复冲洗创口，直至冲洗干净为止；而后再用纱布轻柔的对创面进行蘸吸，以除去残存的消毒液、灰尘、微生物及微细血凝块，但不能来回摩擦，以免引起出血、疼痛和组织细胞的死亡。

③ 创伤的外科处理：即用外科器械扩大创口、除去坏死挫灭组织、含有细菌的血块及异物、消除创囊，使偶发创伤变为近似创面平滑的手术创，借以促进创伤防卫面的形成，增强伤畜的防卫力，使细菌不适于在创内发育。

创伤外科处理时，先用锋利的外科刀，切除挫灭不整齐的皮肤创缘。如创口过小排液不畅时，应行扩大。用创钩开张创缘，除去较深部的挫灭组织和异物。坏死组织多为暗红色或污灰色，失去原有的光泽和缺乏收缩力，切割时不出血。只要挫灭坏死的组织，应毫不姑息的进行切除，直至有鲜血流出时为止。如创内有碎骨片应除去，但其未完全与骨干断离者应保留。神经及血管不应多行检查，如尚连接应保留。破坏的腱鞘任其开放，以免封闭时发生感染。

④ 应用防腐剂：创伤的初期外科处理，并不经常能获得确实的效果，特别是对挫创、压创，以及组织缺损面很大的创面不能进行彻底切除时，为了防止感染，必须应用各种防腐剂，以弥补外科处理之不足。

一般可应用氨苯磺胺结晶或与碘仿的混合剂，对创面进行撒布。为了加强疗效，可同时口服或注射其他磺胺类药物。

应用青霉素时，可行肌内注射。为了使其在创面内的浓度增加而发生最大的效力，也可将青霉素，或其与磺胺嘧啶的混合粉（15000U∶1g）撒布于创伤内。另外，也可在外科处理后，向创面的肌肉深部注射以0.25％普鲁卡因液为溶剂的青霉素液（用量：牛、马40万～80万国际单位，狗4万～10万国际单位）。其后每日在创伤周围再行注射，连用5～7天（前3天，每天注射2次，以后每天1次）。

⑤ 创口缝合：对创口进行缝合，可以避免发生创伤继发性感染，促进止血，减少哆开，为组织的再生创造良好的条件。

创伤外科处理后能否缝合，应视创伤的部位、受伤的时间、污染程度、外科处理得是否彻底等因素而决定。若创伤发生后5h内即迅速进行初期外科处理，且创面清洁而无细菌感染的危险时，可进行初期缝合以闭锁创口。但对有感染可疑的创伤，通常不进行初期密闭缝合，而仅对创伤进行部分缝合，同时在创伤下角留一排液孔，并放入灭菌纱布条以便引流。

对有厌氧性及腐败性感染可疑的创伤，则不行缝合任其开放，待经4～7天，排除创伤感染的危险以后再行缝合，此为延期缝合。

若创口太大而不能进行全缝合时，为减少创伤的裂开，或弥补皮肤的缺损，也可仅在创伤的两端施以数个结节缝合，中央部任其开放，用凡士林纱布覆盖。待肉芽组织生长良好时，再行次期缝合，或用植皮术覆盖创面。

⑥ 应用创伤绷带：创口缝合后，为了使受伤组织保持安静，保护创伤免于发生继发性感染与继发性损伤，患部应装着无菌绷带。此绷带是以两层纱布，将缝合部完全覆盖，其上再覆以棉花垫，并用卷轴带、三角巾或透明胶带等将其固定。

装着绷带后，要经常观察患畜，如不发生任何并发症（发热及自发疼痛等），可放置 4～5 天，或一直在拆线之前不必更换绷带。若有疑似化脓应立即拆除缝线，扩开创口，排液引流，以后按化脓创治疗即可。

（2）化脓感染创的治疗　化脓感染创的治疗原则是控制感染，消除创内异物，加速炎性净化。保证脓汁排出畅通，防止转为全身性感染，促进创伤愈合。

① 清洗创围。

② 冲洗创腔：用杀菌力较强的防腐液反复冲洗创腔，除去脓汁，直至干净为止。常用的药液有 0.2%高锰酸钾溶液、3%过氧化氢溶液、0.1%新洁尔灭溶液、0.05%洗必泰溶液等。如感铜绿假单胞菌，使用 2%～4%硼酸溶液或 2%乳酸溶液效果更好。

③ 外科处理：扩大创口，除去深部异物，切除坏死组织，消除创囊，排除脓汁。若创囊过大无法消除时，可作对口切开引流。

④ 防腐剂的作用：对急性化脓性炎症引起组织水肿、坏死组织分解液化形成大量脓汁的创伤，应当应用具有抗菌、增强淋巴液外渗、降低渗透压、消除组织水肿特性的药物。高渗透剂由于高渗的作用，可使创液从组织深部排出创面，因而能加速炎性净化，有良好的疗效。如 20%硫酸镁溶液、1%食盐溶液、10%水杨酸钠溶液等，灌注、引流或湿敷。一般应用 3～4 次后，脓汁逐渐减少并出现新生肉芽组织。

当急性炎症减轻，化脓现象缓和时，可应用魏氏硫膏（处方：松馏油 5.0 份、碘仿 3.0 份、蓖麻油 100 份）、磺胺乳剂（处方：氨苯磺胺 5.0 份、鱼肝油 30.0 份、蒸馏水 65.0 份）等灌注或引流。

⑤ 创伤引流：当创腔深、创道长、创内有坏死组织或创底潴留渗出物时，创伤引流是以使创内炎性渗出物流出创外为目的。常用的引流材料以纱布条最为多用，用于深在性化脓感染创的炎性净化期。纱布条引流具有毛细管引流的特性，把纱布条适当导入创底和弯曲的创道，即将创内的炎性渗出物引至创外。作为引流物的纱布条，根据创腔的大小和创腔的深度可做成不同的长度和宽度。引流纱布条可浸以适当的药液，用长镊子将两端分别夹住，先将一端疏松地导入创底，另一端游离于创口下角。更换引流物的时间，决定于炎性渗出物的数量、病畜全身性反应和引流物是否起到引流作用。炎性渗出物多时应常换。当创伤炎性肿胀和炎性渗出物增加、体温升高、脉搏增数时是引流受阻的标志，应及时取出引流物作创内检查，更换引流物。

引流物在创内是一种异物，长时间使用对组织有刺激作用，妨碍创伤愈合，有时可能会引而不流。因此，当炎性渗出物很少时应停止使用。对于炎性渗出物排出通畅的创伤、已形成肉芽组织坚强防卫面的创伤、存有大血管和神经干的创伤以及关节和腔鞘等创伤，均不宜采用引流疗法。化脓创经上述处理后，一般不包扎绷带，施行开放疗法。

⑥ 全身疗法：如创伤感染严重、创伤面积太大或伴有全身症状时，应采用抗生素疗法、磺胺疗法、碳酸氢钠疗法等。

（3）肉芽创的治疗　肉芽创的治疗原则是促进肉芽和上皮组织生长，防止继发感染和肉芽赘生，促进创伤愈合。

① 清洁创围。

② 清洁创面：由于创面脓汁逐渐减少，鲜红色的肉芽组织大量生长，因此清洁创面时，不可使用刺激剂冲洗，以免伤害肉芽组织。可用生理盐水或微弱的防腐剂冲洗。清洗时，不可强力摩擦肉芽创面，以防损伤肉芽组织。

③ 应用药物：应选用刺激性小、促进肉芽组织生长的药物调制成膏剂、油剂或乳剂使用。或应用魏氏流膏、10%磺胺鱼肝油、磺胺软膏、青霉素软膏、金霉软膏等。为了促进上皮的生

长，可用氧化锌水杨酸软膏，加水杨酸的磺胺软膏。也可应用紫外线照射、日光疗法、人工太阳灯疗法、热风疗法、石蜡疗法等。

④ 次期缝合与植皮：对于创面较大，肉芽组织生长良好的创伤，为了加速愈合和小瘢痕的形成，可清洗创面后做必要的修整，撒青霉素粉后，进行肉芽创的次期缝合或部分次期缝合。对于面积太大又不便缝合的肉芽创，可施行小块植皮，以加速上皮形成。

⑤ 对赘生肉芽组织的处理：有的肉芽创上皮生长迟缓，而肉芽生长过速高出皮肤面，形成肉芽的赘生。出现此种情况，可用硝酸银棒或硫酸铜腐蚀。若赘生肉芽突出，可切除至皮肤稍凹陷并撒布高锰酸钾粉末，使其形成痂皮。当赘生肉芽面广但平坦时，可撒布精制食盐粉末并行研磨后，再撒布适量食盐，用绷带包扎一周即可。

第二节　软组织非开放性损伤

各种机械外力直接或间接作用于机体引起的软组织非开放性损伤，在临床上比较多见。按其力的作用方式和临床表现的不同可分为：挫伤、血肿、淋巴外渗和扭伤等。本节仅叙述前三种，后一种在以后有关章节中叙述。

一、挫伤

挫伤是机体在钝性外力直接作用下，引起软组织的非开放性损伤。挫伤可发生于任何组织及器官。

动物体的各种组织，对损伤各具有不同的抵抗力。皮下结缔组织、小血管及淋巴管抵抗力最弱；中等血管稍强；肌肉、筋膜、腱及神经较强。皮肤具有很大的弹性和韧性，抵抗力最强。因此，在挫伤时，特别骨骼浅在的部位，因软组织存在于骨与钝性物体之间，最易受到挫伤，即使是受到不太大的外力作用，也能招致损伤。骨膜发生挫伤时，易伴发骨折。关节发生挫伤时，除关节部软组织发生溢血外，关节腔内也发生溢血且关节韧带的完整性遭到破坏，乃至形成关节血肿、关节软骨破裂及关节内骨折等。内脏器官比较脆弱，局部发生挫伤时，可引起内脏破裂，且危及生命。

1. 病因

主要由于打击、冲撞、蹴踢、角抵以及其他机械性钝性外力作用于机体组织所引起。

2. 症状

患部皮肤可出现轻微的致伤痕迹，如被毛脱落、擦伤等。症状表现为溢血、肿胀、疼痛和功能障碍。

（1）溢血是由于血管破裂，使血液积聚在组织中。缺乏色素的皮肤，可见到溢血斑。

（2）肿胀是由于局部损伤造成炎症，血液淋巴液浸润所致。肿胀部增温，呈坚实感。

（3）疼痛是由于神经末梢受损伤或渗出液的刺激所致。若损伤发生在四肢，可出现功能障碍。

3. 治疗

治疗原则：制止溢血，镇痛消炎，促进肿胀吸收，防止感染，加速组织的修复。初期可冷敷，两天后可改用温疗法，也可涂搽刺激性药物，如 10% 樟脑酒精或 5% 鱼石脂软膏等。涂抹用食醋调制的安德列斯粉，也有良好的效果。

二、血肿

血肿是由种种外力作用致使较大的血管破裂，流出的血液分离周围组织，形成充满血液的腔洞。

1. 病因

一般造成挫伤的各种钝性外力都可引起血肿，只是作用力较大一些而已。

2. 症状

血肿的特点是肿胀迅速增大，肿胀有波动感或饱满而有弹性。4～5 天后，肿胀周围呈坚实感且有捻发音，肿胀中央仍有波动，局部增温。穿刺可排出血液。当感染后可形成脓肿。

3. 治疗

治疗原则：制止出血，排除积血，防止感染。初期患部涂布碘酊，防止继发感染。为制止继续出血，可装置压迫绷带或注射止血剂。经4～5天后，可穿刺或切开血肿，排除积血或凝血块。如仍继续出血可进行结扎止血。清理创腔后，可行缝合或开放疗法。

三、淋巴外渗

淋巴外渗是在钝性外力作用下，由于淋巴管断裂，致使淋巴液积于皮下的一种非开放性损伤。

1. 病因

钝性外力在体表强行滑擦，致使皮肤或肌腱与其下部组织发生部分分离，因而淋巴管发生断裂。如跌倒在地面、与墙壁门框擦挤、被器物冲撞等易发生本病。

2. 症状

本病发生于淋巴管较丰富的皮下结缔组织，如颈部、胸前部、肩胛部、臀股部等。一般于伤后3～4天出现肿胀，并逐渐增大，无明显界线，呈典型的波动感，皮肤不紧张，炎性反应轻微，无明显的全身症状。穿刺液为橙黄色稍透明的液体，或混有少量的血液。时间久者，淋巴液析出纤维素块，囊壁变厚，有坚实感。

3. 治疗

治疗原则：保持安静，防止淋巴液继续渗出，排除积存的淋巴液。临床上应禁用冷疗、热疗、刺激疗法和按摩疗法。

首先使动物安静。对较小的淋巴外渗，可不必切开，先抽出淋巴液，然后注入酒精福尔马林溶液（95％酒精100ml、福尔马林1ml、碘酊数滴），停留片刻后，抽出注入的全部药液。一次无效，次日可再行注入。对较大的淋巴外渗，可行切开，排除淋巴液或纤维素，用酒精福尔马林溶液冲洗，并将浸有此药液的纱布填塞于腔内，24h后取出，局部按创伤处理。

第三节　损伤并发症

一、休克

1. 概念

休克不是一种独立的疾病，而是有机体在某一致病因素的作用下，使机体的有效循环血量锐减，导致微循环障碍，组织器官血流灌注不足，引起缺血缺氧的一种综合征。

在临床上，休克多见于重剧的外伤、大出血、大面积烧伤、不麻醉进行较大的手术等情况。休克是一种病情严重、复杂的危重性疾病，必须争分夺秒及时抢救，才能挽救病畜生命。

2. 休克分类

在临床上常将休克分为：低血容量性休克、创伤性休克、中毒性休克、心源性休克、过敏性休克、出血性休克、感染性休克等。以上各类休克，与外科临床关系最密切的是出血性休克、创伤性休克和感染性休克。

3. 休克机制

引起休克的病因虽然很多，但其发生发展过程都是通过有效循环血量的锐减而引起的。所谓有效循环血量是指单位时间内通过心血管系统的循环血量，不包括储存于肝、脾、淋巴血窦中或停滞于毛细血管内的血量。

近几年研究证明，有效循环血量的锐减，导致了微循环的障碍。微循环障碍发生发展的不同阶段表现，则反映了休克发展的过程。在休克过程中，微循环的变化可经历三个阶段：微循环收缩期、微循环扩张期、微循环衰竭期。

（1）微循环收缩期　微循环收缩期为休克初期，在致病因素的作用下，机体将产生一系列调节反应，以取得内循环的相对稳定。首先是交感神经——肾上腺髓质系统强烈活动，分泌大量的儿茶酚胺进入血液，使血管收缩和心脏兴奋，有选择性地使皮肤、肌肉和肾脏的血管收缩，将有效循环血量优先供应脑和心脏，使心排血量和血压得到维持。此时即是微循环收缩期，也是休克的代偿期。如能及时解除微循环血管的收缩，则可制止休克的发展；反之，如果治疗不及时，则由于组织细胞严重缺氧使休克加重。

（2）微循环扩张期　微循环扩张期为休克中期。由于微循环未得到改善，组织细胞持续缺氧，乏氧代谢产物大量积聚使微循环前阻力血管对儿茶酚胺的敏感性降低，从而血管扩张。但毛细血管后的小静脉对酸性代谢产物有较大的耐受性，故小静脉仍处于收缩状态，这就造成了毛细血管血液流入量多而流出量少的状态。这一改变的结果是使毛细血管被动性扩张以及毛细血管壁的通透性增大，因而渗出增多，血液浓缩，黏度增大。同时，组织缺氧后，毛细血管内皮细胞和肥大细胞分泌出多量组织胺，促使关闭状态的毛细血管开放，这样毛细血管容积就突然增加，回心血量减少，而使有效循环血量进一步减少，血压下降，而休克进入失代偿期。

（3）微循环衰竭期　微循环衰竭期为休克晚期。当毛细血管内血流速度减慢和血液黏度增大时，可导致血液淤积于微循环内。此时又因酸性血液有高凝性的特性，使红细胞和血小板易于凝集，在各组织器官的毛细血管内形成微细血栓，出现弥散性血管内凝血，而停止血流灌注。此时，有效循环血量进一步减少，血压更下降。

4. 临床症状

休克的发展过程可分为三个阶段。

（1）兴奋期（休克初期）　病畜兴奋表现时间较短，由于损伤的程度不同，兴奋表现的程度也不一样。此期动物主要是兴奋不安，可视黏膜苍白，出冷汗，四肢末端、耳尖发凉。排尿减少或无尿，心跳加快，血压无变化或稍高。经数分钟，有的达 1h 而进入沉郁期。

（2）沉郁期（休克中期）　依据损伤的程度不同，沉郁期可持续数小时或 1～2 天。动物精神沉郁，反应迟钝甚至昏睡；可视黏膜发绀，皮肤感觉迟钝，皮温降低，肌肉紧张力极度减退，反应微弱，有时消失；少尿或无尿；心率加快，脉搏细弱，心音低钝，血压下降，体温降低 1～2℃。

（3）麻痹期（休克晚期）　由于机体重要器官微循环极度衰弱，脑干缺氧加重，血管通透性增高，引起脑水肿，颅内压升高，使昏迷加深。因心血量极少，心搏出量锐减，血压急剧下降，脉细弱甚至不感于手。体温极度下降，瞳孔散大，各种反射消失而渐死亡。

5. 诊断

对休克的临床诊断主要根据以下几点。

（1）精神状态　动物的精神状态，反映着脑组织的血液灌流情况。若出现兴奋则是脑组织缺氧的反应，往往是休克的初期症状，若精神沉郁，反应迟钝或昏睡，说明有效循环血量不足，中枢神经处于高度抑制状态，是休克重危的表现。

（2）可视黏膜色泽　黏膜苍白是血容量不足；贫血是休克初期外周血管收缩的表现；若黏膜发绀，则是微循环障碍，组织缺氧的表现。尤其是压迫齿龈，颜色恢复较慢。

（3）肢体末端温度　一般休克均呈现皮温降低，耳尖、鼻背和四肢末端发凉。

（4）尿量变化　尿量的多少是肾脏灌流情况的反映，尿量趋向减少是诊断初期休克的依据。

（5）脉搏和血压　脉搏细速而弱，血压下降，常是休克的表现。休克初期，血压可略高于正常或接近正常，中后期血压明显下降。

此外，必要时还可通过测量中心静脉压、进行血红蛋白和红细胞计数、检查血细胞比容等来协助诊断。

6. 治疗

（1）积极消除病因　休克发生后，积极消除病因是十分重要的，如果单纯地进行恢复有效循环血量，往往难以取得效果。

① 出血性休克：应立即彻底止血后再进行补充血容量，才能收到良好的效果。

② 损伤性休克：应立即应用镇痛剂，如骨折引起的休克要打制动绷带。

③ 感染性休克：除连续应用大量广谱抗生素外，应积极处理感染病灶，如深部脓肿、蜂窝织炎等，应行初期切开，使排脓通畅。化脓严重的外伤，要彻底进行清创术。

（2）补充血容量　血容量减少是多数休克的基本病理生理改变，在治疗上首先要恢复正常的循环血容量。在贫血和失血的病例中，输给全血是必要的，既可防止携氧能力不足，又能降低血液黏稠度，还可补充凝血因子的不足。

如无全血，可输入右旋糖酐，能提高血浆胶体渗透压，是血浆的良好代用品，它有中等程度的利尿作用，使血液黏稠度减低，使凝聚的红细胞分散开，有疏通微循环和扩充血容量的效用。

补充晶体溶液，复方氯化钠为首选药物。因为它比较接近体液离子浓度，性质较稳定。

补充血容量的指标是体内电解质失衡得到改善，表现在病情如开始好转，末梢皮温由冷变温，齿、眼由紫变红，口腔湿润有光泽，血压恢复正常，心率变慢，排尿量逐渐增多等。

（3）血管收缩剂和血管扩张剂的应用

① 血管收缩剂：通常称为升压药（如肾上腺素和去甲肾上腺素），其作用是兴奋心肌，收缩小动脉，以升高血压，保持心、脑等重要器官的血液供应。但休克初期，体内儿茶酚胺分泌增加，已使这些血管处于收缩状态，如再用血管收缩剂，势必使小动脉更加收缩，造成组织进一步缺氧，对动物不利。因而只有在休克不能及时补充血容量、血压又降低等情况时，可用最小剂量混入 5％葡萄糖盐水中静脉注入。

② 血管扩张剂：失代偿期，由于毛细血管后阻力增大，而血液滞留现象严重，使用血管扩张剂，能解除小静脉的收缩，有助于改善微循环，增加回心血量，提高心输出量。但使用血管扩张剂时，必须在补充血容量之后。

常用的血管扩张剂有氯丙嗪，将其混入 5％葡萄糖盐水中静脉注入；异丙肾上腺素，可静脉滴注；多巴胺，加入 5％葡萄糖盐水中静脉注入。

（4）改善心功能　休克后期心脏功能降低，应用下列药物可增强心脏功能。

① 毛地黄制剂：可增强心肌收缩力，减慢心率，混于 5％葡萄糖盐水内静脉注入。

② 异丙肾上腺素和多巴胺：能增强心肌收缩力，缺点是加速心率。

（5）解除酸中毒　休克发展到一定阶段时，矫正酸中毒非常必要，轻度的酸中毒给予生理盐水，中度酸中毒则需用碱性药物，如碳酸氢钠、乳酸钠等。

（6）其他　外伤性休克常合并有感染，要给予广谱抗生素，同时配合皮质激素。

对休克动物要加强护理，使其保持安静，注意保温，给予充分饮水。

二、窦道和瘘

窦道和瘘是狭窄不易愈合的病理性管道，其表面被覆上皮或肉芽组织。窦道和瘘不同的地方是前者可发生于机体的任何部位，借助于管道使深在组织（结缔组织、骨或肌肉组织等）的脓窦与体表相通，其管道一般呈盲管状。而后者可借助于管道使体腔与体表相通或使空腔器官互相交通，其管道是两边开口。

1. 窦道

（1）病因　引起窦道的病因：一是异物随致伤物体一同进入体内，或手术时将结扎线、纱布和棉球等遗忘于创内所致；二是由于化脓性坏死炎症引起各种组织的坏死所致，深部创伤脓汁不能顺利排出，或不正确的使用引流疗法都可引起窦道的形成。

（2）症状　从体表的窦道口不断排出脓汁。窦道口下方被毛脱落，常附有干涸的脓痂。当深部存在脓窦且有较多的坏死组织时，脓汁量多且较稀薄，常混有组织碎片和血液。病程长时，窦道壁已形成瘢痕，且狭窄而平滑。新发生的窦道，管壁肉芽组织未形成瘢痕，管口常有肉芽组织赘生。

窦道在急性炎症期会有大量脓汁在窦道深部潴留，此时可出现明显的全身症状。陈旧性的窦道一般无全身症状。

（3）诊断　除对窦道口的状态、排脓的特点及脓汁的性状进行细致的检查外，还要对窦道的方向、深度、有无异物等进行探诊。探诊时可用金属探针、硬质胶管，有时可用消毒的手指进行。探诊时要小心细致，严防由于探诊造成的感染扩散和人为窦道发生。

（4）治疗　窦道的治疗主要着眼点是消除病因和病理性管壁，通畅引流以利愈合。

① 当窦道内有异物、结扎线和坏死组织时，必须用手术方法将其除去，在手术前最好向窦道内注入甲紫，使管壁着色易于手术进行。

② 当窦道口过小，管道弯曲，由于排脓不畅而潴留脓汁时，可扩开窦道，必要时可作反对孔或辅助切口，导入引流物以利脓汁的排出。

③ 窦道壁有不良肉芽或形成瘢痕组织者，可用腐蚀剂腐蚀，或用锐匙刮削或用手术切除。

2. 瘘

先天性瘘是由于胚胎期间畸形发育的结果。如脐瘘、膀胱瘘及直肠阴道瘘等。后天性瘘较为多见，是于腺体器官及空腔器官的创伤或手术之后发生的。动物常见的有胃瘘、肠瘘、食管瘘、腮腺瘘及乳腺瘘等。

（1）分类及症状　瘘可分为以下几种。

① 排泄性瘘：其特征是经过瘘的管道向外排泄空腔器官的内容物（尿、饲料、粪等）。除创伤外，也可见于食管切开、尿道切开、瘤胃切开、肠管切开等手术化脓感染之后。

② 分泌性瘘：其特征是经过瘘的管道向外排泄腺体器官的分泌物（唾液、乳汁等）。

（2）治疗

① 对肠瘘、胃瘘、食管瘘、尿道瘘等排泄性瘘管，必须采取手术疗法。作法是，用纱布堵塞瘘管口，扩大切开创口，剥离粘连的周围组织，找出通向空腔器官的内口，除去堵塞物，对内口进行部分切除或全部切除术，密闭缝合。手术中一定要防止污染新创面。争取一期愈合。

② 对腮腺瘘等分泌性瘘管，可先向瘘内注入甘油数滴，再撒布高锰酸钾粉少许，用棉球轻轻按摩，用其烧灼作用以破坏瘘管壁。一次不愈可重复应用。对腮腺瘘也可向管内用注射器在高压下灌注溶解的石蜡，而后装着绷带；还可将用 1％福尔马林浸泡的纱布条通入瘘管内放置 6h 后再取出，使管壁腐蚀后脱落，然后按化脓创处理即可。

三、溃疡

皮肤或黏膜上久不愈合的病理性肉芽创称为溃疡。溃疡与一般创口不同之处是愈合迟缓，上皮和瘢痕组织形成不良。

1. 发生溃疡的原因

（1）血液循环、淋巴循环和物质代谢紊乱；

（2）由于中枢神经系统和外周神经的损伤或疾病所引起的神经营养紊乱；

（3）某些传染病、外科感染和炎症的刺激；

（4）维生素不足和内分泌的紊乱；

（5）伴有机体抵抗力降低和组织再生能力降低的机体衰竭、严重消瘦及糖尿病等；

（6）异物、机械性损伤、分泌物及排泄物的刺激；

（7）防腐消毒药的选择和使用不当；

（8）急性和慢性中毒和某些肿瘤等。

2. 治疗

（1）单纯性溃疡　溃疡表面被覆盖蔷薇红色、颗粒均匀的健康肉芽。肉芽表面覆有少量黏稠、黄白色的脓性分泌物，干涸后则形成痂皮。溃疡周围皮肤及皮下组织肿胀，缺乏疼痛感。

当溃疡内的肉芽组织和上皮组织的再生能力恢复时，任何溃疡都能变成单纯性溃疡。保护肉芽，防止其损伤，促进其正常发育和上皮形成。因此，在处理溃疡面时必须细致，防止粗暴。禁止使用对细胞有强烈破坏作用的防腐剂。为了加速上皮的形成，可使用加 2％～4％水杨酸的锌软膏、鱼肝油软膏等。

（2）炎症性溃疡　临诊上较常见，是长期受到机械性、理化性物质的刺激及生理性分泌物和排泄物的作用以及脓汁和腐败性液体潴留的结果。

治疗时，首先应除去病因，局部禁止使用有刺激性的防腐剂。如有脓汁潴留时，应切开创囊排净脓汁。溃疡周围可用青霉素盐酸普鲁卡因溶液封闭。为了防止从溃疡面吸收毒素，亦可用浸有20%硫酸镁或硫酸钠溶液的纱布覆于创面。

（3）坏疽性溃疡　见于冻伤、湿性坏疽及不正确的烧烙之后。组织的进行性坏死和很快形成溃疡是坏疽性溃疡的特征。

此溃疡应采取全身和局部并重的综合性治疗措施。全身治疗的目的在于防止中毒和败血症的发生。局部治疗在于早期剪除坏死组织，促进肉芽生长。

（4）水肿性溃疡　常发生于心脏衰弱的患病动物及局部静脉血液循环被破坏的部位。肉芽苍白脆弱呈淡灰白色，且有明显的水肿。溃疡周围组织水肿，无上皮形成。

治疗主要应消除病因，局部可涂鱼肝油、植物油或包扎血液绷带、鱼肝油绷带等。禁止使用刺激性较强的防腐剂。应用强心剂调节心脏功能活动，并改善患病动物的饲养管理。

（5）蕈状溃疡　常发生于四肢末端有活动肌腱通过部位的创伤。其特征是局部出现高出皮肤表面、大小不同、凹凸不平的蕈状突起。

治疗时，如赘生的蕈状肉芽组织超出于皮肤表面很高，可剪除或切除，亦可充分挠刮后进行烧烙止血。有人使用盐酸普鲁卡因溶液在溃疡周围封闭，配合紫外线局部照射取得了较好的治疗效果。

（6）褥疮性溃疡　由于皮下组织的化脓性溶解遂沿褥疮边缘出现肉芽组织。坏死的肉芽组织逐渐剥离，最后呈现褥疮性溃疡。表面被覆少量黏稠黄白色的脓汁。上皮组织和瘢痕的形成都很慢。

平时应尽量预防褥疮的发生。已形成褥疮时，可每日涂擦3%～5%龙胆紫酒精或3%煌绿溶液。夏天应多晒太阳，应用紫外线和红外线照射可大大缩短治愈的时间。

四、坏疽

坏疽是组织坏死后受到外界环境影响和不同程度的腐败菌感染而产生的形态学变化。

1. 引起坏疽的主要原因

（1）外伤　严重的组织挫灭、局部的动脉损伤等。

（2）持续性的压迫　如褥疮、鞍伤、绷带的压迫、钝性疝、肠捻转等。

（3）物理、化学性因素　见于烧伤、冻伤、腐蚀性药品及电击、放射线、超声波等引起的损伤。

（4）细菌及毒物性因素　多见于坏死杆菌感染、毒蛇咬伤等。

（5）其他　血管病变引起的栓塞、中毒及神经功能障碍等。

2. 分类与症状

（1）干性坏疽　多见于机械性局部压迫、药品腐蚀等。坏死组织初期表现苍白，水分渐渐失去后，颜色变成褐色至暗黑色，表面干裂，呈皮革样外观。

（2）湿性坏疽　多见于坏死部腐败菌的感染。初期局部组织脱毛、水肿、暗紫色或暗黑色，表面湿润，覆盖有恶臭的分泌物。

3. 治疗

首先要除去病因，局部进行剪毛、清洗、消毒，防止湿性坏疽进一步恶化。使用蛋白分解酶除去坏死组织，等待生出健康的肉芽。还可用硝酸银或烧烙阻止坏死恶化，或者用外科手术摘除坏死组织。

对湿性坏疽应切除其患部（切除尾部、小动物四肢下端），应用解毒剂进行化学疗法。注意保持营养状态。

【复习思考题】

1.名词解释：创伤、挫伤、血肿、淋巴外渗、溃疡、坏疽、窦道和瘘。
2.制订一份牛新鲜污染创的治疗方案。
3.畜禽肉芽创的处理应注意哪些事项?
4.损伤并发症包括哪些?

第十六章 头、颈、腹部疾病

【知识目标】
1. 掌握常见头、颈、腹部疾病的发病特点、预防和治疗。
2. 掌握风湿病及直肠脱的病因、症状、诊断和防治。

【技能目标】
1. 能熟练进行动物结膜炎、角膜炎、扁桃体炎的诊断和治疗。
2. 能正确区分不同动物的脐疝、腹股沟疝和腹壁疝，并能熟知各种病的通路。
3. 能正确分析风湿病的发病原因，做好治疗和预防工作。

第一节 头、颈部疾病

一、结膜炎
动物的结膜炎是眼睑结膜和眼球结膜的浅层或深层的炎症。是一种常见多发病。

1. 病因

① 异物刺激：多见风沙、灰尘、谷壳、草屑及刺激性的化学药品等，进入结膜囊内引发疾病。

② 机械性损伤：受到鞭打、摩擦、硬固物体碰撞等。

③ 继发某些疾病：最常见的是流感、猪瘟、猪链球菌病、牛吸吮线虫病、牛传染性结膜角膜炎等。

2. 症状

（1）急性黏液性结膜炎 为结膜表层的炎症。病初结膜轻度充血呈红色，眼睑结膜肿胀；分泌物较少，呈浆液性。随病程发展，眼睑肿胀，增温，怕光，眼球结膜亦充血。有多量黏液性分泌物蓄积于结膜囊内或附着于眼内角部。继发角膜感染时，炎症可波及角膜上皮而呈现蓝色或灰白色混浊。

（2）化脓性结膜炎 症状重剧，疼痛剧烈，肿胀严重，有的睑裂变小，有的眼睑肿胀外翻；眼内流出多量黄色纯脓性分泌物，有的较黏稠使上下眼睑黏合在一起。多继发角膜炎。

3. 治疗

治疗原则：消除病因，抗菌消炎，镇痛避光，对症治疗。

有异物侵入时，可用 3％硼酸溶液清洗患眼，并涂以抗生素软膏。注意避光，可待在暗室或室内，必要时带眼罩。

初期可冷敷患眼，中后期可用药液温敷，但化脓时不可温敷。

用加有青霉素 40 万国际单位的 0.5％普鲁卡因液 10ml，进行眼底封闭，每日 1 次，效果良好。

继发感染时要积极治疗原发病。

二、角膜炎
角膜炎是角膜上皮的炎症。临床分为浅在性角膜炎、深在性角膜炎和化脓性角膜炎，严重的可发生角膜穿孔。如治疗不及时转为慢性时则形成角膜翳，使角膜失去透明而失明。

1. 病因

（1）外伤性　鞭打、摩擦、树枝刺挂等。

（2）化学性　酸碱的烧伤和药物的刺激等。

（3）继发性　常继发于结膜炎、周期性眼炎、流感、牛恶性卡他热以及维生素 A 缺乏等。

2. 症状

角膜炎的一般症状是：怕光、流泪、疼痛、结膜充血肿胀、眼睑闭合、角膜混浊等。

（1）外伤性浅在性角膜炎　角膜上皮出现缺损，表面粗糙，呈灰白色混浊，容易吸收；一般症状轻微。

（2）外伤性深在性角膜炎　角膜损伤部周围呈弥漫性混浊，有时波及全角膜，并有血管增生。此混浊不易全吸收，易留瘢痕。一般症状较重。有时易与虹膜发生粘连。角膜穿孔时角膜全层和眼前房贯通并流出眼房液，易引发虹膜炎和睫状体炎，甚至因感染而发生化脓性全眼球炎。

（3）慢性角膜炎　在角膜面上留有白斑及色素斑，呈点状、线状或云雾状，周围有血管生长，其混浊程度不等，人们称此为角膜翳。这种角膜翳如果遮挡瞳孔，则会产生视力障碍。

3. 治疗

治疗原则：抗菌消炎，避光镇痛，促进吸收，对症治疗。

① 首先用 3％硼酸液对角膜进行冲洗或湿敷，然后再用抗生素点眼或涂抗生素软膏。

② 0.5％普鲁卡因液 10ml 加青霉素 40 万国际单位，作眼底封闭，无化脓时加激素类药物更好。

③ 为防止虹膜粘连，可用 1％阿托品液点眼。

④ 为消散混浊，可向眼内吹入甘汞粉，每天 1～2 次；也可涂黄降汞软膏。

⑤ 为减少光线刺激和让眼睛得到充分缓解及休息，可装置眼绷带。

三、面神经麻痹

面神经麻痹是面神经本干及其分支（颊背神经、颊腹神经、耳后神经和耳神经等），在各种致病因素的影响下，所发生的传导功能障碍。

1. 病因

致病因素包括脓肿、血肿、肿瘤、异物或笼头等压迫；横卧保定时，头部固定不确实，以致发生挫伤；创伤时，伤及神经或神经被切断；面神经附近组织的炎症蔓延于面神经上；在脑炎、流感、传染性胸膜肺炎、血斑病，以及中毒性疾病的经过中，均可发生面神经麻痹。面神经麻痹多发生于马属动物，而牛、犬和猪则较少见。

2. 症状

一侧性面神经全麻痹，患侧耳和上眼睑下垂，鼻孔狭窄，上唇及下唇歪斜于健侧，呈现歪嘴。

一侧性颊背神经麻痹时，则不发生耳及眼睑肌的麻痹，仅患侧上唇麻痹且倾斜于健侧，患侧鼻孔狭窄。

一侧性颊腹神经麻痹时，仅仅表现为患侧下唇下垂和倾斜于健侧。

两侧性面神经全麻痹时，两侧耳及上眼睑下垂，鼻孔塌陷，唇下垂。此时，呼吸、采食及饮水都发生困难，表现为流涎，不能用唇采食，咀嚼音低，两侧颊腔有大量草团蓄积等。两侧性颊背神经麻痹时，上唇及鼻翼麻痹，鼻孔狭窄，上唇下垂，采食困难。

牛面神经麻痹时，因唇厚而致密，故下唇下垂及上唇倾斜不明显，其特征为反刍时一侧流涎。

3. 治疗

治疗原则：消除病因，兴奋神经，恢复功能，防止肌肉萎缩。

（1）应用神经兴奋药　患侧耳下四横指处的面神经经路的皮下，注射 20％樟脑油 10ml，隔日 1 次，3～5 次为一个疗程；注射硝酸士的宁 0.01～0.03g，每天 1 次或隔天 1 次；注射维生素 B_1 液 5ml，每天 1 次或隔天 1 次，以上药物可交替应用。

局部沿面神经径路涂搽10％樟脑酒精，用药前可局部按摩。

（2）针刺及电疗

① 针刺开关、锁口、上关和下关穴位。

② 水针疗法：开关、锁口、上关和下关等穴位，注射10％～25％葡萄糖液10～40ml，隔日1次。

③ 电针疗法

取穴：开关、锁口、分水、抱腮（在面嵴下约1cm，咬肌前缘后方约0.7cm处凹陷部咬肌内。左右侧各一穴）。

针法：开关，向后上方刺入1cm；锁口，向后上方刺入0.7～1cm；分水，直刺0.3～0.5cm；抱腮，向后上方刺入0.3～0.7cm。

电疗时间：每日1次，每次1～2组（两个穴为一组），每组电针20～30min。

（3）治疗原发病　因其他疾病引起的面神经麻痹，需对原发病进行有效的治疗。

四、牙齿疾病

临床常见牙齿磨灭不整。

草食动物的咀嚼运动为左右侧方运动，咀嚼面每年平均磨2mm。由于种种原因造成的牙齿磨灭不整，严重地影响咀嚼功能，往往发生颊黏膜和舌的损伤。如久不治疗，由于长期咀嚼饲料不完全和消化不良，常发生营养不良，致使体质瘦弱，抵抗力降低。

健康马、骡上臼齿的外缘向外方超过于下臼齿的外缘，而下臼齿的内缘，则向内超出于上臼齿的内缘。这样，上、下臼齿的咀嚼面是由内上方倾斜于外下方。

牙齿磨灭不整常见的有锐齿、过长齿和波状齿。锐齿多发生于老龄及患骨质疾病的马匹、下颌齿列的先天性过度狭窄、口腔的疼痛性疾病等。当锐齿异常延长时，常称为剪状齿。当病臼齿过度磨灭或拔除后，相对的臼齿磨灭减少。上下齿列前后位置不完全适应时，可发生过长齿。由于臼齿的齿质坚硬度不同，易使臼齿磨灭面形成高低不平的波状，称为波状齿。

1. 症状

（1）锐齿　以咀嚼障碍、齿缘尖锐、颊或舌创伤和患畜消瘦为特征。患畜咀嚼时，头部偏斜于一侧，浸润唾液的食团常吐于口外，缺乏正常的咀嚼音。口腔内视诊可见齿缘尖锐，上臼齿的外缘常损伤颊黏膜，下臼齿的内缘则损伤舌侧面。

（2）过长齿　临床上多见于第一前臼齿或第三后臼齿。当下颌臼齿过度增长时，往往能损伤硬腭，甚至有时可穿透该部骨面，形成瘘管。

（3）波状齿　通常为相对两列臼齿同时发生。在各齿列中下颌第一后臼齿最短，而相对的上颌第一后臼齿则最长，各异常齿的前邻的臼齿也渐次的增高或减短，因之下颌臼齿的齿冠列呈凹波形，上颌臼齿的齿冠列呈凸状，使咀嚼面呈凹凸不平的波状。波状轻微时，常不影响咀嚼功能。经过较久时，短齿可磨灭至齿龈部，甚至更短，此时引起咀嚼不全、疼痛，可诱发齿髓炎、齿槽骨膜炎和颌窦炎。

2. 治疗

对锐齿和波状齿，可用齿锉将其尖锐部分和突出部分进行修整。

对过长齿，先用齿剪或齿锯、凿子等除去过长部分，再用齿锉将其修平。

如发生牙齿坏疽时，可用齿钳拔除病牙后，于创口撒入碘仿磺胺粉，再用浸润防腐消毒药的纱布或棉球填充。术后应用0.1％高锰酸钾液洗涤口腔。如颊黏膜或舌侧面损伤时，可涂碘甘油或龙胆紫液等。

五、咽麻痹

咽麻痹是由支配咽部运动的肌肉和神经（迷走神经分支的咽支或其中枢）发生功能障碍所致。基本特征为吞咽困难。临床多见于犬。

1. 病因

脑部疾病多见于脑炎、脑脊髓炎、脑肿瘤、脑挫伤等常引起咽麻痹；在狂犬病和肉毒梭菌中毒的经过中也可出现咽麻痹。

2. 症状

病犬突然失去吞咽能力，食物和唾液从口鼻流出，咽部有水泡音，触诊咽部时无肌肉收缩反应。因误咽可造成异物性肺炎，临床可有咳嗽和呼吸困难的表现。

3. 治疗

无特效疗法，应积极治疗原发病。可静脉或胃管补给营养。兴奋神经可用硫酸新斯的明 0.5mg/kg 体重，经口给予，每日 3 次；也可在下颌间隙咽前部注射硝酸士的宁，每次 0.2ml，每天 1 次，和注射维生素 B_1 注释液，每次 1ml（每天 1 次）交替应用。

六、扁桃体炎

扁桃体是咽喉部的集合淋巴结，起重要的防卫作用。罹患咽炎和上呼吸道感染时极易波及扁桃体，引发扁桃体炎。此病多见于犬。

1. 病因

冰冷食物的刺激、尖锐异物的刺入、严重的细菌感染等都会引发扁桃体炎；咽炎和上呼吸道感染极易引发扁桃体炎；肾炎和关节炎等也可并发扁桃体炎。犬瘟热时可发生一过性扁桃体炎。

2. 症状

① 急性扁桃体炎：多发生于 1 岁以上的成犬。体温升高，精神沉郁，食欲废绝，流涎，咳嗽，呕吐，打哈欠，频频摇头。打开口腔可见到扁桃体肿大，突出，呈暗红色。

② 慢性扁桃体炎：多发生于幼犬。常反复发作，间隔时间不定。病犬高度营养不良，消瘦；扁桃体肿大突出，易出血；时有咳嗽和呕吐。

3. 治疗

治疗原则：抗菌消炎，消肿止痛，对症治疗。

（1）用含 320 万国际单位青霉素的 0.5％普鲁卡因液 20ml，作咽喉部封闭注射；也可全身应用广谱抗生素。

（2）口腔内局部涂布鱼肝油，咽喉部位可施行热敷。

（3）慢性扁桃体炎反复发作时，可行扁桃体摘除手术。

第二节 腹 部 疾 病

腹腔脏器连同腹膜，通过自然孔道或异常孔道进入另一腔洞或皮下时，称为疝，又叫赫尔尼亚。各种家畜和小动物均可发生。

一、疝的组成与分类

1. 疝的组成

疝由疝孔（轮）、疝囊、疝内容物三部分组成（见图 16-1）。

疝孔是疝内容物及腹膜脱出时经过的孔道，可能是自然解剖孔的异常扩大，也可能是腹壁肌肉缺损。

疝囊通常由腹壁、腹膜和皮肤构成。

疝内容物多为小肠和网膜，有时是盲肠，较少见到子宫、膀胱和胃。

2. 疝的分类

（1）按疝的发生时间分　疝有先天性和后天性之分。先天性疝多见于幼畜，是自然解剖孔先天性扩大引起的。后天性疝常因外伤和腹压过大而发生。

（2）按疝内容物的活动性分　当动物体位改变或用

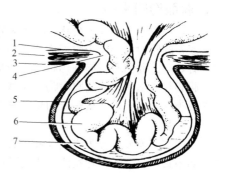

图 16-1　疝构造模式图
1—腹膜；2—肌肉；3—皮肤；4—疝轮；
5—疝囊；6—疝内容物；7—疝液
（引自：王洪斌. 家畜外科学. 2002）

手推送内容物时，内容物能通过疝孔还纳于腹腔内的叫可复性疝；如因疝轮过小，疝内容物与疝囊粘连时，称为粘连性疝；如疝内容物嵌闭在疝孔内，使脏器遭受压迫，造成局部血液循环障碍甚至发生坏死，出现一系列症状时，则称为嵌闭性疝。

（3）按疝的发生部位分　最常见的疝有脐疝、腹股沟阴囊疝和外伤性腹壁疝。

（4）按疝部是否突出体表分　凡突出体表者叫外疝（如脐疝）；凡不突出体表者叫内疝（如膈疝、网膜疝）。

二、脐疝

各种家畜均可发生，但仔猪、犊牛为多见。

1. 病因

脐疝多为先天性，后天发生者较少。脐孔的闭锁不全或腹壁发育有缺陷，为形成脐疝的内因；人工助产时高位扯断脐带，产后幼畜便秘、努责，使腹内压增大也容易引起本病。

2. 症状

在脐部有界限明显的半球形柔软无疼痛的肿胀，肿胀可随腹内压增大而增大。多数为可复

图 16-2　猪脐疝
（谢拥军摄）

性，易触到脐孔。肿胀的大小与患病家畜的种类有关。幼驹、犊牛的脐疝，可由鸡蛋大到人头大；猪的脐疝开始有葡萄大小，后发展到乒乓球或拳头大小。听诊时可听到肠蠕动音。当发生嵌顿性脐疝时，家畜表现不安、腹痛等全身症状（见图16-2）。

3. 治疗

手术疗法最佳。

（1）可复性脐疝　仔猪倒提或仰卧保定。局部消毒和麻醉后，在疝囊基部靠近脐孔处纵向切开皮肤，最好不要切开腹膜，稍加分离后可还纳内容物，在靠近脐孔处结扎腹膜，多余部分予以切除。对疝轮做钮孔状缝合，疝轮较大的要补充结节缝合。对病程较长的疝轮，在缝合前应将疝轮边缘切除或划破，造成新鲜创面再缝合。

（2）嵌闭性脐疝　先在突出的皮肤上切一小口，在不伤及内容物的前提下，一手指伸入囊内探查内容物的种类、是否粘连、是否有坏死等病变。用手术剪适度剪开疝轮，暴露内容物，剥离粘连部。如果发现肠管坏死要及时做肠管切除术和吻合术。严格消毒后将肠管还纳回腹腔并注入适量抗生素。用结节或钮孔状缝合疝轮，结节缝合皮肤，装压迫绷带。

术后不宜喂得过饱，应限制病畜做剧烈活动，以防止腹压增高。

三、腹股沟阴囊病

本病多发生于公马与公猪，其他家畜少见。

家畜的腹股沟管位于腹壁内靠近耻骨部，由腹内斜肌和腹外斜肌构成一漏斗状的裂隙。腹股沟管朝向腹腔面有一椭圆形腹股沟内环，而朝向阴囊面有一裂隙状的腹股沟外环。

腹膜与腹横肌膜通过腹股沟管从腹腔下行到阴囊，这两层膜构成总鞘膜。睾丸即下行于总鞘膜腔中，总鞘膜外面紧贴着阴囊。腹股沟管是精索通过的地方。

1. 病因

腹股沟阴囊疝可分为先天性和后天性两种。先天性多见于幼畜，主要是腹股沟内环过大，肠管（如小肠、小结肠、骨盆曲）或网膜进入总鞘膜腔中，且多为可复性阴囊痛。后天性的主要由于过沟、跳跃、交配时的用力，腹痛、努责、滑倒、横卧保定时后肢前方转位等，使腹股沟内环弹力性扩大而发生，且多为嵌顿性阴囊疝（见图16-3）。

2. 症状

（1）可复性阴囊疝　一侧性可复性阴囊疝，可见患侧阴囊柔软并可感到内有肠管，无疼痛反

应。用手托着阴囊底部向腹腔内推压，或倒提动物可以将内容物还纳于腹腔内。在幼驹隔着皮肤可触及到扩大的内环。能进行直肠检查的家畜，在直肠检查时，手在直肠内牵拉脱出至阴囊内的肠管，可以顺利地牵引至腹腔内，并可发现扩大了的内环，一般均在三指宽以上。

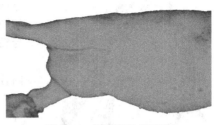

图 16-3 猪腹股沟阴囊疝
（谢拥军摄）

阴囊的大小则随腹压大小而改变。

当可复性阴囊疝发生嵌顿时，则呈嵌顿性阴囊疝的症状。

当两侧阴囊发生可复性阴囊疝时，则两侧阴囊均表现为上述症状。

（2）嵌顿性阴囊疝　当疝内容物发生嵌顿后，患畜即表现为剧烈腹痛症状，不安、打滚，患侧阴囊增大而下垂，阴囊皮肤紧张而呈坚实样弹性，阴囊皮肤温度降低，出冷汗。经4～6h后阴囊皮肤发生水肿，以后水肿可蔓延至健侧阴囊。患畜运动时，两后肢开张，步态紧张，疝痛显著，呼吸、脉搏增数，随着炎症发展则体温升高。经10～12h后，患畜疝痛症状逐渐减轻到消失，说明嵌顿处肠管坏死和病畜出现了毒血症。此时，患畜脉搏快速而微弱，呼吸迫促，体温升高，结膜发绀，精神极度沉郁。阴囊部水肿严重，皮温下降而有冰冷感，用针头穿刺阴囊病部可抽出污红色臭水。

直肠检查，可发现肠管进入腹股沟内环内，用力牵拉，无移动性且患畜敏感、疼痛。

3. 治疗

手术疗法是根治性的方法。

（1）阴囊外侧方切开法　确实保定和局部消毒后，于阴囊外侧方做一斜切口（切口方向为后上前下，应与鞘膜管方向一致），切口前端为精索部皮肤与腹底壁皮肤交界处，切口后端为阴囊外侧方。

于切口处沿鞘膜精索的方向切开皮肤，依次切透肉膜及筋膜和睾外提肌，而不切开总鞘膜。剥离总鞘膜与阴囊肉膜的关系，使总鞘膜从阴囊内游离出来。分离总鞘膜至内环处，将总鞘膜和睾丸一起沿精索纵轴扭转1～1.5圈。必须确实将肠管还纳腹腔后才能将总鞘膜和睾丸一起扭转。为此，助手的手可伸入直肠内，于患侧腹股沟内环处将肠管牵引至腹腔内，并用手堵住内环，以防脱出。然后，高位贯穿结扎总鞘膜和精索，在结扎线下方1.5～2cm处一并切除总鞘膜和精索，并将鞘膜及精索断端送至内环处，用缝线将其固定在内环两侧缘上。阴囊皮肤结节缝合。

如是嵌顿性阴囊疝时，可切开总鞘膜，暴露鞘膜腔及疝内容物，按嵌钝性疝的处理方法处理。

（2）腹股沟内环切开法　此法多用于猪，而且效果非常确实。将猪后肢朝上头向下确实保定，局部消毒。在患侧倒数第一对乳头旁开2cm处切开皮肤至腹膜，暴露腹股沟内环、精索和疝内容物。将脱至阴囊的内容物从上方阴囊向下通过腹股沟管牵引至内环并送入腹腔。然后结节缝合闭合内环，结节缝合皮肤切口，消毒后打结系绷带。

四、外伤性腹壁疝

1. 病因

外伤性腹壁疝是因腹壁受到钝性暴力作用所致。如摔倒在木桩或石头上、马的蹴踢、牛角抵撞等，都可引起腹肌的破裂。腹内脏器通过破裂口脱出至皮下形成疝。

2. 症状

外伤性腹壁疝的初期，患部呈局限性肿胀，触诊肿胀部柔软而疼痛。可触知腹壁肌肉断裂程度，疝轮的形状多为圆形、椭圆形和不规则的裂隙状。

损伤后1周左右，炎症剧烈，肿胀增大，多呈半球形或扁平隆起，与周围界限不十分清楚。触之稍硬、增温、疼痛明显，患侧腹下出现水肿，严重者水肿可向胸前蔓延。直肠检查手能到达

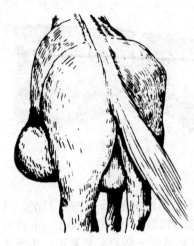

图 16-4 腹壁疝
(引自：王洪斌. 家畜外科学. 2002)

患部时，可摸清疝轮的形状和大小。局部炎症消退后，疝囊与周围组织有明显的界线，此时可触摸到疝轮。疝囊的大小与腹壁损伤的程度有关。

可复性疝时压迫疝囊可使疝内容物还纳入腹腔内；当疝内容物与疝囊粘连时，疝内容物不能完全还纳入腹腔；当疝发生嵌顿时，则患畜表现腹痛、卧地、脉搏增数及体温升高等全身症状。皮肤紧张，按压疼痛。疝轮摸不清楚。穿刺疝囊，可抽出血样液体（见图 16-4）。

3. 治疗

可分为保守疗法（绷带压迫法）和手术疗法。

（1）绷带压迫法　对新发生的腹壁疝且部位比较靠上者，因局部张力不大用压迫法使疝轮闭锁而修复。先将疝内容物完全还纳于腹腔内，在患部覆盖厚棉垫一块，将竹帘或硬纸壳压在棉垫上，用绷带在竹帘或硬纸壳外面经背腹部缠绕数周拉紧固定。为防止滑脱可将缠绕好的绷带再用卷轴绷带自腹部两侧向前牵引至颈部固定。经常检查压迫绷带，防止绷带移位。

（2）手术疗法　手术时间应根据外伤性腹壁疝的炎症情况而定。在急性炎症发展期不宜进行手术。此阶段手术易导致并发症。急性炎症消退的时间一般需 5 周。因此，手术时间要么就在发病后的 1～2 天内进行，要么就要推迟到 1 个月。病畜发病后 1～2 天就诊者，手术比较合适，这样可以大大减少疝内容物和疝囊的粘连以及发生肠嵌顿的机会。

① 术前准备、保定及麻醉：同开腹手术。

② 常规切开疝囊：切开疝囊前首先还纳疝内容物，然后提起疝囊壁，沿疝囊的纵轴切开，并扩大切口至所需要的长度。当疝内容物与疝囊粘连时，切开疝囊过程中要千万注意不要误伤肠管。如脱出的肠管与疝囊发生粘连时，应仔细剥离。不超过 3 周的粘连，仅以手指即可较容易剥开。陈旧性的粘连需用钝头弯剪，小心地在肠管与疝囊粘连部紧贴囊壁进行锐性剥离。剥离完毕，用生理盐水冲洗肠管上附着的血凝块，涂以土霉素软膏，还纳回腹腔。

③ 闭锁疝轮：由于发病时间及疝轮形状和大小不同，闭锁疝轮的方法也不完全相同。先将腹膜和腹横肌一起做连续缝合；对疝轮作双钮孔状缝合，然后以结节缝合补充；皮肤做结节缝合，消毒后打压迫绷带。

第三节　风　湿　症

风湿症是肌肉胶原组织的急性或慢性非化脓性炎症。风湿症常侵害的部位有骨骼肌、关节、心脏及蹄部。本病的特征为：复发性、游走性、对称性、疼痛性和随运动而见轻。

一、病因

一般认为风湿症是一种变态反应性疾病，与 A 型溶血性链球菌感染有关。畜舍潮湿冰冷、贼风侵袭、体弱过劳、汗后雨淋等均可诱发本病的发生。

二、症状

1. 急性颈风湿症

颈部肌肉的风湿性肌炎。表现为低头困难，斜颈，肌肉僵硬，触诊疼痛。

2. 急性背腰风湿症

受害肌肉主要为背最长肌和髂肋肌，有时也波及腰关节。临床多为慢性经过。腰背拱起，肌肉僵硬，凹腰反射减弱或消失；后肢运动强拘、不灵活，呈黏着步样，开始运动特别明显；卧地后起立困难；经运动后明显见轻。

3. 急性臀股风湿症（后肢风湿）

该部肌肉僵硬、疼痛，运步缓慢，黏着步样，跛行明显。

4. 全身风湿症

当头颈、背腰及四肢同时发病时，病畜全身肌肉强拘、僵硬、不灵活。有时表现为类似破伤风样症状。

三、治疗

治疗原则：抗炎，抗肿，抗风湿。

（1）水杨酸钠疗法　此法使用越早越好。

10％水杨酸钠 200～300ml，一次静脉注射。每日 1 次，连用 3 次。

撒乌安注射液（10％水杨酸钠 150ml，40％乌洛托品 30ml，10％安钠咖 10ml），静脉注射，每日 1 次，连用 3 天。

（2）激素疗法　0.5％地塞米松溶液，每次用量 20ml，混入 5％葡萄糖液中静脉注射。

（3）醋酒灸法　适用于背腰风湿。在患畜背腰部铺上 8～10 层草纸，浸透食醋液，此上浇匀白酒或 70％酒精，点燃后蒸腾。醋干浇醋，酒干撒酒，直到患畜出汗不安为止，乘火未灭盖以麻袋以保暖。治疗效果很好。

（4）红外线照射　每日 1 次，每次 30min。

（5）中药疗法　常用独活寄生散和通经活络散。

第四节　直 肠 脱 出

直肠脱出是指直肠后段全层肠壁或部分黏膜脱出于肛门外的疾病。全层肠壁脱出为直肠脱；部分黏膜脱出为脱肛。严重的病例往往并发直肠前段或小结肠套叠。体弱的马、猪较多见。

一、病因

主要是病畜强烈努责，如长期腹泻、便秘及直肠炎等。体弱母畜分娩时更易发生。促发本病的因素多为直肠黏膜下层与肌层结合松弛或直肠壁与周围组织结合松弛及肛门弛缓等。

二、症状

1. 脱肛

直肠后段黏膜脱出于肛门外，在肛门后面出现暗红色半球状突出物，黏膜常发生水肿和干裂，水肿液流出；或形成褐色纤维性薄膜附着在表面。脱出的黏膜易受损伤、感染和坏死。在习惯性脱肛病畜，多在排粪或横卧时直肠黏膜脱出，排粪后或站立时慢慢缩回肛门内。

2. 直肠脱

后段直肠全层肠壁脱出于肛门外，在肛门后面形成向下垂的暗红色圆柱状突出物。有时前段直肠或连同小结肠套入脱出的直肠内，此时在肛门后面形成的圆柱状突出物，比单纯性直肠脱硬而厚。手指伸入脱出的肠腔内，可摸到套入的肠管，有时套入的肠管突出于脱出的直肠外。

三、治疗

1. 整复脱出肠管

对新发生的病例，应用 0.1％高锰酸钾溶液或 2％明矾水热敷，随后将脱出的黏膜或直肠还纳入肛门内。同时应用补中益气汤有良好的效果。

【处方】

黄芪 50g，白术 50g，陈皮 40g，升麻 50g，柴胡 35g，党参 50g，当归 50g，甘草 25g。共为末，开水冲，候温灌服。

对于习惯性脱肛可试用电针治疗，针刺百会、后海两穴或在后海穴两侧旁开 0.7cm，各刺一针，斜向前内刺针深达 1cm，而后通电。

2. 固定肛门

经还纳后直肠仍继续脱出的病例，可行肛门的烟包缝合，经 5～7 天即可拆除缝线。也可在距肛门边缘 1～2cm 处，左、右、上三点，每点皮下注射 10％氯化钠溶液 15～30ml 或注射普鲁卡因酒精液（2％普鲁卡因液 3～5ml，70％酒精 3～5ml），使局部皮下发生炎性水肿，以防再脱出。

【复习思考题】

1. 名词解释：疝、风湿症。
2. 如何正确处置结膜炎和角膜炎？
3. 可复性疝和嵌钝性疝的临床表现有哪些？
4. 风湿症的五大特征是什么？

第十七章　四肢疾病

【知识目标】
1.掌握跛行、骨折和关节疾病的发病特点、预防和治疗。
2.理解腱、腱鞘、黏液囊疾病和蹄部疾病的病因、症状、诊断、防治。

【技能目标】
1.能熟练进行跛行的诊断。
2.能正确分析骨折和关节疾病的临床表现，据此作出诊断，并提出合理的治疗措施。
3.能正确诊断和治疗动物腱鞘炎和蹄部疾病。

第一节　跛　　行

动物的肢体或邻近部位，由于疾病的原因而使四肢的运动功能发生障碍，在临床上出现的异常步样称为跛行。

一、病因与种类

1.跛行的原因

动物运动器官发生障碍的原因，大致有下列四种。

（1）四肢及其邻近部位的疼痛性跛行　动物四肢的任何组织与器官发生疼痛性疾病均能造成患肢的运动障碍，这是临床上最常见的原因。这种跛行有的会留有后遗症，如关节粘连，肌肉、腱、韧带的短缩或断裂，骨瘤，骨折部的愈合不良等。

（2）四肢神经的麻痹性跛行　当肢体的某一神经（如肩胛上神经、桡神经、坐骨神经、股神经、胫神经、腓神经等）发生麻痹时，被其所支配的肌肉则产生功能障碍或完全消失而引起跛行。

（3）营养性跛行　因缺乏某种营养成分而导致肢体运动障碍，称为营养性跛行。如由于严重缺钙引发的跛行等。

（4）风湿性跛行　由于背腰部肌肉、臀股部肌肉、四肢部肌肉受到风寒湿的侵袭而发生的运动障碍，在临床上称为风湿性跛行。

2.跛行的种类

跛行的种类在跛行诊断上有很重要的实际意义。因为，当跛行患畜确定了其跛行种类之后，在多数情况下，就说明了该病的本质和性质，并便于建立正确的诊断。

首先应了解健康肢运动中的正常状态。一般健康动物慢步行进时是以一肢为支柱支持前进中的体重。而对侧的另一肢则提举、伸扬形成促进前进的一种摆动运动，前者称为支柱肢（或负重肢），后者称为运动肢（或悬垂肢）。此时，其一肢的提伸作用与另一肢的支柱作用，是同时起同时止，不论两前肢或者两后肢，均以此种状态交互前进。

动物在运动时，运动肢的前后两蹄迹间的距离（即由提举到落地中间的距离）叫做一步，也就是一个步幅。该一步被其对侧的支柱肢的蹄迹分为前、后两部分。其位于支柱肢蹄迹前方的部分称为前半步，而在它的后方的部分则称为后半步。

无跛行动物运步时，其一步的前后两个半步都是相等的，并且肢的各步之间的距离，同样都是相等的。当一肢患病时，因患肢的提伸作用或支柱作用发生了功能障碍，故患肢的前半步或后半步也就发生了变化，即两半步中的一个半步可能比正常时较短，而另一个半步又变得比较长。在跛行诊断时，即可根据患肢一步中前后两半步的变化状态来确定跛行的种类。但是，即便是跛行患畜，其患肢与对侧健肢的一步幅的长短，必定仍然相等。这是由于当肢的提伸作用受到障碍时，可借助支柱作用得到补助；相反，当肢的支柱作用受到障碍时也要依赖提伸作用得以补助。

根据患肢运动功能障碍的实质，跛行可分为三类：即支跛、运跛、混跛。

（1）支跛（支柱肢跛行） 运动时患肢落地负重的瞬间，在支持体重上出现功能障碍者称为支跛。

发生支跛的动物，因患肢落地负重时感到疼痛，故其对侧健肢的提举与伸扬均较正常运动时变的迅速，而且提前落地以解脱患肢负重疼痛。总之，支跛的特点为负重期短缩，及呈现后方短步。重度支跛，有时患肢完全不负体重而以三肢跳跃。

肢下部关节、腱、韧带及蹄等部位发生疼痛性疾病时皆出现支跛。另外，当关节固定肌（如肘肌、股四头肌）及分布在这些肌肉上的神经（桡神经、股神经）麻痹时，由于不能固定或支持各肢，也出现支跛。

（2）运跛（运动肢跛行） 患肢的提举伸扬出现功能障碍时，称为运跛（或悬跛）。运跛的特点是患肢运行缓慢，提伸不充分，前半步短缩（前方短步）。重度运跛可看到患肢完全不能提伸而拖曳前进。

当提伸肢的肌肉及筋膜发病时，经常出现运跛，位于肢的上部关节。黏液囊及神经丛的疾病，也能发生运跛。

（3）混跛（混合跛行） 患肢的提举、伸扬及负重均出现功能障碍时称为混合跛行。混跛的特点是前后两半步的长度常常不易明显区分。有时前长于后，或有时后长于前。混跛多见于肢的支柱和运动器官同时均受侵害时；肩关节、股关节、髋关节、膝关节，以及某些黏液囊的疾病时；四肢上部骨折、肌肉及神经麻痹时；又当同时在肢的上部及下部均患有带疼痛性疾病时，都能看到此种跛行。

二、跛行程度的判定

当诊断四肢疾病时，除了确定患肢的种类以外，还必须确定其程度，借以判知被害器官损伤的严重性。根据患肢功能障碍的轻重，将跛行分为三度。

1. 轻度跛行

患肢的蹄底虽能全部着地，但负担的时间比较健肢为短，患肢的运步失调。

2. 中度跛行

患肢的蹄底部踏着不完全且负重时间较短，或患肢提伸很受限制，不能充分提起及伸出。

3. 重度跛行

病畜几乎不能以患肢负重，仅以三肢跳跃前进，或患肢提伸甚是困难，呈拖曳状态前进。

三、跛行诊断法

确诊四肢疾病，是外科临床实践活动中最主要的任务之一。因为合理的治疗是建立在正确诊断的基础上，不能正确的诊断，就不能合理的治疗。四肢疾病的特点是疾病繁多和发病部位复杂。因此，要想解决引起患畜跛行的原因，并不是一件容易的事。不经过系统的、仔细的和全面的检查，常常是不能达到确诊的目的。

1. 调查病史

在对病畜进行现症检查之前，首先将患畜病前的情况进行调查综合，作为诊断时的参考。由于很多四肢疾病的发生，都不是偶然的，它与外环境条件及动物本身的情况有着密切的关系，而且很多疾病都有其自己的发生、发展规律。知道了这些情况，就有可能帮助诊断者了解疾病发生的原因、性质及发病部位。所以调查病史对疾病的确诊有很重要的意义，必须认真执行，并力求详细具体。

在调查病史时应注意以下几个问题。

① 动物患病前的饲养管理条件怎样？

② 跛行出现的时刻是否受到过机械性损伤？

③ 跛行是突然发生还是逐渐发生的？其初期有何表现？经过时间多久？现在是减轻了还是加重了？

④ 跛行随运动而逐渐减轻还是加重？

⑤ 跛行后是否经过治疗？用何种方法治疗？效果如何？

⑥ 病畜最后一次装蹄是何时进行的？

将上述调查的材料记录在病志上。

2. 全身检查

在大多数情况下，尽管跛行是由于直接在肢体组织内发生局限性的病理变化所引起，但是局部病变也能引起全身状态的改变，或者这些局部病变就是由于全身疾病所引起的。因此，当检查跛行时，对动物进行全身检查，不论是在配合其他诊断检查上，还是在说明影响动物四肢功能障碍的原因上，都具有重要的临床意义。

当进行全身检查时，应注意动物的体况、营养状况、精神类型、年龄及体温、呼吸、脉搏等也是必要检查之内容。

3. 站立检查

对动物已进行病史调查及全身检查后，即可着手站立检查。其目的在于观察动物的站立肢势、负重状态和局部有无异常，借以发现引起跛行的病变部位。当患肢伸向前方时，其病变可能存在于蹄前或蹄尖部（蹄叶炎等）或肩关节等；若患肢踏向后方时，则病变多半局限于蹄的后部、屈腱部、指部腱鞘等；患肢在站立时如果显著向外踏出，病变可能存在于关节外侧韧带、蹄外侧部、冈下肌等部位；患肢的内踏，见于关节内侧韧带、蹄内侧部、肩脚下肌及大圆肌的疾病等。由此可知，根据这些异常站立的肢势，不仅借此确定患肢，而且还可以进一步推测出病变的部位及跛行的原因。当全骨折，关节、骨、腱鞘的化脓性炎症时，肌肉、屈腱及韧带断裂时，有时患肢可完全不负重，而呈悬垂状态或经常移动患肢。

当轻度跛行时，表面上看不出异常站立的肢势，但仔细观察可看到患肢腕关节不紧张，球节下沉不充分，根据这些现象也可以确定患肢。

注意事项：患病动物初到门诊后应休息 30min 后方能检查。因为有的疾病，其跛行可随运动而减轻，也有的跛行可随运动而加重。只有让动物充分休息后才能检查出真实的情况。同时还应注意左右两肢的比较对照，这对于肿胀、萎缩、变形的判定是极其重要的。

4. 运动检查

运动检查主要有三：首先是确定患肢，中度和重度跛行在站立检查时就可看出，但轻度跛行只能在运步视诊时才能确定；其次是确定患肢的跛行种类和程度；最后是初步发现可疑患部，为进一步诊断提供线索。

（1）确定患肢　运动检查时，应让畜主牵引患畜直线前行，缰绳不能过长和过短，1m 左右较为合适。运动检查时不能驱赶和恐吓患畜，以免隐蔽轻微的疼痛，或突然快步，影响观察。运动检查不能只看一面，而要前、后、左、右都轮流观察，才能达到视诊的目的。

确定患肢：如有一肢患病时，可从蹄音、头部运动和尻部运动找出患肢。

① 蹄音是当蹄着地时碰到地面发出的声音。健蹄的蹄音比病蹄的蹄音要高。如发现某一肢的蹄音低，即可能为患肢。

② 头部运动是病畜在健前肢负重时，头低下，患前肢负重时，头高抬，以减轻患肢的负担。在点头的同时，有时可见头的摆动，特别是在前肢上部肌肉有病变时，颈部摆向健侧。由头部运动可找出前肢的患肢。

③ 尻部运动是在一后肢有疾病时，为了把体重转向对侧的健肢，因而健肢着地时尻部低下，

而患肢着地的瞬间，尻部相当高举。从尻部的运动可找出后肢的患肢。

两前肢同时得病时，肢的自然步样消失，病肢伫立期缩短，前肢运步时提举不高，蹄接地面而行，但运步较快。肩强拘，头高扬，腰弓起，后肢前踏，后肢提举较正常为高。在高度跛行时，快速运动较困难，甚至不能快速运动。

两后肢同时得病时，运步时步幅缩短，肢迈出很快，运步笨拙，举肢比平时运步为高，后退困难，头颈常低下，前肢后踏。

值得注意的是在重度跛行时，前后肢相互影响，不要把一个肢的跛行误认为是两个肢的跛行。例如一前肢蹄部有病时，呈典型支跛，当前患肢着地时，健后肢也同样着地，且后肢向前伸出较远，并弓腰，以减轻患肢的负重。没有经验的临床工作者，常常误认为后肢也有病。

用上述方法不能确定患肢时，可用促使跛行明显化的一些特殊方法进行检查。

① 回转运动：使患畜快速直线运动，趁其不备突然回转，患畜在回转的瞬间，可出现患肢的运动障碍。

② 乘挽运动：站立和运步都不能确立患肢时，可行乘骑或适当的拉挽运动，有时可找出患肢。

③ 圆周运动：支柱肢有疾患时，病肢在内侧圆周运动可显出跛行，因为这时身体重心落在内侧的肢上较多。运动肢有疾患时，患肢在外侧行圆周运动时，跛行明显，因为外侧肢要比内侧肢经过较大的路径，肌肉负担较重。

④ 硬地、石子路运动：有些患肢在硬地和不平的石子路运动时，可使支柱肢的患部遭受更大震动，使疼痛更加明显。

⑤ 软地运动：软地运动时，上部肌肉组织有病可表现出功能障碍，因为提伸组织比在普通路面上要付出更大的力量。

⑥ 上下坡运动：前肢的运跛在上坡时，跛行加重。后肢的支跛在上坡时跛行也增重。前肢的支柱肢有疾患时，下坡时跛行明显。

（2）确定患肢跛行的种类和程度　患肢确定后，可进一步确定跛行的种类和程度。首先观察是前方短步还是后方短步，或前后方短步不明显。确定短步后，就注意是提伸阶段有障碍，还是负重阶段有障碍，同时要观察患肢有无内收、外展、前踏、后踏情况。注意球关节是否敢下沉，如不敢下沉说明负重有障碍。如蹄音低，说明支柱肢有障碍。两侧腕关节和跗关节提举时能否达到同一高度，如不能达到同一高度，说明患肢提举有障碍。根据所搜集的材料，最后确定跛行的种类和程度。

（3）初步发现可疑患部　在观察跛行种类和程度的同时，就可注意到可疑的患部。在运步时，因患部疼痛而表现出一些特有症状，如关节伸展不便，呈现内收或外展等。如确定提伸阶段有障碍时，是提举有问题，还是伸扬有问题。如支柱阶段有障碍，是着地负重有问题，还是离地有问题。这样就可初步发现可疑的病部，为下一步诊断提供线索。

5. 四肢各部的触摸检查

本法是用于对患部进行触摸，发现患部解剖形态上的异常，并判断该病理变化的性质。通过触摸还可发现病变的温度、硬度、弹性、知觉及皮肤的移动性等。

（1）蹄部检查　先以视诊检查蹄的外形是否有肿胀、变形、外伤、裂开等变化，然后再系统地检查蹄温、指（趾）动脉脉搏及蹄内痛觉等。

① 蹄温检查法：当蹄内有急性炎症时蹄温升高。检查时用手背触摸健蹄的同一部位，反复比较判断。检查蹄温时，先从蹄前壁开始，再检查蹄侧壁，最后检查蹄踵壁和蹄冠。应当注意，蹄冠、蹄球和蹄踵壁的温度，在生理状态下就比蹄前壁和蹄侧壁高些。

② 指（趾）动脉脉搏检查法：蹄内有炎症时，指（趾）动脉的搏动显著增强。检查时，前肢是在球关节的两侧稍后方触诊内、外侧掌指动脉；后肢是在趾部上 1/3 的下界，第四骨的前面，触诊趾背外动脉。

③ 蹄内痛觉检查法：检查蹄内痛觉时，是用检蹄钳对蹄部进行压诊以观察其疼痛反应。检查前，先用检蹄钳对蹄匣各处行短而连续的敲打，观其叩诊时疼痛反应的表现。钳压检查时，将检蹄钳的一支放置在蹄壁面上，另一支置于蹄底部，然后上下用力钳压，如有病变即可引起回答性疼痛反应。在疼痛较重时，患肢回抽而抗拒检查；在疼痛轻微时，可看到肩臂和臀股部位的肌肉呈现或多或少的反射性收缩。钳压时，应先自蹄底周缘钉孔开始，其次再钳压蹄底部和蹄支角，最后将检蹄钳移至蹄叉部检查蹄叉体、蹄叉支和蹄叉中沟。检查蹄踵时，可用检蹄钳从两侧进行钳压。

（2）蹄冠部检查　蹄冠部常发生的疾病有：冠关节扭伤、慢性变形性冠关节炎、冠骨骨折、冠部蜂窝织炎等。当蹄冠发生疾病时，患部出现大小不等、硬度不同的肿胀。触诊时，温度增高，对压迫呈疼痛反应。沿全蹄冠的周围，出现环状弥漫性的疼痛性肿胀时，则有蹄冠关节炎的可疑。有柔软而有压痕的肿胀时，可能是冠骨骨折。蹄冠肿胀硬如骨者，如骨瘤或趾枕软骨骨化。如果蹄冠部出现凹陷时，这是由于蹄叶炎而蹄骨变位的标志。

（3）系部检查　先将患肢提举用手握住，用另一手以滑擦方式对系骨进行触摸。如有硬结存在可能是纤维素性腱鞘炎。若硬度如骨时可能是骨瘤。系骨骨折时，压诊有骨摩擦音。

（4）球关节部检查　将患肢提起，用手握住系部，对球关节进行压诊。球关节常发病有：球关节扭伤、球关节挫伤、球关节滑膜炎、系韧带的剧伸及断裂、子骨骨折等。此部位有炎症时，压诊疼痛、温度增高。有软肿时，压迫有波动。

在进行球关节的其他运动检查时，助手提举患肢，双手握住系部，对球关节进行屈曲、伸展、内转、外转及回转运动。屈曲疼痛时，是伸腱及关节后面的炎症。伸展疼痛时，是屈腱、掌侧韧带和关节面前部的疾病。内转疼痛时，是外侧韧带或关节面内部疾病。外转疼痛时，是内侧韧带或关节面外部的疾病。

（5）屈腱的检查　主要是检查屈腱有无疼痛、肿胀、肥厚、挛缩、腱断裂等。屈腱的检查有两种肢势，即紧张肢势与弛缓肢势。

① 紧张肢势是在患肢负重的情况下检查。以拇指及其余四指在屈腱的两侧由上向下进行滑擦，以发现屈腱的肥厚及断裂等。

② 弛缓肢势是将患肢提起，一手握住系部，而另一手的拇指和其余四指从左右压诊，以发现是否有压痛、肥厚和肿胀等。

当腱剧伸时，可发现屈腱肿胀、增温、疼痛，有时有捻发音。屈腱不全断裂时，在未肿胀前，在损伤部可感知有组织缺损。而完全断裂时，可发现其断端离开。

在掌部的上 1/3 和下 1/3 处的屈腱上，如有炎症和软肿，压迫呈现跛动时，是腱鞘炎的表现。

（6）掌骨部检查　掌骨的触诊可在动物站立状态下进行。当检查右前肢时，检查者面向患畜，屈膝蹲腰以右手在掌骨的前面和内外两侧，由上向下滑擦，如有掌骨瘤和骨膜炎时，即可发现。前者呈硬固性肿胀，后者可感有温热及疼痛。掌骨骨折时，可触及骨摩擦音。在不全骨折时，可触知疼痛线即骨折线。

（7）腕关节检查　腕关节前面经常因挫伤而发生急、慢性炎症，前者触诊时有明显的热痛，而后者则皮肤肥厚硬固。关节背侧面的黏液囊及腱鞘发炎时，可呈现软肿，压迫时有波动。腕关节也可进行屈曲和伸展运动检查。当正常的腕关节屈曲时，屈腱可几乎接触到前臂部，如腕关节有炎症时，屈曲程度减少并有疼痛。如为慢性和畸形性关节炎时，则屈曲不全。伸展腕关节的方法是一手向前将患肢提起，一手向下压迫腕关节，如有炎症时，动物呈现抵抗。

（8）前臂部检查　前臂部的常发病有：挫伤、创伤、蜂窝织炎、桡骨及尺骨骨折等。对创伤、蜂窝织炎应触诊其温热、疼痛及硬度。对肌肉的检查，应由上而下的以滑擦方式进行触摸。当怀疑有骨折发生时，可行被动运动。

肘关节部检查：肘关节常发病有：肘关节炎、肘结节皮下黏液囊炎等。当肘关节发炎时，关节肿胀、增温，压迫关节或行被动运动时有疼痛反应。肘结节皮下黏液囊发生急性浆液性炎症时，触诊温热疼痛，并呈波动性肿胀。如发生纤维素性腱鞘炎时，可发现生面团样硬固肿胀，并可出现捻发音。慢性黏液囊炎时，由于组织增生，其囊壁变肥厚，可呈现大面积的硬固肿胀。

肘关节侧韧带损伤时，做肘关节的其他运动，动物可呈现疼痛反应。其方法是：在检查右前肢时，检查者面向待检动物的头部，右手握住掌部将肢提起，左手置于肘头后内侧用力向外托，同时右手将肢向后拉并向内转，这时外侧韧带紧张；相反，左手置于后外侧并用力向内推，右手将肢向后拉并向外展，这时内侧韧带紧张。

（9）臂部及肘肌部检查　臂部及肘肌部的肌群常发生疾患而引起跛行。触诊健康的肌肉时，具有弹性而且光滑。但当患病时则出现各种异常现象。

当臂二头肌及腱索发生剧伸时，触诊有疼痛，并呈不正常的隆起。在桡神经麻醉时，臂三头肌变为弛缓，触诊时柔软无力，经久肌肉萎缩。臂部和肘部肌群发生风湿症时，触诊出现硬固，疼痛性弥漫性肿胀，局部温度增高。

臂骨骨折时，压诊疼痛剧烈，温度增高，在被动活动患肢的末梢端时，可感知骨折部的异常活动和骨断端摩擦音。

（10）肩关节部检查　在检查时，一手扶鬐甲，另一手拇指从臂骨的前外结节和后外结节之间形成的凹沟部，由外向深处触压。当关节患病时，可摸到带有疼痛性的肿胀，患畜出现躲避现象。

结节间黏液囊的检查，是在臂二头肌和臂骨之间所形成的沟内进行检查。检查时，以食指沿此沟向上滑擦，当黏液囊有疾患时，即可在此沟的近端触摸到带有波动的疼痛性肿胀。行肩关节的被动运动时，先提起患肢屈曲腕关节，两手握住掌部和前臂部，强力向内推动或向外牵拉，间接地行肩关节的内转运动。如内转有疼痛为冈上肌腱及三角肌的疾患。外转有疼痛时为肩胛下肌的疾患。两手握掌部及前臂部而向后方牵引时，如有疼痛为冈上肌或结节间黏液囊的疾患。相反，当向前方牵引而有疼痛时，这是关节内有疾患，或臂三头肌、三角肌有病。在行肩关节被动检查时，必须首先证明肘关节以下没有病变，这种诊断才能比较确实可靠。

（11）肩胛部检查　肩胛部常发病有：肩胛上神经麻痹和肩胛骨骨折。当肩胛上神经麻痹时，常见冈上肌、冈下肌及三角肌发生萎缩。当肩胛骨骨折时，可触及骨片。当肩胛骨骨体及骨颈骨折时，可按臂骨骨折的诊断方法检查之。

（12）跗关节检查　检查时，先用手掌对关节及其周围进行触诊，然后再分别检查肌腱和滑膜囊。随后，仔细地对关节韧带（特别是内侧韧带）进行触摸。最后检查构成关节的各块小骨。当跗关节发生扭伤时，以手指压迫患病的韧带，有疼痛性肿胀。在发生骨关节炎时，可在跗关节的内侧面下方，呈现硬固的无痛性增殖。沿关节周围形成环状硬固无痛性增殖时，多为关节周围炎及韧带骨化。肿胀呈柔软而有波动者，为跗关节软肿、腱鞘软肿、化脓性跗关节炎等。在骨折及纤维素性腱鞘炎时，触诊有捻发音。

（13）飞节内肿试验　先将患肢提起，强屈跗关节及膝关节 3～5min 后，将其放下并立即牵病畜速步前进，一般患有本病的动物，在起始的数步间呈现显著的跛行，此为飞节内肿试验阳性。但是患有慢性变形性髋关节炎、慢性变形性膝关节炎及老龄动物的关节强拘时，此试验也可呈现阳性。

（14）胫部检查　胫部常见的疾病有：胫骨和腓骨骨折、胫部蜂窝织炎和胫骨断裂等。跟腱断裂时，腓肠肌呈弛缓状态，触诊柔软可发现断端。胫骨骨折与胫部蜂窝织炎的检查同前臂部。

（15）膝关节检查　在膝关节膝直韧带之间的关节憩室隆起处，如有明显的柔软且带有波动性肿胀时，是膝关节水肿的特征。当膝关节发生浆液性炎症时，常在韧带和膝中直韧带之间出现波动性肿胀。在膝盖骨下方一掌处，膝中直韧带抵止处，如有柔软或硬固的肿胀，为膝盖下黏液囊的炎症。当慢性变形性膝关节炎时，在膝关节内面胫骨的关节端触诊，常发现鸽蛋大至鸡蛋大的硬固肿胀。

在膝盖骨上方脱位时，可触知膝盖骨脱位于股骨滑车内侧脊的上方，同时膝关节韧带（特别是膝内直韧带）变为紧张。膝盖骨外方脱位时，可触知其脱于外方，而膝直韧带呈向上向外倾斜。

（16）髋关节检查　髋关节因深位于内方，外面被覆以很厚的肌肉，故难以触诊患部的疼痛。髋关节完全脱位时，由于大转子转位，关节部出现了各种畸形。

（17）臀部检查　对臀部肌群的检查同肘肌群的检查。骨盆骨发生骨折的部位是髂骨外角、坐骨后端等。坐骨后端发生骨折时，压迫患部感知有异常活动和骨摩擦音。髂骨外角骨折时，可触知骨折各下方转位，并在患部出现凹陷。当髂骨体、坐骨、耻骨骨折时，可通过直肠检查来确定骨折部的肿胀及血肿等。

6. 神经传导阻滞麻醉检查

传导麻醉诊断广泛应用于马属动物及牛。麻醉诊断只应用于其他诊断不能确定的跛行。

传导麻醉后，该神经所支配的部位痛觉暂时消失，跛行也消失，这样可鉴别诊断所怀疑的部位。麻醉诊断用于肢的下部，效果较好。

怀疑有骨裂、腱及韧带部分断裂时，不能应用传导麻醉。因为把所支配的神经麻醉后，动物不感到疼痛，便毫无顾忌的运动和负重，这样很可能造成骨折和腱及韧带的完全断裂。如果跛行是由关节僵直、腱、韧带的瘢痕挛缩、组织粘连和骨赘等障碍所引起的，传导麻醉不能达到预期的效果。

最合理的传导麻醉诊断顺序，应从肢的下部开始。因为最下部麻醉呈阴性时，仍可顺序向上进行麻醉。麻醉以后，经过 10min，可观察动物的运步。运步应在平坦的路面上行常步运动，避免快步、急步及突然转弯，以及重剧的劳役，以防发生意外事故。

传导麻醉注射的药液是 2%盐酸普鲁卡因溶液，其用量根据注射部位的不同而各异。

（1）球关节下指（趾）神经掌支麻醉　在球关节的直下方内、外两侧寻找血管束，以此为针头刺入的目标。沿指深屈肌腱的两侧刺入皮下，各注射 5ml 药液。若跛行消失，证明病变在蹄内或冠关节部。

（2）球关节部掌神经麻醉　在掌（跖）部掌骨下端的上方约一横指处，于指（趾）深屈肌腱的内侧与外侧边缘的直前，针尖向下以 45°角刺入皮下，深 1.5～2cm，每侧注射药液 10ml，若跛行消失，说明病变在球关节部以下。

（3）正中神经麻醉　在前臂部正中沟内侧，腋下方一掌处，用 5cm 长的针头刺入深达桡骨内侧面为止，深 3～5cm，注射药液 10ml。

（4）尺神经麻醉　在副腕骨上方一掌处，在腕内屈肌和腕外屈肌之间的沟状凹陷部（尺沟内），刺入针头达皮下及筋膜下，深 1～1.5cm，注射药液 10ml。尺神经与正中神经麻醉要同时进行，若跛行消失，说明病变在腕关节以下。

（5）胫神经麻醉　在小腿下部内侧沟内，跟骨结节上方 8～10cm 处，在跟腱的直前，针头由上向下刺入，深约 2cm，注射药液 15ml。

（6）腓神经麻醉　在腓沟内，跗关节上方 10cm 处，趾长伸肌与趾外侧伸肌之间的沟内为刺入处，针头由上向下并向胫骨方向刺入，深约 2cm，注射药液 15ml。腓神经与胫神经要同时麻醉，若跛行消失，说明病变部在跗关节以下。

四、牛跛行诊断的特殊性

牛的跛行与马属动物相比并不少见，但牛的跛行直到现在仍未引起人们的足够重视。在较大型奶牛场和肉牛肥育场已经有专职兽医诊疗牛的四肢疾病，而在基层和中小型养殖场仍属空白。英国乳牛业因跛行造成的损失比乳热症或乳房炎都高。中国近年乳牛饲养业获得了突飞猛进的发展，伴随而来的牛病特别是跛行性疾病越来越多，致使奶量降低甚至使很有价值的奶牛因肢蹄病而过早淘汰。所以给予牛跛行以高度重视，熟练掌握牛的肢蹄病诊断特点，对于有效的控制牛跛行是十分必要的。

牛的跛行诊断和马属动物的跛行诊断有许多共同之处，但由于牛运动器官的自身特点，在跛行诊断上仍有其特殊性。

牛运动器官发病最多的部位是蹄。有人报道蹄病可占跛行的 88%，后蹄发病可超过 90%，而蹄跛中外侧指（趾）多于内侧指（趾），其次发病多的部位是球关节和膝关节。

牛跛行诊断时重要的是视诊，除站立视诊和运动视诊外，还有躺卧视诊，而且躺卧视诊非常重要，因为牛肢蹄有病时常常不能站立而躺卧。

1. 躺卧视诊

由于牛四肢静力装置的特殊性，正常就是卧多立少而且卧着休息。如果站多卧少、卧下困难、卧下不愿起立和卧下不能起立，均说明肢蹄等运动器官有疾患。牛卧地的姿势是两前肢腕关节完全屈曲先跪下，并将其肢压于胸下；后部的体躯稍偏于一侧，一侧（下面）后肢弯曲压于腹下，另一侧（上面）后肢屈曲，放在腹部的旁边。当后肢有疾患时常常是不能压在体躯之下的，而是伸向一边。

牛的卧姿发生改变，多伴有运动器官障碍。如脊髓损伤的牛不能站立，躺下后或两后肢伸于一侧，或整个躯体平躺在地上，四肢伸直。如闭孔神经麻痹时，一个或两个后肢伸直呈跨坐姿势像青蛙。如股神经麻痹时，躺下后两后肢常向后伸直，用腹部接地。

在躺卧视诊时，应注意牛只由卧姿改为起立时的表现。牛正常起立时两前肢跪卧，两后肢先起立。如牛不能起立或伸直前肢呈犬坐姿势，说明腰部有问题，或是后躯麻痹，或是脊髓病变。

躺卧视诊时，应注意蹄的情况，因为这时可以看清蹄底，为站立视诊打下基础。

2. 站立视诊

让牛只在无控制的情况下自然站立，从前面或侧面分别进行观察。通常牛重心是从患肢向健肢转移，所以应注意牛头颈的位置。低头和伸颈，说明后肢有病，身体重心从后肢转移到前肢；抬头或屈颈，说明前肢有病，身体重心从前肢转向后肢。

牛的神经麻痹性疾病在临床上是多见的，如肩胛上神经麻痹、桡神经麻痹、胫腓神经麻痹等，在站立时多见肩关节外展、球关节屈曲、跗关节屈曲等现象。

蹄的视诊至关重要。要注意蹄形态变化和蹄角质生长情况，尤其要注意蹄的外侧趾的变化。蹄部常见的疾病有：延长蹄、卷蹄、蹄冠蜂窝织炎、蹄真皮炎、趾间腐烂、化脓性蹄真皮炎、蹄底创伤等。

3. 运动视诊

牛的保护性的身体重心转移在运动时更为明显，牛的跛行以支跛或支混跛为最常见，且常伴有肢的捻转和体躯的摇摆。

运动视诊的重点在于寻找患部，所以要注意每一处关节的伸屈有无异常、关节活动有无音响、蹄的踏着和负重状况，更要注意在躺卧视诊和站立视诊时所发现和怀疑的线索，在运动视诊期间有无更加突出的特殊表现。

五、犬跛行诊断的特殊性

犬跛行的发生率越来越高，特别在猎犬、赛犬和巡逻犬更是如此。

1. 视诊要点

（1）站立视诊 让犬自由安静站立，小犬可站在检查台或桌子上。

① 单肢提举：单肢发病最常见。关节屈曲，爪不能着地。如是前肢有病时，病犬多坐在地上，一前肢接地，而患肢提举似祷告状。严重时患肢游离端摆动或偏向外侧。多为局部损伤。

② 后肢站立不稳、不持久、甚至瘫痪：遇有此症状除考虑四肢疾病外，重点还要考虑腰椎疾病、脊髓疾病、中枢疾病等。

③ 四肢瘫痪：四肢无力呈倒卧状，人工扶起也不能站立。临床常见犬瘟热、脑病、维生素B_1缺乏症、多发性神经炎、低钙血症、脊椎炎、重症肌无力、肉毒梭菌毒素中毒等病。

（2）运动视诊

① 三肢跳跃运步：因高度疼痛而患肢免负体重，呈现三肢跳跃前进，而患肢悬垂。某些慢性炎症也可有此症状。

② 患肢拖拉前进：一后肢拖拉前进时，常见关节脱位和外周神经麻痹；两后肢同时拖拉前

进时，则为脊髓的损伤。

③ 后肢无力：走路摇摆，支撑无力，多为腰部、后肢和全身性疾病。

2. 触诊要点

① 腰部触诊：对腰椎骨和关节的触诊，要逐块触摸，不要遗留，这有利于发现较轻微的痛点和肿胀。

② 四肢触诊：要按顺序触摸。一般从肢的下端开始依次向上，直达肩（髋）部。仔细感觉其肿胀、疼痛、增温、变形等。触诊时可辅助做关节的被动运动。

3. 放射线诊断法

经对患肢的放射线拍片检查，可以发现因骨骼问题（骨骼移位、断裂等）引起的跛行，很快即可确诊。

第二节　关　节　疾　病

一、关节扭伤及挫伤

关节扭伤及挫伤是比较常见的四肢疾病，其中关节扭伤比挫伤更为常见，有时二者同时发生。

1. 病因

关节扭伤是在间接外力作用下，使关节过度伸展、屈曲或扭转，引起关节韧带和关节囊的纤维部分断裂或全部断裂，严重的还可损伤关节软骨和骨端。例如滑走、踏着不确实、失步踏空、急速回转等，都会造成关节扭伤。关节扭伤多发生于球关节、冠关节等。关节挫伤是在直接外力作用下，如对关节打击、冲撞、压扎、跌倒等所致的关节组织的非开放性损伤。严重的挫伤除伤及软组织外，还可损伤关节软骨和骨端，关节挫伤多见于腕关节、球关节和膝关节。

2. 症状

（1）关节扭伤

① 轻度关节扭伤：于受伤时出现轻度跛行。在患部出现炎症以前，有时跛行暂时减轻，以后由于患部的炎性疼痛反应而使跛行加重。站立时患肢稍屈曲，以减少负重；运动时呈轻度或中度跛行；触诊患部有热、有痛，关节有轻微的肿胀。压迫关节侧韧带的径路特别是关节侧韧带的起止部时，出现明显的压痛点。进行关节被动运动，使伤侧韧带紧张，出现疼痛反应。使伤侧韧带弛缓时，疼痛反应不明显。四肢上部关节扭伤时，由于有厚层肌肉的覆盖，患部肿胀常不明显。

② 重度关节扭伤：受伤后立即出现功能障碍。站立时，患肢用蹄尖接触地面，或完全不敢负重而提屈悬垂。运动时，呈中度跛行。由于关节韧带、关节囊及关节周围组织受伤严重，触诊患部时，热、痛、肿明显。被动运动时，出现明显疼痛反应，特别是使伤部韧带紧张时，则出现剧烈疼痛。有的病例当被动的将受伤的关节向一侧活动时，可感知关节的活动范围增大，甚至听到骨端的钝性撞击声，这是关节韧带断裂的临床表现。

（2）关节挫伤

① 轻度关节挫伤：由于损伤较轻，临床症状也较轻。站立时，一般无明显异常，运动时呈轻度跛行。受伤处的皮肤上常发现致伤的痕迹。触诊患部可呈现轻度疼痛反应，热、痛、肿常不明显，被动运动时出现疼痛反应。

② 重度关节挫伤：站立时，受伤关节一般呈半屈曲状态，以蹄尖接地减少负重，有的患肢提举悬垂不敢负重。运动时，呈中度或重度跛行。受伤部常出现明显的受挫痕迹，如被毛脱落和皮肤擦伤。触诊患部时，出现明显的热、痛、肿。挫伤时的肿胀发生迅速，是由于关节周围组织内溢血和关节内溢血所引起的。关节周围组织内溢血所致的肿胀，触诊呈稍坚实样硬肿；关节内有多量血液积聚形成关节血肿时，则关节囊紧张、膨胀，关节的轮廓消失，触诊关节囊时有波

动，穿刺时流出血液。被动运动时，出现明显的疼痛反应。

3. 治疗

治疗原则：制止溢血，促进吸收，镇痛消炎，舒筋活血，防止结缔组织增生，避免遗留关节功能障碍。

（1）制止溢血 可用压迫绷带限制溢血，或于伤后短期内应用冷却止血法，必要时可注射止血药，如10%葡萄糖酸钙溶液、止血敏、维生素 K_3 等。

（2）促进吸收 当急性炎症缓和后，应用温热疗法，如温敷、温蹄浴（40～50℃温水，每天2次，每次1h）等，促进溢血迅速消散。如关节腔内积聚多量血液不能消散时，可行关节腔穿刺排除积血，但必须严格消毒，以防感染。

（3）镇痛消炎 可注射安乃近、安痛定、镇跛痛等具有镇痛作用的药物。于患部涂布用食醋调和的安德利斯粉或打安德利斯绷带，其效果更好。也可向关节腔内注射2%盐酸普鲁卡因溶液。

如有关节韧带断裂，特别是有关节内骨折可疑时，应尽可能装着固定绷带。当局部炎症转为慢性时，除可继续应用局部外用药外，还可用碘樟醚合剂（处方：碘片20.0份，95%酒精100.0份，乙醚60.0份，精制樟脑20.0份，薄荷脑3.0份，蓖麻油25.0份），在患部涂擦5～10min，每日1次，连用5～7天。也可外敷扭伤散，内服跛行散。

【扭伤散处方】桃仁、杏仁、红花、栀子各等份，共为细末，白酒或食醋调敷，1～2天1次。

方解：桃仁、杏仁、红花破瘀活血，消肿止痛；栀子消炎镇痛。

【跛行散处方】当归25g、红花20g、乳香25g、没药25g、土鳖虫（土虫）25g、自然铜25g、骨碎补20g、地龙25g、大黄（川军）25g、甘草20g、血竭25g、制天南星25g。前肢加桂枝25g、续断（川断）25g；后肢加杜仲25g、牛膝25g。共为细末，加黄酒250ml为引，开水冲调，候温灌服。

方解：当归、红花、乳香、没药、土鳖虫（土虫）、自然铜、血竭活血祛瘀止痛；地龙清热活血通经络；大黄（川军）清热消炎；制天南星散结消肿；骨碎补强筋壮骨；甘草调和诸药。

二、关节滑膜炎（浆液性关节炎）

浆液性关节炎为关节囊滑膜层的渗出性炎症。其病理特征为滑膜充血和肿胀，并发生明显的渗出现象，使关节腔内蓄积大量的浆液性或浆液纤维素性渗出物。浆液性关节炎多见于家畜的跗关节、膝关节和球关节。

1. 病因

发病原因主要是机械性损伤，常为关节扭、挫伤的并发症。当家畜在运动中关节向某方向过度用力，致使关节过度屈伸而发病。在不良道路上使役的牲畜以及关节发育不良的家畜易患此病。

2. 症状

（1）急性浆液性关节炎 局部症状和功能障碍很明显。因关节滑膜发生急性渗出性炎症，渗出的浆液或浆液纤维素性渗出物蓄积于关节腔内，此时关节囊紧张膨胀，向外突出，呈大小不同的肿胀，在滑膜囊下端表现最明显。触诊时，有热、有痛、有波动。关节被动运动时，有明显的疼痛反应。穿刺关节，流出的液体比较混浊或微带黄色，容易凝固。站立时，患病关节屈曲，以减轻负重。两肢同时发病时，则不断交互负重。运步时，呈轻度或中度支跛或混跛。一般无明显全身症状。

（2）慢性浆液性关节炎 多由急性转来，也有开始就取慢性经过的病例。其特点是关节腔内蓄积大量渗出物，关节囊紧张膨胀，容积显著增大；触诊有波动，但无痛、无热；关节腔穿刺，流出较稀薄的液体，并呈微黄色，不易凝结，因此又叫关节积液。多数病例无功能障碍，但关节的活动受到一定限制，如关节腔膨胀过大，可能出现轻微的跛行。

3. 治疗

本病的治疗原则是：制止渗出，促进吸收，消除积液，恢复关节功能。

（1）在急性炎症初期，为了制止渗出，可用冷却疗法，或包扎安德列斯绷带。

（2）促进炎性渗出物的吸收，可用温热疗法或装着湿性绷带，如饱和盐水湿绷带或饱和硫酸镁湿绷带、樟脑酒精和石蜡绷带等，一日交换1次。

（3）对慢性炎症可反复涂擦碘樟醚合剂，随即温敷。

（4）当渗出过多不易吸收时，可用注射器抽出关节内液体，然后迅速注入普鲁卡因青霉素加可的松的溶液，装着压迫绷带。

（5）在全身疗法中，可静脉注射10％氯化钙100ml，连用数次。

三、关节创伤

关节创伤是关节囊、关节韧带及关节软组织的开放性损伤。有时伴发关节软骨和骨的损伤。关节创伤时，关节囊的滑膜层被破坏，使关节腔与外界相通，称关节透创。关节囊滑膜层未被破坏，仅滑膜以外关节软组织的损伤，称关节非透创。

关节透创时，由于关节囊被破坏，滑液外流，易发生感染。关节的滑膜、滑液及关节软骨等对病原菌有较强的抵抗力，在一定时间能阻止感染的发生。当机体抵抗力下降时，则可发生感染。

1. 病因

多由于锐性物体的砍创、钝性物体的冲击蹴踢等引起。本病多发生于跗关节、腕关节、球关节、肩关节和膝关节。

2. 症状

由于致病原因和关节损伤的程度不同，其临床症状也不一样。关节发生创伤时，有明显的出血、疼痛、创口裂开和功能障碍。

关节非透创仅具有关节周围组织的损伤和症状。因其关节囊未被穿透，不见有关节液外流。其临床症状与一般软组织的创伤相同。

关节透创的主要临床症状是从关节腔内经创口向外流出淡黄色、透明的，呈黏液样的滑液。当关节屈伸或运动时滑液流出较多；如关节创口较小或被纤维素块堵塞时，则不见滑液外流，此时压迫关节腔，则有较多的滑液流出。

必须指出，从创口流出滑液的创伤并不全是关节透创。因关节周围的腱鞘或黏液囊受伤时，同样有滑液流出。检查时应注意局部解剖位置，结合功能障碍的程度加以鉴别。如果不易鉴别或因伤部肌肉层较厚，难以确定诊断时，可以进行关节腔穿刺，注入1∶（500～1000）雷夫奴尔液或0.5％盐酸普鲁卡因青霉素液，以增加关节内压。如从创口内流出药液，就是关节透创，切不可轻易进行探诊检查新鲜的关节创伤，以免将病原菌带进关节腔内或使非透创变为透创。

关节创伤功能障碍的程度，由于组织损伤的轻重，炎性反应的强弱和有无感染而不同。损伤轻微的新鲜关节创伤，最初不出现跛行，以后炎性反应明显时，跛行随之出现。伴发关节内骨折或感染时，则跛行重剧。

3. 治疗

治疗原则：初期处理创伤，减少关节活动，抗菌消炎，加速愈合，以促进功能恢复。

（1）创伤处理 创缘及创围剪毛（用无菌纱布将创口堵住，防止污物及被毛落入创内）、清洗、涂布碘酊；除去创内异物及凝血块，彻底止血，适当切除挫灭的组织，消除创囊。用防腐液冲洗创腔，但不可向创内强力冲灌，防止将病菌带入关节腔内。

（2）局部用药 对于关节透创如有必要时，可行关节腔穿刺，注入0.5％普鲁卡因青霉素液，彻底冲洗关节腔。然后用稀碘酊棉球塞住关节囊创口，再向关节腔内注入1％～2％普鲁卡因青霉素液（1％～2％普鲁卡因液适当加温，加青霉素40万国际单位，溶解后迅速注入关节腔内，否则易结晶），防止关节腔内感染。

（3）对新鲜创可向创伤内撒布碘仿硼酸粉或碘仿磺胺粉（1：9），用纱布绷带包扎。如为关节透创，外面再装制动绷带，既能确保受伤关节安静，又能防止再损伤、再感染。如不出现急性炎症、绷带松弛或被分泌物污染等现象，一般不必更换制动绷带。对便于缝合的新鲜创，装制动绷带前应先缝合。

（4）当创伤出现明显的炎性反应时，可用消毒液湿敷，外加保护绷带。以后定时向绷带灌入消毒液，使其保持经常湿润。

（5）全身用药　为有效地防止创伤感染，对关节透创应初期应用抗生素疗法，磺胺疗法。对于体温升高或创伤有感染可疑时，更应注意。

另外必须注意：初期为了使创伤愈合，防止感染，应限制关节活动。当关节囊创口愈合后，应使关节适当运动，防止形成粘连性关节而遗留功能障碍。

四、化脓性关节炎

化脓性关节炎是关节的一种组织（如滑膜层）或各种组织（包括关节囊、韧带、软骨及骨）的化脓性炎症。发病率虽不高，但对家畜危害严重，如不及时合理治疗，常可造成淘汰甚或死亡。

1. 病因

本病可发生于关节透创和关节内开放性骨折并发感染时，也可由于与关节腔相连接的腱鞘和黏液囊化脓性炎症的直接侵害导致，或因关节周围组织化脓性炎症蔓延所致。另外，在幼畜副伤寒、腺疫、猪链球菌病等疾病中可经血行而感染。

2. 症状

化脓性关节炎的临床表现随关节组织损伤的情况而有轻重不同。由关节透创发生的化脓性关节炎，先是滑膜充血、渗出、白细胞浸润，从关节创口内流出稍混浊或淡灰色的纤维素性渗出物。以后出现灰黄色脓性分泌物，其中含有细菌、脓细胞、坏死组织等，并混有滑液。患病关节明显肿胀，避免屈伸，触诊热、痛，关节囊肥厚。由于其他原因引起的化脓性滑膜炎，脓汁蓄积于关节腔内，发生关节蓄脓，致使关节囊膨胀，出现波动。患部热、痛、肿都非常明显。站立时，患关节呈屈曲状态，因为屈曲，可增大关节容积，降低关节内压，从而减轻疼痛。运步时呈重度混合跛行，病畜全身症状明显，精神沉郁，食欲减退，体温升高。对于可疑的病例进行关节穿刺，注入药液，药液和脓汁从创口流出，则证明关节内化脓。如关节蓄脓进行关节穿刺，抽出脓汁时，即可确诊。

当病变侵害关节囊全层并波及关节周围软组织时，局部症状及全身症状均明显加重。初期患病关节及周围组织出现炎性水肿，触诊关节囊及周围组织剧烈疼痛。关节外形展平，不显波动；有时皮下出现大小不等的脓肿，切开后可见脓肿与关节腔相通；运步时表现重度跛行。

3. 治疗

治疗原则：消除感染，排除关节内积脓，防止败血症形成，增强机体抗感染能力。

（1）局部疗法

① 积极处理创口：包括剪毛、清洗、消毒、除去脓痂及坏死组织、冲洗创口等。

② 关节腔穿刺后，用 0.25%～0.5%盐酸普鲁卡因青霉素液、生理盐水等冲洗。切不可经创口冲洗关节腔，必须在另一侧进行穿刺，让药液自创口流出。对关节创口闭合或无创口的病例，可先行关节腔穿刺，用注射器尽量抽出脓汁，然后用青霉素生理盐水溶液冲洗，直至液体变透明为止。

③ 关节创口撒布生肌散等。

④ 急性化脓性关节炎症状缓和，化脓现象将要停止时，还可应用制动绷带固定。但应注意随时更换，防止以后出现功能障碍。

⑤ 关节周围的脓肿可切开排脓，并加以处理。

⑥ 后期应适当牵遛和按摩，以促进功能恢复。

（2）全身疗法　坚持应用抗生素疗法，直到化脓现象停止为止。也可应用磺胺制剂疗法，积极防止败血病的发生。

对因某些传染病引起的化脓性关节炎，除进行局部治疗外，主要的是抓紧治疗原发病。

五、关节脱位

在外力作用下关节两端的正常接合被破坏而出现移位时，称为关节脱位。此时常伴发关节韧带、关节囊的牵张和断裂。关节脱位的发生决定于外在破坏力与关节抵抗力之间的矛盾。当外界暴力直接作用于关节或间接作用于关节，外界破坏力超过关节抵抗力时，可使关节韧带、关节囊牵张或断裂，则可发生关节脱位。

关节脱位可分为全脱位和不全脱位。前者为相对的两关节面彼此完全不接触；后者其关节面有部分接触。

1. 症状

（1）关节脱位的共同症状

① 关节变形：表现为脱位关节骨端向外突出，在正常隆起的部位却形成凹陷，不应隆起的部位却又出现隆起。当关节位置深在，关节被厚层肌肉所覆盖或周围组织因损伤而肿胀时，关节变形常不明显。

② 异常固定：脱位的关节因被软组织，特别是未断裂的韧带的牵张，而使两骨端固定于异常位置，此时不能自主运动。当被动运动时，出现弹性抵抗。

③ 患肢缩短或延长：与健肢相比较，一般不全脱位时患肢延长，全脱位时患肢缩短。

④ 肢势变化：一般在脱位的关节以下的患肢肢势发生改变，如内收、内旋、外展、外旋、屈曲和伸张等。

⑤ 功能障碍于受伤后立即出现，由于疼痛和骨端异位，使患肢运动功能明显障碍或完全丧失。

（2）常见关节脱位的特点

① 膝盖骨脱位：多发生上方脱位和外方脱位。

a.上方脱位：膝盖骨转位于股骨内侧滑车棘上端，被膝内直韧带的张力所固定，呈稽留性不能自行复位，使膝关节伸展而不能屈曲（见图17-1）。因此，患肢向后方伸展，虽加外力也不能使其屈曲。运步时，患肢以蹄尖接地拖拉前进。触诊时，可发现膝盖骨向上方转位而膝内直韧带过度紧张。

图 17-1　马右后肢膝盖骨上方脱位
（引自：王洪斌. 家畜外科学. 2002）

b.惯性上方脱位：是反复发生的膝盖骨上方脱位，此种脱位常不需人工整复，病畜走几步后，膝盖骨突然滑下而自行复位。因在运动中反复发生，故严重影响运动。

c.外方脱位：是因股膝内侧韧带被伸长或断裂而使膝盖骨固定于膝关节上外方所致。因股四头肌的功能被破坏，患肢呈极度屈曲状态。站立时，膝关节和跗关节均呈现屈曲状态，患肢稍伸向前方。运步中，在患肢着地负重时，除髋关节外，所有关节皆高度屈曲，呈明显的支跛。触诊时，可发现膝盖骨向外方脱位，在其正常位置处出现凹陷，同时膝直韧带向外方倾斜。

② 球关节脱位：全脱位时，患肢不敢负重，以三足跳跃前进。不全脱位时，呈显著支跛。球关节外形改变，随后出现明显的肿胀。触诊时可发现骨端转位的情况，有时出现关节活动范围明显增大。临床所见的球关节脱位，常伴发球关节创伤。

③ 髋关节脱位：根据股骨头从髋臼窝移位的方向不同，又分为前方脱位、后方脱位、内方脱位和上外方脱位。马属动物的髋臼窝较深，脱位时常伴发圆韧带的断裂，有时伴发髋臼骨折。

a.内方脱位：股骨头移位于耻骨横支下方或闭孔内。站立时患肢外展，以蹄尖着地。运动时患肢拖拉向前迈出。髋关节处出现凹陷，大、中转子位置改变。被动运动时外展范围增大，内收受限制。当股骨头移位于闭孔内时，直肠检查在闭孔内可摸到股骨头。

　　b. 上外方脱位：股骨头移位于髋臼窝的上外方。站立时，患肢缩短，股骨垂直，髋关节角度变大，呈内收及伸展状态，同时肢外旋，蹄尖向前外方，跟骨结节向内后方。髋关节变形，大转子明显的向上突出。运动时，患肢拖地向前迈出，同时向外划弧（见图17-2）。

　　临床上诊断髋关节脱位时，应注意与股骨颈骨折相鉴别，因为两者症状很类似。

2. 治疗

图17-2　马髋关节脱位图
（引自：王洪斌. 家畜
外科学. 2002）

　　治疗原则：初期整复，确实固定，促进断裂韧带的修复，恢复患肢功能，并注意用不同的方法解决不同的矛盾。

　　（1）初期整复　时间越久整复越困难。整复前先行麻醉（全身麻醉、关节腔内麻醉或传导麻醉）以减少肌肉、韧带的张力和疼痛引起的抵抗。整复时一般先牵引后复位。即先将脱位的远侧骨端向远侧拉开，然后将其还纳于正常位置。当整复正确时，则关节变形及异常固定症状消失，自动运动和被动运动也完全恢复。整复膝盖骨上方脱位时，可试用后退运动，趁膝关节伸展时，使其复位；也可在患肢系部缚以长绳，再绕于颈基部，并向前上方牵引患肢使膝关节伸张，同时，术者以手用力向下方推压脱位的膝盖骨，使其复位。无效时，可行横卧保定（患侧在上），全身麻醉，采用后肢前方转位的方法，用力牵引患肢，同时术者以手从后方向前下方推压膝盖骨，即可使其复位。

　　应用上述方法无效时，可用手术方法实行膝内直韧带截断术使其复位，效果确实，无后遗症，10天左右即可拆线。

　　对于习惯性膝盖骨上方脱位的治疗，可用10%～20%葡萄糖液20ml，行膝关节腔内注射。注射部位：将针头在膝内直韧带与膝中直韧带之间刺入，连接注射器将上述药液注入。注射当日，习惯性膝盖骨上方脱位的症状并不消失，第二天才消失，但又出现跛行（因局部炎症所引起）。四五天后跛行消失，习惯性膝盖骨上方脱位症状消失。多数病例一次注射即可治愈，效果确实。

　　整复膝盖骨外方脱位时，术者从后外方向前推压即可复位。

　　整复球关节脱位时，于患肢蹄部拴绳，沿肢轴方向牵引患肢，同时用手指压迫转位的骨端即可复位。

　　（2）确实固定　整复后，为了防止再发，应及时加以固定，下部关节可应用石膏绷带或夹板绷带固定，装着时间为3周左右。绷带解除后，适当进行牵遛运动，以便恢复功能。对上部关节的固定应使局部造成急性炎症，使患肢关节周围组织肿胀、疼痛以达到固定的目的。

第三节　腱、腱鞘及黏液囊疾病

一、屈腱炎

　　屈腱炎是指（趾）浅屈腱、指（趾）深屈腱和系韧带的炎症。多见于大动物和犬。马属动物多发生于前肢，牛则多发生于后肢。深屈腱发病机会较多。

1. 病因

　　主要是由于剧烈运动使屈腱过度伸张，超出其耐受张力的范围，而引起腱的剧伸，并发展成为炎症。肢势不正，系部过长，蹄踵过低是本病的诱因。此外，局部遭受外力打击，周围炎症蔓延也可引起，有时继发于某些疾病（盘尾丝虫病等）过程中。

2. 症状

　　浅屈肌腱炎时，掌（跖）部后方下1/3处呈鱼腹样肿胀。上部副腱头发炎时，肿胀位于前臂部下 1/3 处。驻立时，患肢前伸，系部直立，球关节掌屈。运步时，呈轻度支跛。转为慢性时，跛行不明显，但运动不灵活，患腱肥厚，常与深屈腱粘连。深屈腱炎的肿胀位于掌后上半部。副腱头发炎时，肿胀位于后半部的内侧，驻立时以蹄尖接地。运步时呈支跛。副腱头发炎时出现以支跛为主的混合跛行。转为慢性时跛行不明显，患腱肥厚、坚硬，与周围组织粘连，常因挛缩甚至骨化而形成突球。系韧带发炎时，肿胀位于掌（跖）部下端靠近球关节的一侧或两侧。驻立时关节屈曲，运步时呈现轻度支跛。

3. 治疗

治疗原则：消除病因，控制炎症，促进吸收，恢复功能。

首先检查病畜肢势和蹄部情况，如发现不正常时，立即进行矫形装蹄（装厚尾蹄铁或橡胶垫）或削蹄。

急性腱炎：在初期 1～2 天用冷敷法制止出血和减少渗出，随后用酒精或鱼石脂酒精温包，涂敷用醋调制的复方醋酸铅散，或用醋、饱和盐水温敷，以促进吸收，消散炎症。

慢性炎症：可用电疗法、离子透入疗法、石蜡疗法，也可涂擦刺激剂或用烧烙疗法。患部皮下注射乙酸可的松 2～3ml（加等量的 0.5% 普鲁卡因液），每周 1 次，3～5 次为一个疗程，有一定效果。

当屈腱挛缩引起突球时可施行切腱术和腱延长术。

中药雄黄拔毒散治疗屈腱炎有行瘀、止痛作用，效果较好。方法：雄黄 24g、黄柏 18g、栀子 15g、五灵脂（包）15g、红花 12g，将药研碎过筛，用醋调成面团状，敷于患部，包扎绷带，随时浇醋，以保持湿润，3 天换药 1 次，轻症 3 次即愈。

二、腱鞘炎

腱鞘部位发生的浆液性、纤维素性炎症叫做腱鞘炎。多发生于指（趾）部和跗部腱鞘，临床多见慢性浆液性腱鞘炎。

1. 病因

多因腱及腱鞘部的剧伸、过度牵引、钝性挫伤、打击压迫及附近组织炎症的蔓延而发病。

2. 症状

（1）指（趾）部腱鞘炎　球关节部指（趾）屈肌腱鞘的炎症，临床以慢性浆液性炎症为多见。炎性肿胀位于系关节两侧的直上方和下方的系凹部，或在后上方的系韧带和指（趾）浅屈肌腱之间。

急性时，触之柔软有波动且热痛明显，患肢提举后再行压诊可感之其鞘内有波动；动物站立时患肢蹄尖接地，系关节掌屈；运动时呈明显支跛。

慢性经过时无热痛，但有明显的腱鞘软肿和波动感。触诊腱鞘壁显著肥厚有坚实感，说明腱鞘和腱已发生粘连，此时关节的运动发生障碍且易疲劳。

化脓性腱鞘炎显著跛行，局部变化明显，有时排出脓汁，病畜体温升高。

（2）跗部腱鞘炎　常发趾长伸肌腱鞘炎。在跗关节的前面有一处长十几公分的长椭圆形肿胀，并被三条横韧带压隔成段，有热、有痛、有波动；站立时跗关节屈曲，以减负体重；运动时呈混合跛行。转为慢性时，则无热、无痛、无跛行，但有肿胀。

趾浅屈肌腱和跟腱的腱鞘炎时，呈两个肿胀：一个在跟节上方；另一个在其下方。

（3）腕部腱鞘炎　常为慢性浆液性炎症，跛行轻微或无跛行，可在腕部不同位置上出现肿胀。

3. 治疗

可参照关节扭伤的治疗方法。初期冷敷，中后期温热敷，也可行封闭疗法或外用药物涂敷。

当鞘内渗出液较多时，应局部消毒后穿刺抽出，再将青霉素 40 万国际单位和 0.5% 普鲁卡因溶液 10～20ml 混合注入。如未痊愈，可间隔 3 天后再行注射 1 次。也可在上述方剂内加地塞米松 2ml，效果更好。

装着压迫绷带是必要的。东北农业大学用低功率氦氖激光对患部照射取得了良好的效果。

当腱鞘化脓时应及时切开排脓，并用抗菌药物。

三、黏液囊炎

马、骡、牛、羊四肢的黏液囊以皮下黏液囊炎比较多见，常取慢性经过。例如腕关节前、跟骨结节端、肘结节后和膝关节前等处的皮下黏液囊炎。腱下黏液囊炎较少发生且多为急性型，如臂二头肌腱下黏液囊和趾长伸肌腱下黏液囊的炎症。

黏液囊炎的发生主要为黏液囊遭受机械性损伤，与饲槽、墙壁或地面的不断压迫、碰撞与摩擦是其主要因素。或由于黏液囊周围组织炎症的蔓延，如某些传染病（腺疫、副伤寒）经过中，由血源性感染而发炎。

1. 症状

（1）非化脓性黏液囊炎　多为机械性损伤引起的急性炎症，最初黏液囊壁及其周围的组织发生溢血，以后充血发炎，出现水肿。囊壁的炎性渗出物不断地积聚于黏液囊腔，使黏液囊膨胀，容积增大，触诊患部有热、有痛、有波动，同时出现功能障碍。如为皮下黏液囊发炎，则呈局限性圆形或卵圆形肿胀，波动明显；而腱下黏液囊炎常因腱的压迫，而使波动性肿胀发生在腱的两侧。急性期功能障碍明显。

当急性炎症转化为慢性，或由于反复微弱刺激引起的慢性炎症，患部呈现无热、无痛的局限性肿胀，功能障碍不明显。由于炎症的过程不同，所以黏液囊渗出物的性质也不一样。如囊内的渗出物为浆液性时，则黏液囊的容积显著增大，轮廓清楚，囊壁较薄而平滑，波动明显，局部皮肤有移动性；囊内渗出物如为浆液纤维素时，肿胀大小不等，可如鸡卵大、拳头大甚至排球大，囊壁平滑紧张，肿胀突出的地方有波动，有的地方坚实而有弹性，有时出现捻发音；当囊壁及其周围纤维组织增多时，囊壁明显肥厚，而囊腔变小。触诊肿胀、硬固、坚实，无波动，患部皮肤肥厚、移动性小。

（2）化脓性黏液囊炎　黏液囊发生化脓性炎症时，局部迅速增温，出现疼痛及肿胀，皮肤与周围疏松组织发生弥漫性水肿，黏液囊肿胀的界限不清楚。病畜体温升高，功能障碍显著。因黏液囊创伤引起化脓性炎，初期由创内流出混有血液的滑液，以后变为黏液脓性分泌物。无创伤的化脓性黏液囊炎由于蓄积脓汁的侵蚀，囊壁破溃，脓汁向外流出，在其经过中有时伴发黏液囊周围组织的化脓性炎症，以致形成黏液囊瘘，由瘘管口排出黏液脓性分泌物，经久不愈。

2. 治疗

治疗原则是：除去原因，制止渗出，促进吸收，消除积液，手术切开或摘除。应根据发病部位和病变的不同时期，采取不同的方法予以解决。

（1）非化脓性黏液囊炎的治疗方法　对急性期炎症的病例，患部涂敷用醋调制的复方醋酸铅散，用醋或酒精调制的山栀子粉，用醋调制的山栀子粉和大黄粉，外敷雄黄散等。必要时患部消毒后穿刺黏液囊，抽出囊内的渗出物，再注入加青霉素 20 万～40 万国际单位的 2% 盐酸普鲁卡因液 10～30ml。如再渗出，可隔 3～4 天抽注 1 次，抽注后可装着压迫绷带。

对慢性期炎症的病例，以上疗法仍可应用，还可于患部涂擦鱼石脂酒精（鱼石脂 50.0 份，95% 酒精 10.0 份），也可应用温热疗法。

如果黏液囊内渗出物不易消除，可彻底消毒患部，切开黏液囊，排出囊内渗出物，然后彻底刮除或切除囊壁内层，或在切开后向囊内填入以 10% 碘酊或 10% 硝酸银液浸润的棉纱，用以达到破坏囊壁内层的目的。也可在切开前先穿刺黏液囊，抽出囊内渗出物，再注入 10% 碘酊 10～40ml，进行轻微按摩。经过 4～6 天再做第二次穿刺，如穿刺液透明，应尽量抽出，再注入碘酊，直到穿出液呈灰黄色的混浊脓样时，然后切开黏液囊，彻底排除内容物，创口行开放疗法，直至愈合。另外操作时应注意切口的形状和位置，使其既便于将囊内容物排出，又不妨碍愈合。为此，切开腕前皮下黏液囊时，可沿中线垂直切开，使切口下端多少超过黏液囊的界限。切开肘结节皮下黏液囊时，切口应位于黏液囊的外后侧，切口最好呈凸面向后的弧形。

对于囊壁肥厚硬结的慢性皮下黏液囊炎，可进行黏液囊摘除术。患部剃毛消毒麻醉后，切开皮肤，剥离周围组织，将整个黏液囊完整地摘除，创内彻底止血，撒布消炎剂，皮肤切口行结节缝合，切口下角留排液口，装着无菌绷带。

（2）化脓性黏液囊炎的治疗方法　化脓性黏液囊炎要进行手术治疗，一旦发现有化脓性症状，应尽早切开黏液囊，尽量排除脓汁，用锐匙刮除囊壁内层组织，用防腐消毒液冲洗囊腔，以后按照化脓创治疗。另外亦可将化脓的黏液囊整个摘除，但要注意不使黏液囊破裂，以防止脓汁污染创口。术后缝合创口，必要时填充防腐引流棉纱。

第四节　骨　折

在强烈外力的作用下，骨的完整性及连续性被破坏，出现骨断、裂、碎现象，称为骨折。

根据骨折的程度可分为完全骨折（见图17-3）和不完全骨折；根据骨折部位和外界是否相通，分为开放性骨折和非开放性骨折。

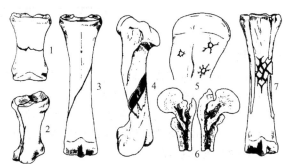

图 17-3　完全骨折
（引自：王洪斌. 家畜外科学. 中国农业出版社. 2002）
1—横骨折；2—纵骨折；3—斜骨折；4—螺旋骨折；
5—穿孔骨折；6—嵌入骨折；7—粉碎骨折

一、病因

主要是遇到外界强烈的暴力作用，如打击、跌倒、冲撞、挤压、蹴踢、牵引等；肌肉的强烈收缩和缺钙造成的骨质疾病亦可发生骨折。

二、症状

1. 疼痛与障碍

骨折发生后疼痛剧烈，肘肌震颤，出汗；触诊局部有明显的疼痛部位；骨裂时指压患部呈线状疼痛压区，这就是骨折压痛线，依此可判定骨折部位。由骨裂与功能障碍引发的疼痛不如完全骨折时严重。

2. 出血与肿胀

血管被破坏而出血，由于出血和渗出，骨折部位出现明显肿胀，且在骨折后立即显现。12h后出现的肿胀为炎症浸润所致。肿胀时常不易摸清骨折部位。

3. 肢体变形

肢体变形是完全骨折的特征。由于肌肉收缩，骨折断端出现移位，如重叠、错开、嵌入、倾斜等。但不全骨折时肢体不变形，仅患部出现肿胀。

4. 异常活动和骨摩擦音

当完全骨折时，活动远心端可呈屈曲、旋转等异常活动，并可听到或感觉到骨断端的摩擦或撞击声。

开放性骨折时创口裂开，骨折断端外露，常合并感染。

5. 全身症状

四肢骨折一般全身症状不明显，闭合性骨折2～3天后，因组织破坏后分解产物和血肿的吸收，可引起轻度体温上升。如骨折部继发细菌感染，则出现体温升高、疼痛加剧、食欲减退等全身症状。

三、治疗

治疗原则：紧急救护，正确复位，合理固定，以促进愈合、恢复功能。

1. 紧急救护

骨折发生后，首先应使动物保持安静，防止断端活动，避免非开放性骨折转为开放性骨折。必要时可应用镇静或镇痛剂。可在原地进行简单处理，如止血、消毒、用竹片简易固定等，再送医疗单位进行治疗。

2. 正确复位

侧卧保定，患肢在上，浅麻醉或局部麻醉后，施行牵引、屈伸、旋转、推拉、捏压等手法，使其两断端对接，达到解剖复位或 2/3 复位，以利愈合。

3. 合理固定

复位后可打夹板绷带或石膏绷带固定。开放性骨折时可在创伤处理、消毒、撒布抗菌药物的基础上，再装着有窗的固定绷带。

4. 对症治疗

整复固定后，要抗菌消炎、强骨补钙、活血化瘀，可内服或外敷中药。固定视情况，约在 4 周后拆除。为消除肿胀和有利于骨痂改建，此时可用中药烫洗，并进行适当的牵遛运动。

第五节 蹄 部 疾 病

一、蹄叶炎

蹄叶炎即是蹄壁真皮的弥漫性浆液性无菌性炎症。此种炎症多发于蹄尖壁的真皮，也可发生于蹄侧壁和蹄踵壁的真皮。常见两前蹄同时发病，两后蹄或四蹄同时发病者较少，偶尔也可见到一蹄单发的病例。本病常以突然发病、疼痛剧烈、严重支跛为特征，如不及时合理治疗，往往转为慢性，甚至招致蹄骨转位和蹄匣变形等后遗症。

1. 病因及发病过程

本病属于一种变态反应性疾病。引起变态反应的物质可能与体内产生大量的组织胺有密切关系，此类物质能使血管通透性增加，而诱发蹄壁真皮的浆液性渗出形成炎症。临床上，蹄壁真皮炎症多发于下列情况。

（1）饲养不当　当饲料骤变或长期饲喂富含蛋白质的精料（如豆类），并缺乏适当的运动时易引起消化功能的障碍而发病，即中兽医所说的料伤。

（2）运动不当　长期在硬地上运动，得不到适当的休息；经常急跑；或长期休闲而骤然剧烈活动等易发病，即中兽医所说的走伤。

（3）压迫刺激　长途车船运输，长期站立，或因一肢患病促使健康肢长期负重时，由于蹄真皮长期受到压迫，影响蹄部血液循环而发病，即中兽医所说的败血凝蹄。

（4）风寒侵袭　动物受贼风侵袭，或雨水淋冻，或发汗后暴饮冷水等，使机体抵抗力降低而发病。

（5）继发于其他疾病　在胃肠炎经过中或肠便秘时投服大量泻剂（如蓖麻油）后，产前或产后，以及在骨软症的经过中，也可继发本病。

在上述发病条件下，可能由于体内产生的大量组织胺类物质的作用，使蹄壁真皮的微细血管扩张、充血，血液停滞，血管壁通透性增加，使渗出增多，吸收减少。大量的血浆成分由血管壁渗出，得不到相应的吸收，渗出物蓄积于真皮小叶与角小叶之间，破坏真皮小叶与角小叶之间的正常结合，从而影响角小叶的正常生长。由于渗出物的存在，机械地压迫富有神经末梢的真皮，引起剧烈而持续的疼痛。当炎症局限在蹄尖壁真皮时，为了缓解疼痛，病畜站立时以蹄踵负重，而将蹄尖翘起以避免压迫。这样，随着时间的推移，因体重的压力和指（趾）深屈肌腱过度紧张，不断向下后方牵引蹄骨，使蹄骨向后转位，蹄骨尖朝蹄底可造成蹄底穿孔。由于蹄冠及蹄底角质生长异常，以后可引起蹄匣形状的改变，形成特异的芜蹄。

2. 症状及诊断

（1）急性蹄叶炎　炎症常局限于蹄尖壁真皮，突然发病，症状重剧且比较典型。

① 肢势变化

a. 两前蹄发病：为了缓解疼痛，患畜站立时，两前肢伸向前方，蹄尖翘起，以蹄踵着地负重，同时头颈高抬，借以将躯体重心移向后方。拱腰，后躯下沉，两后肢尽量前伸于腹下负重。

卧地时需做多次试卧才能躺下。强迫运动时，病畜几乎不敢行走，两前肢运步急速短小，呈时走时停的紧张步样。

b.两后蹄发病：病畜站立时，头颈低下，使躯体重心前移。两前肢尽量后踏以分担后肢负重。同时拱腰，后躯下沉，两后肢伸向前方，蹄尖翘起，以蹄踵负重。强迫运动时，两后肢运步呈急速、短促、紧张步样，腹部向上紧缩。

c.四蹄同时发病：病畜仅能短时间内站立，且肢势常无定势。多以四肢频频交换负重，病情严重的长期卧地不能站立。

② 蹄部变化：患蹄的指（趾）动脉搏动亢进，蹄温增高，特别是蹄尖壁的温度明显增高。以手指压迫蹄冠前面或用器物轻敲蹄尖壁时，出现明显疼痛反应。钳压蹄尖壁时，则疼痛剧烈。

③ 全身变化：病畜由于疼痛剧烈，常出现肌肉颤抖，出汗，体温升高（39～40℃），心跳加快，呼吸促迫，结膜潮红。

急性蹄壁真皮炎的典型经过，一般为6～8天，如不能吸收消散和痊愈，就会转为慢性过程。

（2）慢性蹄叶炎　慢性蹄壁真皮炎多由急性转来。一般全身症状不明显，原发病症状也基本消失。病畜站立时间较长，并能以蹄的全负面着地负重，站立肢势无明显变化，但有时常将躯体重心后移，呈向后倾斜的姿势，或不时地将患肢稍伸向前方，以减少对蹄尖部的压迫。运动时常出现轻度跛行。患蹄的指（趾）动脉搏动无明显异常。蹄温稍增高，钳压患部蹄壁出现轻微疼痛反应。慢性病程经过长久而得不到合理治疗的病例，则可能出现蹄踵狭窄，有的以形成芜蹄而告终。

（3）蹄叶炎的后遗症　芜蹄是蹄叶炎的主要后遗症。芜蹄的特征是：蹄踵壁肿胀明显，蹄尖壁倾斜，中央部凹陷，蹄尖部向前突出，甚至翘起，蹄尖壁上、中部蹄轮密集，蹄踵部蹄轮分散，蹄冠前面凹陷，蹄底向下凸出，蹄尖部浅黄线增宽，蹄匣角质粗糙、脆弱。

3. 治疗

（1）急性蹄叶炎

① 冷却疗法：病初2～3天，可用冷水对患部进行冷敷、淋洗或冷蹄浴。每日2次，每次1h。

② 脱敏疗法：在发病的初期，可试用抗组织胺药物，如盐酸苯海拉明0.5～1.0g，经口给予；10％葡萄糖酸钙液2000～3000ml，静脉注射；也可皮下注射0.1％肾上腺素液3～5ml，每日1次。

③ 放血疗法：为减少血管内血液容量和排除血液中的有毒物质，于发病初期可施行放血疗法，方法有三种。

a.放颈静脉血：根据畜体肥瘦和体格大小于颈静脉急速放血2000ml。

b.放蹄头血：用小宽针在蹄尖部伸腱突的两侧放出蹄头血液100～300ml，并可适当配合放胸堂血或肾堂血。

c.放垂泉血：彻底消毒蹄底后，于蹄叉尖直前的蹄底上，用蹄刀或蹄沟凿将蹄底角质挖除一小部分，直达蹄底真皮，放出血液200ml。放血完毕，将创口上药填塞后装上铁板蹄铁。

④ 可的松疗法：地塞米松10ml，醋酸可的松0.5g，或0.5％氢化可的松液80～100ml肌内注射或静脉注射，连用3～5次。

⑤ 普鲁卡因封闭疗法：静脉内封闭时，用0.25％普鲁卡因液100～300ml注入颈静脉内，隔日1次，连用3次；指（趾）动脉内封闭时，用1％普鲁卡因液10～15ml注入指内、外侧动脉或跖背外侧动脉内，隔日1次，连用2～3次。于普鲁卡因液内加入青霉素20万～40万国际单位则更好；掌（跖）神经封闭时，用加入青霉素20万～40万国际单位的0.5％普鲁卡因液，分别注入掌（跖）内、外侧神经周围，各10～15ml，隔日1次，连用3次。

⑥ 水杨酸钠疗法：应用水杨酸钠不仅有抗风湿的作用，而且能降低微血管的通透性，有利于消炎。为此可用10％水杨酸钠200～300ml静脉注射，每日1次，连用3次。

⑦ 清理胃肠：对于因消化功能障碍发病者，可内服硫酸钠300g，常水1500ml，每日1次，

连用 2 次，以达到清肠目的。

⑧ 中药疗法：根据病情，内服茵陈散或没药散。

【茵陈散处方】 茵陈 40g，当归 50g，川芎 25g，桔梗 35g，柴胡、红花、紫菀、青皮、陈皮各 30g，乳香、没药各 20g，杏仁（去皮）25g，白芍、白药子、黄药子各 25g，甘草 15g。共为细末，开水冲调，候温灌服。

【没药散处方】 没药、乳香各 10g，白药子、黄药子各 25g，当归 50g，红花 40g，柴胡 40g，甘草 25g。共为细末，开水冲调，候温灌服。

没药散用药时，前蹄痛加桂枝，后肢痛加牛膝、木瓜。

⑨ 加速炎性渗出物的吸收或排出：发病 4 天以后，为了促进炎性渗出物的吸收消散，可施行患蹄的温热疗法，如用毛巾温敷患蹄，用温水浸泡患蹄，用酒糟或醋炒麸皮敷在蹄部患处，每次 1h，每日 1～2 次，连用 5 日。

（2）慢性蹄叶炎 根据病情除适当选用上述疗法外，对患部主要采用持续的温蹄浴，并及时注意修整蹄形，防止形成芜蹄。

二、蹄底创伤

蹄底创伤即蹄底真皮的损伤，多由外部外力作用而形成，包括蹄钉伤和刺创。

1. 症状

（1）直接钉伤 在装蹄后即呈疼痛不安，患肢震颤，如将蹄铁摘除，则从钉孔流出血液，或者钉尖带血。

（2）间接钉伤 在装蹄后 2～3 天患肢出现疼痛和跛行。蹄尖接地，系部直立，中度支跛；钳压蹄钉时患肢挛缩，有时可从钉孔流出黑色恶臭液体；体温升高。

（3）刺创常在运动中突然发生，支跛明显，蹄底检查可发现异物、刺入孔、片状潮湿痕迹等。

若蹄底创伤发生感染化脓时，则呈重度支跛，患肢挛缩，蹄温升高。钳压和敲打患蹄疼痛剧烈。如脓汁排泄不畅，则经常在蹄踵或蹄冠部出现破溃排脓，极易形成蜂窝织炎。有时从钉孔或刺入孔流出黑色腐臭的脓汁。

2. 治疗

治疗原则：除去异物，扩开排脓，防止败血，加强护理。

属于钉伤造成的应在清洗的基础上，拔除蹄钉，向钉孔内灌入 2％碘酊或 3％双氧水溶液，施行包扎并保持干燥。

若发现蹄底刺创部位有发湿的痕迹，一定要及时扩大创口，排液或排脓，而后用消毒液彻底清洗直至清洗液透明为止。常用的消毒液有 3％双氧水、0.1％高锰酸钾液、0.1％雷夫奴尔液和 1％碘酊溶液等。冲洗完毕拭干后，在创内撒布各种消炎粉，创口用消毒棉球堵塞。蹄底垫覆脱脂棉后，打蹄绷带。外面再用防雨布包扎，避免水湿和浸透。轻者一次即愈，重者隔 3～5 天再换药一次。可配合全身应用抗生素。

三、蹄叉腐烂

蹄叉腐烂是蹄叉角质的分解或腐烂，有时可引起真皮的炎症。蹄叉腐烂多发生于后蹄。当厩舍不洁、蹄叉角质长期受粪尿侵蚀或蹄叉过削、蹄踵过高、蹄踵狭窄、延长蹄以及运动不足等，妨碍蹄的开闭功能，使蹄叉角质抵抗力减弱时，均容易发生本病。

1. 症状及诊断

蹄叉角质腐烂通常由蹄叉中沟或侧沟开始，角质分解后形成裂隙或烂成大小不同的空洞，由腐烂部排出灰黑色液体。当角质腐烂未侵害真皮时，一般无跛行。一旦病变侵害到真皮，则出现明显跛行。特别是在软地上运动，跛行加重。经过较久的蹄叉腐烂，蹄叉后部的角质崩溃，蹄叉真皮的形状完全消失，甚至引起蹄叉尖角质完全崩溃。当炎症侵害蹄球及蹄冠真皮后，在蹄踵部常出现波纹样的异常蹄轮。

蹄叉真皮暴露时，易出血、易感染。长时间暴露可诱发蹄叉"癌"，此时蹄叉真皮乳头明显增殖，新生的角质也呈分叶状，形似菊花瓣，有的则形成柔软的菜花样赘生物。

2. 治疗

蹄叉角质腐烂时，应削除腐烂角质，用消毒水洗涤后，填塞高锰酸钾粉或浸有松馏油软膏的纱布条即可。

对严重的蹄叉腐烂，除将腐烂角质彻底削除外，应对伴发炎症的蹄叉真皮用锐匙剥削。如蹄叉真皮坏死时，应彻底清除坏死组织（这一点非常重要，甚至可削去大量的皮下组织）。消毒后，撒布碘仿磺胺粉，用浸松馏油软膏的纱布条、棉花等压紧患部，装带底蹄铁。

还可以填塞浸以10％鞣酸液、10％硫酸铜液、5％福尔马林的酒精棉球等。

出现蹄叉"癌"时，对较轻的病例，患部清洗消毒，除去赘生物后，将所用药粉撒布于患部，盖上棉纱，装铁板蹄铁，隔2～3天换药一次，病情好转，可延长换药时间；对较重病例，应进行手术疗法。

四、牛、羊腐蹄病

腐蹄病是最常见的牛蹄病，牛、羊均可得，舍饲乳牛发病率最高。

1. 病因

真正病因尚不清楚。一般认为坏死杆菌是最常见的病原，但化脓性棒状杆菌以及其他20多种细菌均从病蹄分离出过，因此发病原因是多种多样的。

损伤是许多病例的诱因，石子、铁片等异物引起蹄的外伤，尤其是趾间皮肤的擦伤或撕裂，常导致本病的发生。当牛经常浸泡于污秽的泥坑中时，最易发生本病。

2. 症状

患病初期，患牛频频提举病肢，接着出现跛行，体温升至40～41℃，食欲减退，卧地不愿起立，趾间皮肤红、肿、热、痛，蹄球、肉底或围绕冠状带有明显的炎症。随后炎症向深部组织发展，并形成化脓性溶解。严重的可侵至腱、趾间韧带、冠关节或蹄关节，全身症状更加明显，体温升高，跛行加重，并流出恶臭的脓性分泌物。

3. 治疗

局部用防腐液清洗，除去坏死组织，伤口内放置抗生素或其他化学药品，绕两趾包扎，不要装在趾间，否则会妨碍引流和创伤开放。

全身应用抗生素和磺胺类药物。

慢性腐蹄病，可经口给予磺胺类药物，效果满意。

4. 预防

当畜群中发生本病时，应将患畜从畜群中分离出来，防止扩大感染。另外，可使家畜通过含有防腐剂的药池浴蹄，以控制本病。

【复习思考题】

1. 名词解释：跛行、关节扭伤、关节脱位、蹄叶炎、蹄叉腐烂。
2. 跛行的分类有哪些？
3. 骨折的临床特点是什么？
4. 如何处理化脓性蹄真皮炎？
5. 制订蹄底创伤的治疗方案。

第十八章 产科手术基础

【知识目标】

了解分娩的预兆，启动分娩的因素及其机制，决定分娩的要素，正常分娩过程及接产过程。

【技能目标】

能够正确判断母畜正常分娩的进程，可顺利实施接产和人工助产。

第一节 妊 娠 机 制

母畜的生殖器官分为 3 个主要部分，即包括统称为内生殖器的性腺（即卵巢）、生殖道（输卵管、子宫、阴道）和外生殖器（尿生殖前庭、阴唇、阴蒂）。

一、卵巢的功能

卵巢是母畜最重要的生殖腺体，成对，位于腹腔或骨盆腔，由卵巢系膜固定于邻近器官，其形态、大小、位置随畜种的不同而有差异。母畜妊娠时，卵巢的功能如下。

1. 卵泡发育和排卵

卵巢皮质部分布着许多原始卵泡。众多卵泡中只有少数能发育成熟，并破裂排出卵子，在原卵泡处形成黄体，多数卵泡在发育的不同阶段退化、闭锁。

2. 分泌雌激素和孕酮

雌激素主要是由卵泡膜内层上皮细胞分泌而成，一定量的雄激素是导致母畜发情的直接因素。孕酮是维持妊娠所必需的激素之一，主要来源于排卵后形成的黄体。

二、子宫的功能

子宫是孕育胚胎的器官。妊娠时子宫黏膜或其一部分构成母体胎盘，以适应胎儿发育的需要。子宫颈是子宫的孔道，妊娠时紧闭，保护胎儿的安全。最后在胎儿发育成熟时，子宫肌收缩，将胎儿排出体外。除此之外，子宫还有输送精子、调节黄体功能等作用。子宫在妊娠时的功能如下。

1. 储存、筛选和运送精子

母畜发情配种后子宫颈口开张，有利于精子逆流进入。子宫颈黏膜隐窝内可积存大量精子，同时阻止死精子和畸形精子进入，并借助子宫肌有节律的收缩运送精子到输卵管。

2. 孕体的附植、妊娠和分娩

子宫内膜还可供孕体附植。附植后子宫内膜形成母体胎盘，与胎儿胎盘结合，为胎儿的生长发育创造良好的条件。妊娠时，子宫颈柱状细胞分泌高度黏稠的黏液，形成栓塞，防止异物侵入，有保护胎儿的作用。分娩前栓塞液化，子宫颈扩张，以便胎儿排出。

3. 调节卵巢的功能，导致发情

在发情周期的一定时期，一侧子宫角内膜所分泌的前列腺素 $F_{2\alpha}$ 对同侧卵巢的周期黄体有溶解作用，使黄体功能减退。垂体又大量分泌促卵泡素，引起卵泡发育，导致再次发情。妊娠后不释放前列腺素 $F_{2\alpha}$，黄体继续存在，维持妊娠。

三、胎膜的功能

胎膜也叫胚胎外膜，妊娠期它从母体内吸取营养供给胎儿，又将胎儿代谢产生的废物运走，并能进行酶和激素的合成，因而是维持胚胎发育并保护其安全的一个重要的暂时性器官，产后即被摒弃。胎膜由卵黄囊、羊膜、尿囊和绒毛膜所组成，主要功能如下。

1. 羊膜和绒毛膜

早期胚胎体褶形成时，胚盘周围的胚外外胚层和胚外体壁中胚层，向胚体上方褶起形成羊膜褶。猪胚 15 天左右，羊膜头褶、侧褶和尾褶在胚胎背侧部的后端会合，羊膜与绒毛膜同时形成。绒毛膜在外，包围其他胎膜，并与子宫内膜密贴。

2. 卵黄囊

早在原肠胚形成时期，由于体褶发生，胚体上升，原肠缢缩成胚内和胚外两部分，胚内部分称原肠，胚外部分称卵黄囊。卵黄囊早期很大，后逐渐缩小退化。猪在胚胎 13 天左右形成，17 天开始退化，1 个月左右完全消失。牛、羊和猪的卵黄囊对胚胎营养作用不大。马的卵黄囊与绒毛膜结合，曾一度形成卵黄囊绒毛膜胎盘，与子宫壁相连，有营养作用，以后被尿囊绒毛膜代替。卵黄囊的脏壁中胚层可形成血岛，是胚胎早期的造血原基。

3. 尿囊

由后肠腹侧向外突出的盲囊发育形成。囊壁的结构与卵黄囊相同。猪胚 13 天时尿囊形成，17 天时尿囊与绒毛膜相贴，并形成尿囊绒毛膜胎盘，通过分布于尿囊上的脐血管到达胎盘，与母体间进行物质交换。到 1 个月左右，尿囊扩展到整个胚外体腔，并将羊膜包围。牛、羊和猪的尿囊分成两支伸向左右，且尿囊未完全包围羊膜。除有尿囊绒毛膜和尿囊羊膜外，还有羊膜绒毛膜。马的尿囊完全包围羊膜，形成尿囊绒毛膜和尿囊羊膜。

尿囊内储有液体，为胎儿的排泄物。胎儿娩出后，尿囊根部包入脐带内，并闭锁退化，在后肠所形成的膀胱顶留一瘢痕。

第二节　分　娩

妊娠期满，胎儿发育成熟，母体将胎儿及其附属物从子宫排出体外，这一生理变化过程称为分娩。

一、分娩机制

母畜妊娠期已满，成熟的胎儿就要出生，像瓜熟蒂落一样地自然而准确。这一问题虽经长期研究，但迄今并不完全清楚。通常有以下几方面解释。

（1）母体激素变化　母畜临近分娩时，体内孕激素分泌下降或消失，雌激素、前列腺素、催产素分泌增加，同时卵巢及胎盘分泌的松弛素能使产道松弛，在母体内这些激素的共同作用下发生了分娩。这是导致分娩的内分泌因素。

（2）机械刺激和神经反射　母畜妊娠末期，由于胎儿生长很快，胎水增多，胎儿运动增强，使子宫不断扩张，承受的压力也逐渐升高，在子宫的压力与子宫肌高度伸张状态达到一定程度时，便可引起神经反射性子宫收缩和子宫颈的舒张，从而导致分娩。

（3）胎儿因素　胎儿发育成熟后，胎儿脑垂体分泌促肾上腺皮质激素，从而促使胎儿肾上腺分泌肾上腺皮质激素。胎儿肾上腺皮质激素则引起胎盘分泌大量雌激素及母体子宫分泌大量前列腺素，并使孕激素水平下降。雌激素使子宫肌对各种刺激更加敏感，而且还能促使母畜本身释放催产素。所以在母体的催产素与前列腺素的协同作用下，激发子宫收缩，并导致胎儿娩出。

（4）免疫学机制　妊娠后期，胎盘发生脂肪变性，胎盘屏障受到破坏，胎儿和母体之间的联系中断，胎儿被母体免疫系统识别为"异物"而排出体外。

二、分娩预兆

随着妊娠的结束，母畜身体发生一系列的生理和形态上的变化，这些变化使母畜适于分娩。根据乳房、外阴部、骨盆等变化往往可以预测分娩时间，以便事先做好助产的各项准备工作，保证母畜安全生产。

(1) 牛的分娩预兆 母牛妊娠末期腹部下垂，乳房迅速胀大，乳头表面呈蜡状的光泽，分娩前数天可从乳头中挤出少量清亮胶样液体，至产前2天乳头中充满初乳。从产前1周起，阴门发生水肿，并且皱襞展平。产前1~2周荐坐韧带即开始软化，至产前1~2天，荐坐韧带非常松软，并且伸长，尾根与坐骨结节之间有明显的凹陷。若从阴门流出透明的线状黏液，预示近1~2天内分娩。临产前2~3h，妊娠母牛精神不安、哞叫，回顾腹部，时起时卧。

(2) 马的分娩预兆 母马妊娠末期，廉部下陷，腹部下垂，近分娩时腹部下垂现象减轻，而向两侧膨隆。乳房在分娩前2个月左右迅速发育，有的母马乳房基部出现水肿。近分娩前，乳房膨满、硬而充实，乳头粗大而近圆形，由于乳汁充盈而使两乳房呈现八字形。阴唇变化较晚，分娩前数小时才有明显变化。阴唇浆液浸润，皱襞展平，且松软，而且阴门拉长。产前数小时，母马表现不安，时常举尾，有时踢其下腹部或不断回顾腹部，时起时卧，母马的肘后和腹侧有出汗现象。

(3) 猪的分娩预兆 母猪分娩前，腹部大而下垂，卧下时能看到胎儿在腹内跳动。乳房和乳头肿胀而且膨满，产前10~15天，乳房基部与腹壁分界线明显；产前1~2天，多数经产母猪出现漏奶现象。母猪的阴唇水肿，在近分娩前3~5天，肿胀的阴唇开始松弛，接近临产时，从阴门流出少量黏液。在产前6~24h，母猪开始精神不安，并有衔草作窝现象。

(4) 羊的分娩预兆 母羊在产羔前，有明显的荐部下陷，阴门肿大，乳房肿胀。在产羔前数小时，母羊表现精神不安，肢蹄刨地，频频转动或起卧，并喜欢接近其他母羊的羔羊。

根据各家畜分娩预兆，预测分娩时期时必须注意畜体本身的膘情状况，依据观察的所有表现，进行综合判定。此外，根据配种日期推算预产期，也是预测分娩的一种准确办法。

三、决定分娩的因素

分娩是胎儿从子宫中通过产道被排出来的过程。分娩过程是否正常，主要取决于三个因素。即产力、产道及胎儿，也就是母子两个方面。如果这三个因素是正常的，能够互相适应，分娩就会顺利，否则可能造成难产。

1. 产力

将胎儿从子宫排出体外的力量称为产力，包括子宫阵缩力和努责力。由子宫肌收缩产生的力量称阵缩力，是推动胎儿娩出的主要动力。子宫肌的收缩不是随意进行的，呈波浪式，每两次收缩之间出现一定的间歇，收缩和间歇交替发生。由腹肌和膈肌收缩产生的力量称努责力，是胎儿产出的辅助动力。努责是伴随阵缩随意进行的，阵缩与努责间歇定期反复地出现，并随产程进展，收缩加强，间歇时间缩短。若在阵缩之间没有间歇，胎儿由于血管受到压迫，胎盘的血液供给受到限制而缺氧，终会引起胎儿的死亡。所以间歇对胎儿的安全是非常重要的。

2. 产道

产道是分娩时胎儿由子宫排出体外时的必经通道，包括软产道和硬产道。软产道是由子宫颈、阴道、阴道前庭及阴门这些软组织构成的管道。在分娩过程中，子宫颈逐渐松弛，直至完全开张，阴道、阴道前庭和阴门也能充分松软扩张。硬产道就是骨盆。骨盆主要由荐骨与前3个尾椎、髋骨（髂骨、坐骨、耻骨）及荐坐韧带构成。

3. 胎儿

在分娩前，子宫内的胎儿全身盘曲，四肢紧缩，形成一个椭圆形。分娩时，胎儿通过产道，必须改变为分娩的姿势，才能被排出。

(1) 胎向 是胎儿纵轴与母体纵轴的关系。分为纵向、竖向和横向。

① 纵向：纵向为正常胎向，胎儿纵轴与母体纵轴平行称纵向。胎儿的前肢和头部先进入产道，称为正生，胎儿的后肢和尾部先进入产道，称为倒生。

② 竖向：胎儿的纵轴向上与母体的纵轴垂直称竖向。胎儿的头部可能向上或向下，同时胎儿的背部或腹部朝向产道。竖向为异常胎向。

③ 横向：横向是指胎儿横卧于子宫内，胎儿的纵轴与母体纵轴水平垂直。胎儿的腹部朝向

产道为腹横向，胎儿背部朝向产道为背横向。

（2）胎位　是胎儿的背部与母体背部的关系。胎位分为上位、下位和侧位。

① 上位：是胎儿伏卧于子宫内，背部在上，接近母体的背部及荐部。

② 下位：是胎儿的腹部朝向母体的背部，胎儿仰卧在子宫内。

③ 侧位：是胎儿的背部朝向母体的腹侧壁。

上位是正常的，下位和侧位是反常的。侧位如果倾斜不大，称为轻度侧位，仍可视为正常。

（3）胎势　指胎儿在母体内的姿势。分娩前胎儿四肢向腹部屈曲，体躯微弯，头向胸部贴靠，分娩时头、颈、躯干、四肢伸展成细长姿势。有时因胎势异常而造成难产。正常的胎势为头纵向、上位、胎儿前肢抱头、后肢踢腹。

此外分娩时母畜采取的姿势对分娩有较大的影响。动物站立时，股四头肌、臀中肌、半腱肌、半膜肌附着在骨盆荐坐韧带之外，这些肌肉压迫臀部，有碍荐坐韧带的松弛。对开放产道也不利，因而动物在分娩的最紧要关头（即排出胎儿膨大部时），往往自动蹲下或侧卧，以减少对荐坐韧带的压力同时增加对产道的排出推力，因而侧卧对产畜来说是有利的。

但在难产时，如发生胎儿姿势异常，为使胎儿能被推回腹腔矫正，一般使动物呈站立姿势。如果动物由于疲劳而不能站立，常用垫草抬高后躯。

四、分娩过程

整个分娩期是从子宫开始出现阵缩起，至胎衣排出为止。分娩是一个连续的完整过程，但为叙述方便，可人为的将它分为开口期、胎儿产出期和胎膜排出期三个时期。

1. 开口期

从子宫出现阵缩开始，至子宫颈完全开张到与阴道无明显界限为止，称开口期。在此期内，母畜只有阵缩，没有努责。在开口期刚开始时，子宫阵缩较轻微，间歇期长，而后努责较强烈、短暂。阵缩是自子宫角尖端向子宫颈发出的波状收缩，使胎儿和胎水向子宫颈移动。伴随着阵缩的不断进行，胎儿和胎水将松弛的子宫颈扩开，继而使软产道被打开。家畜在开口期的子宫收缩，开始时是每 15 min 左右出现 1 次，每次持续 15～30 s，至下一次阵缩时，其频率和强度及持续时间均有所增加，而间歇时间缩短。此时，母畜表现为神态不安，食欲减退，回视腹部，徘徊运动，时起时卧，鸣叫，频频举尾，常作排尿姿势，有时可见胎水排出。

2. 胎儿产出期

从子宫颈口完全开张至胎儿产出体外的阶段叫胎儿产出期。这一时期，母畜的子宫阵缩和努责共同发生，其中努责是排出胎儿的主要动力。此期间母畜表现为兴奋不安，拱腰举尾，时起时卧，回顾腹部，呻吟并有出汗，前肢刨地，最后多数母畜侧卧不起，呼吸和脉搏加快。

牛、羊多数是由羊膜绒毛膜形成囊状突出至阴门内或阴门外，膜内有羊水和胎儿，羊膜绒毛膜破裂后排出羊水和胎儿。马尿膜绒毛膜先露，在产出过程中因压力增大使它在阴门内或阴门外破裂，使黄褐色的稀薄尿水流出来，称第一胎水。继尿水流出后，尿膜羊膜囊开始通过产道并有一部分突出阴门外，透过尿膜可见到胎儿及羊水。尿膜羊膜囊多在胎儿的前置部分露出后破裂，流出羊水称作第二胎水。

胎水排出后，胎儿的头部及两前肢随即露出，但胎儿通过产道较费力，时间也较长。每一次强烈阵缩与努责都驱使胎儿娩出得到进展，在间歇又稍有退回，如此反复几次，则胎头露出，至此母畜稍休息片刻，而后又重新出现强烈的阵缩与努责，最后终于将胎儿排出体外。

马的产出期为 10～30 min；由于牛的骨盆构造特殊，牛的产出期时间较长，在 0.5～4 h；绵羊产出期约为 1.5 h；山羊需 3 h；猪产出 2 个胎儿的间隔时间通常在 5～20 min，产出所用时间依胎儿多少而有不同，大致需 2～6 h。

3. 胎膜排出期

从胎儿产出到胎膜完全排出体外的阶段，称胎膜排出期。当胎儿排出后，母畜即安静下来，在子宫继续阵缩及轻度努责作用下，使胎膜逐渐从子宫内排出体外。由于各种家畜胎盘构造类型不同，所以胎膜排出的持续时间差异较大。马在胎儿产出后 20～60min 排出胎衣，牛需 2～8h，羊需 1～4h，猪在胎儿全部娩出后 10～60min。

第三节　接　产

分娩是一个生理过程。正常情况下，对母畜的分娩无需干预，待其自然进行，或者稍加帮助，以减少母畜的体力消耗。反常时，则需及早助产，以免母子受到危害。

接产的目的在于对母畜和胎儿进行观察，并在必要时进行帮助，避免胎儿和母体受到伤害。但应特别指出，接产工作一定要根据分娩的生理特点进行，不要过早过多的干预。

一、接产的准备工作

根据母畜配种记录和分娩预兆，把母畜在分娩前 1 周左右转入产房进行饲养管理。产房应安静，宽敞明亮，清洁干燥，冬暖夏凉，通风良好。在母畜进入前应清扫消毒，铺垫清洁柔软的干草。产前准备好常用的药品和有关器械，有条件的还应备有常用的诊疗及手术助产器械。因为母畜分娩通常多在夜间，所以要昼夜安排好值班人员。

二、正常分娩的接产

在一般情况下，正常分娩无需人为干预。有时反而因接产不当，造成分娩困难或引起产道的损伤与感染。接产人员的主要职责在于观察分娩的过程是否正常和及时护理仔畜。

在母畜进入产出期时，应及时确定胎向、胎位、胎势是否正常。检查时要伸入阴道内，隔着胎膜触摸，避免胎水过早流失。若胎儿不正常，可将胎儿退回子宫进行矫正。若是倒生时，应及早迅速拉出胎儿，否则易吸入羊水而发生窒息死亡。胎儿生下时，如黏液较多不能呼吸时，则将其头朝下，用手夹住后腿或提起，轻拍胸壁，以促进其呼吸。

胎儿的头部露出阴门之外，羊膜尚未破裂时，应立即撕破羊膜，使胎儿鼻端露出，防止窒息。

胎儿产出后，要立即擦干口腔和鼻腔黏液，防止吸入肺内，引起异物性肺炎。

牛羊胎儿的腹部通过阴门时，将手伸至胎儿腹下，并握住脐带根部，可防止脐血管断到脐孔内，引起感染。马胎儿露出阴门外以后，要注意安静，以免母马突然起立而拉断脐带，过早断脐，会使胎盘的血液不能更多地回流到胎儿体内，而影响幼驹健康。猪分娩过程延长时，要尽快助产，否则后边未产出的胎儿会发生窒息死亡。

胎儿产出后，将胎儿的鼻孔、口腔内的黏液擦净，然后进行断脐。大家畜在距腹部 8～10cm 处断脐，猪、羊在距腹部 3～4cm 处断脐。断脐时，于脐根部充分擦以碘酊，然后用两手将脐带用力捏住扯断，最后在断端充分涂以碘酊。

擦干新生仔畜身上的羊水，以防冻害，并能促进仔畜呼吸与血液循环等器官功能的活动。也可让母畜舐干羊水，从而促进母畜子宫收缩能力，加快胎衣的脱落。

用温水洗净母畜乳房，辅助母畜哺乳。仔猪生下后，必须帮助找乳头吃奶，以免仔猪的叫声影响母猪继续分娩。

牛、羊及猪的胎衣排除后，要及时检查是否完整，如不完整，说明子宫内有残存胎衣，要采取措施，以防母畜子宫有病理变化。牛、羊、猪的胎衣排出后，应立即拿走，以免母畜吞食后引起消化功能紊乱。应特别注意母猪吞食胎衣，否则会养成母猪吞食仔猪的恶癖。

产后数小时，要观察母畜有无强烈努责，强烈努责可能引起子宫脱出，仍需注意预防。

【复习思考题】

1.母畜妊娠时生殖卵巢、子宫、胎膜各有何作用？

2.简述分娩的机制及其影响因素。

3.以牛或羊为例，说明正常接产的过程。

第十九章 妊娠期疾病

【知识目标】
　　1.了解流产、孕畜水肿、产前截瘫、阴道脱出四种疾病的发病原因。
　　2.掌握各种疾病的临床症状、诊断方法、预防和治疗措施。
【技能目标】
　　1.能根据妊娠期母畜的临床症状，及时地对疾病作出正确诊断。
　　2.能正确分析妊娠期疾病的发生原因，做好家畜妊娠期疾病的预防和治疗工作。

第一节 流　产

　　流产是指胚胎或者母体的生理过程发生紊乱，或它们之间的正常关系受到破坏，而使妊娠中断，胚胎在子宫内被吸收或排出死亡的胎儿的现象。流产可分为传染性流产和非传染性流产。

　　各种家畜都会发生流产，妊娠奶牛有 $3\% \sim 5\%$ 的流产率是正常现象。近年来，牛群的流产率呈逐渐上升趋势，应从预防角度出发，尽量避免可导致奶牛流产的因素出现，以降低流产率。

一、病因

　　引起非传染性流产的原因有以下几种。

1. 机械性损伤

　　圈舍的面积小，饲养密度大造成畜只拥挤，易发生互相咬架、冲撞、滑倒、剧烈的运动、被其他牲畜爬跨引起流产或产死胎。

2. 营养性因素

　　妊娠期饲料营养不足、缺乏某些维生素或微量元素（如维生素 A 或维生素 E 不足、矿物质不足等）、暴饮暴食等会导致母畜妊娠营养障碍，表现为产死胎、木乃伊胎、畸形胎及弱胎。

　　某些养殖户缺乏科学的饲养管理知识，对后备母畜、哺乳母畜、空怀母畜等采用一种饲料饲喂，饲料质量差，达不到规定的标准，导致发病。

3. 管理性因素

　　疏于管理，放牧过程中饲养管理人员照看不当，让妊娠母畜蹦沟、过度使役，鞭打母畜，粗暴的直肠检查、阴道检查等，造成母畜流产。

　　母畜发情鉴定不准确，配种时间掌握不适当，母畜分娩时护理不善，导致母畜流产或产死胎。

4. 遗传性因素

　　配种时由于对其种畜血缘档案不清，近亲繁殖，可导致胎儿先天性畸形，引起个别奶牛发生流产。

5. 用药不当

　　母畜在妊娠时大量服用泻剂、利尿剂、驱虫剂或误服子宫收缩药、催情药和妊娠禁忌的其他药物。

6. 习惯性流产

　　主要由子宫内膜的病变及子宫发育不全等引起。

7. 继发于某些疾病

　　继发于子宫阴道疾病、胃肠炎、疝病、热性病及胎儿发育异常等。

二、症状

由于流产的发生时期、原因及母畜反应能力不同，流产的病理过程及所引起的胎儿变化和临床症状也大不一样，一般可归纳为四种。

1. 隐性流产

胚胎早期死亡，在子宫内被吸收称为隐性流产。无临床症状。只是配种后，经检查已怀孕，但过一段时间后又再次发情，从阴门中流出较多的分泌物。

2. 早产

排出不足月的胎儿，称为早产。这类流产的预兆和过程与正常分娩相似，一般在流产发生前2～3天，乳房肿胀，阴唇肿胀，乳房可挤出清亮的液体，腹痛，努责，从阴门流出分泌物或血液。排出的胎儿是活的，但不足月。

3. 小产

排出死亡的胎儿，是最常见的一种流产。妊娠前半期发生的小产，常无预兆。妊娠后半期发生的小产，其流产预兆与早产相同。

4. 延期流产

又叫死胎停滞。胎儿死亡后由于阵缩微弱，子宫颈管不张开或开放不大，长久停留于子宫内，称延期流产。如果死胎的组织中水分和胎水被母体吸收，尸体呈棕黑色，形如干尸，称为胎儿干尸化。这种死胎被称为木乃伊胎。如果妊娠中断后，死亡胎儿的软组织被分解液化，而骨骼还留在子宫内，则称为胎儿浸溶。

延期流产的早期不易被发现，但母畜妊娠现象不见进展，而且逐渐消退，不发情，有时从子宫内排出污秽不洁的恶臭液体，并含有胎儿组织碎片及骨片。

三、诊断

1. 早期妊娠诊断

母畜配种后已确认怀孕，但过一段时间再次发情。

2. 临床检查

腹痛，拱腰，努责，从阴门流出分泌物或血液，进而排出死亡胎儿或不足月的胎儿。

怀孕后一段时间腹围不再增大，反而逐渐变小，到了分娩期不见分娩，只见从阴门排出污秽恶臭的液体，并含有胎儿组织碎片，一般见于胎儿浸溶。

四、防治

1. 预防

(1) 加强选育工作 凡选作种用的母畜，必须符合选育标准，对存在遗传缺陷、繁殖障碍等生殖疾病的母畜一律淘汰。

(2) 改善生活环境 在选择场地和建筑畜舍时，不但要考虑有利于环境控制，还应注意夏季防暑降温和冬季防寒保暖，同时还应尽量减少运输、气温、饲养条件的改变等应激反应。

(3) 加强饲养管理 按照母畜妊娠不同阶段的营养标准进行科学配制日粮，保证饲料营养全面、均衡，要求饲料品质良好，维生素和微量元素充足。在饲养过程中，尽量不使用或少用棉籽饼和豆科牧草中的葛属牧草，尽量避免使用被有毒有害物质污染的饲料，更不要饲喂发霉变质、有刺激性和冰冻的饲料。

管理得当，单栏饲喂，防止意外伤害，做到合理使役。发现有流产预兆时，应及时采取保胎措施。

2. 治疗

(1) 保胎、安胎 可肌内注射黄体酮。母马和母牛的用量为50～100mg，母猪和母羊的用量为10～30mg，一次肌内注射，每天1次，连用2～3天。

(2) 促使胎儿排出 己烯雌酚和催产素可配合应用。

（3）手术治疗　对延期流产的母畜，先开张子宫颈口，排出胎儿及骨骼碎片，然后冲洗子宫并投入抗菌消炎药，必要时进行全身疗法。

第二节　孕畜水肿

孕畜水肿是妊娠末期母畜腹下、四肢和会阴等处发生的非炎性水肿，又名妊娠水肿。特征是组织间隙液体过量蓄积，影响产奶量和乳房外形，容易感染皮肤病和乳房炎。水肿面积小、症状轻者，是妊娠末期的一种正常生理现象；水肿面积大、症状严重的，才是病理状态。

本病多见于马和牛，主要是乳牛。一般发生于分娩前 1 个月内，产前 10 天最显著，产后 2 周左右自行消退。

一、病因

1. 母体血液循环障碍导致水肿

妊娠末期胎儿生长迅速，子宫体积也迅速增大，使腹内压增高，乳房胀大，孕畜运动量减少，因而使腹下、乳房、后肢的静脉血流缓慢，引起淤血及毛细血管壁的通透性增高，使体液滞留于组织间隙而导致水肿。

2. 血浆胶体渗透压降低导致水肿

妊娠末期母畜的血流总量增高，对血浆蛋白需求增加，如果饲料中蛋白质供应不足，则会使血浆蛋白胶体渗透压降低，导致组织水肿。

3. 内分泌变化导致水肿

妊娠期间内分泌变化使肾小管远端对钠的重吸收增加，使组织内钠量增加，导致体内水的潴留。

4. 某些器官功能不全

如心、肾功能不全或变弱，使静脉血淤滞，导致水肿。

二、症状

临床上的主要症状为水肿。呈扁平肿胀，左右对称，触诊无痛，皮温低，指压留痕。通常从腹下及乳房开始，皮肤呈渐进性充血，逐渐蔓延至前胸和阴门，甚至可波及后肢的跗关节及系关节等处，被毛稀少的部位皮肤紧张而有光泽。

三、诊断

本病一般在分娩前 1 个月左右逐渐出现。根据水肿发生的时间、部位和发病速度，一般不难作出诊断。

四、防治

1. 预防

舍饲孕畜，尤其是奶牛，每天擦拭皮肤，给予富含蛋白质、维生素和矿物质的易消化饲料，并且要有适当运动。

2. 治疗

出现孕畜水肿时，应以改善饲养管理为主，给予蛋白质丰富的饲料，限制饮水，减少多汁饲料及食盐的摄入量。

（1）水肿轻微者可采用中药疗法　可内服加味四物汤或当归散。

【四物加味汤】：熟地黄 45g，白芍 20g，川芎 25g，枳实 20g，青皮 25g，红花 10g。共为细末，开水冲，候温灌服。

【当归散】：金当归 20g，补骨脂（破故纸）20g，红花 20g，白芍 20g，胡芦巴 20g，自然铜 20g，骨碎补 20g，益母草 20g，黄酒 100ml 为引，共为细末，候温灌服。

（2）水肿严重者可应用强心、利尿剂　50% 葡萄糖溶液 500ml，5% 氯化钙溶液 200ml，40% 乌洛托品液 60ml，混合，一次静脉注射；20% 安钠咖液 20ml，皮下注射，1 次/天，连用 5 天。

第三节　产前截瘫

产前截瘫是妊娠末期孕畜既无导致截瘫的局部因素（如腰、臀部及后肢损伤），又无明显的全身症状，表现为母畜后肢不能站立的一种疾病。各种家畜均有发生，以牛和猪为多见，牛多发生于产前 1 个月左右，猪多发于产前几天至数周。

一、病因

1. 营养供应不足

妊娠期腹内胎儿发育迅速，特别是多胎的母畜在妊娠期后期需要大量的营养物质，尤以钙、磷最为重要。如果此时饲料中钙、磷缺乏或比例不平衡，就会导致孕畜机体血钙浓度下降，孕畜只能动用自体骨骼钙来维持血钙水平。长期如此，将造成骨软症，导致产前截瘫。

因长期或严重缺乏营养而导致机体瘦弱及衰老的孕畜，易发生截瘫。

2. 后躯神经严重受压迫

孕畜胎水过多，胎儿过大以及多胎时，母畜后躯神经受到严重压迫，重者发生产前截瘫。

3. 运动量不足

妊娠期后期，孕畜行动缓慢，如果出现动物放牧不当、被暴力驱赶或者圈舍窄小、羊群拥挤等情况，可造成腰荐部骨骼或者骨盆部骨骼发生严重伤害，易引起截瘫。

二、症状

瘫痪主要发生在后肢。病初仅见母畜后肢无力，两后肢经常交替负重；行走时后躯左右摇摆，运步谨慎，步态不稳；卧下时起立困难，因而长久卧地。症状逐渐加重，后肢不能站立，驱赶不敢迈步，疼痛嘶叫，甚至两前肢跪地爬行。猪病初一前肢跛行，以后波及四肢，常可见异食癖、消化功能紊乱、粪便干燥等症状。在放牧过程中，有时可见母羊突然倒地，后肢不能直立。病畜通常无明显的全身症状，但有时心跳快而微弱。如距分娩时间尚早，病期较长的，可造成阴道脱垂或褥疮，甚至引起败血症。

三、诊断

根据瘫痪主要发生在后肢，瘫痪的局部不表现任何病理变化，触诊无疼痛表现，反应正常等现象即可作出诊断。

四、防治

1. 预防

（1）加强孕畜的营养供给　妊娠母畜的饲料中给予足够的蛋白质、钙、磷及微量元素以及维生素。最好定期经口给予葡萄糖酸钙溶液和注射维生素 A、维生素 D、维生素 E。

（2）运动充足　妊娠母畜应加强运动，特别是妊娠后期的母畜要到运动场进行充分地自由活动，多晒阳光，以补充维生素 D。

2. 治疗

（1）加强护理　给予富含蛋白质、钙、磷及维生素的饲料，并加强运动。对于不能起立的病畜，应多铺垫草，经常翻身，以防发生褥疮。

（2）补充钙剂　静脉注射 10%葡萄糖酸钙溶液，牛 250～500ml，猪 50～100ml，或静脉注射 10%氯化钙注射液，牛 100～200ml，猪 20～30ml。

（3）中兽医疗法　为了兴奋肌肉功能，还可配合针灸、电针等现代理疗方法。

第四节　阴道脱出

阴道脱出是指阴道底壁、侧壁和上壁一部分组织肌肉松弛，连带子宫颈和子宫体向后移，使松弛的阴道壁形成折襞嵌堵于阴门之内或阴道翻转脱垂于阴门之外。

本病多发生于牛，其次是羊、猪，马罕见。一般见于年龄较大的母畜。常发生于妊娠末期和产后期。

一、病因

阴道脱出主要由于固定阴道的组织弛缓，腹内压增高及强烈努责而引起。

（1）肌肉紧张性降低　孕畜老龄经产、营养不良、钙和磷等矿物质不足、缺乏运动等易使固定阴道的组织松弛而发病。

（2）腹压过高　孕畜长期卧于前高后低的地面上、单胎动物双胎怀孕、胎儿过大、胎水过多、瘤胃膨胀、便秘或腹泻以及产后努责过强等因素，使腹内压升高，子宫及内脏压迫阴道而引起阴道脱出。

（3）雌激素分泌过多　见于妊娠末期胎盘分泌雌激素过多、食物中雌激素过多、卵巢囊肿等。

（4）与遗传有关　牛和羊的阴道脱出与遗传有一定关系。

二、症状

阴道脱出常发生于产前。根据脱出的程度不同，分为部分阴道脱出和完全阴道脱出。

1. 部分阴道脱出

病初孕畜卧下时，从阴门突出鹅卵大至拳头大、表面光滑的红色球状物（见图 19-1、图 19-2），站立时阴道可自行缩回。反复脱出的次数较多时，阴道壁组织逐渐松弛，站立时阴道也无法缩回去，且球状物逐渐增大，黏膜红肿而干燥。

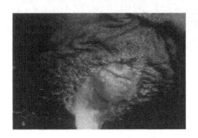

图 19-1　牛部分阴道脱出

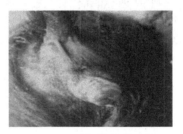

图 19-2　猪部分阴道脱出

2. 完全阴道脱出

阴门外突出一饭碗大或排球大小红色的球状物（图 19-3），表面光滑，病畜站立也不能缩回，脱出部分的末端可见到子宫颈外口，下壁前端有尿道外口。脱出时间较长，脱出部淤血变紫红色，并发生水肿，进而表面干裂、糜烂和出血。黏膜上常附有粪土、草渣等污物。严重时出现全身症状和瘤胃臌胀。

三、诊断

妊娠末期和产后期阴门外有红色表面光滑的球状脱出物即可作出诊断。

图 19-3　牛完全阴道脱出

四、防治

1. 预防

（1）对妊娠母畜要改善饲养管理，避免母畜过肥。

（2）妊娠后期加强运动，以提高全身组织的兴奋性，有利于降低发病率。

（3）妊娠母畜产前截瘫不能站立时，应加强护理，适当垫高其后躯。

2. 治疗

（1）部分阴道脱出的治疗　站立后能自行缩回的患畜，应改善饲养管理，补喂矿物质及维生素，适当运动，保持体躯处于前低后高的位置，以减轻腹内压。

（2）完全阴道脱出的治疗 脱出严重，不能自行缩回者，必须用手术方法加以整复和固定。具体步骤如下。

① 保定：大动物采用前低后高的姿势站立保定，小动物可提起后肢保定。

② 麻醉：大家畜多用荐尾、尾椎间隙行轻度硬膜外麻醉，用2％普鲁卡因10ml。中、小动物全身麻醉。猪可用氯丙嗪1～3ml/kg体重。犬、猫可用速眠新，犬0.1ml/kg体重，猫0.3～0.5ml/kg体重。

③ 清洗和消毒脱出部分：用温0.1％高锰酸钾溶液或0.1％新洁尔灭溶液等，彻底清洗消毒，切除坏死组织，伤口较大时需要进行缝合，并涂以消炎药剂。

④ 整复：用消毒纱布托起脱出部分，在母畜未出现努责时，用手掌将脱出部分向阴门内推进。待托出物完全送入阴门后，再用拳头将阴道顶回原位，并轻轻揉压，使其充分复位。

⑤ 缝合：整复后为防止再脱出，应将阴门缝合固定。牛用粗缝线，在距阴门3～4cm处下针，在距阴门0.5cm处出针，进行两个双内翻缝合。并在露出外面的线段上，最好套上短胶管或纽扣，以免撕裂阴门组织。阴门下1/3不缝合以免妨碍排尿。

⑥ 护理：缝合局部定期消毒，以防感染。拆线不宜过早，如患畜不再努责，可拆除缝线。若母畜出现分娩预兆时应立即拆线。

【复习思考题】

1.一头母猪发情配种后，经妊娠诊断确诊已怀孕。平时不见其有任何异常表现，但配种后41天又再次发情，如何解释此情况？

2.引起孕畜水肿和产前截瘫的原因有哪些？相同之处有哪些？

3.叙述阴道脱出的治疗方法。

第二十章 分娩期疾病

【知识目标】

1. 了解难产的种类,掌握难产的检查方法,为临床诊断提供依据。
2. 熟悉手术救助前应做好准备的全部内容。
3. 掌握常见难产的治疗和手术救助方法。

【技能目标】

1. 能根据母畜难产时的临床症状,及时地对难产的类型作出正确地诊断。
2. 能对各种难产及时进行手术救助。
3. 救助后能熟练地对母体进行正确的护理。

分娩是指母畜经过一定时期的妊娠,胎儿发育成熟,母体借助子宫和腹壁肌的收缩将胎儿、胎盘和胎水排出体外的过程。分娩可分为三个阶段,即开口期(从分娩开始到子宫颈口开张)、胎儿产出期(从子宫颈口开张到胎儿排出)和胎膜排出期(从胎儿排出到胎膜排出)。

影响母畜分娩的因素主要有产力、产道、胎儿与母体的关系及分娩时母畜的姿势等。正常情况下,四者总是相互协调,从而使分娩能顺利地进行。如果其中任何一种因素发生异常,不能将胎儿顺利排出,就会使胎儿的产出过程延迟或受阻,造成难产。

难产是指由于各种原因导致分娩第一阶段(开口期),尤其是第二阶段(胎儿产出期)明显延长,造成如不进行人工助产,则母体难于或不能排出胎儿的一种产科疾病。各种家畜均可发生难产。其中以牛、羊、猪较为多见。难产的种类很多,根据病因的不同,通常分为产力性难产、产道性难产和胎儿性难产三大类。

(1) 产力性难产 由阵缩和努责微弱、阵缩和破水过早、子宫疝气等引起。

(2) 产道性难产 由子宫位置不正、子宫扭转、产道肿瘤和子宫颈、阴道、骨盆狭窄等原因所致。如患过骨盆骨折、阴道脓肿、阴门裂伤的母畜易发生产道和骨盆狭窄,从而引起难产。

(3) 胎儿性难产 由于胎儿过大和过多、胎儿姿势不正、胎儿位置不正、胎儿方向不正、胎儿畸形等原因所致。胎儿性难产最常见,占 70%~80%。

第一节 难产的检查

一、病史调查

(1) 了解母畜的妊娠期长短及胎次,预产期提早或推迟应考虑早产、流产和难产。一般初产母畜,可考虑有无产道狭窄,有无胎儿过大现象。经产母畜,可考虑有无胎位、胎势、胎向异常,胎儿畸形,单胎动物怀双胎等情况。

(2) 了解分娩开始的时间,胎水是否排出,努责的强度及频率。

(3) 分娩前考虑是否患过骨盆骨折、阴道脓肿、阴门裂伤等可能导致产道和骨盆狭窄的疾病。

(4) 分娩开始后考虑是否经过治疗,已做何种治疗,治疗前胎儿的方向、位置及胎势如何,胎儿是否已死亡,以便在此基础上确定下一步的救治措施。

(5) 多胎动物尚需了解胎儿相互之间排出的相隔时间,努责的频率和强度,产出胎儿的数量与胎衣排出的情况。如果分娩过程中突然停止产出，很可能是发生难产。

二、一般临床检查

检查母畜的精神状态、可视黏膜的颜色、体温、脉搏、呼吸及母畜的体质状态。了解母畜的全身状况，是选择助产方法、确定全身综合治疗及判断预后的依据。如结膜苍白，表明有内出血的可能，预后应慎重。此外，还要检查阴门及尾根两旁的荐坐韧带后缘松弛程度，向上提尾根检查骨盆及阴门扩张的程度。

三、产道的检查

通过阴道检查，查明软产道的松软程度和滑润程度，有无损伤、水肿、炎症、瘢痕和瘤状物；查看阴道内液体的颜色和气味；观察子宫颈松软程度和开张程度（特别是牛、羊）；触摸骨盆腔的大小，判断是否有骨盆畸形等。

若发生难产的时间较短，而由于胎水过早流失，造成黏膜表面干燥，则易引起产道水肿，助产时损伤或出血。如果母畜产程过长，软产道黏膜也会发生水肿，致产道狭窄，妨碍助产。产道损伤一般可以触摸到，流出的血液颜色要比胎膜血管中的血新鲜，呈鲜红色。产道的水肿或损伤，将给助产工作带来很大困难，强行助产会造成产道更大的损伤，应慎重选择助产方法。

四、胎儿的检查

1.胎儿检查的内容

包括胎势、胎向和胎位有无异常；胎儿是否存活、是否发生了气肿或腐败现象；胎儿的体格大小以及是否有畸形；胎儿进入产道的深浅等。这些检查内容是正确选择难产救助方法的重要依据。

（1）胎儿在子宫内状态的检查 通过触诊其头、颈、胸、腹、臀或前后肢，检查胎儿的胎势、胎向和胎位，分析难产的类型。

（2）胎儿的死活 胎儿死活的检查，对助产方法的选择有着决定性的意义。

（3）胎儿的大小 检查胎儿的大小时，要以产道的大小做参照，判断有无畸形，从而判断是否容易矫正和拉出。

（4）胎儿进入产道的程度 当胎儿进入产道很深，不易推回子宫，且胎儿较小，异常不严重时，可先试行拉出；若进入产道尚浅，如有异常，应先矫正后再拉出。

当正生时，若术者将手指伸入胎儿口腔，如有吸吮动作；或轻拉舌头，有收缩反应；或以手指轻压眼球，有反射活动；或牵拉、刺激前肢，有向相反方向退缩；或触诊颌外动脉或心区，有搏动，都可确定胎儿是活的。倒生时，触诊脐带有动脉搏动；或牵拉、刺激后肢，有反射活动；或将食指轻轻伸入肛门，有收缩反射，也可确定胎儿是活的。

2.胎儿检查的注意事项如下

（1）检查前，术者手臂及母畜外阴部均需消毒。

（2）分析胎儿是否死亡时，只要检查到了上述各项中一项生理性活动的存在，即可判定胎儿是活的。但判定胎儿是否死亡时，不能单纯依据某一种生理活动的消失与否来判断，只有各种活动全部消失时，才可得出胎儿死亡的结论。

五、直肠检查

为了确定母畜子宫捻转的方向及程度、子宫的张力和收缩力、胎儿头部的大小、胎儿是否发生死亡、子宫中动脉跳动是否正常等情况，在阴道检查之后，常辅以直肠检查加以判断。

第二节 手术助产前的准备

根据对产畜及胎儿的检查结果，及时作出助产计划及实施方案，为确保助产工作的顺利进行，应尽快做好以下准备工作。

一、场地的准备

为了确保人畜安全，最好在宽敞、平整、明亮的场所进行手术助产。为了避免感染，助产前必须对产房、场地进行彻底消毒。

二、母畜的准备

1. 保定

难产助产时母畜保定的好坏，是手术助产能否成功的关键。一般以站立保定为宜，取前低后高姿势，有利于将胎儿向子宫方向推入，便于矫正胎儿的姿势。如果母畜不能站立，则可使其侧卧。如胎儿头颈在左侧，则母畜取右侧卧，反之取左侧卧姿势。注意侧卧保定时，也应将后躯垫高以减少腹腔内的压力，便于手术救助。

2. 麻醉

为了抑制产畜努责，便于操作，可给予镇静剂或硬膜外麻醉。如果需要进行剖宫产等大手术，肌内注射速眠新进行全身麻醉。

3. 消毒

为了预防感染，助产前必须对产畜的外阴部和胎儿外露部分、所使用的助产器械、术者手臂进行严格的消毒，其消毒方法按外科手术常规消毒方法进行。

4. 润滑产道

胎水流尽、产道干燥、胎衣及子宫壁紧包着胎儿时，如果一味强行推、拉矫正，极可能造成子宫脱出或产道破裂。为了便于推回、矫正和拉出胎儿，必须向产道及子宫内灌注温热的肥皂水或润滑油。

三、器械及用品的准备

1. 常用产科器械及其使用方法

（1）拉出胎儿的器械

① 产科绳：是用棉线或合成纤维加工制成，质地要求柔软结实，是用于捆缚并拉出胎儿的绳索。产科绳的粗细以直径 0.5～0.8cm 为宜，长 2.5～3.0m，绳的两端有耳扣（见图 20-1）。

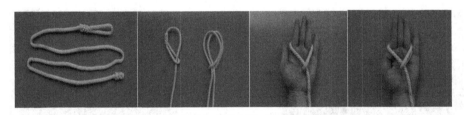

图 20-1　产科绳及使用方法（谢拥军摄）

使用方法：术者将绳扣套在中指与无名指间，慢慢带入产道，然后用拇指、中指、食指握住欲捆缚的部位，将绳套移到被套部位拉紧，注意不要将胎膜套上，以免拉出胎儿时损伤子宫或子叶。

② 绳导（导绳器）：是有助于将产科绳套到胎儿适当部位的金属器械（见图 20-2），有长柄绳导及环状绳导两种。

使用方法：在使用产科绳套住胎儿有困难时，可用金属制的绳导，将产科绳或线锯条带入产道，套住胎儿的某一部分，起穿针引线的作用。

图 20-2　绳导（谢拥军摄）

③ 产科钩：是一种拉出胎儿的器械，有单钩与复钩两种（见图 20-3），而单钩又分为锐钩与钝钩。

使用方法：在用手或产科绳拉出胎儿有困难时，可配合使用产科钩。产科钩复钩用于钩住眼眶、颈部、脊柱等部位；产科钩单钩用于钩住眼眶、下颌、耳及皮肤、腱等。使用时，术者应用手保护好，避免损伤子宫及产道。产科钩多用于死胎，钝钩有时可用于活胎儿，但锐钩严禁用于活胎儿。

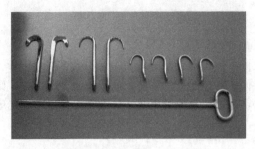

(a) 产科钩单钩

(b) 产科钩复钩

图 20-3　产科钩

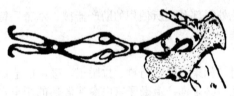

图 20-4　产科钳

（引自李国江. 动物普通病. 2008）

④ 产科钳：是一种拉出胎儿的器械，分为有齿钳和无齿钳两种（见图 20-4）。

使用方法：用产科钳夹住胎儿的适当部位，用力将胎儿拉出。无齿产科钳常用于固定仔猪、羔羊头部，以便拉出胎儿；有齿产科钳多用于大家畜，钳住皮肤或其他部位，便于拉出胎儿。

（2）推胎儿的器械　常用的是产科挺，为直径 1～1.5cm，长 1m 的圆形铁杆，其形状如图 20-5 所示。难产助产时除术者用手推送外，利用产科挺推送不但力大而且推送的距离远。有时还利用产科挺端左、右、前、后的旋转推拉帮助矫正，产科挺是难产助产的必备器械。

使用方法：产科挺用于配合产科绳，捆缚胎儿的头颈或四肢，进行推进和拉出等操作，以矫正胎儿姿势。

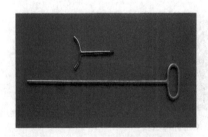

图 20-5　产科挺（谢拥军摄）

图 20-6　隐刃刀（谢拥军摄）

（3）截胎器械

① 隐刃刀：是刀刃可出入于刀鞘的小刀（见图 20-6）。使用时将刀刃推出，不用时又可将刀刃退回刀鞘内，此种刀使用方便，不易损伤产道及术者，刀形各异，有直形、弯形或弓形等形状，刀柄后端有一小孔，用于穿入绳子系在术者手腕上，以免滑脱而掉入产道或子宫内。

使用方法：带入子宫后将刀刃推出，用于切割胎儿皮肤、关节及摘除胎儿内脏等软组织。

② 指刀：是一种小的短弯刀，分为有柄和无柄两种。刀背上有 1～2 个金属环，可以套在食指或中指上进行操作（见图 20-7）。

使用方法：食指、中指和无名指保护刀刃将其带入产道，用于切割胎儿的软组织。

③ 产科刀：是一种短刀（见图 20-8），有直形的，也有钩状的，用途同隐刃刀和指刀。

使用方法：用食指紧贴刀背带入子宫，实施软组织切除。为防止刀具掉入子宫，可用系绳一端固定刀柄上的小孔，另一端留在阴门外。

④ 产科凿（铲）：是一种长柄凿（铲）（见图 20-9），凿刃形状有直形、弧形和 V 字形，主要用于铲断或凿断骨骼、关节及韧带。

图 20-7　指刀
（引自：李国江. 动物普通病. 2008）

图 20-8　产科刀
（引自：李国江. 动物普通病. 2008）

图 20-9　产科凿
（引自李国江. 动物普通病. 2008）

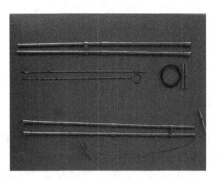

图 20-10　产科线锯
（谢拥军摄）

使用方法：术者用手保护好前端，以防损伤阴道和子宫黏膜。送到预截断的位置时，示意助手敲击或推动凿柄，术者随时控制凿刃。

⑤ 产科线锯：是由两个固定在一起的金属管和一根线锯条构成，还有一条前端带一小孔的通条（见图 20-10）。

使用方法：使用时事先将锯条穿入管内，然后带入子宫，将锯条套在要截断的部位，拉紧锯条使金属管固定于该部；也可以将锯条一端带入子宫，绕过预备截断的部位后，再穿入金属管拉紧固定，由助手牵拉锯条，锯断欲切除部分。

⑥ 胎儿绞断器：是目前较常用且效果好的大动物截胎器具。由绞盘、钢管、钢绞绳、抬扛、大小摇把组成。

使用方法：先由术者将胎儿绞断器的绳索套到欲绞断部位，再由助手使用胎儿绞断器将其绞断。

2. 产科器械及用品的准备与消毒

根据难产的手术救助需要，准备足够数量的外科手术常用器械、产科器械及创巾、缝线、纱布、药棉等其他用品，用布包好后采用煮沸消毒法或高压蒸汽灭菌法进行消毒或灭菌，使用时再将布包打开。

另外，还要将手术救助所需的麻醉药、止血药、消炎药等药品准备好。

四、术者的准备

手术助产前，术者应该熟悉助产计划及实施方案；应穿上消毒过的长靴和白大褂；术者的手臂要进行严格消毒，最好戴上消毒手套。

第三节　难产常见的病因与救助

一、阵缩及努责微弱

分娩时子宫及腹肌收缩无力，时间短，次数少，间隔时间长，以致不能将胎儿排出，称为阵缩及努责微弱。

1. 病因

妊娠期内营养不良，缺乏青绿饲料及矿物质；长期舍饲缺乏运动；子宫过度扩张；子宫发育不全；老龄畜；过于肥胖等，都可导致原发性阵缩及努责微弱。

继发性阵缩微弱，在分娩开始时阵缩及努责正常，进入胎儿产出期后，由于家畜患有某种传染病、胎儿过大、胎水过多、胎儿异常等原因长时间不能将胎儿产出，腹肌及子宫长时间的持续收缩，过度疲乏，最后导致阵缩及努责微弱或完全停止。

2. 临床症状

母畜妊娠期已满，分娩条件具备，分娩预兆已出现，但阵缩力量微弱，努责次数减少，力量不足，长久不能将胎儿排出。

产道检查：子宫颈已充分开张或开张不全，胎儿及胎囊进入子宫颈及骨盆腔；胎向、胎位和胎势正常；骨盆无狭窄或其他异常。

3. 诊断

可根据预产期已到且有分娩预兆，但努责次数少、时间短、力量弱，长久排不出胎儿；或排出部分胎儿后，间隔时间延长，排不出后续胎儿；产道检查宫颈松软但开张不全，可作出诊断。

4. 防治

（1）预防

① 科学饲养：饲养不当是导致阵缩及努责微弱的主要原因，在孕畜妊娠期间，应满足孕畜对饲料质与量的需求。

② 适当运动：应保证孕畜有适当的运动。

③ 适时配种：家畜的体重达到正常成年体重的70%时，才能开始配种。当年的仔羊，在长到3个月大以后，即应公、母分群，以免发生偷配现象。

④ 及时助产：在分娩延滞时，应该立即进行助产，以免造成继发性阵缩及努责微弱，给处理添加困难。

（2）治疗

① 药物催产：中小动物在确诊宫颈已开且骨盆正常的前提下，可皮下注射或肌内注射脑垂体后叶素10万～80万国际单位，猪亦可用前列腺素增强子宫收缩。

② 牵引助产：大家畜原发性阵缩及努责微弱，早期可使用催产药物，如脑垂体后叶素、麦角制剂等。单纯性阵缩及努责微弱，在产道完全松软、子宫颈已张开的情况下，则实施牵引术即可。若伴有胎位、胎势不正则需先矫正再牵引。

③ 剖宫产：胎位、胎向、胎势异常，整复较困难时可施行剖宫产手术。大动物常采用，个别猪只也使用。

二、产道狭窄

产道狭窄包括硬产道狭窄和软产道狭窄。多发生于牛和猪，其他家畜少见。

1. 病因

（1）硬产道狭窄　主要由骨盆骨折及骨质异常增生而形成。

（2）软产道狭窄　主要是子宫颈、阴道前庭和阴门狭窄，多见于牛。常见的原因是开张不全，如头胎分娩时往往产道开张不全；或由于早产，也可能由于雌激素和松弛素分泌不足，致使软产道松弛不够；此外牛子宫颈肌肉较发达，分娩时需要较长时间才能充分松弛开张。以往分娩时或手术助产及其他原因，造成子宫颈和阴道的损伤，使子宫颈形成瘢痕、阴道发生粘连，也是导致产道狭窄的主要原因。此外，助产时术者在产道内操作过久，造成阴道壁高度水肿，也是阴道狭窄的原因之一。

2. 临床症状

母畜阵缩及努责正常，但长时间不见胎儿及胎膜的排出，产道检查可发现子宫颈稍开张，松软不够或盆腔狭小变形。

3. 诊断

根据母畜阵缩及努责正常，但长时间不见胎儿及胎膜的排出，阴道检查可发现骨盆或子宫颈或阴道狭窄，在其前部可摸到胎儿，即可作出诊断。

4. 防治

（1）预防

① 合理使役，防止骨盆骨折。

② 分娩和助产时，应防止子宫颈、阴道、阴门等软产道受到损伤。

（2）治疗

① 试行拉出胎儿：轻度的子宫开张不全，可先在阴门和阴道黏膜上涂上润滑油，然后应用产科绳缓慢牵拉胎头和前肢。助产者尽量用手扩张阴道，如有肿瘤，应用手将其推开。

② 切开狭窄部：若试行拉出胎儿无效，应切开阴道或阴门狭窄部的黏膜，拉出胎儿后，立即缝合。

③ 剖宫产：当阴道或阴门内有较大肿瘤、硬产道狭窄、子宫颈有瘢痕时，一般不能从产道分娩，只能及早施行剖宫产术取出胎儿。

三、胎儿异常

（一）胎儿过大

胎儿过大是指母畜的骨盆及软产道正常，胎位、胎向及胎势也正常，但由于胎儿发育相对过大，不能顺利通过产道。

1. 病因

母畜或胎儿的内分泌功能紊乱；母畜的妊娠期过长，使胎儿发育过大；多胎动物在怀胎数目过少时，胎儿发育过大；母畜的妊娠后期营养过剩，这些因素都可导致难产。随着繁殖技术的推广，肉牛与黄牛杂交或用黄牛作为胚胎移植受体时，胎儿相对过大造成难产的现象较为严重。

2. 临床症状

母畜阵缩及努责正常，但长时间不见胎儿及胎膜的排出。直肠检查发现胎儿的前肢已部分进入产道，头部已抵达骨盆入口，但因为过大无法进入。产道检查可发现子宫颈已完全开张。

3. 诊断

根据母畜阵缩及努责正常，但长时间不见胎儿及胎膜的排出，再结合直肠检查和阴道检查结果，即可确诊。

4. 防治

（1）预防

① 加强饲养管理，提高家畜的窝产仔数，正确使役，适当运动。

② 肉牛和黄牛杂交，或用黄牛作为受体进行奶牛胚胎移植时，为防止胎儿相对过大，造成分娩困难，妊娠后期应适当控制营养的供给。

（2）治疗

① 人工拉出胎儿：当检查发现子宫颈完全开张，胎位、胎势、胎向都正常时，可借用外力拉出胎儿，其方法同胎儿牵引术。拉出时必须配合母畜努责，用力要缓和，通过边拉边扩张产道，边拉边上下左右摆动或略微旋转胎儿，在助手配合下交替牵拉前肢，使胎儿肩围、骨盆围，呈斜向通过骨盆腔狭窄部（见图 20-11）。

② 剖宫产：强行拉出确有困难而且胎儿还活着的，应及时实施剖宫产术。

③ 截胎术：如果胎儿已死亡，则可施行截胎术。

（二）其他异常

1. 病因

（1）双胎难产　分娩时两个胎儿同时进入产道，或者同时楔入骨盆腔入口处（见图 20-12）。

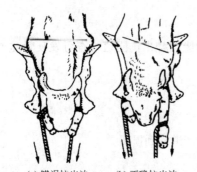

(a) 错误拉出法　(b) 正确拉出法

图 20-11　过大胎犊拉出法

（引自：李国江. 动物普通病. 2008）

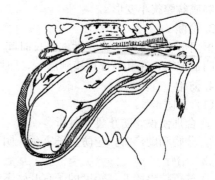

图 20-12　牛双胎同时进入产道

（引自：李国江. 动物普通病. 2008）

（2）胎儿姿势不正　胎儿头颈姿势不正、胎儿前肢姿势不正、胎儿后肢姿势不正都可导致母畜难产。

（3）胎位不正　当出现下胎位和侧胎位等异常胎位时，易出现难产。

（4）胎向不正　当出现胎儿身体的纵轴与产畜的纵轴不呈平行状态时，极易出现难产。

2. 临床症状

（1）双胎同时排出　常因一个正生另一个倒生，两个胎儿肢体各一部分同时进入产道（注意排除双胎畸形和竖向腹部前置胎儿）。

（2）胎势不正　分娩时两前肢虽已进入产道，但是胎儿头部发生侧转、后仰、下弯及头颈扭转等，其中以胎头侧转、胎头下弯较为常见。有时可见腕关节屈曲、肩关节屈曲和肘关节屈曲，或两前肢压在胎头之上等，常见的有一前肢或两前肢腕关节屈曲。在倒生时引起的难产，可见跗关节屈曲和髋关节屈曲两种，临床上以一后肢或两后肢的跗关节屈曲较为多见。

（3）胎位不正　直肠检查见有正生下胎位、倒生下胎位、正生侧胎位和倒生侧胎位。

（4）胎向不正　直肠检查见胎儿身体的纵轴与产畜的纵轴不呈平行状态。

3. 诊断

根据母畜阵缩及努责正常，通过直肠检查和阴道检查发现有双胎同时排出、胎势不正、胎位不正、胎向不正等现象，即可确诊为胎儿异常性难产。

4. 防治

（1）预防　预防胎儿异常性难产的方法是临产检查，对分娩正常与否作出早期诊断，以便及时矫正。

临产检查的时间：牛，在胎膜露出至开始排出胎儿的这段时间内进行检查；马和驴，以尿膜囊破裂、尿水排出之后为宜。

临产检查的方法：将手臂及母畜的外阴部消毒后，在手上涂上润滑油，把手伸入阴门，隔着羊膜或伸入羊膜腔内触摸胎儿。如果胎儿为正生，前置部分 3 件（唇及二蹄）俱全，而且姿势、位置正常，可不做处理，让它自然排出。胎儿的姿势、位置如有反常，则应立即进行矫正。因为此时胎儿的躯体尚未楔入盆腔。反常部分的异常程度不大，胎水尚未流尽，子宫内润滑，而且子宫还没有紧裹住胎儿，进行矫正比较容易。

（2）治疗

① 推进胎儿：推进是为了更好地拉出。为了便于推进胎儿，必须向子宫内灌注大量的温肥皂液，然后用手或产科挺抵住胎儿的适当部位，趁母牛不努责时，用力推回胎儿。如果努责过强无法推回时，根据情况可行腰荐间隙硬膜外腔麻醉后，再将胎儿推回子宫内处理。

② 矫正胎儿：一般情况下，主要是设法矫正胎儿异常部位。方法是用手推进胎儿的同时，立即拉正异常部位；或设法将产科绳套在胎儿的异常部位，在助产者推进胎儿的同时，由助手拉绳纠正它（见图 20-13～图 20-18）。

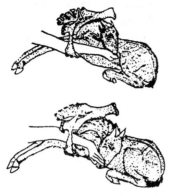

图 20-13　徒手矫正胎头侧转
（引自：李国江. 动物普通病. 2008）

图 20-14　用双孔挺矫正胎头侧转
（引自：李国江. 动物普通病. 2008）

图 20-15　跗关节屈曲整复法
（引自：李国江. 动物普通病. 2008）

图 20-16　髋关节屈曲整复法
（引自：李国江. 动物普通病. 2008）

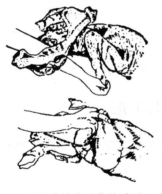

图 20-17　腕关节屈曲徒手矫正法
（引自：李国江. 动物普通病. 2008）

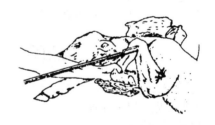

图 20-18　腕关节屈曲用产科绳矫正法
（引自：李国江. 动物普通病. 2008）

③ 拉出胎儿：当胎儿已成正常姿势、胎向或胎位时，或者异常部位的程度较轻时，就可用手握住蹄部，必要时可用产科绳拴上，同时用手拉住胎头，随着母畜的努责把胎儿拉出来。对于胎儿过大、双胎难产、胎儿发育异常及畸形胎的助产，除按上述方法进行相应的助产外，如仍不能达到目的，可考虑施行截胎术或剖宫产术。

四、子宫捻转

1. 病因

妊娠末期，牛如有急起急卧并有转动身体的情况发生时，因子宫体重大，不能随腹部的转动而转动，就可能向一侧捻转。牛子宫捻转还与牛子宫韧带附着狭窄和牛起卧的特殊姿势有关。

2. 临床症状

患畜有不安和阵发性腹痛，如时间延长，腹痛加剧，表现为摇尾、后蹄踢腹、出汗、食欲减退或消失，病畜起卧，拱腰，但不见排出胎水，腹部臌气，体温正常，呼吸、脉搏加快，磨牙。阴道及直肠检查时，孕畜努责剧烈，产前的捻转通常阴道干涩。临产时孕畜表现分娩预兆，但软产道狭窄或拧闭，胎儿不能进入产道，努责不明显，同时胎膜也不外露，根据捻转的程度可以确诊。

3. 诊断

通常根据临床症状、直肠或阴道检查可确诊。

4. 防治

（1）预防

① 加强饲养管理，产前适量运动。

② 保持一定安静的环境，避免产畜受到惊吓。

（2）治疗

首先可以把子宫矫正后，再拉出胎儿（产中捻转）或矫正后等待胎儿足月自然产出（产前捻转）。矫正有几种方法，其中实用安全的有以下几种。

① 翻转方法

a. 直接翻转母体法：子宫向哪一侧捻转，就使母牛卧于哪一侧，把前后肢捆住，使后躯高于前躯。两助手站于母牛背侧，分别牵拉前后肢上的绳子，准备好后，同时猛力拉前后肢，急速将母体仰翻过去。在翻转身体的同时，一人将头部同时翻转，转动如果成功，可摸到阴道前端开大，皱襞消失，无效时则无变化，翻转错误时，软产道变窄。因此每翻转一次，须做一次产道检查以验证。如颈前捻转，须做直肠检查确定子宫阔韧带交叉是否消失，如果第一次不成功，可将母牛体慢慢翻回原位，重新翻转，有时经数次翻转，才能使子宫复原。

b. 产道内固定胎儿翻转母体法：分娩时发生捻转，如果手可伸入子宫内，最好把胎儿的腿抓住，并牢牢固定，翻转母体，使矫正更加容易。

② 剖腹矫正或剖腹产：在有条件的情况下，可施行剖腹产手术法。术后护理，矫正后除一般护理，如加强饲养管理，防治其他疾病外，必须注意分娩过程。临产时发生的捻转，矫正子宫并拉出胎儿后，子宫及子宫颈等处常持续出血，因此手术后数天内应用止血剂。全身和子宫腔、有的腹腔内用抗生素，防止感染，术后不宜补液，以免子宫水肿的加剧。

第四节 手术救助后的护理

"三分手术，七分护理"，手术救助后护理的好坏，直接影响到整个救助过程的成败。手术救助后的护理应做好以下几点。

1. 促进子宫恢复

肌内注射催产素 50～100 国际单位或麦角新碱 10～20mg，使子宫收缩，以促进子宫恢复原状，同时可减少子宫内膜的出血。如仍有出血，可肌内注射维生素 K_3、止血敏等药物进行止血。

2. 预防感染

拉出胎儿后，用 0.1% 新洁尔灭溶液或 0.1% 高锰酸钾溶液冲洗产道及阴户周围，还可将青霉素粉或消炎粉撒入产道。同时，肌内注射青霉素 300 万国际单位、链霉素 400 万国际单位，每8h 注射 1 次，连用 3 天。

3. 防止虚脱

手术救助后，如病畜体温下降、脉搏微弱，应采取升温、升压措施。牛可用 25% 葡萄糖溶液 500～1000ml、低分子和中分子右旋糖酐各 500ml、10% 氯化钙溶液 100ml、维生素 B_1 100～400mg、维生素 C 0.5～4mg 混合静脉滴注，静脉滴注药液需预热至 37℃ 左右，对预防虚脱和休克的效果较好。

4. 加强营养

产后多喂给易消化、易吸收的饲料，并补给营养丰富的青绿饲料。

【复习思考题】

1.山羊发生难产时应如何进行临床检查？
2.手术救助前，应做好哪些准备工作？
3.怎样处理因胎儿异常引起的难产？
4.手术救助后，应做好哪些方面的护理工作？

第二十一章 产后期疾病

【知识目标】

1. 了解胎衣不下、子宫内翻与脱出、生产瘫痪、产后阴门炎及阴道炎、产后子宫内膜炎、产后败血病和产后脓毒血病等七种疾病的发病原因。

2. 掌握产后期各种疾病的临床症状、诊断方法、预防和治疗措施。

【技能目标】

1. 能根据产后母畜的临床症状，及时地对疾病作出正确诊断。

2. 能正确分析产后期疾病的发生原因，做好家畜产后期疾病的预防和治疗工作。

第一节 胎 衣 不 下

胎衣不下又称胎膜滞留（retained fetal membranes），是家畜在分娩后胎衣在正常时间（即牛12h，猪1h，羊4h，马1.5h）内未能排出的一种产科疾病。各种家畜均可发生，牛多见，特别是奶牛，其次是羊和猪，马较少发病（发病率约为4%）。

一、病因

引起胎衣不下的原因很多，但直接的原因不外乎以下三种。

1. 产后子宫收缩无力

（1）妊娠期饲养管理不当　饲料单一，缺乏矿物质和维生素，致使母牛营养不良，体质虚弱、消瘦、元气不足、过肥、运动不足等都可导致子宫收缩无力，所以舍饲牛易发生胎衣不下。

（2）胎儿过大，胎水过多，胎位、胎势、胎向轻度异常，使子宫长时期过度扩展，用力过度，分娩后母畜气血耗损，筋疲力尽，子宫肌疲劳或麻痹，无力送出。

（3）流产、早产后，由于母体胎盘和胎儿胎盘尚未及时发生变性，孕酮含量很高，雌激素、松弛素、催产素分泌不足。

2. 胎盘的炎症

由于某些因素引起子宫内膜或胎膜发生炎症，导致母体胎盘与胎儿胎盘之间发生粘连，无法自行分离。

3. 胎盘的组织结构

牛和羊胎盘属于上皮绒毛膜与结缔组织绒毛膜混合型，子体胎盘与母体胎盘联系较紧密，是胎衣不下多见于牛和羊的主要原因。猪和马胎盘属于上皮绒毛膜型，故胎衣不下发生得较少。

二、症状

1. 全部胎衣不下

整个胎衣都未见排出，只见脐带断端脉管或已脱落的子叶和部分胎膜悬吊于阴门外（见图21-1）。病畜拱背，频频努责。滞留的胎衣经24～48h发生腐败，腐败的胎衣碎片随恶露排出，腐败分解产物经子宫吸收后通常会导致全身中毒症状，如食欲及反刍减退或停止，体温升高，奶量剧减，瘤胃弛缓。

2. 部分胎衣不下

即胎衣大部分已经排出，只有一部分或个别胎儿胎盘残留于子宫内。临床上对排出的胎衣进行检查时，可见母畜排出不完整的胎衣（见图 21-2）。滞留于子宫内的胎衣，可引起母畜患发子宫内膜炎或败血症。山羊和马对胎衣不下耐受性小，全身症状严重，病程急骤，常因继发败血症而死亡。

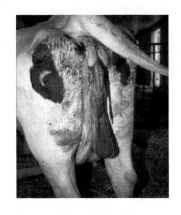
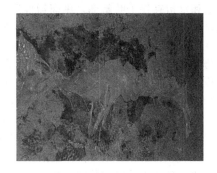

图 21-1　奶牛胎衣不下　　　　　　图 21-2　奶牛排出土黄色不完整的胎衣

三、诊断

依据胎儿排出的时间、病畜阴门外悬挂部分胎衣或排出的胎衣不完整、拱腰、频频努责、从阴门排出带有胎衣碎片的恶露等临床症状，即可确诊。

四、防治

（一）预防

加强饲养管理，饲喂富含蛋白质、矿物质（特别是钙和磷）、维生素的饲料，适当增加户外运动时间，以增强家畜体质，但产前 1 周精料应适当减少。以前有过胎衣不下的母畜，配种可推迟 1～2 个发情周期。母畜要定期检疫、预防注射以减少本病的发生。

（二）治疗

胎衣不下应以尽早治疗、防止胎衣腐败吸收、促进子宫吸收、局部和全身抗菌消炎、必要时手术剥离胎衣等为治疗原则。根据动物种类的不同及胎衣滞留的时间，采取不同的措施。胎衣不下的治疗方法可概括为药物疗法和手术疗法两大类。

1. 药物疗法

发病初期可尽快采用药物疗法进行治疗，其原理是运用药物促进子宫收缩，使胎儿的胎盘与母体胎盘分离，促进胎衣排出。

（1）子宫腔内投药　发生胎衣不下时，为预防胎盘腐败及感染，及早用消毒药液（如 0.1% 雷夫奴尔或 0.1% 高锰酸钾）冲洗子宫，并向子宫黏膜与胎膜之间放入金霉素胶囊 3～4 个或四环素族、磺胺类等抗生素类药物，每日冲洗 1～2 次直至胎盘碎片完全排出。

（2）促进子宫收缩　肌内注射或皮下注射垂体后叶素，马、牛 50～80 国际单位，猪、羊 5～10 国际单位，2h 后重复注射 1 次；或麦角新碱，马、牛 2～5mg，猪、羊 0.2～0.4mg。静脉注射 5%～10% 氯化钠溶液 200～300ml，或催产素 8～10ml 肌内注射；10% 浓盐水 200～300ml，静脉注射。还可向动物子宫黏膜与胎膜之间注入 5%～10% 氯化钠溶液 3000ml，猪、羊等小动物减量，以促使胎儿胎盘与母体胎盘分离。

牛灌服羊水（胎水）300ml，也有促进子宫收缩的作用。

（3）肌内注射抗生素　为防止母畜产后感染，特别是已出现体温升高、产道损伤的母畜，应肌内注射抗生素。对于小家畜，全身用药是治疗胎衣不下不可缺少的方法。

2. 手术疗法

（1）术前准备　术者按常规准备，戴长臂手套并涂灭菌润滑剂。病畜取前高后低站立保定，尾巴缠尾绷带拉向一侧，用0.1%新洁尔灭溶液洗涤外阴部及露在外面的胎膜。如果母畜努责剧烈可行腰荐间隙硬膜外腔麻醉。

（2）手术方法

① 牛的剥离方法：左手握住外露的胎衣，轻轻向外拉紧，右手沿胎膜表面伸入子宫内，探查胎衣与子宫壁结合的状态，而后由近及远逐个分离子宫肉阜与母子胎盘之间的连接。剥离时用中指和食指夹住子叶基部，用拇指推压子叶顶部，将胎儿胎盘与母体胎盘分离开来，剥离越完整效果越好。在剥离时，切勿用力牵拉子叶，否则会将子叶拉断，造成子宫壁损伤，引起出血，而危及母畜生命安全。

胎衣剥完之后，应向子宫内投入抗生素类药物，以防止感染。如胎衣发生腐败，可先用0.1%高锰酸钾溶液或0.1%雷夫奴尔溶液冲洗子宫，内容物完全排出后，再向子宫内投入抗生素。

② 羊的剥离方法：握住母体胎盘将子体胎盘向外挤出。对个体较小的羊，手伸入子宫有困难，可采用药物疗法。

③ 马的剥离方法：在子宫颈内口，找到尿膜绒毛膜破口的边缘，把手伸进子宫黏膜与绒毛膜之间，五指并拢在绒毛膜与子宫黏膜之间逐渐向前伸入，即可将胎衣剥离，再将胎衣轻轻拉出即可。

马和羊对胎衣的腐败分解产物很敏感，容易引起中毒，所以在分娩后，马2h（羊4h）胎衣没有排出即应着手剥离。

第二节 子宫内翻与脱出

子宫角前端翻入子宫腔或阴道内，称子宫内翻；子宫全部翻出于阴门之外，称子宫脱出。两者为程度不同的同一个病理过程。各种家畜都可发生，牛最常见，肉牛发病率为0.2%，奶牛为0.3%，猪和羊也常发生子宫脱出，马、犬和猫较少见。

一、病因

1. 产后腹压过大

由于胎儿过大，胎水过多，造成韧带持续伸张，无力将沉重的子宫拉回腹腔，此时母畜强烈努责，易引起子宫脱出。母畜在分娩第三期，由于某些能刺激母畜发生强烈努责的因素，如产道损伤、阴门损伤、胎衣不下等，使母畜频频强烈努责，腹压升高，导致子宫内翻或子宫脱出。此外，瘤胃臌气、瘤胃积食、便秘、腹泻等也能使腹压升高，诱发本病。

2. 外力牵引过强

难产时产道干燥，子宫紧贴胎儿，未经处理便强行而迅速地拉出胎儿，子宫随胎儿翻出阴门之外。胎儿排出后，部分脱离的胎衣悬垂于阴门之外，尤其是脱出的胎衣内存留有大量胎水或尿液、胎衣不下剥离时强力牵拉、畜主为加速胎衣排出而在露出的胎衣上系上过重之物等情况下，更易导致发病。

3. 饲养管理不当

妊娠期饲养管理不当，孕牛营养不良，饲料单一，胎儿过大，羊水过多，运动不足，使役过度，畜体瘦弱无力，使骨盆韧带及会阴部结缔组织弛缓无力。妊娠末期或产后家畜处于前高后低的厩床，也易导致本病。

二、症状

1. 子宫内翻

子宫角前端内翻至子宫颈或阴道内时，病畜表现为产后有明显努责，轻度不安，尾根举起，食欲减退，反刍减少。当肠管进入子宫腔内时，常伴有疝痛症状。阴道检查，内有柔软、圆形的瘤状物。直肠检查，子宫角肿大似肠套叠，子宫阔韧带紧张。

2. 子宫脱出

子宫内膜翻转于阴门之外，黏膜呈粉红色、深红色到紫红色不等。牛、羊可见到脱出子宫上有许多子叶，其上常附有尚未脱离的胎衣，子叶极易出血。猪的子宫角较长，似粗大的肠管拖在地上，呈紫红色，黏膜上有横皱襞，容易擦破或被踩破。马的子宫黏膜呈紫红色。

子宫全部脱出时，子宫角、子宫体及子宫颈部外翻于阴门外，且可下垂到跗关节（见图21-3）。子宫脱出后血液循环受阻，子宫黏膜迅速发生水肿和淤血，黏膜变脆，极易损伤，有时发生高度水肿，呈肉冻状，子宫黏膜常被粪土、草渣污染。病畜表现不安，拱腰，努责，排尿淋漓或排尿困难，一般不表现全身症状，但有肠管进入脱出的子宫腔内时，则出现疝痛症状。如未得到及时处理，黏膜将发生干燥、龟裂乃至坏死。子宫脱出时如卵巢系膜及子宫阔韧带被扯破，血管断裂，则表现贫血现象。

图 21-3　奶牛子宫脱出

三、诊断

母畜的分娩第三期，如阴道内有柔软、圆形的瘤状物，直肠检查发现子宫角肿大似肠套叠，子宫阔韧带紧张，即可诊断为子宫内翻。胎儿排出后几小时，如母畜阴门外有球状脱出物或长大的布袋状物，脱出物初呈鲜红色，有光泽，表面附有未剥落的胎衣及散在的母体胎盘，即可诊断为子宫脱出。

四、防治

1. 预防

母畜妊娠后期应加强饲养管理，提供富含蛋白质、钙、磷、维生素的饲料，合理使役（产前1～2个月停止使役），运动充足。助产时，操作要求规范化，牵拉胎儿不要过猛过快。胎衣不下时，不要在下垂的胎衣上系重物体，更不能用力拉扯外露的胎衣。

2. 治疗

发生子宫脱出时，应及早实施手术整复，越早越好。否则，子宫高度水肿，整复困难，损伤较大，污染严重，造成整复困难而预后不佳。整复的步骤和方法如下：

（1）保定　站立保定，取前低后高姿势保定或侧卧保定。

（2）麻醉　为减少努责，用2％普鲁卡因8～10ml在腰荐间隙或尾荐间隙注射，施行硬膜外麻醉。

（3）清洗　剥离尚未脱落的胎衣，将脱出子宫置于已消毒塑料布上，然后用35℃左右的0.5％高锰酸钾溶液或0.1％雷夫奴尔溶液洗涤子宫、阴道和尾根区域，彻底清洗脱出子宫黏膜上的粪便、草屑、泥土等污物。如有出血，应进行缝合、结扎止血。子宫肿胀严重时，可用针刺破黏膜，再用2％明矾溶液浸泡或10％氯化钠溶液湿敷子宫黏膜，使子宫体积缩小，有利于子宫的复位。

（4）整复　侧卧保定时，可先静脉注射硼葡萄糖酸钙，以减少瘤胃臌气。两位助手用消毒过的大搪瓷盘或塑料布将子宫托起，与阴门同高。术者先由脱出的基部向里逐渐推送，注意努责时停止推送，并用力加以固定以防再脱出。在母畜不努责时小心地向内整复，千万不可过于性急，以免损伤黏膜。待大部分送回之后，术者用拳头顶住子宫角尖端，趁母畜不努责时，用力小心地向里推送，直至子宫展开复位。

（5）消炎　向子宫内投入金霉素胶囊或其他抗生素药物，以消除感染。

（6）固定　整复后患畜的阴门作几针纽孔状缝合，肌内注射促进子宫收缩药，为防止再脱出。如果仍努责强烈，可于腰荐间隙硬膜外腔麻醉。

（7）中药　子宫脱出手术整复后即投服中药补中益气汤。

【处方】全当归100g、陈皮40g、柴胡25g、蜜升麻50g、白术50g、党参100g、黄芪100g、益母草50g、高良姜15g、炙甘草15g，共煎汤灌服。有感冒时去党参加黄柏、黄芩；子宫体水肿严重时加白芷、车前草、茯苓皮。每日1剂，连服2～5剂。

第三节 生产瘫痪

生产瘫痪又叫产后瘫痪、产后麻痹、乳热症，是母畜分娩后突然发生的一种严重钙代谢障碍性疾病。临床上以全身肌肉无力，知觉丧失，四肢瘫痪，体温下降和低血钙为特征。

本病常见于奶牛、犬和猫，也见于泌乳量高的乳山羊和母猪。多发生于产后3天内，其中以产后24h内发病最多。营养良好的5～9岁的高产乳牛发病率较高，治愈的母牛在下次分娩时还可再度发病。

一、病因

产后母畜体内的大量钙、磷进入初乳导致血钙浓度急剧下降，引起急性的钙、磷代谢调节障碍，是本病发生的主要原因。当病畜丧失的钙、磷量超过了它能从肠道吸收和骨骼动用的数量总和，就会发病。这也是营养良好的5～9岁的高产乳牛发病率较高的主要原因。

其次，饲料中钙磷比例失调、维生素D不足或者缺乏均可导致此病。

二、症状

牛发生生产瘫痪时，表现的症状不尽相同，可分为典型性生产瘫痪和非典型性生产瘫痪两种。

1. 典型性生产瘫痪

发病突然，从开始发病到出现典型症状，不超过12h。初期通常是精神沉郁，对外界反应迟钝，食欲降低或废绝，反刍减少，瘤胃蠕动音微弱，粪干而少，不愿走动，后肢交替踏脚，后躯摇摆，站立不稳，四肢肌肉震颤。有时可见短暂的不安，出现惊慌、哞叫、凶暴、目光凝视等兴奋和过敏症状。体温正常或降低，心跳正常。

发病1～2h后，病畜表现出本病典型症状，即瘫痪。后肢瘫痪后，不能站立，卧下时呈现一种特征姿势。患畜伏卧，四肢屈于躯干之下，头向后弯至胸部一侧（见图21-4）。常不停挣扎，肌肉震颤，全身出汗，随之出现意识抑制和知觉丧失的特征症状，针刺反射微弱或消失，尤以跗关节以下知觉减退与消失明显。病牛昏睡，眼睑反射微弱或消失，眼球干燥，瞳孔散大，对光线刺激无反应。由于咽喉麻痹，口内唾液积聚，舌头外垂。肛门松弛，反射消失。少数病例流涎呈泡沫状，有的病牛因咽喉麻痹而发生瘤胃臌气。心音减弱，节律加快，每分钟达80～120次；脉搏微弱，难以触摸。呼吸带啰音。病牛随着病程的进展，体温逐渐下降，昏迷而死。

2. 非典型性生产瘫痪

临床上较多见，其症状除瘫痪外，特征是头颈姿势很不自然，头颈至鬐甲部呈一轻度的"S"状弯曲（见图21-5）。病牛精神极度沉郁，但不昏睡。各种反射减弱，但不完全消失。病牛食欲废绝，有时能勉强站立，但步态摇摆不定，行动困难。体温一般正常。

图 21-4 典型生产瘫痪姿势
（引自：李国江.动物普通病.2008）

图 21-5 非典型生产瘫痪姿势
（引自：李国江.动物普通病.2008）

三、诊断

依据本病的发病时间、家畜的发病年龄、神经功能障碍、四肢瘫痪以及特殊的躺卧姿势即可作出诊断。

四、防治

1. 预防

加强产后护理，分娩后不要立即挤奶，产后 3 天之内不要将初乳挤得太净，对预防本病都有一定作用。

母畜分娩前，应适当减少日粮中钙的摄入量，饲喂含低钙高磷的饲料，可以激活甲状旁腺的功能，从而提高吸收钙和动用钙的能力。为此可增加谷物饲料，减少豆科饲料，钙磷比例保持在（1.5∶1）～（1∶1）之间。分娩之后即增加钙的饲喂量。

2. 治疗

牛患生产瘫痪病进展很快，如不及时治疗，50％～60％的病畜在 12～48h 死亡。补充钙剂和乳房送风疗法是治疗生产瘫痪最有效的方法，如果治疗及时 90％以上的病牛可以痊愈或好转。

（1）补充钙剂　静脉注射钙剂是治疗生产瘫痪的基本疗法。常用的钙剂是硼葡萄糖酸钙溶液（即葡萄糖酸钙溶液中加入 4％的硼酸），一般的剂量为静脉注射 20％～25％硼葡萄糖酸钙溶液 500ml。同时，肌内注射 5～10ml 维丁胶性钙治疗效果更好。

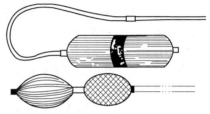

图 21-6　乳房送风器

（2）乳房送风疗法　用乳房送风器（见图 21-6）或连续注射器，将空气通过乳头导管注入每个乳房，以压迫乳房的血管，使流入乳房的血液减少。将空气注入后，立即用纱布条扎住乳头，以防空气溢出，待病畜起立后 1h 左右解除纱布条。

（3）对症治疗　如注射强心剂，穿刺治疗瘤胃臌气及其他辅助疗法。

第四节　产后阴门炎及阴道炎

产后阴门炎及阴道炎是母畜分娩时或产褥期阴门和阴道发生损伤，防御功能受到破坏，细菌侵入阴道组织，引起产后局部和全身的炎性变化的一种产科疾病。临床上常呈急性经过，对机体造成严重损害，治疗不及时或不当，常引起死亡。本病多发生于反刍家畜，也见于马和猪。

一、病因

1. 外源性感染

助产时手臂、器械及母畜外阴等消毒不严；初产奶牛和肉牛产道狭窄，胎儿通过时困难或强行拉出胎儿，使产道受过度挤压或裂伤；胎儿滞留、胎衣不下、阴道脱出、子宫脱出、难产等手术过程的刺激；产后外阴部松弛，外翻的黏膜与粪尿、褥草及尾根接触等，都可引起阴门炎及阴道炎。致病菌常为革兰阴性菌。

2. 内源性感染

存在于阴道和子宫内的微生物，由于生殖道发生损伤而迅速繁殖；存在于身体其他部位的微生物，由于产后机体的抵抗力降低，也可通过淋巴管及血管进入生殖器官而产生致病作用。

二、症状

1. 黏膜表层感染

仅黏膜表层受感染时，无全身症状，仅见阴门内流出黏液性或黏液脓性分泌物，尾根及外阴周围常黏附有这种分泌物的干痂。

阴道检查，可见黏膜肿胀、充血或出血，阴道内有黏液性或黏液脓性分泌物。

直肠检查，子宫恢复正常。

2. 黏膜深层感染

黏膜深层受损伤，病畜拱背，尾根举起，努责，并常做排尿动作，但每次排出的尿量不多。有时体温升高，食欲及泌乳量稍降低。常努责时，从阴门中流出暗红色、腥臭的稀薄液体。

阴道检查，送入开窒器时，病畜疼痛不安，甚至引起出血。阴道黏膜充血、肿胀、出血，有时可见创伤、糜烂和溃疡。前庭发炎时，常在黏膜上见到结节、疮疹及溃疡。

手经过阴道上方时，有明显疼痛反应，但无明显子宫内膜炎表现。

三、诊断

根据病畜的临床表现，结合阴道检查和直肠检查结果，即可作出诊断。

四、防治

1. 预防

加强饲养管理，提高机体的抗病能力；接产时和胎儿滞留、胎衣不下、阴道脱出、子宫脱出、难产助产等手术过程中，必须严格消毒，操作规范，避免损伤阴道黏膜，尽量减少细菌污染阴门和阴道。及时发现和治疗子宫内膜炎，以防治继发本病。

2. 治疗

治疗原则是认真确定原发和继发病灶后，及时进行局部处理，消灭侵入体内的病原微生物和增强机体的抵抗力。

（1）局部疗法 黏膜表层感染时，可用温热 0.1% 高锰酸钾、0.5% 新洁尔灭等防腐消毒液冲洗阴道。阴道黏膜剧烈水肿及渗出液多时，可用 1%～2% 明矾或鞣酸溶液冲洗。对阴道深层组织的损伤，冲洗时必须防止感染扩散。冲洗后，可注入防腐抑菌的乳剂或糊剂，连续数天，直至症状消失为止。

（2）全身疗法 当出现体温升高等全身症状时，应肌内注射抗生素类药物，按规定使用，直至体温恢复正常。为了促进血液中有毒物质的排除和维持体液电解质平衡，静脉注射 5% 葡萄糖生理盐水，同时使用大剂量的 B 族维生素和维生素 C。

第五节 产后子宫内膜炎

产后子宫内膜炎是子宫黏膜的急性黏液性或化脓性炎症，是母畜的一种常见产科疾病。本病多见于牛、马，猪、羊也时有发生。奶牛的发病率高达 20%～40%，占不孕症的 70% 左右，严重地影响了奶牛的繁殖力和生产性能，降低了奶牛养殖业的经济效益，阻碍了奶牛养殖业的发展。

一、病因

（1）分娩时或产后期圈舍不清洁，接产过程消毒不严，受损伤的子宫黏膜受感染而发病。

（2）如发生难产、胎衣不下、子宫脱出、流产或猪的死胎滞留于子宫内等产科疾病，使子宫弛缓、黏膜损伤、恢复期延迟，易导致发病。

（3）分娩后，机体抵抗能力下降，易继发于繁殖障碍性传染病或寄生虫病。

二、症状

根据其临床表现，可将其分为急性和慢性两种。

1. 急性子宫内膜炎

病畜精神委靡，体温升高，食欲减退，反刍停止，拱背，频频努责，排尿次数增多，从阴门中排出灰白色含有絮状物的或脓性分泌物，卧下时排出量较多。羊和猪常见阴门流出呈暗红色、腥臭的分泌物，阴门周围及尾部有干痂附着。时间稍长的可转为慢性子宫内膜炎。

阴道检查：子宫颈外口肿胀、充血，常可见渗出物从子宫颈流出。

直肠检查：子宫角膨大，呈面团样，渗出物较多时有波动感。

2.慢性子宫内膜炎

慢性子宫内膜炎多由急性转变而来。

（1）慢性黏液性子宫内膜炎　主要表现为性周期不规律，发情不规律或不发情，即使性周期和发情正常，常屡配不孕或妊娠后发生流产。

阴道检查：子宫颈外口和阴道黏膜充血、肿胀，有多量透明而带絮状物的黏液从子宫排出。

直肠检查：子宫增大，揉捏时，从子宫内流出混有絮状物的透明黏液。

（2）慢性化脓性子宫内膜炎　主要表现为精神不振，体温升高，食欲减退或废绝，逐渐消瘦，性周期不正常，时有发情，但屡配不孕。常弓腰努责作排尿姿势，从阴道排出黄白色或黄色的黏液性或黏液脓性分泌物，有腥臭味。

阴道检查：子宫颈外口充血，黏附有脓性絮状黏液，子宫颈张开，努责时常流出黄白色或黄色的黏液性或黏液脓性分泌物。

直肠检查：子宫壁松弛，厚薄不均，收缩迟缓。子宫积脓时，子宫体和子宫角明显增大，子宫壁紧张而有波动，轻揉子宫有脓汁流出。

三、诊断

（1）急性子宫内膜炎　依据临床上出现精神委靡，体温升高，食欲减退，拱背，频频努责，排尿次数增多，从阴门中排出灰白色含有絮状物的或脓性分泌物，卧下时排出量较多，不难确诊。

（2）慢性子宫内膜炎　其临床症状不明显，依据母畜性周期不正常，屡配不孕，从阴门流出黏液性或脓性分泌物，结合阴道检查及直肠检查可确诊。

四、防治

1.预防

应加强分娩前后的饲养管理，保证饲料营养充分，给以适当的运动，提高母牛机体抵抗力。在实施人工授精、分娩、助产及产道检查时，要严格消毒。分娩舍要保持清洁干燥，助产时应按规范进行。出现难产和胎衣不下时要及时处理。加强免疫，以免因沙门氏杆菌病、结核病、布氏杆菌病等疫病而继发子宫内膜炎。

2.治疗

以抗菌消炎，防止扩散，清除子宫内渗出物，促进子宫功能恢复为治疗原则。

（1）加强护理　严格隔离病畜，保持畜舍温暖清洁，饲喂富于营养而带有轻泻性的饲料，供足清洁的饮水。

（2）对症治疗　对伴有全身症状的急、慢性子宫内膜炎病畜，宜先肌内注射抗生素及磺胺类药物，同时配合强心剂、利尿剂、解毒剂等进行对症治疗。

（3）冲洗子宫　冲洗时要在子宫颈开张的情况下进行，而且要根据不同情况采取不同措施。

① 急性和慢性黏液性子宫内膜炎：可用子宫洗涤器吸取温热的 0.1％新洁尔灭溶液或 1％氯化钠溶液 2000～6000ml，反复冲洗，直到排出液透明为止。然后经直肠按摩子宫，排除冲洗液，放入抗生素或其他消炎药物，每日冲洗 1 次，连续 2～4 次。

② 化脓性子宫内膜炎：可采用 0.1％高锰酸钾溶液、0.1％雷夫奴尔溶液彻底冲洗子宫，排出子宫内容物后，再往子宫内注入青霉素 80 万～240 万国际单位。

第六节　产后败血病和产后脓毒血病

产后败血病和产后脓毒血病是局部炎症感染扩散而继发的严重全身性感染疾病，又称产褥热。产后败血病的特点是细菌进入血液并产生毒素；产后脓毒血病的特征是静脉中有血栓形成，以后血栓受到感染，化脓软化，并随血流进入其他器官和组织中，发生迁移性脓性病灶或脓肿。本病各种家畜均可发生，但产后败血病多见于马和牛，产后脓毒血病主要见于牛和羊。

一、病因

（1）原发性因素　因分娩时出现难产、胎儿腐败或助产不当，使软产道创伤，生殖道黏膜破裂，为细菌侵入打开了门户，同时分娩后母畜抵抗力降低是发病的重要原因。病原菌通常是溶血性链球菌、葡萄球菌、化脓棒状杆菌和梭状芽孢杆菌，而且常为混合感染。

（2）继发性因素　母畜发生胎衣不下、子宫脱出、子宫复旧延迟及严重的脓性坏死性乳房炎、子宫内膜炎、子宫颈炎、阴道炎时，可继发此病。

二、症状

1. 产后败血病

马、驴和羊的产后败血病大多数是急性的，病畜往往经过 2~3 天后死亡。牛和猪的产后败血病多为亚急性。

发病初期，体温突然上升至 40~41℃，呈稽留热，精神极度沉郁，食欲废绝，反刍停止，但喜饮水，触诊四肢末端及两耳有冷感，反射迟钝。脉搏微弱，呼吸浅而快。特征症状是阴道内流出少量带有恶臭的暗红色或褐色液体，内含组织碎片。另外，患畜常表现出腹膜炎的症状，腹壁收缩，触诊敏感。

阴道检查，母畜疼痛不安，黏膜干燥、肿胀、呈暗红色。如果见到创伤，其表面多覆盖有一层灰黄色分泌物或薄膜。

直肠检查，可发现子宫复旧延迟、子宫壁厚而弛缓。

2. 产后脓毒血病

突然发病。体温升高 1~1.5℃，呈弛张热。脉搏常快而弱，马、牛每分钟可达 90 次以上。随着体温的高低，脉搏也发生变化。

病畜的四肢关节、腱鞘、肺脏、肝脏及乳房发生迁徙性脓肿。四肢关节发生脓肿时，病畜出现跛行，起卧、运步均困难。受害的关节主要为跗关节，患部肿胀发热，且有疼痛表现。当肺中发生转移性病灶，则呼吸加深，常有咳嗽，听诊有啰音，肺泡呼吸音增强，病畜常抬头嘶鸣，似有痛苦。转移到肾脏者，尿量减少，且出现蛋白尿。转移到乳房时，表现乳房炎的症状。

三、诊断

（1）产后败血病的诊断　根据母畜产后出现体温突然上升至 40~41℃，呈稽留热，食欲废绝，反刍停止，饮水增多，从阴道内流出少量带有恶臭的暗红色或褐色液体，内含组织碎片等症状，结合阴道检查即可作出诊断。

（2）产后脓毒血病的诊断　根据母畜产后突然发病，体温升高 1~1.5℃，呈弛张热；病畜的四肢关节、腱鞘、肺脏、肝脏及乳房发生迁徙性脓肿等症状，再结合阴道检查和直肠检查，即可作出诊断。

四、防治

1. 预防

加强母畜分娩期前后的饲养管理，适当运动，以提高母畜的抵抗力。接产和产科手术时，操作要规范，应尽量保持生殖道黏膜的完整性，必须严格消毒，从而减少细菌的污染。同时，要防止其他疾病继发本病。

2. 治疗

治疗原则是及时处理病灶，消灭和抑制感染源，增强机体抵抗力，加强对症治疗。

（1）局部疗法　对生殖道的病灶，可分别按阴道炎及子宫内膜炎的治疗方法治疗原发病，但禁止冲洗子宫，尽量减少对子宫和产道的刺激，以免感染扩散、病情恶化。为了排除子宫内的炎性分泌物，可肌内注射麦角制剂、催产素、前列腺素等，然后在子宫内放入金霉素胶囊或注入青霉素和链霉素。

（2）全身疗法　早期宜大剂量应用抗生素类药物，直至体温恢复正常。可肌内注射青霉素100万～200万国际单位和链霉素2～4g，或静脉注射四环素族抗生素，必要时可采用抗生素与磺胺类药物联合应用，以增强疗效。

为了消灭侵入体内的病原菌，要及时静脉注射或肌内注射环丙沙星、氧氟沙星及磺胺类药物，也可内服诺氟沙星和阿莫西林等，用药量为常规剂量的1.5～1.8倍，并连续使用，直至体温降至正常2～3天后为止。

为了减轻全身症状，增强机体的抵抗力，促进血液中有毒物质的排除和维持体液、电解质平衡，静脉注射5％葡萄糖生理盐水，同时使用大剂量的B族维生素和维生素C。

为了加强肝脏的解毒功能，防止酸中毒，马、牛等大动物可每天1次静脉注射10％～20％葡萄糖溶液500～1000ml，5％碳酸氢钠溶液300～500ml；猪、羊等小动物每天1次静脉注射10％～20％葡萄糖溶液300～500ml，5％碳酸氢钠溶液50～100ml。另外，静脉注射10％氯化钙注射液150ml或10％葡萄糖酸钙溶液200～300ml，对本病也有一定的辅助作用。

（3）对症治疗　根据病情积极采取子宫收缩剂、强心剂、利尿剂、止泻剂等对症治疗。

【复习思考题】

1.如何治疗黄牛胎衣不下？
2.如何治疗奶牛子宫脱出？
3.怎样治疗母猪的生产瘫痪？
4.如何防治母牛子宫内膜炎？

第二十二章 新生仔畜疾病

【知识目标】

1. 了解新生动物常见疾病的种类、病因和防治的意义。
2. 掌握新生动物常见疾病的临床表现、诊断及防治方法。

【技能目标】

能识别常见新生动物疾病，并能提出正确的防治措施。

第一节 新生仔畜窒息

仔畜出生后即表现呼吸微弱或停止呼吸，但仍保持有微弱的心跳，称为新生仔畜窒息。各种家畜均可发生。

一、病因

本病常发生于下列几种情况。

(1) 分娩时胎儿胎盘脱离母体胎盘后，因胎儿得不到充足的氧气而发生窒息。

(2) 妊娠期营养不良、劳役过度、贫血以及患心脏疾病等，致使血液内氧的供给不足，二氧化碳含量增加，刺激胎儿过早地发生呼吸作用，将羊水吸入呼吸道而引起窒息。猪在产出期延长时，最后产出的 1~2 个胎儿常有窒息现象。

(3) 倒生时脐带常被挤压在胎儿与骨盆之间。有时因脐带缠绕于胎儿肢体上，导致脐带血液循环受阻而造成胎儿窒息。

(4) 胎儿产出后，胎膜未破而又未及时人工撕破，使胎儿既停止了胎盘循环，又不能发生呼吸作用而窒息。

二、症状

根据发生窒息的程度不同，分为绀色窒息和苍白窒息。

1. 绀色窒息

是一种轻度的窒息，即仔畜缺氧程度较轻，但血液中二氧化碳浓度较高，可视黏膜发绀，口和鼻腔内充满黏液及羊水，舌垂于口外，呼吸微弱而急促，有时张口吸气，喉及气管有明显的湿啰音，四肢活动能力微弱，角膜反射尚有，心跳快而弱。

2. 苍白窒息

又称重度窒息，仔畜呈现假死状态，缺氧程度严重，可视黏膜苍白，出现休克现象。全身松软，反射消失，呼吸停止，心跳微弱，脉搏不易触及，仔畜生命力非常弱。

三、诊断

仔畜呼吸微弱或停滞，活动能力微弱或休克。

四、治疗

(1) 清除胎儿口、鼻中的黏液 将仔畜倒提抖动，并用手掌拍击胸背部，促进黏液及羊水排出。也可将胶皮管插入鼻孔及气管中，用吸引器或橡皮球吸出黏液及羊水。

(2) 人工呼吸 有节律地按压胸腹部，使胸腔交替地扩张和缩小，使仔畜恢复呼吸动作。

(3) 诱发呼吸反射 用浸有氨水的棉花或纱布，放在鼻孔上，让其吸入氨气，以刺激呼吸反射。

（4）在采取上述急救措施的同时，可肌内注射强心剂，如安钠咖、樟脑磺酸钠、尼可刹米等。待窒息缓和后可静脉注射 10％葡萄糖溶液和 5％碳酸氢钠溶液，以纠正酸中毒。

五、预防

加强妊娠后期的饲养管理。发生难产时，要及时进行合理的助产，严防窒息的发生，注意保护新生仔畜。

第二节　胎便停滞

新生仔畜出生后在数小时内即排出胎粪，如果生后 1 天以上仍不排粪，则称为胎便滞留（便秘）。多见于大家畜。

一、病因

（1）初乳品质不良，初乳中缺乏矿物质（如镁、钠、钾等），引起肠蠕动缓慢，致使胎粪排不出来。

（2）妊娠后期母畜饲养管理不当，造成仔畜先天性发育不良、出生后体质虚弱等可引起胎便滞留。

二、症状

出生 1 天后仍不见排出胎便。仔畜表现精神不振，吃奶次数减少，肠音微弱，拱背，努责，常做排粪姿势。严重者出现腹痛，经常回头顾腹，后肢踢腹，频频起卧。后期精神委靡，全身无力，卧地不起。

用手指伸入直肠检查，可掏出黑色黏稠的粪便，有时为黑色的干硬粪球。

三、诊断

依据出生 1 天后仍不见胎便排出，常做排便姿势但排不出胎便，仔畜表现精神沉郁或腹痛不安，可作出诊断。

四、治疗

（1）手指掏取滞粪　应将手指涂上滑润油，伸入直肠慢慢地取出硬结的干粪。

（2）用肥皂水做深部灌肠，必要时经 2～3h 后重复灌肠。也可向直肠内灌注液体石蜡 200～300ml。

（3）内服缓泻剂，如液体石蜡 100～200ml（大家畜），或硫酸钠（镁）50g。服药后可配合按摩腹部，促进肠蠕动的恢复。

（4）对症治疗　如输液、解毒、强心、止痛等，以提高机体的抵抗力。

五、预防

对妊娠母畜要供给充足的营养物质。仔畜出生后，要保证足量的初乳，随时观察仔畜的情况，以便及早发现及时治疗。

第三节　脐　炎

脐炎是指新生仔畜脐血管周围组织的炎症。各种动物均可发生，多见于大家畜的新生仔畜。

一、病因

接产时脐带消毒不严，脐带被污染或脐尿瘘形成尿道浸润，脐带断端过长被踩伤、拉伤、咬伤等，使微生物侵入而发炎。

二、症状

病初脐带残端潮湿、变粗、变黑，脐孔周围肿胀变硬、充血、发红、发热、疼痛。仔畜收腹弯腰、多卧少动。脐带残端脱落后脐孔形成溃疡，肉芽增生，有的有脓性渗出物或形成脓肿。严重者引起败血症或破伤风，出现体温升高，呼吸、心跳加快，脱水，代谢紊乱，全身体况急剧下降、恶化。

三、诊断

依据脐带残端潮湿、变粗、变黑，脐孔周围肿胀变硬、充血、发红、发热、疼痛，脱落后脐孔形成溃疡，肉芽增生，有的有脓性渗出物或形成脓肿，可作出诊断。

四、治疗

重视局部处理：先剪净脐孔周围的被毛，分点或环状用青霉素普鲁卡因封闭，创内涂以碘酊。已化脓或局部坏死严重者，先用 3％双氧水冲洗，再用 0.2％～0.5％雷夫奴尔液反复冲洗，最后涂上抗菌药。局部形成脓肿时涂以鱼石脂，成熟后切开排脓冲洗。形成溃疡，应涂上抗菌油剂或软膏。为防止炎症扩散或已有全身感染，应全身给予抗菌药和对症处理。

五、预防

接产时脐带断端宜短些，一般不做脐结扎，要用碘酊经常消毒，促进干燥脱落。保持圈舍干燥、清洁卫生。若发现脐带、脐孔处潮湿，应及早处理。

第四节 新生仔畜溶血病

新生仔畜溶血病是新生仔畜红细胞与母体血清抗体相结合引起的一种免疫溶血反应，又称为新生仔畜溶血性黄疸、同种免疫溶血性贫血或新生仔畜同种红细胞溶血病。其特征是出生后仔畜吃了母乳，迅速发生急性溶血性贫血、黄疸和血红蛋白尿，甚至衰竭死亡。本病发病快、死亡率高，多见于猪、骡驹、马驹，少见于犊牛和其他动物。

一、病因

新生仔畜溶血病是母体对胎儿的红细胞或红细胞血型的抗原刺激产生了特异抗体，仔畜吃初乳后抗体被直接吸收到血液中，与相应的红细胞结合，发生抗原抗体反应，造成红细胞大量破坏的一种溶血病。

新生仔猪溶血病是一种血型不相溶性免疫疾病。本病是由于胎儿与母体血型不合所造成的。据报道猪有 15 个血型，即 A 型、B 型、C 型、D 型、E 型、F 型、G 型、H 型、I 型、J 型、K型、L 型、M 型、N 型、O 型。除 A 型外，其他血型系统的血型因子都可能成为本病的病因。

新生马驹溶血病也是由于胎儿与母马的血型存在个体差异造成的。马的血型分为七个系统，每个系统包括一种至数种存在于红细胞表面的不同血型因子，都能以直接方式传递给后代，已知患本病主要是因含 Aa、Oa 因子引起的。

骡驹的抗原是胎儿红细胞本身，而不是血型因子，新生骡驹溶血病是异种免疫性疾病。母畜正常妊娠时红细胞或血型因子不能通过胎盘屏障成为刺激母体的抗原，但在胎盘出血、胎盘受外力作用损伤或患病破坏了胎盘、分娩时胎盘损伤等情况下，胎血进入母体，尽管当时产生抗体不高，由于免疫记忆作用，随胎次增加抗体效价可达更高水平。

因为胎儿红细胞或血型因子还带有父系遗传，对母体是一种异己的抗原物质，进入母体就会产生相应特异抗体（凝集素、溶血素）。由于初乳中抗体效价高，新生畜出生后 48h，免疫球蛋白未经消化，直接吸收进入血液就会发生本病。现已证明，牛胎儿红细胞致敏母牛产生的"自发性"抗体很少见，主要因注射含有红细胞抗原的疫苗而引起。

二、症状

仔畜未吃初乳前一切正常，凡吸吮初乳不久即发病。猪的急性病例在吸吮初乳后 2～3h 可发生精神沉郁，4h 左右可视黏膜贫血苍白，继而急剧恶化，倒地不起，呼吸困难，心跳亢进或快弱，全身变凉，极度衰竭，出现休克，5～7h 就会死亡。马、骡驹及部分仔猪病情稍缓者，主要表现为精神沉郁，头低耳聋，反应迟钝，倦怠少动，肌肉震颤，不愿吃奶或不吃奶，可视黏膜苍白、黄染；排出颜色逐渐加深的血红蛋白尿（由浅红色、红色至酱油色）、量少、黏稠似豆油状，故有人称其为新生骡驹尿血症。尿液在试管中静置数小时后，颜色不变，下层无沉淀物。呼吸、心跳很快，有的出现嗜睡或惊厥、角弓反张等神经症状。若不及时给予合理治疗与护理，常在2～6天死亡，死亡率较高。

血液检查红细胞减少，轻者减至300万～400万/毫升，甚至更低。红细胞大小不等，大的可达正常2～3倍，常有畸形。白细胞变化不大，重症略有减少。

三、诊断

（1）根据发病时间和溶血、贫血、黄疸以及血红蛋白尿等特殊症状不难诊断。

（2）血、尿检查　血液稀薄如水，不易凝固，淡红黄色，血浆变红。红细胞数大为减少，降至300万～400万/毫升，甚至更低。形态不整、大小不一，幼稚型红细胞增多。血红蛋白显著下降，血清胆红素间接反应呈阳性。尿液呈血红蛋白尿，尿沉渣中含有上皮、脓细胞和黏液等。

（3）测定初乳或母畜血清中抗体效价　用母畜的初乳或血清与胎儿的红细胞作凝集反应测定其抗体效价是最可靠的诊断。产后初乳抗体效价马为1∶32，产骡驹的母驴为1∶128以上者为非安全效价；马效价在1∶16（驴为1∶64）可自由哺乳。产前20天血清抗体效价在1∶8以上者为安全范围。

四、治疗

治疗原则是制止溶血和修补贫血，并加强护理。

1. 吃乳方法

发病后立即停吃初乳，可进行人工哺乳4～7天，待母乳变成常乳后再行吃乳，或与其他出生日期接近同种幼畜交换母畜哺乳，或寄养。也可以每隔1～2h挤弃1次初乳，3～4天可恢复吃乳。若挤不净或不挤，1周后可恢复吃乳。

2. 输血疗法

对本病有一定疗效，尤其当红细胞数降到400万/毫升以下时，更应当输血。输血应注意配血试验或试输少量血，以保证输血安全。对患溶血病的仔猪可采用输母猪弃血浆的红细胞生理盐水来治疗。

临床实践证明，新生骡驹溶血病，直接输给母马红细胞，对本病有较高的疗效。输红细胞后不久，病驹全身症状开始好转，血红蛋白尿逐渐消失，尿的颜色由酱油色变为深红色、浅红色，并逐渐变为透明的微黄白色（接近正常尿液颜色）。方法是将3.8%枸橼酸钠溶液50ml放于500ml刻度瓶内，采母马血液450ml，充分混合后，倒立静置2～3h，红细胞已沉降于瓶底，缓缓输给病驹，每天1次，一般病例在第3次输红细胞后，常能痊愈。

3. 辅助疗法

（1）及时补充葡萄糖液　大动物仔畜可静脉注射10%～25%葡萄糖液250～500ml；中小动物可行腹腔注射适量温葡萄糖液，以补充营养，保护心、肝、肾等重要器官功能。

（2）注射糖皮质激素　糖皮质激素可以抗休克，抗过敏，抑制抗原抗体反应，减少红细胞崩解，减少毒素对机体细胞的损害，增强骨髓造血功能。马驹、犊牛用氢化可的松100～200mg或泼尼松50～100mg；仔猪、羔羊用20～50mg或10～20mg。

（3）对症治疗　根据病情注射肝精保护肝脏，注射维生素B_{12}、铁制剂增强造血功能。补充维生素C增强抗病力，强心及对症治疗。

五、预防

（1）预先测定母畜血清或初乳的抗体效价　一般是对已产生过或怀疑曾有过病史的母畜测定，血清或初乳效价在非安全范围，或凝集反应呈阳性者不喂产后数天初乳。可进行人工哺乳、实行交换、代养等。

（2）灌服食醋　对抗体效价较高者，将食醋稀释后，每2h灌服1次，能起预防作用，可让仔畜吃乳。

（3）更换公畜　患过溶血性疾病的母畜，以后配种要更换公畜，常可防止再发此病。

（4）中草药预防　用杨梅树皮、血竭草各 50g 加适量水煮沸 1h 后，煎液过滤保存，给新生骡驹每次内服 100ml，日服 2 次。

第五节　新生仔猪先天性肌痉挛

新生仔猪先天性肌痉挛是仔猪出生后不久出现的全身或局部肌肉的阵发性痉挛，也称传染性先天性震颤病，俗称"小猪跳跳病"、"小猪抖抖病"。严重影响生长发育，大部分因肌痉挛、震颤不能吃奶而饿死，少数可耐过自愈。

一、病因

过去曾认为是先天遗传因素所致，后来认为是猪瘟、伪狂犬病毒或某些肠道感染引起。1972年从病猪肾和其他器官分离出先天性肌震颤病毒。实验证明病毒可在原代肾细胞中培养为直径20nm 立体对称的病毒颗粒。带毒母猪不显症状，能直接通过胎盘传染仔猪，感染后使胎儿神经髓鞘形成不全，出现小脑纵沟水肿，小脑发育不全和脑膜血管炎，从而使神经肌肉兴奋性异常。

二、症状

仔猪出生后全窝或一窝的部分很快发生肌肉阵发性痉挛，轻者一般为四肢、头尾痉挛，行走出现阵发性跳跃。其中少部分随日龄增长，症状减轻，一般到 10 日龄时症状消失，恢复健康，个别病例可持续 1 个月左右。重者全身或头颈剧烈震颤，四肢抖动不止；安静时症状减轻，惊吓、哄赶等刺激使症状加剧。由于无法吃奶或正常喂养而死亡，但不传染其他个体。

三、防治

目前无有效的药物治疗，加强仔猪人工哺乳和护理，及时采取适当方法治疗，常可促使其早日痊愈。

中药苍术粉和磷酸氢钙各 100g（日量），混饲料中喂母猪，连用数天。猪肋骨或羊肋骨（可以带点肉）0.5kg（日量）捣为泥，熬汤喂母猪，连喂 3 天，可使乳汁的量和营养成分增多，间接促使病仔猪痊愈。

每天皮下注射维生素 B_1 1ml、肌内注射维生素 B_{12} 注射液 1ml 或维丁胶性钙注射液 1ml，均能加速其痊愈。也可用苍术粉 5g、磷酸氢钙 5g 及食母生 5g，用蜂蜜调成糊剂，涂抹于病仔猪舌根处，令其自行咽下，每天 1 次，连用 3～5 天。

用刚死亡仔猪的肾、肝、胰、脑切成小块，加 20％福尔马林浸泡 24h 做成匀浆，按 1：10用生理盐水稀释，每 100ml 加 80 万国际单位青霉素和 100 万国际单位链霉素，用 0.01％结晶紫为佐剂，每头母猪肌内注射 5～10ml，可预防本病。

第六节　新生犊牛搐搦

新生犊牛搐搦发病突然，表现出强直性痉挛，继而出现惊厥和知觉丧失。多发于生后 2～7天的犊牛，病程短，死亡率高。

一、病因

确切原因不清，有人认为是胚胎期母体矿物质不足，由急性钙镁缺乏引起的。也有人认为是镁代谢紊乱引起的。

二、症状

犊牛突然发病，多站立，颈伸直，呈强直性痉挛。口不断空嚼，唇边有白色泡沫，并由口角流出大量带泡沫的涎水。继则眼球震颤，牙关紧闭，呈全身性痉挛，角弓反张，随即死亡。

三、治疗

10％氯化钙注射液 20ml，25％硫酸镁注射液 10ml，20％葡萄糖注射液 20ml，混合一次静脉注射。或用 25％硫酸镁注射液 20ml，分 3～4 个点肌内注射；10％氯化钙注射液 20ml，一次静脉注射。

【复习思考题】

1. 新生仔畜窒息的急救措施有哪些？
2. 新生仔畜溶血病如何进行治疗？
3. 新生犊牛发生搐搦，为其开写处方。

第二十三章 乳房疾病

【知识目标】

　　掌握乳房炎的分类及各种乳房炎的发病原因、临床症状、诊断、治疗与预防。

【技能目标】

　　能正确区分不同类型的乳房炎，有针对性地提出治疗方案和预防措施。

第一节 乳房炎

　　乳房炎是乳腺受到物理、化学、微生物刺激所发生的一种炎性变化，其特点是乳中的体细胞，特别是白细胞增多以及乳腺组织发生病理变化。根据乳房和乳汁有无肉眼可见变化，可分为临床型乳房炎、隐性乳房炎和慢性乳房炎三种。

　　乳房炎是奶牛、羊的多发病，奶牛的乳房炎发病率高达40％～65％，其中临床型乳房炎的发病率为2％～3％，隐性乳房炎的发病率为38％～62％。它不仅影响产奶量和导致奶牛淘汰，造成经济损失，而且影响乳汁的品质，危及人的健康。

一、病因

　　（1）病原微生物的感染　引起乳房炎的主要病原是链球菌、葡萄球菌、化脓性棒状杆菌、大肠埃希菌、铜绿假单胞菌、霉形体、真菌、病毒等，通过乳头管侵入乳房而发生感染。

　　（2）饲养管理不当　如挤乳技术不够熟练，造成乳头管黏膜损伤；垫草不及时更换；挤乳前未清洗乳房或操作人员挤奶前不洗手不清洁及其他污物污染乳头等。

　　（3）机械损伤　乳房遭受打击、冲撞、挤压、踢踹等机械的作用，或幼畜咬伤乳头等，也是引起本病的诱因。

　　（4）继发于某些疾病　子宫内膜炎及生殖器官的炎症、产后败血症、结核等可继发本病。

　　（5）应激　如不良气候（包括严寒、酷暑等）、惊吓、饲料发霉变质等，它们在一定程度上会影响奶牛的正常生理功能，致使乳房炎发病增加。

二、症状

1. 临床型乳房炎

　　乳房和乳汁均有肉眼可见的异常。轻度临床型乳房炎乳汁中有絮片、凝块，有时呈水样。乳房轻度发热肿痛或不热不痛，可能肿胀。重度临床型乳房炎患乳区急性肿胀，热、硬、疼痛，不给仔猪喂奶（见图23-1）。乳汁异常，分泌减少。如出现体温升高，脉搏增速，患畜抑郁、衰弱、食欲丧失等全身症状，称为急性全身性乳房炎。根据炎症的性质分为以下几类。

　　（1）浆液性炎　浆液及大量的白细胞渗到间质组织中，乳房红肿热痛，往往乳房上淋巴结肿胀，乳汁稀薄，含絮片。

　　（2）卡他性炎　脱落的腺上皮细胞及白细胞沉积于上皮表面。

　　（3）纤维蛋白性炎　纤维蛋白沉积于上皮表面或

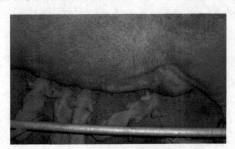

图23-1　重度临床型乳房炎，
不给仔猪喂奶（谢拥军摄）

组织内，为重剧急性炎症。乳房上淋巴结肿胀。挤不出乳汁或只挤出几滴清水。多由卡他性炎发展而来，往往与脓性子宫炎并发。

（4）化脓性炎 乳房中有脓性渗出物流入乳池或输乳管腔中，乳汁呈黏液脓样，混有脓液和絮状物。

（5）出血性炎 深部组织及腺管出血。皮肤有红色斑点（见图23-2）。乳房上淋巴结肿胀。乳量剧减，乳汁水样含絮片及血液。可能为溶血性大肠埃希菌引起。

（6）症候性乳房炎 见于乳房结核、口蹄疫及乳房放线菌病等特殊乳房炎。

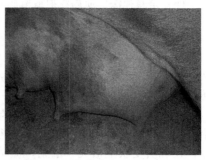

图23-2 猪乳腺炎（谢拥军摄）

2. 隐性乳房炎

乳房和乳汁都无肉眼可见变化，需用特殊的试验才能检出乳汁变化。

3. 慢性乳房炎

由乳房持续感染所致，通常没有临床症状，偶尔可发展成临床型。突然发作以后，通常转为隐性。

三、诊断

临床型乳房炎症状明显，根据乳房和乳汁的变化，就可作出诊断。隐性乳房炎无临床症状，乳汁也无肉眼可见的变化，但乳汁的酸碱度、导电率和乳汁中的体细胞数、氯化物含量都较正常值高。常用的诊断方法有美国加州乳房炎试验（CMT）乳汁导电率测定法、乳汁体细胞计数法等，必要时可进行乳汁细菌学检查，为药物治疗提供依据。

四、治疗与预防

根据泌乳周期的不同阶段和乳房炎的类型，选用以治为主或是以防为主的措施。总的原则是杀灭已侵入乳房的病原菌，防止病原菌侵入，减轻或消除乳房的炎性症状。

1. 临床型乳房炎

以治为主，杀灭病原体，消除症状。常用的抗菌药物有青霉素、链霉素、四环素、氯霉素、卡那霉素、庆大霉素、新霉素、呋喃西啉、沙星类等。常规的方法有以下几种。

（1）乳内注射 将药物稀释成一定的容量，通过乳头管直接注入乳池，可以在局部保持较高的浓度。具体操作为先挤净患区内的乳汁或分泌物，用碘酊或酒精擦拭乳头管口及乳头，经乳头管口向乳池内插入接有胶管的灭菌乳导管或去尖的注射针头，胶管的另一端接注射器，将药物徐徐注入乳池内。注毕抽出导管，以手指轻轻捻动乳头管片刻，再以双手掌按照自下而上的顺序轻度向上按摩挤压，迫使药液渐次上升并扩散到腺管腺泡。每日注入2～3次。有条件时，应先对病原菌做药敏试验，以选取最敏感的抗菌药物进行施治。无条件时，治疗2天后，可改换药物。如庆大霉素、卡那霉素、林可霉素、先锋霉素等，以达到预期效果。

（2）乳房基底封闭 将0.25%或0.5%的盐酸普鲁卡因溶液注入乳房基底结缔组织中和用5%的盐酸普鲁卡因进行生殖股神经注射，对浆液性乳房炎有一定疗效，溶液中加入适量抗生素更可提高疗效。

（3）热敷及涂擦药剂 为了促使炎性渗出物的吸收和炎症的消散，除出血性和脓肿性乳房炎外，均可使用此法。

乳房高度肿胀热痛时，可冷敷、冰敷、冷淋浴以缓解局部症状。外敷药物也可缓解肿胀和疼痛，如鱼石脂软膏、樟脑油膏、5%碘酊或复方醋酸铅糊剂。

（4）中药疗法 我国传统兽医学称临床型乳房炎为"乳痈"，以清热解毒、活血化瘀为治则。常用的方剂有蒲公英散或煎剂。

（5）手术疗法 对浅在性乳房肿胀，可实施手术切开、清洗、涂布消炎等，对已经破溃的乳房肿胀，按化脓创进行外科处理。

（6）全身疗法　肌内注射或静脉注射大剂量广谱抗生素，同时注意对症治疗。

2. 隐性乳房炎

以防为主，防治结合，预防病原菌侵入乳房。

（1）乳头药浴　浸泡乳头的药液有洗必泰、次氯酸钠、新洁而灭等。0.3%～0.5%的洗必泰效果最好，抑菌作用强，药效稳定，对乳头皮肤和乳头管黏膜无刺激作用。次氯酸钠次之，但药效不稳定，作用持续时间较短。

（2）乳头保护膜　乳房炎感染的主要途径是乳头管，挤奶后将乳头管口封闭，防止病原菌侵入，也是预防乳房炎的一个途径。乳头保护膜是一种丙烯溶液，浸渍乳头后，溶液干燥，在乳头皮肤上形成一层膜，徒手不易撕掉，用温水洗擦才能除去。保护膜通气性良好，无刺激性。不仅可以阻止病原体进入乳头管，对乳头管表面附着的病原体也有固定和杀灭作用。

（3）盐酸左旋咪唑　它是一种免疫功能调节剂，能修复细胞的免疫功能，增强抗病能力。以每千克体重 7.5mg 拌精料中，任牛自由采食，1 日 1 次，连用 2 日，治疗隐性乳房炎效果较好。

（4）芸苔子（即油菜籽）　有破坏细菌细胞壁某些酶的活性和促进白细胞吞噬作用的能力，对隐性乳房炎有一定疗效，按牛体重大小，生芸苔子 250～300g 为 1 剂，拌精料内自由采食，隔日 1 剂，3 剂为一个疗程。

3. 综合防治

乳牛乳房炎的发病原因众多，必须采取下列综合措施，并且形成常规，长期坚持，才能取得明显效果。

（1）环境和牛体卫生　搞好环境和牛体卫生，就可减少病原菌的存在和感染可能，如运动场平整、排水畅通、干燥，经常刷拭牛体，保持乳房清洁等。

（2）搞好挤奶卫生　提倡正确的挤奶方法，擦洗乳房用的毛巾和水桶要保持干净，定期消毒。用水要勤换。乳房炎牛的挤奶次序排在最后，并将奶妥当进行处理。机器挤奶时，要保持压力正常和防止空吸，保护乳头管黏膜。挤奶时要及时消毒。定期检查机器和挤奶杯，及时维修和更换。

（3）及时治疗临床型乳房炎　必要时可隔离进行乳消毒处理，防止传播。

（4）做好预防工作　推广乳头药浴和干奶期防治，长期坚持下去。定期监测隐性乳房炎发病情况，并作细菌学检查及药敏试验，根据结果采取对应措施。

其他动物的乳房炎，在临床症状和治疗方法上与上述大同小异，在用药剂量上需加以把握。

第二节　乳房创伤

主要发生在泌乳期乳牛乳房较大的前乳区。

（1）皮肤擦伤、皮肤及皮下浅部组织的创伤　这是轻度的外伤，但可能继发感染乳房炎，可按外科的清洁创和感染创进行常规处理。创面涂布龙胆紫或撒冰片散（呋喃旦啶 20g，冰片 90g，大黄末 10g，氯化锌 10g，碘仿 20g），效果均良好。创口大时进行适当缝合。

（2）深部创伤多为刺创，乳汁通过创口外流，愈合缓慢。初发时乳汁中均含有血液。创口尽可能用 3% 双氧水，或 0.1% 高锰酸钾溶液，或 0.1% 以下浓度的新洁尔灭溶液充分冲洗；深入填充碘甘油或魏氏流膏（蓖麻油 100 份，碘仿 3 份，松馏油 3 份）绷带条。修正皮肤创口，结节缝合，下端留引流口。如创腔蓄积分泌物过多，必要时可向下扩创引流。为防止感染乳房炎，必要时采用抗生素治疗。

（3）乳房血肿　皮肤不一定有外伤症状，为避免感染乳房炎，以不行手术切开为宜，小的血肿无需治疗，3～10 日可被吸收。早期或严重时，可采取对症治疗，如冷敷或冷浴，并使用止血剂。过一段时间后，可改用温敷，促进血肿的吸收。

（4）乳头外伤　主要见于大而下垂的乳房，往往是乳牛起立时被自己的后蹄踏伤所致。治疗可按外科常规处理，但缝合要紧密。

第三节　乳　房　水　肿

各种家畜均可发生，乳牛较多发，尤其以第一胎及高产奶牛最显著。分娩前后，乳房出现轻度水肿是生理现象，一般在产后 10 天左右可以逐渐消散，不影响泌乳量和乳质。

一、病因

可能因乳房局部血流淤滞引起，或与全身循环紊乱有关，也可能与乳房淋巴液回流不畅有关。

二、症状

无全身症状。一般是整个乳房的皮下及间质水肿，以乳房下半部较明显，特别是牛怀第一胎时。皮肤发红光亮，无热无痛，指按留有压痕。较重的水肿，可波及乳房基底前缘、下腹部、胸下、四肢甚至乳镜。长期而严重的水肿，可影响泌乳量。

三、诊断

根据病史和症状不难诊断，但并发乳房炎时，必须加以鉴别。

四、治疗

轻症往往可以自愈，不需治疗。对一般病例，适当加强运动，减少精料和多汁饲料，适量减少饮水，增加挤奶次数，温水热敷（50～60℃）即可。

长期或严重病例，可温敷水肿部，涂布弱刺激诱导药，如樟脑油膏、碘软膏、鱼石脂软膏、松节油等。可注射可的松类药、强心利尿剂或口服缓泻剂。但不得乱穿刺皮肤放液。

【复习思考题】

1.引起乳房炎的原因有哪些？平时应如何预防乳房炎？
2.如何诊断和治疗乳房炎？

实验实训项目指导

项目一　动物的接近与保定

一、目的

1. 掌握动物接近和保定的方法及注意事项。
2. 以牛和鸡为例，掌握动物的接近和保定。

二、材料用具

牛、鸡、牛鼻钳、绳子和柱栏。

三、内容

1. 教师示教接近和保定动物的方法。
2. 常用保定方法的练习。

（1）牛的保定

① 徒手握牛鼻保定法：先用一手握住牛角根，然后拉提鼻绳、鼻环或用一手的拇指、食指与中指捏住鼻中隔加以保定。

② 牛鼻钳保定法：将鼻钳的两钳嘴抵入两鼻孔，并迅速夹紧鼻中隔，用一手或双手握持，亦可用绳系紧钳柄固定之。

③ 牛后肢保定法：取 2m 长的粗绳 1 条，折成等长两段，于跗关节上方将两后肢胫部围住，然后将绳的一端穿过折转处向一侧拉紧。

④ 单柱栏内保定：将牛的颈部紧贴于单柱，以单绳或双绳作颈部活结固定。

⑤ 二柱栏内保定：将牛牵至二柱栏内，鼻绳系于头侧栏柱，然后缠绕围绳，吊挂胸、腹绳即可固定。

⑥ 四或六柱栏内保定：先挂号胸带，牵牛入栏内，系缰绳，挂臀带。

⑦ 提肢倒牛：将一长绳折成一长一短，在折转处作一套结，套在倒卧侧前肢系部，将绳从胸下右对侧向上绕过肩锋部，长绳由倒卧侧绕腹部 1 周，扭一结而向后拉。倒牛时，一人牵缰绳按牛角，一人拉短绳，两人拉长绳，将牛向前牵。拉紧短绳提起前肢并向下拉。两人拉长绳用力向后牵引，牛即倒卧。

（2）鸡的保定　鸡等小型禽，可将其两脚夹在食指和中指间，拇指和其余手指拢住翅膀。

四、报告

记录常用的绳结法，比较各种保定牛的方法，并讨论其临床用处。

项目二　一般检查的内容及诊断意义

一、目的

掌握不同动物体温、眼结膜、脉搏与呼吸次数的测定方法。

二、材料用具

牛、羊、猪、犬等动物 1 种或数种，体温计。

三、内容

1.体温测定

临床测温均以动物的直肠温为标准，而禽类通常测其翼下的温度。

（1）检温时，先将体温计充分甩动，以使水银柱降至35.0℃以下。

（2）用消毒棉清拭之并涂以滑润剂（加滑润油或水），检温人员用一手将动物尾根部提起并推向对侧；以另一手持体温计徐徐插入肛门中（其深度为体温计长度的2/3）。

（3）放下尾部后，用温度计所带的夹子夹在尾毛上以固定之。

（4）按体温计的规格要求，使体温计在直肠中放置一定时间（如三分计则需3min，五分计则需5min等），取出后读取水银柱上端的度数即可。

（5）事后，应再加甩动使水银柱降下并用消毒棉清拭，以备再用。

（6）体温测定每日上午、下午应各测1次，测量时应防止体温计插入粪球中而出现误差。

2.眼结膜检查

眼结膜是可视黏膜的一部分，眼结膜的颜色变化除可反映其局部的病变外，还可据以推断全身的循环状态及血液某些成分的改变，在诊断和预后的判定上都有一定的意义。临床上眼结膜颜色的病理变化为结膜潮红、结膜苍白、结膜黄染、结膜发绀、出血斑点等。

（1）接近动物。

（2）方法：一手握住笼头，另一手的拇指放于下眼睑中央的边缘处，而食指则放于上眼睑中央的边缘处，分别将眼睑向上、下拨开并向内眼角处稍加压，如此则结膜及瞬膜将充分外露。两眼应对照检查，特别应注意结膜颜色的变化。判定结膜的颜色，宜在自然光线下进行。用双手握住牛角，并将牛头扭向一侧，即可明视。

（3）检查羊、猪、小动物眼结膜。用双手拇指拨开上下眼睑观察。

（4）马、骡的眼结膜呈淡红色；黄牛及乳牛的眼结膜颜色较淡，水牛的眼结膜则呈鲜红色；猪的眼结膜呈粉红色；犬的眼结膜呈淡粉红色。

3.脉搏测定

诊查脉搏可获得关于心脏活动功能与血液循环状态的信息，这在疾病的诊断及预后的判定上都有很重要的实际意义。

牛：测尾正中动脉，检查者站在牛正后方，右手提起牛尾，右手拇指放于尾根部背面。将食指、中指放在距牛尾根10cm左右处的腹面，检查脉搏的跳动。

马：在下颌动脉进行触诊。

羊、猪、犬可在股内动脉进行触诊。

4.呼吸次数的测定

呼吸次数以次/分表示，呼吸1次包括吸气和呼气两个动作。一般可通过观察动物胸、腹壁的起伏动作或鼻翼的开张动作来进行计算。在寒冷季节，可按其呼出的气流计数。鸡可注意观察肛门部羽毛的缩动来计算。一般应计测2min的次数而取其平均数。

（1）将纸条或手放在动物鼻孔处，观察或感觉其鼻翼扇动的次数。

（2）观察动物胸腹部起伏动作。

（3）听呼吸音。

四、报告

学生记录本人检查的各项结果，并与教材中的各项生理指标比较。

项目三　消化系统检查

一、目的

掌握猪、牛消化系统的正常生理现象及病理变化和诊断意义。特别是牛、猪胃肠的视诊、触诊、听诊的检查部位和方法。

二、材料用具

牛、猪等动物，保定用具，叩诊器，听诊器，开口器等。

三、内容

1.瘤胃检查

(1) 位置　瘤胃位于腹腔的左侧胈窝稍凹陷处，其容积为全胃总容积的80%，与腹壁紧贴。

(2) 视诊　检查者站于牛后方，左、右侧对比观察。

(3) 触诊　检查者站于牛的左侧，左脚靠前，右脚靠后，左手按于背部作支点，右手（以手掌或拳）放于左髂部，以判定其内容物性质；用右手握拳或以手掌触压左胈部，感知其内容物性状、蠕动强弱及频率。

(4) 听诊　检查者站于牛的左侧，左脚靠前，右脚靠后，左手按于背部作支点，右手持听诊器集音头，面向左髂部，眼的余光注意后肢。听诊5min瘤胃蠕动的次数及声音，正常音是"沙沙"音。参考次数是2min内：牛2～3次，山羊2～4次，绵羊3～6次。

(5) 叩诊　检查者站于左侧，左脚靠前，右脚靠后，左手持叩诊板，右手持叩诊锤，眼的余光注意后肢。正常：上部过清音或鼓音，中部半浊音，下部浊音。

2.肠管检查

(1) 位置　腹腔右侧的后半部（右髂部，右腹股沟部，右季肋部后部）。盲肠：右髂部上部。结肠：右髂部中部。空肠：右髂部下部，右腹股沟部，右季肋后部。

(2) 听诊　检查者站于右侧，右脚靠前，左脚靠后，右手按于背部作支点，左手持听诊器集音头，眼的余光注意后肢。听诊肠蠕动音，正常小肠蠕动音如流水声或含漱音，每分钟8～12次；大肠音如雷鸣或远炮声，每分钟4～6次。

(3) 触诊　检查者站于右侧，右脚靠前，左脚靠后，右手按于背部作支点，左手以手掌或拳触诊。

四、报告

学生记录本人检查的各项结果，分析并总结实训内容。

项目四　呼吸系统检查

一、目的

掌握畜禽呼吸类型，鼻、喉、气管的检查；辨别喉、气管呼吸音及胸肺正常的叩、听诊音。

二、材料用具

牛、羊等动物以及保定用具，叩诊器，听诊器等。

三、内容

（一）呼吸运动的检查

1.呼吸类型

(1) 胸式呼吸　呼吸活动中胸壁的起伏动作特别明显，而腹壁活动微弱。

(2) 腹式呼吸　呼吸活动中腹壁的起伏动作特别明显，而胸壁活动微弱。

2.呼吸节律

(1) 潮式呼吸　其特征是呼吸逐渐加强、加深、加快，当达到高峰后，又逐渐变弱、变浅、变慢，最后呼吸暂停（数秒至数十秒），然后又以同样的方式反复出现。

(2) 库氏呼吸　呼吸不中断，但变成深而慢的大呼吸，并且每分钟呼吸次数逐渐减少。

(3) 毕氏呼吸　其特征是呼气和吸气分成若干个短促的动作，即数次连续的、深度大致相同的深呼吸，并和呼吸暂停交替出现。

（二）呼出气、鼻液、咳嗽的检查

1.呼出气的检查

检查者用手背接近鼻端感觉家畜呼出的气流强度是否一致和呼出气体的温度。嗅诊呼出气及鼻液有无特殊气味。

2.鼻液的检查

健康家畜一般无鼻液，气候寒冷季节有些动物可有微量浆液性鼻液。如果明显出现鼻液，则可视为病态。马常以喷鼻和咳嗽的方式排出，牛则常用舌舔去和咳出。

3.咳嗽的检查

检查咳嗽的方法可听取病畜的自然咳嗽，必要时采用人工诱咳法。马人工诱咳法，拇指与食指、中指捏压喉头或气管的第一、二环状软骨，牛可用双手捂住鼻孔或反复牵拉舌体，小动物可短时间闭塞鼻孔或捏压喉部，即可诱发咳嗽。

（三）上呼吸道的检查

1.鼻腔的检查

检查马属动物时，检查人员站于马头左（右）前方，左手的拇指和中指夹住鼻翼软骨向上拉起，用食指挑起外侧鼻翼即可检查；检查其他动物时，可将其头抬起，使鼻孔对着阳光或人工光源，即可观察鼻黏膜；检查小动物时，可使用开鼻器，将鼻孔扩开进行检查。主要注意其颜色，分泌物，有无肿胀、水疱、溃疡、结节和损伤等。正常情况下，鼻黏膜为淡红色，表面湿润且富有光泽，略有颗粒，牛鼻孔附近黏膜上常有色素。

2.喉和气管的检查

检查者站在动物头颈侧方，以两手向后部轻压同时向下滑动检查气管，以感知局部温度，并注意有无肿胀。家禽可开口直接对喉腔及其黏膜进行视诊。

（四）胸肺的听诊

（1）位置 牛、羊前界自肩胛骨后角沿肘肌向下划"S"状曲线，止于第4肋间。上界自肩胛骨后角所引与脊柱的平行线，距背中线约一掌宽（10cm）。后下界从第12肋骨与上界线相交处开始，向下向前经髋结节线与第11肋间相交，经肩端线与第8肋间相交点，止于第4肋骨间与前界相交的弧线。

（2）站位 右脚靠前，左脚靠后，右手按于脊柱作支点，左手持听诊器集音头，面向肺区，眼的余光注意头部。

（3）听诊正常呼吸音 肺泡呼吸音：微弱，类似于轻读"夫"的声音。支气管呼吸音：类似于将舌抬高而呼气时所发出的"赫、赫"音。

（4）听诊1min的呼吸次数 在听诊区内，每处听2~3个呼吸音，先听1/3部，再听上、下1/3部，从前向后听完。

（五）胸肺的叩诊

（1）在较宽敞安静的室内进行。

（2）叩诊区位置同听诊区，叩诊强度要一致。

（3）不但叩诊方法要正确，而且要准确判断叩诊音的变化。

（4）注意叩诊病畜的表现。

四、报告

学生记录本人检查的各项结果，分析并总结实训内容。

项目五 心脏的检查

一、目的

掌握心脏的检查方法，能正确判定心脏的功能状态。

二、材料用具

牛、猪、羊、犬等动物以及保定用具，叩诊器，听诊器，秒表等。

三、内容

1. 心搏动的视诊与触诊

（1）检查者位于动物左侧方，被检动物取站立姿势，左前肢向前跨出半步，充分露出心区。

（2）视诊时，观察左侧肘后心区被毛及胸壁的振动情况。

（3）触诊时，检查者右手放于动物的鬐甲部，左手的手掌紧贴于动物的左侧肘后心区，注意感知胸壁的震动，主要判定其频率及强度。

2. 心脏的叩诊

（1）被检动物取站立姿势。使其左前肢向前伸出半步，以充分显露心区。

（2）按常规的叩诊方法，沿肩胛骨后角向下的垂线进行叩诊，直至心区，同时标记由清音转变为浊音的一点；再沿与前一垂线呈 45°左右的斜线，由心区向后上方叩诊，并标记由浊音变为清音的一点；连续两点所形成的弧线，即为心脏浊音区的后上界。

3. 心音的听诊

（1）被检动物取站立姿势，使其左前肢向前伸出半步，以充分显露心区。

（2）通常以软质听诊器进行间接听诊，将听头放于心区部位即可。

（3）当心音过于微弱而听取不清时，可使动物做短暂的运动，并在运动后立即听诊，可使心音加强而便于听诊。

（4）听诊正常心音。第一心音：持续时间长，音调低，声音的末尾拖长。第二心音：短促，清脆，末尾突然终止。

（5）准确听诊动物的心率，听出 1min 的心跳次数。

四、报告

学生记录本人检查的各项结果，分析并总结实训内容。

项目六 泌尿生殖系统检查

一、目的

掌握肾脏、膀胱、公母畜外生殖器的检查方法。

二、材料用具

牛、猪、犬、猫等动物，保定用具，开室器，盆子，内镜，手电筒，高锰酸钾等。

三、内容

（一）尿液的感观检查

（1）颜色 正常尿液含有一定尿黄素和尿胆原，故呈淡黄色，其黄色深浅与动物品种、饲料、饮水、出汗和使役条件有关。一般来说，马尿呈淡黄色，黄牛及奶牛尿呈淡黄色，水牛及猪尿色浅如水样，犬和猫尿为无色。病理情况下，动物的尿多为红色。

（2）气味 尿液的正常气味与尿的浓度有关，排尿量越少，尿越浓，气味越重。生理情况下，大家畜的尿液呈厩舍味，猪的尿液呈大蒜味，猫的尿液呈腥臭味。

（3）透明度和黏稠度 正常情况下，马属动物的尿液混浊不透明且有一定的黏稠度，静置后沉淀；牛尿则清；猪及其他肉食兽则尿更清。

（二）肾、膀胱及尿道的检查

1. 肾脏的检查

肾脏是一对实质性脏器，位于脊柱两侧腰下区，包于肾脂肪囊内，右肾的位置一般比左肾稍往前。大动物可行外部触、叩诊和直肠触诊，小动物则只能行外部触诊。

2.膀胱的检查

大动物的膀胱位于盆腔的底部。膀胱空虚时触之柔软，大如梨状；中度充满时，轮廓明显，其壁紧张，且有波动；高度充满时，可占据整个盆腔，甚至垂入腹腔，手伸入直肠即可触知。牛、马等大动物的膀胱检查，只能行直肠触诊；小动物可将食指伸入直肠进行触诊，或在腹部盆腔入口前缘施行外部触诊。

3.尿道检查

对尿道可通过外部触诊、直肠内触诊和导管探诊进行检查。公牛、公马位于骨盆腔部分的尿道，可通过直肠内触诊，位于骨盆腔及会阴以下的部分，可行外部触诊。

（三）外生殖器及乳房的检查

（1）公畜外生殖器检查　观察动物的阴囊、阴筒、阴茎有无变化，并配合触诊进行检查。

（2）母畜外生殖器检查　观察分泌物及外阴部有无变化，必要时可用开室器进行阴道深部检查，观察阴道黏膜颜色、湿度、损伤、炎症、有无疹疱、溃疡等病变。

（3）乳房的检查　观察乳房、乳头的外部状态，注意有无疱疹。触诊判定其温热度、敏感度及乳房的肿胀和硬结等，同时触诊乳房淋巴结，注意有无异常变化。必要时可挤少量乳汁，进行感观检查。

四、报告

学生记录本人检查的各项结果，分析并总结实训内容。

项目七　血常规检验

一、目的

通过实训，使学生掌握血液样品的采集、红细胞、白细胞和白细胞分类计数法。

二、材料用具

实验动物：马、牛、猪、羊、犬（任选其一）。

实验器材：采血针、酒精棉、载玻片、显微镜、镜油、细胞计数器、吸水纸、染色盆和染色架等。

实验试剂：抗凝剂、0.9％氯化钠溶液、二甲苯。

三、内容

（一）血液样品的采集

（1）末梢采血　马、牛可在耳尖部，猪、羊、兔等在耳背边缘小静脉，鸡则在冠或肉髯。

（2）静脉采血　马、牛、羊的采血一般多在颈静脉，猪可在耳静脉或断尾采血，禽常在翅内静脉采血。

（二）红细胞计数

（1）取小试管1支，先以普通吸管准确吸取红细胞稀释液2.0ml放于小试管中。再用血红蛋白吸管准确吸取供检血液至$10mm^3$（0.01ml）处（也可将稀释液和供检血液均取其两倍量），用干脱脂棉拭去管尖外壁附着的血液。然后将血红蛋白吸管插入已装稀释液的试管底部，缓缓放出血液。再吸取上清液反复洗净附在吸管内壁上的血液数次，立即振摇试管1～2min，使血液与稀释液充分混合。

（2）把血盖片覆盖于计算室上，用小玻璃棒蘸取已混匀的红细胞悬液1滴，轻轻接触两者结合处，使悬液自然流入计算室内。静置3min后，即可计数。

（3）以10^{12}个/升表示。

（三）白细胞计数

操作过程大体上与红细胞计数相同。在小试管内加入白细胞稀释液0.4ml（实际应为

0.38ml），用血红蛋白吸管吸取被检血液至 20mm³，立即吹入稀释液中，混匀。用小玻璃棒蘸取已混匀的检液 1 滴，充填入计算室内，静置 3min 后计数。

（四）白细胞分类计数

1.染色液

瑞氏染液：瑞氏染料 1.0g，甲醇（分析纯）600ml。

将瑞氏染料置于研钵中，加少量甲醇研磨，使其尽可能充分溶解，将已溶解的染液倾入棕色瓶中。对未溶解的染料再加入少量甲醇研磨，直至染料溶完，甲醇全部用完为止。在室温中保存1 周，过滤后备用。新配染液偏碱性，如放置越久，则天青形成越多，染色效果越好。配制时可在染液中加中性甘油 30ml，以防止染色时甲醇挥发过快，并使细胞着色清晰。

2.方法

（1）涂片　用左手的拇指与中指夹持一张载玻片，先以细玻璃棒取血 1 小滴（最好是未加抗凝剂的新鲜血液）置载玻片的一端，然后右手持另一张边缘平滑的推片，倾斜 30°～45°角，由血滴的前方向后接触血滴，待血液扩散成线状后，立即以均等的速度轻而平稳地向前推进，直至血液推尽为止。

（2）染色　瑞氏染色法：用蜡笔在血膜两端划线，以防染液外溢。将血片平置于染色架上，滴加瑞氏染液，并计其滴数，以盖满血膜为度。约 1min 后，再滴加等量的磷酸缓冲盐水，轻摇玻片或吹气，使之混匀。5～10min 后，用蒸馏水直接冲洗（切勿先倾去染液再冲洗，否则沉淀物附于血膜上而不易除去），干燥后可供镜检。

（3）分类计数　先用低倍镜全面观察血片上细胞分布情况及染色质量，然后选择染色良好、细胞分布均匀的部分，用油镜进行分类。

四、报告

划出各种白细胞的形态特征，计算各种白细胞的百分比，并结合该动物的正常值对所得检验数据进行分析讨论。

项目八　粪尿常规检验

一、目的

掌握从粪便中检查消化道寄生虫虫卵的方法。

二、材料用具

烧杯、铜筛、玻璃棒、纱布、盐、尼龙网筛、载玻片、盖玻片、显微镜等。

三、内容

（一）粪便酸碱度测定

取 pH 试纸，放在粪便的表面，等纸条被粪便的水分润湿后，取下纸条与 pH 标准色板进行比较，记下与它相似的 pH 数值，然后把粪球或粪块打开，用同样的方法检验粪便内部的酸碱反应。

（二）粪便潜血的检验

常用联苯胺法。用竹签或竹制镊子在粪的不同部位各取一小块（大小如玉米粒），于干净载玻片上涂成直径约 1cm 大小的涂片（粪干时，可加少量蒸馏水，混合涂布）。将玻片在酒精灯上缓缓通过数次，以破坏粪中的酶类，待冷却后，滴加 1% 联苯胺冰醋酸液和过氧化氢液各 1ml，将玻片轻轻摇晃数次，1min 内观察结果。正常无潜血的粪便不呈现颜色反应。呈现蓝色反应为阳性，蓝色出现越早，表明粪便内的潜血也越多。

（三）粪便的显微镜检查

由粪便的不同部位采取少许而适量的粪块，放在洁净的载玻片上，加少量生理盐水，用牙签混合并涂成薄层，无需加盖玻片，用低倍镜检视。假如粪便比较稀薄，可取粪汁1滴，进行上述的制片手续。

（四）尿液酸碱反应测定

用广泛pH试纸测定酸碱反应，方法是取试纸条浸于尿中，数秒钟后取出。与标准色板比色，与色板相同颜色所指示的数字，即为该尿液的pH值。也可用酸度计测定。

（五）尿中蛋白质的检验

磺柳酸法：置酸化尿液少许于载玻片上，滴加20％磺柳酸液1～2滴，如有蛋白质存在，即产生白色混浊，此法观察极为方便，其灵敏度很高，约为0.0015％。

（六）尿中葡萄糖的检验

1.试剂

班氏试剂：硫酸铜结晶17.3g，无水碳酸钠100.0g，柠檬酸钠173.0g，蒸馏水，加至1000.0ml。

先将柠檬酸钠及无水碳酸钠溶解于700ml蒸馏水中，可加热促其溶解。另将硫酸铜溶解于100ml蒸馏水中，然后将硫酸铜液慢慢倾入已冷却的上述溶液内，并加蒸馏水至1000ml，过滤，保存于棕色瓶内备用。

2.方法

取班氏试剂5ml置于试管中，加尿液0.5ml（约10滴）充分混合，加热煮沸1～2min，静置5min后观察结果判断：管底出现黄色或黄红色沉淀者为阳性反应。黄色或红色的沉淀愈多，表示尿中葡萄糖含量愈高。

（七）尿中酮体的检验

1.试剂

（1）5％亚硝基铁氰化钠水溶液，此液不能长期保存，应配制新鲜溶液并储存于棕色瓶中。

（2）10％氢氧化钠水溶液。

（3）20％乙酸（98％乙酸20ml，加蒸馏水至100ml）。

2.方法

取中试管1支，先加尿液5ml，随即加入5％亚硝基铁氰化钠溶液和10％氢氧化钠各0.5ml（约10滴），颠倒混合，再加20％乙酸1ml（约20滴），颠倒混合。观察结果判断：尿液呈现红色，加入20％乙酸后红色又消失者为阴性反应，不消失者为阳性反应。根据颜色的不同，可估计丙酮的大概含量。

四、报告

学生记录本人检查的各项结果，分析并总结实训内容。

项目九　常见毒物检验

一、目的

以氢氰酸和食盐中毒为例，掌握氢氰酸和食盐中毒的检验方法。

二、材料用具

白瓷反应板、小烧杯、2ml试管、碳酸钠溶液、酒石酸、铬酸钾、硝酸银等。

三、内容

1.氢氰酸中毒检验

（1）检材的采取与处理　通常剩余饲料、呕吐物、胃及其内容物为较好的检材，其次是血液。氢氰酸属于挥发性毒物，最常用的分离方法为水蒸气蒸馏法。

（2）苦味酸试纸法　称取样品10g，置于125ml三角瓶中，加蒸馏水10～15ml，浸没样品，取大小与三角瓶口适合的中间带一小孔的橡皮塞，孔内塞入内径为0.5～0.7cm的玻璃管，管内悬苦味酸试纸1条，临用时滴上1滴10％碳酸钠溶液使之湿润，向三角瓶中加10％酒石酸溶液5ml，立即塞上带苦味酸试纸的塞，置40～50℃水浴上加热30～40min，观察试纸有无颜色变化。如有氰化物存在，少量时苦味酸试纸变为橙红色，量较多时为红色。

2.食盐中毒检验

（1）取肝组织约10g，放入一个干净的50ml离心管中，用干净小剪子剪碎，然后称取3.0g，放入15ml三角瓶中，加蒸馏水80～90ml，在30℃情况下浸泡15min以上，不时地用玻璃棒搅拌或用手摇动，然后用定性滤纸过滤，将滤液过滤到100ml容量瓶中，用水洗滤纸直至使总体积达到刻度为止。如果滤液无色透明（一般经放血迫杀的猪肝滤液无色），可直接进行下项操作。如果滤液有红色或不透明时，可将滤液转入小烧杯中，加热煮沸1～2min，然后再用滤纸过滤到100ml容量瓶中，加水至刻度。

（2）用10ml移液管取10ml上项制备的滤液，放入小烧杯中，加入5％铬酸钾指示剂0.5ml，以5ml滴定管用0.01mol/L硝酸银缓缓滴定，到溶液刚刚出现明显砖红色混浊为止，再加水50ml左右稀释，如果经放置片刻砖红色不消失并有红色沉淀生成时，说明已达到终点。如果溶液又变黄，说明没达到终点，需要继续用硝酸银滴定，直至砖红色不消失为止，记下样品消耗硝酸银的毫升数。再多加1滴作为参比溶液。

（3）分别取三份样品，每份10ml滤液，各加0.5ml 5％铬酸钾指示剂，作为正式样品，分别用0.01mol/L硝酸银溶液滴定至出现明显砖红色混浊并不消失为止（与参比溶液对照观察）。记录每份样品消耗0.01mol/L硝酸银的毫升数，取其平均值，进行计算。

四、报告

学生记录本人检查的各项结果，分析并总结实训内容。

项目十　病畜胃肠疾病的诊治

一、目的

1.熟悉胃肠疾病临床检查方法，识别胃肠疾病的各种症状。

2.正确收集胃肠疾病的临床症状，并建立科学合理的诊断。

3.提出胃肠疾病的治疗原则和治疗措施，并能实施治疗。

二、材料用具

1.患胃肠疾病的病畜或录像片。

2.听诊器、体温计、叩诊器、注射用及常用的保定用具。

三、内容

1.对病畜进行病史调查和临诊检查，检查消化器官、排粪及粪便的异常情况，并记录各项检查结果。

2.分组讨论，建立诊断，注意胃肠疾病的鉴别诊断，并提出治疗措施。

3.各组派出代表进行全班交流、讨论。

4.实施治疗。

四、报告

学生记录本人的各项操作过程，总结实训心得。

项目十一　亚硝酸盐中毒及解救

一、目的

1.通过本次实训，使学生掌握动物亚硝酸盐中毒的主要临床症状及美蓝的解毒效果。

2.了解中毒与解毒原理。

3.熟练掌握动物亚硝酸盐中毒的抢救措施。

二、材料用具

实验动物：患亚硝酸盐中毒的病猪1头。如果无现成病例，可通过耳静脉注射3%亚硝酸钠，每千克体重1～2ml，人工制造病例。

实验药物：1%美蓝溶液、0.1%肾上腺素、尼可刹米、生理盐水等。

实验器材：5ml注射器、8号针头、镊子、酒精棉、听诊器、体温计、输液器等器材。

三、内容

（1）病史调查　了解饲养管理情况及发病情况，特别要注意询问是否饲喂过经过堆积发热的青绿饲料。

（2）临床检查　检查呼吸变化，眼结膜及皮肤颜色变化，听诊心音，检查脉搏、体温、运动行为等。

（3）抢救　静脉注射1%美蓝溶液，0.1～0.2ml/kg体重。

（4）静脉注射美蓝后，观察症状变化。

四、报告

写出实训报告，根据实验结果，分析美蓝解救亚硝酸盐中毒的原理及效果。

项目十二　有机磷中毒及解救

一、目的

1.通过本次实训，使学生能熟练掌握有机磷中毒的主要症状，了解发病机制。

2.能够熟练掌握有机磷中毒的诊断要点及治疗方法，并比较阿托品与碘解磷定的解毒效果，熟悉其解毒机制。

二、材料用具

实验动物：有机磷中毒的病兔1只。如无现成病例，可肌内注射1%敌敌畏，每千克体重0.5～1ml。

实验药物：10%敌百虫溶液、0.1%碘解磷定注射液、2.5%氯磷定、硫酸阿托品、酒精棉球等。

实验用具：5ml注射器、8号针头、塑料尺、酒精棉球、台秤、听诊器等。

三、内容

1.硫酸阿托品与胆碱酯酶复活药解毒机制

有机磷酸酯类为持久性抗胆碱酯酶药。胆碱酯酶（AChE）与之结合后丧失活性，乙酰胆碱在体内堆积引起机体中毒。胆碱酯酶复活药能与有机磷酸酯类结合或将磷酰化胆碱酯酶中的酶置换出来；阿托品为抗乙酰胆碱药物，能竞争性拮抗乙酰胆碱或胆碱受体激动药对M胆碱受体的激动作用。解磷定为胆碱酯酶复活药，可恢复胆碱酯酶的活性并显著改善N_2样症状。二者合用可产生对症和对因的双重解毒作用。

2.实验方法

取家兔1只，称重，观察并记录呼吸频率与幅度、瞳孔大小、唾液分泌、大小便、肌张力及肌震颤等。然后将家兔从耳静脉注射10％敌百虫1.5ml/kg体重（20min后如无中毒症状，可再注射0.5ml/kg体重），观察上述指标变化情况。待瞳孔缩小、呼吸困难、唾液外流、骨骼肌震颤等中毒症状明显时，由耳缘静脉注射0.1％硫酸阿托品溶液1ml/kg体重，再观察上述指标变化情况。然后再由耳缘静脉注射2.5％氯解磷定0.08ml/kg体重，再次观察上述指标。比较给阿托品后和给解磷定后的变化情况。

用药前后	体重/kg	瞳孔直径/mm	呼吸次数/（次/分）	唾液分泌	肌张力及震颤	大小便性状及次数
用药前						
给敌百虫后						
给阿托品后						
给碘解磷定后						

四、报告

记录实验过程和结果，分析敌百虫中毒的毒理和阿托品、碘解磷定的解毒原理。讨论有机磷酸酯类中毒的发病机制和临床表现，阿托品与解磷定救治有机磷中毒的作用机制和各自的特点。

项目十三　瘤胃切开术

一、目的

掌握瘤胃切开术的适应证、手术方法和要领，为以后在临床上对羊或牛的瘤胃积食、创伤性网胃炎等手术治疗，打好技术操作方面的基础。

二、材料用具

实习动物牛或羊、大小手术台、手术器械车、手术器械、各种麻醉器械、无影灯、肠钳、拉钩、药品等。

三、内容

1.麻醉与保定

右侧卧保定，全身麻醉和术部切口局部浸润麻醉。

2.手术通路

左肷部中切口。

3.术式

左肷部按常规切开腹壁。通过瘤胃的浆膜肌层与邻近的皮肤创缘作六针钮孔状缝合，打结前应在瘤胃与腹腔之间，填入浸有温生理盐水的纱布。先在瘤胃切开线的上1/3处，用外科刀刺透胃壁，然后用手术剪扩大瘤胃切口，并用舌钳固定提起胃壁创缘，将胃壁拉出腹壁切口并向外翻，随即用巾钳将舌钳柄夹住，固定在皮肤和创布上，以便胃内容物流出，然后套入橡胶洞巾。瘤胃切开后即可对瘤胃、网胃、网瓣胃孔、瓣胃及皱胃、贲门等部位进行探查，并对各种类型病区进行处理。病区处理结束后，除去橡胶洞巾，用生理盐水冲净附着在瘤胃壁上的胃内容物和血凝块。拆除钮孔状缝合线，在瘤胃壁创口进行自下而上的全层连续缝合，缝合要求平整、严密，防止黏膜外翻。用生理盐水再次冲洗胃壁浆膜上的血凝块，拆除瘤胃浆膜肌层与皮肤创缘的连续缝合线。与此同时，助手用灭菌纱布抓持瘤胃壁并向腹壁切口外牵引，以防当固定线拆除完了后瘤胃壁向腹腔内陷落。再次冲洗瘤胃壁浆膜上的血凝块，除去遗留的缝合线头及其他异物后，准备瘤胃壁的第二层伦贝特氏缝合。对瘤胃进行连续伦贝特氏或库兴氏缝合。

四、报告

学生记录本人的各项操作过程，总结实训心得。

项目十四　创伤的治疗

一、目的

1.观察新鲜创、化脓创、肉芽创的临床特征及治疗步骤。

2.熟练掌握创伤的各种基本治疗方法。

3.学会使用各种外伤消毒剂及外伤药物。

二、材料用具

实验动物：患新鲜创、化脓创、肉芽创的病畜各1例，或通过实习动物人工造成各种创伤。

实验药物：酒精棉、碘酊棉、新洁尔灭溶液、高锰酸钾溶液、青霉素、链霉素、磺胺类药、氯化钙溶液、碳酸氢钠溶液、生理盐水等。

实验用具：剪毛剪2把、外科剪2把、外科刀1把、探针1个、大镊子2把、小镊子2把、量尺1个、器械盘1个、贮槽1个、洗手盆1个、手巾、毛刷等。

三、内容

创伤可分为新鲜创和化脓感染创两种。新鲜创包括手术创伤和新鲜创伤，后者是还没有感染症状的创伤。

1.创伤的检查方法

（1）问诊了解创伤发生的时间，致伤物的性状，发病当时的情况和病畜的表现等。

（2）检查病畜的体温、呼吸、脉搏，观察可视黏膜颜色和病畜的精神状态。

（3）检查受伤部位和救治情况，以及四肢的功能障碍等。

（4）创伤外部检查按由外向内的顺序，仔细地对受伤部位进行检查。

（5）创伤内部检查，先对创围剪毛、消毒。再检查创壁，创底和创腔。

2.创伤的治疗

对于创伤，由于新鲜的创伤和感染化脓的创伤治疗方法不同，所以应该辨别不同情况，有针对性地加以治疗。

（1）新鲜创伤的治疗　用灭菌的纱布盖住伤口，再剪去伤口周围的被毛，用新洁尔灭溶液或者生理盐水把伤口的周围洗净，再用5％碘酊消毒。除去伤口上的覆盖物，除去伤口内的异物，用生理盐水、高锰酸钾溶液或者新洁尔灭溶液反复冲洗伤口，再撒上磺胺粉，最后进行缝合、包扎。过程中有出血时，可采取纱布压迫、结扎、止血钳等进行止血。

（2）感染化脓的治疗　先用数层灭菌纱布块覆盖创面，用剪毛剪将创围被毛剪去，剪毛面积以距创缘周围10cm左右为宜。最后用5％碘酊或5％酒精福尔马林溶液以5min的间隔，两次涂擦创围皮肤。用生理盐水冲洗创面后，持消毒镊子除去创面上的异物、血凝块或脓痂。再用生理盐水或防腐液反复清洗创伤，直至清洁为止。用外科手术的方法将创内所有的失活组织切除，保证排液畅通。清创手术完毕，用防腐液清洗创腔，按需要用药、引流、缝合和包扎。

（3）全身性疗法　采取必要的输液、强心措施，注射破伤风抗毒素或类毒素。对局部化脓性炎症剧烈的病畜，为了减少炎性渗出和防止酸中毒，可静脉注射10％氯化钙溶液100～150ml和5％碳酸氢钠溶液500～1000ml，必要时连续使用抗生素或磺胺类制剂以及进行强心、输液、解毒等措施。

四、报告

叙述新鲜创、化脓创、肉芽创治疗方法的不同点。

项目十五　跛行的检查

一、目的

通过对支跛、悬跛、混跛病例的观察，学生应知道跛行的种类及特征、步幅的变化。学会四肢疾病诊断的顺序和判定患肢、患部的要领及实际操作技能。

二、材料用具

实验动物：马或临床病例（利用实习动物可人工造跛行支跛，可试用钉子刺入蹄底；悬跛可试用酒精 20~50ml，于实习前 1~2h 注入肢体上部肌肉内；混跛可于上部关节打击或注入酒精）。

实验场地：跛行诊断场地，如上下坡路、软硬地等。

实验用具：皮尺，检蹄器，穿刺针。

三、内容

在教师指导下，按下列顺序进行观察。而后学生分组，利用实习动物进行实验。

（1）观察健康动物站立状态及在沙面上四肢运步的变化，从中弄清正常步幅、前半步及后半步。

（2）观察患四肢病病畜站立状态，与健康畜对比，从中找出异常现象。

（3）运动检查要领　要在平坦宽广场地上，进行先慢后快的直线运动，注意患畜在运动中的异常现象。

（4）患畜运动检查　着重观察四肢的提举、伸扬与负重状态，从中观察患畜支跛、悬跛、混跛的步幅变化、点头运动及臀升降运动。

（5）促使跛行程度加重　当跛行较轻，用上述方法不能确定患肢时，可采用下列措施，促使跛行明显：①圆圈运动；②急速回转运动；③软硬地运动；④上下坡运动。

（6）问诊确定患部　询问病史、治疗效果等。

四、报告

将各种检查方法的检查结果填写于实验报告中。

项目十六　乳房炎的实验室诊断

一、目的

1. 掌握奶牛乳房炎常用的实验室检验方法。

2. 了解奶牛乳房炎常用实验室检验方法的原理。

二、材料用具

健康牛、乳房炎患牛的新鲜奶样若干份，每份 100ml。

10ml 试管，载玻片，5ml 吸管，1ml 吸管，深 1.5cm、直径 5cm 的乳白色塑料皿（乳白色玻皿或瓷皿亦可），试剂（详见下文）。

三、内容

1. 过氧化氢（H_2O_2）玻片法（过氧化氢酶试验法）

大多数活细胞包括白细胞都含有过氧化氢酶，能分解过氧化氢而产生氧。但正常乳中的白细胞少，故过氧化氢酶也很少；乳房炎时，白细胞增多，故过氧化氢酶也增多，放出的氧也多。操作步骤如下。

（1）将载玻片置于白色衬垫物上，滴被检乳 3 滴，再加过氧化氢试剂 1 滴，混合均匀，静置 2min 后观察。

（2）判定标准　具体判定标准见表实训 16-1。

表实训 16-1 过氧化氢玻片法判定标准

被检乳	反应	判定符号
正常乳	液面中心无气泡,或有小如针尖的气泡聚积	－
可疑乳	液面中心有少量大如粟粒的气泡聚积	＋
感染乳	液面中心有大量粟粒状的气泡聚积	＋＋

注:"－"表示阴性;"＋"表示可疑;"＋＋"表示阳性。

2.氢氧化钠凝乳检验法

正常乳加药后无变化。有乳房炎的乳汁,混合后有凝乳块出现。但不适用于初乳及末期乳的检验。具体操作步骤如下。

(1)将载玻片置于黑色衬垫物上,先加被检乳 5 滴,再加试剂 2 滴。用细玻璃棒或牙签迅速将其扩展成直径 2.5cm 的圆形,并继续搅 20s,观察。

(2)判定标准 具体判定标准见表实训 16-2。

表实训 16-2 氢氧化钠凝乳检验法判定标准

被检乳	乳汁反应	判定符号	推算细胞总数/(万/毫升)
阴性	无变化,无凝乳现象	－	50 以下
可疑	出现细小凝乳块	±	50～100
弱阳性	有较大凝乳块,乳汁略微透明	＋	100～200
阳性	乳凝块大,搅拌混合时有丝状凝结物形成,全乳略呈水样透明	＋＋	200 以上
强阳性	大凝块,有时全部形成凝块,完全透明	＋＋＋	500～600

注:"－"表示阴性;"±"表示可疑;"＋"表示弱阳性;"＋＋"表示阳性;"＋＋＋"表示强阳性。

3.溴麝香草酚蓝(B.T.B)检验法

乳房炎发生时,乳汁中的 pH 值上升,通过测定乳汁 pH 值便可以达到判定目的,是一种较简单常用的方法。健康牛乳呈弱酸性,pH 值在 6.0～6.5,乳房炎乳呈碱性,其增高的程度依炎症的轻重而不同。具体操作步骤如下。

(1)将载玻片置于白色衬垫物上,滴被检乳 1 滴,再加溴麝香酚蓝试剂 1 滴,混合观察。

(2)判定标准 溴麝香草酚蓝检验法判定标准见表实训 16-3。

表实训 16-3 溴麝香草酚蓝检验法判定标准

被检乳	颜色反应	pH	判定标准
正常乳	黄绿色	6～6.5	－
可疑乳	绿色	6.6	±
感染乳	蓝绿色至青绿色	6.6 以上	＋

注:"－"表示阴性;"±"表示可疑;"＋"表示阳性。

4.烷基硫酸盐检验法(C.M.T 试验法)

是通过测定 DNA 的量来估测乳中白细胞数的方法,试剂是一种阳离子表面活性剂(烷基丙烯硫酸钠)和一种指示剂(溴甲酚紫),但对初乳期和末期的牛乳不适用。具体操作步骤如下。

(1)先将被检乳 2ml 置于深 1.5cm、直径 5cm 的乳白色塑料皿中,再加入烷基硫酸盐试剂 2ml,缓慢作同心圆搅拌 15s,观察结果。

(2)判定标准 具体判定标准见表实训 16-4。

表实训 16-4　烷基硫酸盐检验法判定标准

被检乳	乳汁反应	判定符号
阴性	液状无变化	一
可疑	有微量沉淀物,但不久即消失	±
弱阳性	部分形成凝胶状沉淀物	＋
阳性	全部形成凝胶状,回转搅动时向心集中,停止搅动时则凝块附着皿底	＋＋
强阳性	全部呈凝胶状,回转时向心集中,停止搅动则恢复原状附着皿底	＋＋＋
酸性乳 pH 值在 2.5 以下	由于乳酸分解,液体变黄色	酸性乳
碱性乳	呈深黄色,为接近干乳期,感染乳房炎,泌乳量降低的现象	碱性乳

注:"一"表示阴性;"±"表示可疑;"＋"表示弱阳性;"＋＋"表示阳性;"＋＋＋"表示强阳性。

四、报告

　　将各种检验方法的检验结果列表填写于实验报告中。

参 考 文 献

[1] 李国江. 动物普通病. 第 2 版. 北京：中国农业出版社，2008.
[2] 东北农学院. 兽医临床诊断学. 第 2 版. 北京：中国农业出版社，1999.
[3] 东北农学院. 临床诊疗基础. 第 2 版. 北京：中国农业出版社，1999.
[4] 郑继昌. 动物外产科疾病. 北京：化学工业出版社，2009.
[5] 曾元根. 兽医临床诊疗技术. 北京：化学工业出版社，2009.
[6] 甘肃省畜牧兽医学校. 家畜外科及产科学. 北京：中国农业出版社，1997.
[7] 王贵. 实用禽病学. 北京：北京农业大学出版社，1991.
[8] 云南省畜牧兽医学校. 家畜内科学. 第 2 版. 北京：中国农业出版社，1996.
[9] 西北农业大学. 家畜内科学. 第 2 版. 北京：中国农业出版社，1995.
[10] 汪世昌. 兽医临床诊疗学. 哈尔滨：黑龙江科学技术出版社，1990.
[11] 王捍东. 兽医内科学及诊断学. 南京：东南大学出版社，2000.
[12] 高作信. 兽医学. 北京：中国农业出版社，2001.
[13] 李玉冰. 兽医临床诊疗技术. 北京：中国农业出版社，2006.
[14] 沈永恕. 兽医临床诊疗技术. 北京：中国农业大学出版社，2006.
[15] 汪恩强. 兽医临床诊断学. 北京：中国农业科学技术出版社，2006.
[16] 王建华. 家畜内科学. 第 3 版. 北京：中国农业出版社，2002.
[17] 王洪斌. 家禽外科学. 北京：中国农业出版社，2002.
[18] 尹秀玲. 动物生理. 北京：化学工业出版社，2009.